D1730673

Andreas Stallmach, Maria J.G.T. Vehreschild (Hrsg.)
Mikrobiom

Andreas Stallmach,
Maria J.G.T. Vehreschild (Hrsg.)

Mikrobiom

Wissensstand und Perspektiven

DE GRUYTER

Herausgeber
Prof. Dr. med. Andreas Stallmach
Klinik für Innere Medizin IV
(Gastroenterologie, Hepatologie und Infektiologie)
Universitätsklinikum Jena
07747 Jena
E-Mail: andreas.stallmach@med.uni-jena.de

PD Dr. med. Maria J.G.T. Vehreschild
Klinik I für Innere Medizin
Klinisches Studienzentrum 2 für Infektiologie
AG Klinische Mikrobiomforschung
Universitätsklinikum Köln
50924 Köln
E-Mail: maria.vehreschild@uk-koeln.de

ISBN 978-3-11-045249-5
e-ISBN (PDF) 978-3-11-045435-2
e-ISBN (EPUB) 978-3-11-045333-1

Library of Congress Cataloging-in-Publication Data
A CIP catalog record for this book has been applied for at the Library of Congress.

Bibliografische Information der Deutschen Nationalbibliothek
Die Deutsche Nationalbibliothek verzeichnet diese Publikation in der Deutschen Nationalbibliografie; detaillierte bibliografische Daten sind im Internet über http://dnb.dnb.de abrufbar.

Umschlaggestaltung: PHOTO INSOLITE REALITE & V. GREMET/SCIENCE PHOTO LIBRARY
Satz: PTP-Berlin, Protago-TEX-Production GmbH, Berlin
Druck und Bindung: CPI books GmbH, Leck
♾ Gedruckt auf säurefreiem Papier
Printed in Germany

www.degruyter.com

In Dankbarkeit meinen akademischen Lehrern Prof. Dr. Ernst-Otto Riecken und Prof. Dr. Martin Zeitz † gewidmet.
Andreas Stallmach

Gewidmet Janne, Carlotta und Edgar Vehreschild.
Maria Vehreschild

Inhalt

Autorenverzeichnis

PD Dr. med. Oliver Bachmann
Klinik für Gastroenterologie, Hepatologie und Endokrinologie
Medizinische Hochschule Hannover
Carl-Neuberg-Str. 1
30625 Hannover
E-Mail: bachmann.oliver@mh-hannover.de

Dr. med. Tony Bruns
Klinik für Innere Medizin IV
Universitätsklinikum Jena
Am Klinikum 1
07747 Jena
E-Mail: tony.bruns@med.uni-jena.de

Dr. med. Martin Bürger
Klinik für Innere Medizin IV
Universitätsklinikum Jena
Am Klinikum 1
07747 Jena
E-Mail: martin.buerger@med.uni-jena.de

Dr. rer. medic. Fedja Farowski
Klinik I für Innere Medizin
AG Klinische Mikrobiomforschung
Uniklinik Köln
Kerpener Str. 62
50937 Köln
E-Mail: fedja.farowski@uk-koeln.de

Dr. med. Felix Goeser
Medizinische Klinik und Poliklinik I
und Deutsches Zentrum für Infektionsforschung (DZIF)
Universitätsklinikum Bonn
Sigmund-Freud-Str. 25
53127 Bonn
E-Mail: felix.goeser@ukb.uni-bonn.de

Univ. Prof. Dr. med. Christoph Högenauer
Klinische Abteilung für Gastroenterologie und Hepatologie
Medizinische Universität Graz
Auenbruggerplatz 15
8036 Graz, Österreich
E-Mail: christoph.hoegenauer@medunigraz.at

Prof. Dr. med. Ernst Holler
Klinik und Poliklinik für Innere Medizin III
Universitätsklinikum Regensburg
93042 Regensburg
E-Mail: ernst.holler@klinik.uni-regensburg.de

Prof. Dr. Dr. med. Wolfgang Holtmeier
Diabetologie und Innere Medizin
Klinik für Gastroenterologie
Krankenhaus Porz am Rhein
Urbacher Weg 19
51149 Köln
E-Mail: w.holtmeier@khporz.de

PD Dr. med. Jutta Keller
Medizinische Klinik
Israelitisches Krankenhaus in Hamburg
Orchideenstieg 14
22297 Hamburg
E-Mail: j.keller@ik-h.de

Dr. med. Patrizia Kump
Klinische Abteilung für Gastroenterologie und Hepatologie
Medizinische Universität Graz
Auenbruggerplatz 15
8036 Graz, Österreich
E-Mail: patrizia.kump@medunigraz.at

Dr. med. Kathleen Lange
Klinik für Innere Medizin IV
Universitätsklinikum Jena
Erlanger Allee 101
07747 Jena
E-Mail: kathleen.lange@med.uni-jena.de

Prof. Dr. med. Peter Malfertheiner
Klinik für Gastroenterologie
Hepatologie und Infektiologie
Universitätsklinikum Magdeburg A.ö.R.
Leipziger Str. 44
39120 Magdeburg
E-Mail: peter.malfertheiner@med.ovgu.de

PD Dr. med. Harald Matthes
Gemeinschaftskrankenhaus Havelhöhe gGmbH
Klinik für Anthroposophische Medizin
Kladower Damm 221
14089 Berlin
E-Mail: Harald.Matthes@havelhoehe.de

PD Dr. med. Silke Peter
Institut für Medizinische Mikrobiologie und Hygiene
Universitätsklinikum Tübingen
Elfriede-Aulhorn-Str. 6
72076 Tübingen
E-Mail: silke.peter@med.uni-tuebingen.de

Dr. med. Natali Pflug
Deutsche CLL Studiengruppe
Klinik I für Innere Medizin
Uniklinik Köln
50924 Köln
E-Mail: natali.pflug@uk-koeln.de

Prof. Dr. med. Hans Proquitté
Sektionsleiter Neonatologie/Päd. Intensivmedizin
Klinik für Kinder- und Jugendmedizin
Universitätsklinikum Jena
Kochstr. 2
07743 Jena
E-Mail: hans.proquitte@med.uni-jena.de

Dr. med. Wolfgang Reindl
II Med. Klinik
Universitätsmedizin Mannheim
Theodor-Kutzer-Ufer 1–3
68167 Mannheim
E-Mail:
wolfgang.reindl@medma.uni-heidelberg.de

Prof. Dr. med. Elke Roeb
Medizinische Klinik und Poliklinik II
Universitätsklinikum Gießen
Klinikstraße 33
35392 Gießen
E-Mail: elke.roeb@innere.med.uni-giessen.de

PD Dr. med. Carsten Schmidt
Klinik für Innere Medizin IV
Universitätsklinikum Jena
Erlanger Allee 101
07747 Jena
E-Mail: carsten.schmidt@med.uni-jena.de

Dr. med. Christian Schulz
Klinik für Gastroenterologie
Hepatologie und Infektiologie
Universitätsklinikum Magdeburg A.ö.R.
Leipziger Str. 44
39120 Magdeburg
E-Mail: christian.schulz@med.ovgu.de

Prof. Dr. med. Hortense Slevogt
Forschungsgruppe Host Septomics
Universitätsklinikum Jena
Campus Beutenberg
Albert-Einstein-Str. 10
07745 Jena
E-Mail: hortense.slevogt@med.uni-jena.de

Dr. med. Philipp Solbach
Klinik für Gastroenterologie, Hepatologie und Endokrinologie
Medizinische Hochschule Hannover
Carl-Neuberg-Str. 1
30625 Hannover
E-Mail: solbach.philipp@mh-hannover.de

Prof. Dr. med. Andreas Stallmach
Klinik für Innere Medizin IV
Universitätsklinikum Jena
Erlanger Allee 101
07747 Jena
E-Mail: andreas.stallmach@med.uni-jena.de

Daniel Stößel, M.Sc
Metabolomic Discoveries
Am Mühlenberg 11
14476 Potsdam-Golm
E-Mail: stoessel@metabolomicdiscoveries.com

Dr. med. Christoph Thöringer
II. Medizinische Klinik und Poliklinik
Klinikum rechts der Isar der TU München
Ismaninger Straße 22
81675 München
E-Mail: christoph.thoeringer@tum.de

PD Dr. med. Maria J.G.T. Vehreschild
Klinik I für Innere Medizin
Klinisches Studienzentrum 2 für Infektiologie
AG Klinische Mikrobiomforschung
Uniklinik Köln
Kerpener Str. 62
50924 Köln
E-Mail: maria.vehreschild@uk-koeln.de

PhD Dr. Marius Vital
Helmholtz Centre for Infection Research
Inhoffenstraße 7
38124 Braunschweig
E-Mail: marius.vital@helmholtz-hzi.de

Dr. med. Daniela Weber
Klinik und Poliklinik für Innere Medizin III
Universitätsklinikum Regensburg
93042 Regensburg
E-Mail: daniela.weber@ukr.de

Prof. Dr. med. Sebastian Zeißig
Medizinische Klinik I – Universitätsklinikum
Dresden
und Zentrum für Regenerative Therapien
Dresden (CRTD)
Technische Universität Dresden
Fetscherstr. 74
01307 Dresden
E-Mail:
sebastian.zeissig@uniklinikum-dresden.de

Andreas Stallmach und Maria Vehreschild

1 Einleitung

Seit vielen Jahrzehnten ist bekannt, dass der Magen-Darm-Trakt mit Bakterien, Viren, Pilzen und Parasiten Trillionen von Mikroorganismen beherbergt, die zusammengefasst als die **gastrointestinale Mikrobiota** bezeichnet werden. Vor der Geburt ist der Mensch noch weitgehend ohne Mikrobiota. Zwar erfährt der Fötus bereits über die Plazenta einen Kontakt mit bakteriellen Antigenen der Mutter, doch die erste substantielle Kolonisierung wird durch den Modus des Geburtsvorgangs bestimmt. Kinder, die *per sectio* entbunden werden, übernehmen ihre erste gastrointestinale Mikrobiota aus dem Hautmikrobiom der Mutter. Sie weisen eine verringerte Anzahl von Bakterien der Gattung Bacteroides und Bifidobacterium im Vergleich zu Kindern auf, die vaginal geboren wurden. Mit der ersten Nahrung entwickelt sich dann ein rudimentäres Mikrobiom mit einer noch zunächst begrenzten Anzahl von Bakterienspezies. Mit zunehmendem Alter tauchen immer neue Spezies auf, und aerobe Bakterien werden durch fakultativ aerobe und anaerobe Arten ersetzt. Die Dynamik bei der Entwicklung des Mikrobioms variiert dabei erheblich bei einzelnen Kindern. So gibt es Phasen mit raschen Änderungen in der Zusammensetzung der Bakterienspezies, denen Phasen relativer Stabilität folgen. Der Übergang zwischen den Entwicklungsphasen kann ganz plötzlich auftreten und muss keiner äußeren Ordnung folgen.

Der erwachsene Mensch beherbergt im Gastrointestinaltrakt ca. 1,5 kg Biomasse, deren Hauptanteil Bakterien bilden. Dabei liegt die Zahl der Bakterien des gastrointestinalen Mikrobioms in unserem Körper mit 10^{12}–10^{14} etwa 10- bis 100fach höher als die Gesamtzahl aller humanen Zellen mit 10^{11}. Protozoen und Viren sind dabei noch nicht mitgerechnet und bisher auch nur schlecht charakterisiert. Noch deutlicher wird diese numerische Dominanz, wenn wir die **Gene der Mikrobiota, das gastrointestinale Mikrobiom**, betrachten. Hier beträgt das Verhältnis zwischen Mensch und Mikrobiom ca. 1 : 10.000.

Kaum ein anderes Thema der Biomedizin hat in der letzten Dekade unser Verständnis von Gesundheit und Krankheit so stark beeinflusst wie die humane Mikrobiota. Besonders durch das Human Microbiome Project (HMP) hat die Mikrobiota-Forschung in den letzten Jahren einen enormen Aufschwung erfahren. In bisher mehr als 20.000 wissenschaftlichen Publikationen wurden die neuen Erkenntnisse beschrieben. Fast banal klingt, dass die gastrointestinale Mikrobiota wesentlich an der Verdauung von Nährstoffen beteiligt ist, für Immunfunktionen eine wichtige Rolle spielt und metabolische Funktionen und Signalwege aus dem Gastrointestinaltrakt zu anderen Organen einschließlich Leber, Muskulatur und Zentralnervensystem beeinflusst. Wichtig ist aber auch darauf hinzuweisen, dass der Mensch selber das Mikrobiom beeinflusst. So haben z. B. genetische Faktoren einen starken modulierenden Einfluss auf die Mikrobiota. Die Probleme im Verständnis der Mikrobiota

DOI 10.1515/9783110454352-001

bzw. die Fragen zum Mikrobiom reflektieren somit die klassische „Henne-oder-Ei-Problematik“ in der Wissenschaft.

Da der Großteil der humanen Mikrobiota den Gastrointestinaltrakt kolonisiert, verdient dieses Ökosystem sicherlich besondere Aufmerksamkeit. Es besteht aus einer größeren Anzahl verschiedener Bakteriengattungen, von denen Firmicutes und Bacteroidetes die wichtigsten Gruppen bilden. Interindividuell kann die Zusammensetzung der bakteriellen Flora insbesondere auf Speziesebene deutlich variieren. Vor einigen Jahren wurde die Hypothese aufgestellt, dass sich menschliche Mikrobiome trotz ihrer großen interindividuellen Unterschiede einem sogenannten Enterotyp zuordnen lassen. Die initial beschriebenen drei verschiedenen Enterotypen *Bacteroides* spp. (Enterotyp 1), *Prevotella* spp. (Enterotyp 2) und *Ruminococcus* (Enterotyp 3) zeichneten sich durch eine Abundanz der jeweils namensgebenden Spezies aus. Allerdings werden die tatsächliche Existenz und Relevanz dieser Enterotypen mittlerweile wieder kontrovers diskutiert, dies betrifft insbesondere den Enterotyp 3.

Der Wissensgewinn in diesem Bereich wird durch die Tatsache erschwert, dass das gastrointestinale Mikrobiom einer unkomplizierten, direkten Probenentnahme nur schwer zugänglich ist. Des Weiteren variiert seine Zusammensetzung in verschiedenen Abschnitten wie Magen, Dünn- und Dickdarm. Auch unterscheidet sich die luminale Mikrobiota von der direkt der Mukosa adhärenten Mikrobiota. Um diese Problematik zu umgehen, werden zurzeit parallel eine Fülle von Asservationsmöglichkeiten – von Stuhlproben über Darmbiopsien und Rektalabstriche – erprobt. In ähnlichem Maße divers gestalten sich die Möglichkeiten zur DNA-Extraktion und Sequenzierung. Einst galten die vom HMP in 2013 veröffentlichten Protokolle zur Probengewinnung, Verarbeitung und Analyse für Mikrobiomstudien diesbezüglich als Goldstandard, doch diese entsprechen schon jetzt nicht mehr den aktuellen technischen und wissenschaftlichen Standards, sodass in der Regel jedes Institut seine eigene optimierte Version einer Analysepipeline vorhält. Da sich die Situation in Bezug auf die anzuschließenden bioinformatischen und statistischen Analysen ähnlich verhält, ist die Vergleichbarkeit von Ergebnissen aktuell nicht oder nur in stark eingeschränkter Form gegeben.

Wie viele andere aktuell erscheinende Arbeiten können auch die in diesem Buch zusammengestellten Beiträge nur einen partiellen Eindruck von der Menge und Komplexität der Funktionen der humanen Mikrobiota vermitteln. Durch die Produktion unzähliger Metabolite bleiben ihre regulatorischen Fähigkeiten nicht ausschließlich auf lokale Interaktionen, z. B. mit den auf Haut und Schleimhäuten ansässigen Zellen des Immunsystems, begrenzt. Vielmehr ergeben sich durch diese Botenstoffe unzählige Möglichkeiten der Interaktion mit allen Organen des menschlichen Körpers. Ähnlich wie bei der Erforschung des zentralen Nervensystems stellt uns ein derart vielschichtiges Netzwerk, dessen Systematik keiner uns bisher bekannten Logik zu folgen scheint, vor immense Herausforderungen. Diese Komplexität spiegelt sich aktuell auf allen Ebenen der Analytik wider. Zwar hat sich durch die deutlich verbesserte Verfügbarkeit des Next-Generation-Sequencing (NGS) einer größeren Zahl von Wissenschaftlern das Forschungsgebiet Mikrobiom eröffnet, doch dieser Prozess verläuft bisher noch in relativ ungeregelten Bahnen. Hier erscheint eine weltweite Prozessharmonisierung dringend notwendig und sinnvoll. Auf der Ebene der Metabolomanalyse wurde ein entsprechender Konsensusprozess mit der Gründung der Metabolomics Standard Initiative in 2004 bereits eingeleitet, doch auch in diesem Bereich erschwert der rasante technologische Fortschritt die Erstellung allgemeingültiger Leitlinien zur Analyse. Historisch ist das Gebiet der Metabolomicsforschung nicht aus der Forschung zu der Mikrobiota erwachsen, sondern hat sich parallel dazu entwickelt. Entsprechend qualifizierte Forscher sind daher meist nicht primär auf die Mikrobiomforschung fokussiert. Bedenkt man nun, dass schon für die Umsetzung einer klassischen Mikrobiomanalyse mehrere Kooperationspartner notwendig sind (die Probanden/Patienten, betreuenden Ärzte, Mikrobiologen, Bioinformatiker und Statistiker), so wird klar, dass die Integration einer Metabolomicsanalyse die Projektorganisation noch deutlich verkomplizieren kann. Die Situation wird auch dadurch erschwert, dass die hohe Nachfrage nach Kooperationspartnern im Metabolomicsbereich aufgrund der aktuell exponentiell ansteigenden Anzahl an Mikrobiomstudien kaum ausreichend gedeckt werden kann. Ein ähnliches Verhältnis von Angebot und Nachfrage besteht ebenfalls im Bereich der Bioinformatik. Perspektivisch scheint hier ein weiterer Ausbau der Forschungslandschaft hin zu Zentren oder Netzwerken, die eine Expertise für alle erforderlichen Untersuchungen vorhalten können, ratsam.

Die bisher noch eingeschränkte Vernetzung von Mikrobiotaanalyse und den Möglichkeiten der modernen Metabolomicsanalysen ist mit einer deutlichen Einschränkung der Erforschung von Kausalzusammenhängen verbunden. Die reine Mikrobiotaanalyse ist nur in seltenen Fällen in der Lage, einen Wirkungsmechanismus aufzuzeigen, allerdings auch nur dann, wenn der Mechanismus in einer lokalen Interaktion zwischen bakteriellen und menschlichen Zellen begründet liegt. Jeder über Stoffwechselprodukte vermittelte Vorgang entzieht sich dieser Analyse. Ohne die Einbeziehung der „Metabolomicsdaten" sind hochauflösende rein deskriptive Studien in ihrer Aussagekraft also deutlich eingeschränkt. Wir brauchen somit die Zusammenführung deskriptiver Ergebnisse mit funktionellen Studien aus einem phänotypisch gut charakterisierten Patientenkollektiv, um der Komplexität des Mikrobioms evtl. irgendwann gerecht werden zu können.

Auch wenn sich all diese strukturellen Probleme lösen ließen, bleibt ungeklärt, inwieweit unser Mikrobiom unseren Verständnisversuchen überhaupt zugänglich gemacht und komplett verstanden werden kann. Aus heutiger Sicht scheint es nur schwer denkbar, dass die Bedeutung des Einflusses komplexer Einflussfaktoren, wie z. B. unsere Ernährung, auf die Mikrobiota und das Metabolom verstanden werden kann. Trotz dieser Bedenken wird über das zufällige Entdecken hinaus die strukturierte Wissenschaft zum Mikrobiom wie jede systematische Forschung zu neuen Erkenntnissen führen. Fast jede Woche wird eine wissenschaftliche Arbeit publiziert, die eine neue Assoziation zwischen Veränderungen der gastrointestinalen Mikrobiota und verschiedenen Krankheiten beschreibt; die Liste reicht mittlerweile von **„A“** wie Autismus bis **„Z“** wie Zahnwurzelentzündungen. Aufgrund der Komplexität der vermeintlichen Zusammenhänge müssen diese Ergebnisse jedoch kritischer als manchmal geschehen, bewertet werden. So werden die Ergebnisse dieser Assoziationsstudien viel zu häufig in den Publikumsmedien als gesicherte kausale Zusammenhänge dargestellt, was sich derzeit jedoch nur für eine kleine Zahl von Erkrankungen belegen lässt.

Trotz dieser Einschränkung haben diese Studien auch neue therapeutische Interventionen begründet. Mit der sogenannten „Stuhltransplantation“ oder „Darmfloraübertragung“ hat in den letzten Jahren eine hocheffektive Mikrobiota-basierte Behandlung zur Therapie der rezidivierenden *Clostridium difficile*-Infektion vielerorts Einzug in die klinische Praxis gehalten. Dabei wird ein durch eine verminderte Diversität geprägtes pathologisches Mikrobiom durch das Mikrobiom eines Gesunden ersetzt. Wie nachhaltig dieser radikale Behandlungsansatz das Mikrobiom des Patienten beeinflusst, welchen Einfluss diese Maßnahme auf die Resilienz des Mikrobioms hat und ob sie auch bei systemischen Erkrankungen mit genetischer Suszeptibilität, wie. z. B. den chronisch-entzündlichen Darmerkrankungen, langfristig mit therapeutischen Erfolgen verknüpft ist, ist Gegenstand aktueller klinischer Studien. Nicht überraschend stößt auch hier unser Krankheits- und Therapieverständnis erst einmal an die Grenzen seiner altbekannten Definitionen. Auch wenn die Bundesoberbehörde diesen therapeutischen Ansatz als „Behandlung mit einem Arzneimittel“ eingestuft hat, wird eine Zulassung per definitionem niemals möglich sein, da dieser Vorgang die Möglichkeit der Herstellung von in ihrer Zusammensetzung regelhaft reproduzierbaren Produkten voraussetzt. Eine hierdurch bedingte Verschiebung Mikrobiota-basierter Therapien in eine rechtliche Grauzone lässt sich weltweit in verschiedenen Ausprägungen beobachten. Doch durch das zunehmende Interesse pharmazeutischer Unternehmen an diesen Therapien erhöht sich der Druck hin zu einer Lösung im Sinne einer Zulassung. Möglich gemacht werden soll dies über die Entwicklung von Produkten mit einer reduzierten und definierten Art und Anzahl von probiotisch wirksamen Bakterien. Diese Entwicklung ist einerseits wünschenswert, andererseits ist eine Zulassung auch immer mit einem Patent verbunden. Wird nun die Gesamtheit des Mikrobioms betrachtet, so erscheint es in seiner Komplexität und Funktionalität einem Organ ähnlich. Das Bestreben, menschliche Organe patentieren zu lassen, würde mit Sicherheit eine differenzierte gesamtgesellschaftliche Debatte auslösen. Da es sich in diesem Fall aber „nur“ um Bakterien handelt, droht diese Debatte auszufallen.

Ein weiteres Ergebnis der Mikrobiomforschung, das bereits jetzt schon weite Kreise zieht, ist das wachsende Wissen über die Nebenwirkungen und Langzeitfolgen einer Antibiotikatherapie. Schon lange ist bekannt, dass Antibiotika einen Selektionsdruck ausüben, der die Kolonisierung mit resistenten Bakterien begünstigt. Des Weiteren waren definierte Nebenwirkungen für bestimmte Antibiotika bekannt. Mit der Fülle des nun entstehenden Wissens über die zentrale Rolle unseres Mikrobioms ergeben sich jedoch möglicherweise deutlich weitreichendere Implikationen einer

Antibiotikatherapie als bisher vermutet. Dieses Wissen hat mittlerweile auch den Weg aus der Fach- in die Laienpresse und damit in das gesamtgesellschaftliche Bewusstsein gefunden. Während bisher bei vielen Ärzten und Patienten die Gabe eines Antibiotikums im Zweifel meist sicherer erschien als der Verzicht darauf, vollzieht sich bzgl. dieser Wahrnehmung aktuell ein einschneidender Sinneswandel hin zum verantwortlichen Umgang mit dem menschlichen Mikrobiom. Ob der häufige Einsatz der Antibiotika auch die Erklärung darstellt, warum vor Urzeiten unser Mikrobiom wohl deutlich vielfältiger war als heutzutage, ist umstritten. Gezeigt werden konnte, dass das gastrointestinale Mikrobiom der im Amazonasgebiet isoliert lebenden Yanomamis-Indianer bis zu 10-mal so viele Arten enthält wie das der Menschen aus den USA und auch wesentlich vielfältiger ist als das von anderen Indio-Stämmen der Amazonasregion.

Zusammenfassend lässt sich sagen, dass insbesondere durch die Forschung der letzten Dekade die zentrale Rolle der Mikrobiota in der Physiologie des menschlichen Organismus und bei der Entstehung von Krankheiten aufgezeigt werden konnte. Die hieraus begründete und zum Teil sicherlich berechtigte Euphorie über das Potenzial des Mikrobioms lässt nun langsam ebenso einer kritischen Diskussion und Prozessoptimierung Raum. Auch wenn aufgrund der Fülle der zu verfolgenden Spuren die Versuchung groß ist, eine solche Spur auf eigene Faust zu verfolgen, scheint es ratsam, vorerst einen Schritt zurückzutreten und unsere Energien zu bündeln. Nur so können wir der hier vorgefundenen Komplexität langfristig gerecht werden. In diesem Sinne soll mit dem vorliegenden Buch zum Mikrobiom der aktuelle Wissensstand dargestellt werden, um Studierende der Biowissenschaften, Ärzte und Wissenschaften, aber auch den wissenschaftlich interessierten Laien über die wichtigen neuen wissenschaftlichen Erkenntnisse und Konzepte zu diesem „neuen Superorgan“ zu informieren.

Silke Peter

2 Mikrobiom und Metagenom – Präanalytik, DNA-Extraktion und Next-Generation-Sequencing aus Stuhlproben

2.1 Einführung

Die Next-Generation-Sequencing-(NGS-)Technologien haben es ermöglicht, die mikrobielle Zusammensetzung komplexer Proben in großem Maßstab zu untersuchen, und damit völlig neue Forschungsgebiete zugänglich gemacht. Gerade im Bereich der Humanmedizin ist der potenzielle Zusammenhang zwischen Darmmikrobiom und einer Vielzahl von Erkrankungen gegenwärtig Gegenstand intensiver Forschungsaktivitäten.

Um eine Mikrobiomstudie erfolgreich durchführen zu können, müssen bei der Planung eine Vielzahl von Einflussgrößen berücksichtigt werden. Insbesondere die präanalytischen Anforderungen, wie das genaue Prozedere zur Probengewinnung, der Probentransport und die Probenlagerung, müssen sorgfältig erwogen und genau festgelegt werden, da sie die Qualität der zu sequenzierenden DNA entscheidend mitbestimmen. Auch die Auswahl der DNA-Extraktionsmethode, die verwendete Sequenzierungsmethode und die Art der Datenanalyse beeinflussen die Ergebnisse der Mikrobiomstudie. Im folgenden Kapitel soll ein Überblick über die verschiedenen technischen Aspekte gegeben werden, die bei dem Entwurf einer Mikrobiomstudie berücksichtigt werden sollten, wobei der Datenauswertung ein eigenes Kapitel im Buch gewidmet ist. In Abb. 2.1 ist der Ablauf der einzelnen Arbeitsschritte einer Mikrobiomanalyse schematisch dargestellt.

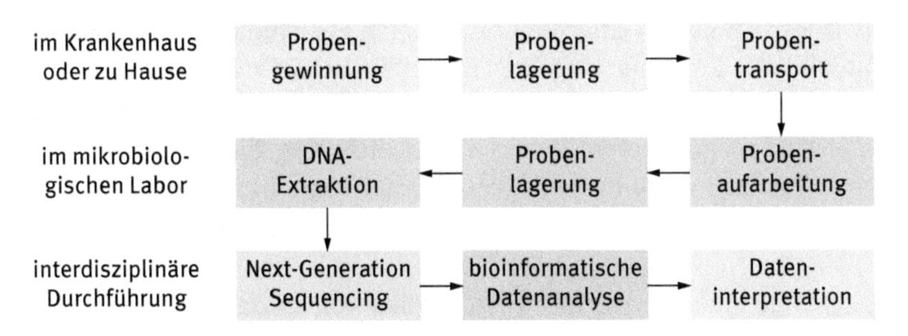

Abb. 2.1: Schematische Darstellung der wichtigsten Schritte einer Mikrobiomanalyse von der Probenentnahme bis hin zur Dateninterpretation.

DOI 10.1515/9783110454352-002

2.2 Technische Aspekte

2.2.1 Präanalytik: Probengewinnung, Transport und Lagerung

Zum gegenwärtigen Zeitpunkt gibt es keinen allgemein anerkannten und breit angewendeten Goldstandard für die Durchführung einer Mikrobiom- oder Metagenomstudie. Dies führt dazu, dass ständig neue Protokolle zum Einsatz kommen, die die Vergleichbarkeit der Ergebnisse verschiedener Studien erschweren. Um dieser Entwicklung entgegen zu wirken, hatte sich das Human Microbiome Project (HMP) des U.S. National Institute of Health (NIH) zum Ziel gesetzt eine standardisierte Methodik zu entwickeln und einen Referenzdatensatz des Mikrobioms von gesunden Erwachsenen Personen erstellt. Die derzeit verfügbare Version wurde jedoch seit mehreren Jahren nicht mehr aktualisiert, sodass neue Erkenntnisse und Fortschritte im Bereich der Präanalytik und Probenverarbeitung darin noch nicht berücksichtigt sind [1].

Probengewinnung sowie Probentransport und Probenlagerung sind wichtige Einflussfaktoren bei Mikrobiomstudien. Sie können die Menge und Qualität an extrahierter DNA verändern und damit einen Einfluss auf das Ergebnis der mikrobiellen Zusammensetzung der Probe ausüben [2]. Daher ist es wichtig, sich vorab mit den verschiedenen präanalytischen Fragen auseinanderzusetzen und ein geeignetes Prozedere für die individuelle Studie zu finden. Wie soll die Stuhlprobe gewonnen werden? Kann der Proband dies alleine oder benötigt er Hilfe? Wie schnell kann die Probe von zu Hause oder der Station im Krankenhaus in das verarbeitende Labor transportiert werden? Soll die Probe vorab durch den Studienteilnehmer gekühlt oder bei −20 °C eingefroren werden?

Bei der Art der Probengewinnung spielt vor allem das Umfeld, in dem die Studie durchgeführt werden soll, eine Rolle. So kann beispielsweise bei einer Probengewinnung im stationären Bereich mit Hilfe des Pflegepersonals ein aufwendigeres Prozedere etabliert werden als bei einer breit angelegten Feldstudie in abgelegenen Gebieten. Häufig wird zur Probengewinnung ein Auffangbehälter aus Kunststoff in die Toilette eingehängt. Dieser Auffangbehälter kann anschließend mit einem Deckel verschlossen und transportiert werden. Dabei ist es wichtig, dass die Probe nicht mit Urin kontaminiert wird. Eine weitere Möglichkeit besteht darin, dass der Patient selber mit einem speziellen Plastiklöffel einen Teil der Stuhlprobe in ein Probengefäß überführt.

Es liegt mittlerweile eine große Anzahl an Studien vor, in denen der Einfluss unterschiedlicher präanalytischer Parameter evaluiert wurde. Die Frage, ob Stuhlproben direkt nach der Gewinnung eingefroren werden müssen oder ob sie bei Raumtemperatur stabil bleiben, wird in der Literatur kontrovers diskutiert. So wurden beispielsweise in einer Studie Stuhlproben miteinander verglichen, die bis zu 24 Stunden bei Raumtemperatur oder bis zu sechs Monate bei −80 °C gelagert wurden. Eine Bestimmung der mikrobiellen Zusammensetzung zu verschiedenen

Zeitpunkten zeigte, dass die Proben von einem Individuum zu den verschiedenen Zeitpunkten eine große Übereinstimmung bezüglich der mikrobiellen Zusammensetzung und Diversität aufwiesen und in sich ähnlicher waren als die Proben zum gleichen Zeitpunkt von anderen Individuen [3]. Im Gegensatz dazu zeigte eine andere Studie, dass eine Lagerung der Proben bei Raumtemperatur für 24 und 72 Stunden zu einer zunehmenden Veränderung der mikrobiellen Zusammensetzung der Probe führte [4]. Zu vergleichbaren Ergebnissen kam eine weitere Studie mit vier Probanden, die verdeutlichte, dass eine Lagerung von Stuhlproben bei Raumtemperatur für länger als 24 Stunden zu einer Fragmentierung von DNA und RNA führt. Außerdem kam es bei tiefgefrorenen Proben, die aufgetaut wurden, bereits nach sehr kurzer Zeit zu einer Degradation von DNA und RNA. Die Autoren empfahlen daher, bereits tiefgefrorene Proben ohne erneutes Auftauen zu transportieren. Eine Degradation und Fragmentierung der DNA und RNA führten bei der nachfolgenden 16S-rDNA-Amplikon-Sequenzierung und Analyse zu einer Veränderung der bakteriellen Zusammensetzung der Probe [5].

Um die RNA und DNA aus der Stuhlprobe direkt nach der Probengewinnung zu stabilisieren, können Stabilisatoren wie beispielsweise PSP® (Stratec Molecular, Deutschland) oder RNA*later*® (Life Technologies, USA) eingesetzt werden. Eine Stabilisierung der DNA bei 4 °C oder bei Raumtemperatur für mehrere Tage würde eine deutliche Vereinfachung des präanalytischen Prozedere erlauben und stellt daher eine attraktive Alternative dar. Allerdings gibt es bislang nur wenige Studien zu diesem Thema, von denen einige Hinweise auf eine Veränderung der taxonomischen Zusammensetzung der Proben geben [6–10]. Da bislang größer angelegte umfassende Evaluationen des Effekts von Stabilisatoren auf die Zusammensetzung der DNA in einer Probe fehlen, kann zum gegenwärtigen Zeitpunkt deren Einsatz nicht generell empfohlen werden.

Eine Limitation der vorangehend aufgeführten Studien besteht in der geringen Anzahl an untersuchten Proben, sodass daraus keine allgemein gültigen Schlüsse abgeleitet werden können. Eine Vergleichbarkeit der Studien untereinander ist schwierig, da verschiedene DNA-Extraktionsverfahren, Sequenzierungsmethoden und Strategien der Datenauswertungen angewendet wurden. Dennoch liefern diese Studien unter Berücksichtigung lokaler Begebenheiten und der zur Verfügung stehenden Infrastruktur einen Anhaltspunkt für die Auswahl der geeigneten Methodik hinsichtlich der Planung neuer Studien.

Prinzipiell ist es von Vorteil, die Zeiten für den Transport und die Verarbeitung der Probe bis zum Einfrieren bei −80 °C so kurz wie möglich zu halten. Auftau- und Einfriervorgänge während des Transportes und der Probenverarbeitung sollten vermieden werden, um eine Degradation und Fragmentierung der DNA zu verhindern. Es bietet sich daher an, die Proben in mehrere kleine Aliquots zu portionieren, um wiederholt auf Proben gleicher Qualität zurückgreifen zu können.

2.2.2 DNA-Extraktion

Die Auswahl einer geeigneten DNA-Extraktionsmethode stellt einen zentralen Teil einer Mikrobiom- oder Metagenomstudie dar. Es ist für die nachfolgende Sequenzierung und Analyse von essentieller Bedeutung, dass die isolierte DNA möglichst genau die mikrobielle Zusammensetzung der Probe widerspiegelt. Außerdem ist eine ausreichende Menge an qualitativ hochwertiger DNA die Voraussetzung dafür, bei Metagenom-Shotgun-Sequenzierungen gute Sequenzierungsergebnisse zu erzielen [2].

Da sich gramnegative Bakterien im Aufbau ihrer Zellwand von den grampositiven Bakterien unterscheiden, ist es schwierig, eine DNA-Extraktionsmethode zu etablieren, die es ermöglicht, die DNA aller Bakterien mit gleicher Effizienz zu isolieren. Generell sind gramnegative Bakterien wie beispielsweise *Bacteroidetes* leichter zu lysieren als grampositive Bakterien, zu denen die *Firmicutes* zählen [11]. So konnte in mehreren Studien gezeigt, werden, dass die Integration eines mechanischen Lyseschrittes (Bead-beating) den Aufschluss von grampositiven Bakterien wie beispielsweise *Blautia*, *Bifidobacterium*, *Coprococcus* oder *Dorea* verbessert hat [8, 11–13]. Es gibt manuelle DNA-Extraktionsprotokolle, die auf die Extraktion von gramnegativen und grampositiven Bakterien abgestimmt sind und eine hohe Ausbeute an qualitativ guter DNA ermöglichen. Allerdings sind nichtkommerzielle Verfahren häufig arbeitsintensiv und daher weniger gut für größer angelegte Studien geeignet [14, 15]. In einer Vielzahl von vergleichenden Studien, die unterschiedliche kommerzielle DNA-Extraktionskits untersucht haben, konnte gezeigt werden, dass die mikrobielle Zusammensetzung der Probe in Abhängigkeit des verwendeten Kits stark variieren kann [8, 11, 13, 16–18]. Keines der auf dem Markt befindlichen DNA-Extraktionskits war bislang durchgängig gegenüber den Konkurrenzprodukten überlegen, sodass es derzeit noch keinen anerkannten Goldstandard für die DNA-Extraktion gibt. Eine gute Übersicht ermöglicht die Studie von Mackenzie et al., bei der vier häufig eingesetzte kommerzielle DNA-Extraktionsprotokolle miteinander verglichen wurden [19]. Einen weiteren guten Anhaltspunkt bietet das Protokoll des Human Microbiome Project (HMP), das bereits erfolgreich in zum Teil auch modifizierter Form bei einer Vielzahl von Studien angewandt wurde [20–22]. Außerdem empfiehlt es sich, die Durchführung einer Pilotstudie zu erwägen, um sicherzugehen, dass mit dem ausgewählten Vorgehen zur Probensammlung und Probenverarbeitung eine ausreichende Menge qualitativ hochwertiger DNA extrahiert werden kann.

2.2.3 Sequenzierungstechnologien

Seit dem Aufkommen der Next-Generation-Sequencing-Technologie haben beeindruckende Weiterentwicklungen dazu geführt, dass diese Technologie eine immer größere Verbreitung findet. Vollkommen neue Forschungsfelder sind dadurch für viele

Wissenschaftler zugänglich geworden, die noch vor wenigen Jahren einzelnen hochspezialisierten Einrichtungen vorbehalten waren [23].

Unter Next-Generation-Sequencing werden Hochdurchsatz-Sequenzierungsmethoden verstanden, bei denen parallel mehrere Millionen Sequenzen aus einer Probe generiert werden. Grundlegend beruhen diese Verfahren darauf, dass die extrahierte DNA aus der Probe in kleine Stücke fragmentiert und anschließend jeweils von einem DNA-Molekül ausgehend sequenziert wird [24]. Das exakte Funktionsprinzip variiert zwischen den verschiedenen Sequenzierungsmethoden, wobei jede Plattform verschiedene Vor- und Nachteile aufzeigt [25, 26]. Idealerweise sollte ein Sequenzierungssystem schnell, kostengünstig und zuverlässig eine fehlerfreie Sequenz generieren und dabei möglichst einfach in der Handhabung sein.

Derzeit kommen bei Metagenom- und Mikrobiomstudien überwiegend Sequenzierungssysteme der Firma Illumina (San Diego, Kalifornien, USA) zum Einsatz. Die zugrunde liegende Technologie wird als „sequencing by synthesis" (SBS) Methode bezeichnet. Nach der DNA-Extraktion aus der Probe folgt die Herstellung der sogenannten „Library". Hierbei wird die DNA fragmentiert und mit verschiedenen Nukleotidsequenzen versehen, die eine Probenidentifikation und Sequenzierung der DNA ermöglichen. Die genauen Schritte der Library-Herstellung variieren zwischen den verschiedenen Kits. Wichtig ist zu berücksichtigen, dass die Größe der DNA-Fragmente die Länge der später entstehenden Sequenzen mitbestimmt. Im Sequenziergerät wird die fragmentierte DNA auf einem Glasobjektträger (Flowcell) fixiert, auf dem die Sequenzierungsreaktion stattfindet. Während der Sequenzierung wird durch die Abspaltung von Fluoreszenz-markierten Molekülen ein Lichtsignal generiert, das anschließend detektiert wird. Bei der häufig angewandten „paired-end" Sequenzierung erfolgt die Sequenzierung von beiden Seiten des DNA-Stranges [25]. Je nachdem, welche Sequenzierreagenzien verwendet werden, können von beiden Seiten des DNA-Fragmentes ausgehend Sequenzen zwischen 100 und 300 Basenpaaren generiert werden. Je nach Größe des ursprünglichen DNA-Fragmentes entstehen auf diese Weise Sequenzen, die sich überlappen oder einen nicht sequenzierten Mittelteil enthalten.

Von der Firma Illumina stehen unter anderem mit der HiSeq-Serie und dem MiSeq-Gerät zwei Systemreihen für unterschiedliche Anwendungsbereiche zur Verfügung. Die Geräte der HiSeq-Serie zeichnen sich bei einer längeren Laufzeit durch eine höhere Menge an generierten Sequenzdaten und einen geringeren Preis pro sequenzierter Base aus. Der Einsatz eines HiSeqs eignet sich daher besonders für Studien mit einer großen Probenserie. Im Gegensatz dazu ist der seit 2011 verfügbare MiSeq ein kleines kompaktes sogenanntes „Benchtop"-Sequenziergerät, das vor allem für 16S-DNA-Amplikon-Sequenzierung und zur Sequenzierung von Bakteriengenomen verwendet wird. Es zeichnet sich durch einen bedienerfreundlichen Arbeitsablauf aus, verfügt über eine relative kurze Laufzeit und generiert eine geringere Menge an Sequenzdaten bei einem höheren Preis pro sequenzierter Base [25]. Die pro Lauf generierte Datenmenge und die Kosten der Systeme unterliegen einem schnellen Wandel, sodass sie hier nicht detailliert aufgelistet werden.

Neue Sequenzierungstechnologien werden ständig weiterentwickelt und bieten eine attraktive Zukunftsperspektive. Als besonders vielversprechend werden die Sequenzierungsmethoden der sogenannten dritten Generation angesehen.

Der von der Firma Pacific Biosciences of California (Menlo Park, Kalifornien, USA) entwickelte Sequenzer beruht auf der Methode der „single-molecule real-time“ (SMRT-)Sequenzierung. Diese Technologie ist charakterisiert durch eine direkte Detektion des Lichtsignals während der Sequenzierungsreaktion, eine kurze Laufzeit und die Erzeugung langer Sequenzen. Diese langen Sequenzen ermöglichen eine bessere Assemblierung, was beispielsweise von Vorteil ist, wenn ein möglichst lückenloses Genom eines Bakteriums erstellt werden soll. Von Nachteil sind die im Vergleich zu anderen Sequenzierungsmethoden noch hohen Raten an Lesefehlern, wobei die Firma für das neue Sequel™-Gerät eine höhere Lesegenauigkeit verspricht [27].

Eine andere, ebenfalls sehr vielversprechende Technologie ist die sogenannte Nanopore-Sequenzierung der Firma Oxford Nanopore Technologies (Oxford, UK). Hierbei wird das zu sequenzierende DNA-Stück durch eine Pore geschleust, die lediglich wenige Nanometer Durchmesser aufweist. Die Nanopore besteht aus einem Proteinkanal, der in einer Membran integriert ist. An der Membran ist eine Spannung angelegt, die zu einem Ionenfluss durch die Nanopore führt. Beim Durchtritt des DNA-Strangs durch die Pore kommt es zu einer Veränderung des Flusses von Ionen und damit zu einer Spannungsänderung. Die detektierten Spannungsänderungen sind spezifisch für die verschiedenen Nukleotide, was eine Identifizierung der Nukleotide erlaubt. Hierbei entstehen sehr lange Sequenzen, die bis zu mehreren Zehntausenden Basenpaare erreichen können, was ebenfalls zu einem verbesserten Assemblieren der einzelnen Sequenzen führt [28]. Der Nanopore-MinION-Sequenzierer ist mit einer Größe von 10 cm und einem Gewicht von 90 g ein portables Gerät, das in einen PC oder einen Laptop eingesteckt werden kann. Der MinION kann daher einfach transportiert werden und wurde beispielsweise bereits erfolgreich bei der Ebola-Ausbruchsuntersuchung in West-Afrika eingesetzt [29].

2.3 Amplikon-basierte 16S-rDNA- versus Metagenom-Shotgun-Sequenzierung

Für eine Analyse des Mikrobioms kommen prinzipiell zwei verschiedene Sequenzierungsstrategien in Betracht, die schematisch in Abb. 2.2 dargestellt sind. Steht eine phylogenetische Analyse im Vordergrund, bei der die bakterielle Zusammensetzung beispielsweise einer Stuhlprobe bestimmt werden soll, wurde in der Vergangenheit häufig eine sogenannte 16S-rDNA-Amplikon-Sequenzierung angewendet. Hierfür wird eine Amplifikation des konservierten ribosomalen 16S-rRNA-Gens durchgeführt, wobei die generierten Amplifikate anschließend sequenziert werden. Im Gegensatz dazu wird bei der Metagenom-Shotgun-Sequenzierung der komplette DNA-Gehalt einer Probe sequenziert [30].

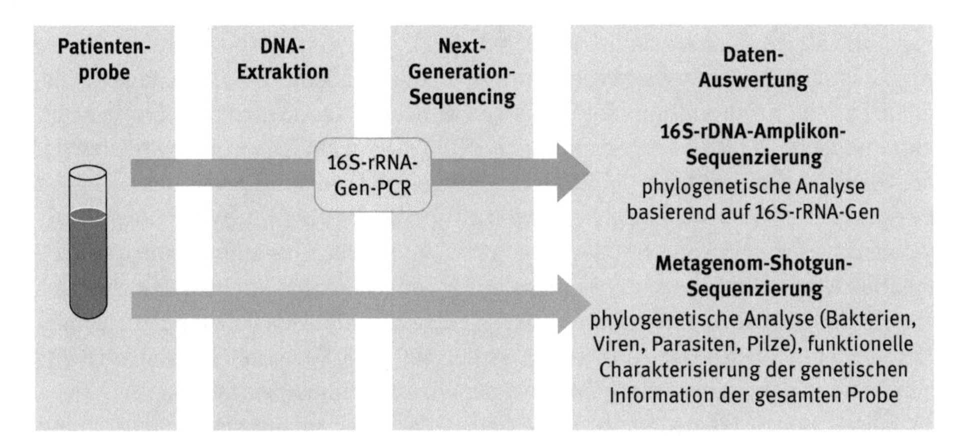

Abb. 2.2: Sequenzierungsstrategien für Mikrobiomanalysen: 16S-rDNA-Amplikon-Sequenzierung versus Metagenom-Shotgun-Sequenzierung.

2.3.1 Amplikon-basierte 16S-rDNA-Mikrobiomanalyse

Viele der in der Vergangenheit durchgeführten Mikrobiomstudien basieren auf einer Amplifikation des 16S-rRNA-Gens, das für einen Teil der kleinen Untereinheit des bakteriellen Ribosoms kodiert. Das ungefähr 1500 Basenpaare umfassende Gen kommt in nahezu allen Bakterien vor und setzt sich aus konservierten und neun variablen Regionen zusammen. Durch Primer, die in der konservierten Region des Gens binden, ist es möglich, universell die 16S rDNA verschiedenster Bakterien zu amplifizieren. Anschließend werden die 16S-rDNA-Amplifikate mittels NGS sequenziert. Die phylogenetische Zuordnung der erhaltenen Sequenzen erfolgt über einen Datenbankabgleich, die eine große Anzahl an 16S-rDNA-Sequenzen enthalten, wie beispielsweise SILVA [31], Greengenes [32] oder RDP (ribosomal database project) [33]. Ein bedeutender Vorteil der Methode besteht darin, dass sich mit relativ wenig Sequenzieraufwand ein Einblick in die bakterielle Zusammensetzung einer Probe gewinnen lässt [34]. Allerdings bringt diese Methode einige Nachteile mit sich, die bei der Planung einer Mikrobiomstudie bedacht werden sollten.

Bei der Amplifikation des 16S-rRNA-Gens besteht die Gefahr, dass eine systematische Verzerrung (Bias) in die Analyse eingeführt wird. Dieser Bias kann unter anderem dadurch entstehen, dass die vorhandene Anzahl an Kopien des 16S-rRNA-Gens zwischen den verschiedenen Bakterienspezies und sogar zwischen verschiedenen Stämmen einer Spezies erheblich variieren kann. Es gibt Bakterien, die lediglich eine Kopie des Gens enthalten, wohingegen andere Spezies bis zu 15 Kopien an 16S-rRNA-Genen aufweisen [35]. Ein weiterer entscheidender Faktor betrifft die Auswahl der Primer für die Amplifikation des 16S-rRNA-Gens, wobei die Auswahl zu einer Unterrepräsentation von Spezies oder zu einer Selektion gegenüber bestimmten Bakterienspezies führen kann [34]. In einer detaillierten Arbeit von Klindworth et al. wurde eine ausführliche Evaluation von 512 verschiedenen Primerpaaren durchgeführt, die als Anhaltspunkt für die Auswahl geeigneter Primer dienen kann [34]. Die Länge der Sequenzen, die auf den Illumina-Plattformen entstehen, ermöglicht es derzeit nicht, das komplette 16S-RNA-Gen abzudecken. Mit der Auswahl der Primer wird sich daher auf einen Abschnitt des 16S-RNA-Gens festgelegt. Die häufig gewählten variablen Regionen V1-V3 oder V3-V5 unterscheiden sich in ihrer Fähigkeit, verschiedene Bakterienspezies voneinander trennen zu können [34, 36–39]. Eine Möglichkeit, diese Limitationen zu umgehen, ist die Sequenzierung von mehreren variablen Regionen aus einer Probe, wobei zu einer genauen Auflösung eine möglichst vollständige Sequenzierung des 16S-rRNA-Gens angestrebt werden sollte [40]. Ebenfalls bedenken sollte man, dass es Bakterienspezies gibt, die eine sehr hohe Homologie des 16S-rRNA-Gens aufweisen, und dass eine Identifizierung dieser Bakterien auf Speziesebene basierend auf der 16S-rDNA-Sequenz nicht möglich ist. Ein Beispiel hierfür sind Enterobakterien [41], die ubiquitär im Darm vorkommen und bei einer Vielzahl von Infektionen eine Rolle spielen können.

Da alle oben aufgeführten Faktoren einen Einfluss auf das erzielte Ergebnis haben können und in der Konsequenz auch auf die daraus abgleitenden Schlussfolgerungen, ist es wichtig, sich vor der Entscheidung für eine Sequenzierungsstrategie genau zu überlegen, welche Informationen aus den Sequenzierungsdaten erhoben werden sollen.

2.3.2 Metagenomsequenzierung

Bei der Metagenom-Shotgun-Sequenzierung wird theoretisch die komplette DNA, die in einer Probe vorhanden ist, sequenziert. Hierfür wird die extrahierte DNA fragmentiert und ohne vorgeschaltete gezielte PCR-Amplifikation sequenziert (siehe Abb. 2.2). Der große Vorteil dieser Methode besteht darin, dass sich bei der Analyse nicht auf ein Zielgen, wie beispielsweise das 16S-rRNA-Gen, beschränkt werden muss. Eine Sequenzierung der kompletten genetischen Information einer Probe ermöglicht neben der Bestimmung der mikrobiellen Zusammensetzung auch eine funktionelle Analyse des vorhandenen Genpools [42].

Aus Metagenomdatensätzen kann auf verschiedene Weise eine taxonomische Information erhalten werden. Es ist beispielsweise auch möglich, 16S-rDNA-Informationen aus den Metagenomsequenzen zu extrahieren und hieraus ohne PCR und Primer Bias die taxonomische Komposition der Probe zu bestimmen [43–46]. Weitere Methoden umfassen die Zuordnung aller generierten Sequenzen zu verschiedenen definierten taxonomischen Gruppen, aus denen dann die mikrobielle Zusammensetzung der Probe abgeleitet werden kann [47]. Hierfür steht mit MEGAN ein ausgesprochen benutzerfreundliches Programm zur Verfügung, das auch eine funktionelle Charakterisierung der Metagenomsequenzen erlaubt [48, 49]. Die Möglichkeiten der funktionellen Analyse von Metagenomsequenzen sind weitreichend und richten sich nach der Fragestellung der Studie. So können beispielsweise metabolische Stoffwechselwege konstruiert werden, von denen vermutet wird, dass sie mit einer bestimmten Erkrankung assoziiert sind [50]. Weitere Anwendungsmöglichkeiten sind der Nachweis von Pathogenitätsfaktoren, Toxin- oder Antibiotikaresistenzgenen [14–22, 50].

Neben bakteriellen Bestandteilen der Proben können durch die Metagenom-Shotgun-Sequenzierung auch Informationen über Viren, Phagen, Pilze [51] und Parasiten aus der Probe gewonnen werden [52]. Besteht ein Interesse an dieser Informationen, muss bereits beim Extraktionsschritt sichergestellt werden, dass mit dem gewählten Protokoll die DNA beziehungsweise RNA der anderen Entitäten effizient extrahiert werden kann.

Neben den beeindruckenden Möglichkeiten, die die Anwendung von Metagenom-Shotgun-Sequencing mit sich bringt, gibt es einige wichtige Limitationen der Methode. Da der komplette DNA-Gehalt einer Probe sequenziert wird, enthalten viele der generierten Sequenzen keine verwertbaren taxonomischen Informationen und tragen nicht zu einer Bestimmung der bakteriellen Komposition der Probe bei. Bei einer Metagenom-Sequenzierung müssen daher im Vergleich zu einer 16S-rDNA-Amplikon-Sequenzierung häufig mehr Sequenzen erstellt werden, was zu deutlichen höheren Kosten führt [50]. Ein weiterer Punkt, über den man sich bei der Durchführung einer Metagenomstudie bewusst sein sollte, ist die Tatsache, dass bei der Sequenzierung sehr große Mengen an komplexen Daten generiert werden. Hierfür müssen ausreichend Computerkapazitäten zur Verfügung stehen und eine gute bioinformatische Analysestrategie etabliert werden [47]. Eine weitere Limitation stellen die derzeit noch relativ kurzen Sequenzen dar, die eine Zuordnung der Sequenzen zu bestimmten Bakterienspezies oder funktionellen Gengruppen erschweren. Auch das Zusammensetzen der Metagenomsequenzen stellt aufgrund der relativ kurzen Sequenzen und ungenügenden Datenbanken nach wie vor eine große Herausforderung dar [47, 53].

2.3.3 DNA-Kontamination

Ein weiteres Problem, das sowohl die 16S-rDNA-Amplikon-Sequenzierung als auch das Metagenom-Shotgun-Sequencing betrifft, ist das Einführen von DNA-Kontaminationen während der Probengewinnung und Aufarbeitung. So können beispielsweise Wasser, PCR-Reagenzien, Plastikgefäße und die DNA-Extraktionskits mit DNA kontaminiert sein. Diese Kontaminationen können vor allem dann von besonderer Bedeutung sein, wenn in der Probe selber nur wenige Bakterien vorhanden sind. Es konnte kürzlich gezeigt werden, dass DNA-Kontaminationen in nahezu allen kommerziellen Extraktionskits und Laborreagenzien vorzufinden sind, wobei die Menge und Art der nachgewiesenen DNA zwischen den verschiedenen Chargen stark variieren kann [54]. In der Studie wird eine Liste von Bakterienspezies aufgeführt, die bereits häufig als Kontaminanten nachgewiesen wurden [54].

2.4 Generelle Empfehlungen für eine Studiendurchführung

Verschiedene Maßnahmen können während der Durchführung einer Mikrobiom- oder Metagenomstudie ergriffen werden, um den Einfluss von DNA-Kontamination auf das Ergebnis möglichst gering zu halten. Es ist empfehlenswert, Negativkontrollen mitzuführen, die analog zu den Proben aufbereitet werden und die DNA-Kontamination der verschiedenen im Prozess verwendeten Reagenzien abbilden können. Es empfiehlt sich, alle verwendeten Reagenzien und Materialien genau mit Chargennummer zu dokumentieren, um eine Rückverfolgbarkeit gewährleisten zu können. Die Reihenfolge der abzuarbeitenden Proben sollte zufällig sein und es sollten möglichst viele Aliquots erstellt werden, um später gegebenenfalls eine weitere Sequenzierung mit anderen Reagenzien durchführen zu können [54]. Weiterhin ist es wichtig, das präanalytische Prozedere sorgfältig auszuwählen und darauf zu achten, dass es für alle in der Studie gewonnenen Proben konstant beibehalten wird. Um das ausgewählte Prozedere und Studiendesign zu überprüfen, bietet sich die Durchführung einer Pilotstudie mit ausgewählten Proben an [2].

Trotz einiger derzeit noch bestehender Limitationen bietet die Mikrobiom- und Metagenomanalytik die Möglichkeit, spannende Forschungsgebiete in verschiedensten Bereichen zu erschließen und neue Erkenntnisse im Bereich der Entstehung und des Verlaufes von Krankheiten zu erlangen. Außerdem stellt der Metagenomansatz eine vielversprechende Methode für die Zukunft der mikrobiologischen Diagnostik dar, da potenziell alle in einer Probe vorhandenen Bakterien, Pilze, Viren und Parasiten nachgewiesen werden können.

2.5 Literatur

[1] Aagaard K, Petrosino J, Keitel W, Watson M, Katancik J, Garcia N, et al. The Human Microbiome Project strategy for comprehensive sampling of the human microbiome and why it matters. FASEB J. 2013; 27: 1012–1022.

[2] Goodrich JK, Di Rienzi SC, Poole AC, Koren O, Walters WA, Caporaso JG, et al. Conducting a microbiome study. Cell. 2014; 158: 250–262.

[3] Carroll IM, Ringel-Kulka T, Siddle JP, Klaenhammer TR, Ringel Y. Characterization of the fecal microbiota using high-throughput sequencing reveals a stable microbial community during storage. PLoS. 2012; One 7: e46953.

[4] Roesch LF, Casella G, Simell O, Krischer J, Wasserfall CH, Schatz D, et al. Influence of fecal sample storage on bacterial community diversity. Open Microbiol. 2009; J 3: 40–46.

[5] Cardona S, Eck A, Cassellas M, Gallart M, Alastrue C, Dore J, et al. Storage conditions of intestinal microbiota matter in metagenomic analysis. BMC Microbiol. 2012; 12: 158.

[6] Dominianni C, Wu J, Hayes RB, Ahn J. Comparison of methods for fecal microbiome biospecimen collection. BMC Microbiol. 2014; 14: 103.

[7] Sinha R, Chen J, Amir A, Vogtmann E, Shi J, Inman KS et al. Collecting Fecal Samples for Microbiome Analyses in Epidemiology Studies. Cancer Epidemiol Biomarkers Prev. 2016; 25: 407–416.

[8] Wu GD, Lewis JD, Hoffmann C, Chen YY, Knight R, Bittinger K, et al. Sampling and pyrosequencing methods for characterizing bacterial communities in the human gut using 16S sequence tags. BMC Microbiol. 2010; 10: 206.
[9] Flores R, Shi J, Yu G, Ma B, Ravel J, Goedert JJ, et al. Collection media and delayed freezing effects on microbial composition of human stool. Microbiome. 2015; 3: 33.
[10] Choo JM, Leong LE, Rogers GB. Sample storage conditions significantly influence faecal microbiome profiles. Sci Rep. 2015; 5: 16350.
[11] Maukonen J, Simoes C, Saarela M. The currently used commercial DNA-extraction methods give different results of clostridial and actinobacterial populations derived from human fecal samples. FEMS Microbiol Ecol. 2012; 79: 697–708.
[12] Santiago A, Panda S, Mengels G, Martinez X, Azpiroz F, Dore J, et al. Processing faecal samples: a step forward for standards in microbial community analysis. BMC Microbiol. 2014; 14: 112.
[13] Yuan S, Cohen DB, Ravel J, Abdo Z, Forney LJ. Evaluation of methods for the extraction and purification of DNA from the human microbiome. PLoS One. 2012; 7: e33865.
[14] Thomas V, Clark J, Dore J. Fecal microbiota analysis: an overview of sample collection methods and sequencing strategies. Future Microbiol. 2015; 10: 1485–1504.
[15] Godon JJ, Zumstein E, Dabert P, Habouzit F, Moletta R. Molecular microbial diversity of an anaerobic digestor as determined by small-subunit rDNA sequence analysis. Appl Environ Microbiol. 1997; 63: 2802–2813.
[16] Kennedy NA, Walker AW, Berry SH, Duncan SH, Farquarson FM, Louis P, et al. The impact of different DNA extraction kits and laboratories upon the assessment of human gut microbiota composition by 16S rRNA gene sequencing. PLoS One. 2014; 9: e88982.
[17] Claassen S, du Toit E, Kaba M, Moodley C, Zar HJ, Nicol MP. A comparison of the efficiency of five different commercial DNA extraction kits for extraction of DNA from faecal samples. J Microbiol Methods. 2013; 94: 103–110.
[18] Mirsepasi H, Persson S, Struve C, Andersen LO, Petersen AM, Krogfelt KA. Microbial diversity in fecal samples depends on DNA extraction method: easyMag DNA extraction compared to QIAamp DNA stool mini kit extraction. BMC Res Notes. 2014; 7: 50.
[19] Wagner Mackenzie B, Waite DW, Taylor MW. Evaluating variation in human gut microbiota profiles due to DNA extraction method and inter-subject differences. Front Microbiol. 2015; 6: 130.
[20] Goodrich JK, Waters JL, Poole AC, Sutter JL, Koren O, Blekhman R, et al. Human genetics shape the gut microbiome. Cell. 2014; 159: 789–799.
[21] Donia MS, Cimermancic P, Schulze CJ, Wieland Brown LC, Martin J, Mitreva M, et al. A systematic analysis of biosynthetic gene clusters in the human microbiome reveals a common family of antibiotics. Cell. 2014; 158: 1402–1414.
[22] Willmann M, El-Hadidi M, Huson DH, Schutz M, Weidenmaier C, Autenrieth IB, et al. Antibiotic Selection Pressure Determination through Sequence-Based Metagenomics. Antimicrob Agents Chemother. 2015; 59: 7335–7345.
[23] van Dijk EL, Auger H, Jaszczyszyn Y, Thermes C. Ten years of next-generation sequencing technology. Trends Genet. 2014; 30: 418–426.
[24] Torok ME, Peacock SJ. Rapid whole-genome sequencing of bacterial pathogens in the clinical microbiology laboratory–pipe dream or reality? J Antimicrob Chemother. 2012; 67: 2307–2308.
[25] Liu L, Li Y, Li S, Hu N, He Y, Pong R, et al. Comparison of next-generation sequencing systems. J Biomed Biotechnol. 2012; 251364.
[26] Glenn TC. Field guide to next-generation DNA sequencers. Mol Ecol Resour. 2011; 11: 759–769.
[27] Rhoads A, Au KF. PacBio Sequencing and Its Applications. Genomics Proteomics Bioinformatics. 2015; 13: 278–289.

[28] Laver T, Harrison J, O'Neill PA, Moore K, Farbos A, Paszkiewicz K, et al. Assessing the performance of the Oxford Nanopore Technologies MinION. Biomol Detect Quantif. 2015; 3: 1–8.
[29] Quick J, Loman NJ, Duraffour S, Simpson JT, Severi E, Cowley L, et al. Real-time, portable genome sequencing for Ebola surveillance. Nature. 2016; 530: 228–232.
[30] Cox MJ, Cookson WO, Moffatt MF. Sequencing the human microbiome in health and disease. Hum Mol Genet. 2013; 22: R88–94.
[31] Quast C, Pruesse E, Yilmaz P, Gerken J, Schweer T, Yarza P, et al. The SILVA ribosomal RNA gene database project: improved data processing and web-based tools. Nucleic Acids Res. 2013; 41: D590–596.
[32] DeSantis TZ, Hugenholtz P, Larsen N, Rojas M, Brodie EL, Keller K, et al. Greengenes, a chimera-checked 16S rRNA gene database and workbench compatible with ARB. Appl Environ Microbiol. 2006; 72: 5069–5072.
[33] Cole JR, Wang Q, Fish JA, Chai B, McGarrell DM, Sun Y, et al. Ribosomal Database Project: data and tools for high throughput rRNA analysis. Nucleic Acids Res. 2014; 42: D633–642.
[34] Klindworth A, Pruesse E, Schweer T, Peplies J, Quast C, Horn M, et al. Evaluation of general 16S ribosomal RNA gene PCR primers for classical and next-generation sequencing-based diversity studies. Nucleic Acids Res. 2013; 41: e1.
[35] Vetrovsky T, Baldrian P. The variability of the 16S rRNA gene in bacterial genomes and its consequences for bacterial community analyses. PLoS One. 2013; 8: e57923.
[36] Kim M, Morrison M, Yu Z. Evaluation of different partial 16S rRNA gene sequence regions for phylogenetic analysis of microbiomes. J Microbiol Methods. 2011; 84: 81–87.
[37] Claesson MJ, Wang Q, O'Sullivan O, Greene-Diniz R, Cole JR, Ross RP, et al. Comparison of two next-generation sequencing technologies for resolving highly complex microbiota composition using tandem variable 16S rRNA gene regions. Nucleic Acids Res. 2010; 38: e200.
[38] Jumpstart Consortium Human Microbiome Project Data Generation Working G. Evaluation of 16S rDNA-based community profiling for human microbiome research. PLoS One. 2012; 7: e39315.
[39] Hayashi H, Sakamoto M, Benno Y. Evaluation of three different forward primers by terminal restriction fragment length polymorphism analysis for determination of fecal bifidobacterium spp. in healthy subjects. Microbiol Immunol. 2004; 48: 1–6.
[40] Yarza P, Yilmaz P, Pruesse E, Glockner FO, Ludwig W, Schleifer KH, et al. Uniting the classification of cultured and uncultured bacteria and archaea using 16S rRNA gene sequences. Nat Rev Microbiol. 2014; 12: 635–645.
[41] Janda JM, Abbott SL. 16S rRNA gene sequencing for bacterial identification in the diagnostic laboratory: pluses, perils, and pitfalls. J Clin Microbiol. 2007; 45: 2761–2764.
[42] Thomas T, Gilbert J, Meyer F. Metagenomics – a guide from sampling to data analysis. Microb Inform Exp. 2012; 2: 3.
[43] Logares R, Sunagawa S, Salazar G, Cornejo-Castillo FM, Ferrera I, Sarmento H, et al. Metagenomic 16S rDNA Illumina tags are a powerful alternative to amplicon sequencing to explore diversity and structure of microbial communities. Environ Microbiol. 2014; 16: 2659–2671.
[44] Guo J, Cole JR, Zhang Q, Brown CT, Tiedje JM. Microbial Community Analysis with Ribosomal Gene Fragments from Shotgun Metagenomes. Appl Environ Microbiol. 2015; 82: 157–166.
[45] Ranjan R, Rani A, Metwally A, McGee HS, Perkins DL. Analysis of the microbiome: Advantages of whole genome shotgun versus 16S amplicon sequencing. Biochem Biophys Res Commun. 2016; 469: 967–977.
[46] Poretsky R, Rodriguez RL, Luo C, Tsementzi D, Konstantinidis KT. Strengths and limitations of 16S rRNA gene amplicon sequencing in revealing temporal microbial community dynamics. PLoS One. 2014; 9: e93827.

[47] Sharpton TJ. An introduction to the analysis of shotgun metagenomic data. Front Plant Sci. 2014; 5: 209.

[48] Mitra S, Rupek P, Richter DC, Urich T, Gilbert JA, Meyer F, et al. Functional analysis of metagenomes and metatranscriptomes using SEED and KEGG. BMC Bioinformatics. 2011; 12(1): S21.

[49] Huson DH, Auch AF, Qi J, Schuster SC. MEGAN analysis of metagenomic data. Genome Res. 2007; 17: 377–386.

[50] Wang WL, Xu SY, Ren ZG, Tao L, Jiang JW, Zheng SS. Application of metagenomics in the human gut microbiome. World J Gastroenterol. 2015; 21: 803–814.

[51] Norman JM, Handley SA, Virgin HW. Kingdom-agnostic metagenomics and the importance of complete characterization of enteric microbial communities. Gastroenterology. 2014; 146: 1459–1469.

[52] Pallen MJ. Diagnostic metagenomics: potential applications to bacterial, viral and parasitic infections. Parasitology. 2014; 141: 1856–1862.

[53] Kuczynski J, Lauber CL, Walters WA, Parfrey LW, Clemente JC, Gevers D, et al. Experimental and analytical tools for studying the human microbiome. Nat Rev Genet. 2012; 13: 47–58.

[54] Salter SJ, Cox MJ, Turek EM, Calus ST, Cookson WO, Moffatt MF, et al. Reagent and laboratory contamination can critically impact sequence-based microbiome analyses. BMC Biol. 2014; 12: 87.

Fedja Farowski und Marius Vital

3 Bioinformatische und statistische Grundlagen

3.1 Einleitung

Obwohl seit langem bekannt ist, dass das menschliche Mikrobiom den Gesundheitszustand seines Wirtes beeinflusst, haben wir erst kürzlich begonnen, den gesamten Umfang dieser Beteiligung zu erfassen. Hauptsächlich ist dies dank der kostengünstigen und effektiven Analyse mikrobieller Gemeinschaften mittels *high-throughput-sequencing* möglich geworden. Sogenannte *next-generation*-Technologien, wie *454 pyrosequencing, Illumina-Sequenzierung* oder Halbleitersequenzierung mittels Ion-Torrent, ermöglichen es, die komplette Zusammensetzung eines Mikrobioms ohne aufwendige Isolierung und Kultivierung einzelner Organismen zu bestimmen.

Eine Herausforderung birgt dabei sowohl die bioinformatische als auch die statistische Analyse der gewonnenen Daten. Diese unterliegt nur zum Teil standardisierten Abläufen, die von einer Mehrheit aller Wissenschaftler anerkannt werden. Da es sich bei Mikrobiomdaten meistens um so genannte *sparse compositional data* mit zudem hoher Überdispersion und vielen Nullwerten handelt, sind Standardmethoden zur multivariaten Analyse häufig nur bedingt geeignet. Momentan existiert ein fortlaufender Diskurs darüber, welche Methoden, sei es zur Datennormalisierung, zur Errechnung der Distanzen zwischen Proben(gruppen) oder zur differentiellen Abundanz-Analyse, am besten geeignet sind.

3.2 Methoden zur Bestimmung der Zusammensetzung mikrobieller Gemeinschaften

Die Zusammensetzung des menschlichen Mikrobioms kann (in der Regel) anhand von zwei verschiedenen (Sequenzierungs-)Ansätzen – dem *amplicon* und dem *shotgun metagenomic sequencing* – analysiert werden.

Bei der **Amplikon-Sequenzierung** werden ausschließlich spezifische Markergene sequenziert [1]. Das Gen der 16S-ribosomalen RNA (rRNA) wird hierbei am häufigsten ausgewählt, um eine taxonomische Identifizierung vorzunehmen. Die Vor- und Nachteile dieser Methode wurden bereits ausführlich in Kapitel 2 diskutiert. An dieser Stelle gehen wir daher ausschließlich auf die Analyse der gewonnenen Daten ein. Nach der Sequenzierung kann die gesamte bakterielle Population anhand der gewonnenen 16S-Sequenzen sowie der Häufigkeit, mit der jede einzelne Sequenz detektiert wurde, beschrieben werden. Dabei gibt es grob zwei unterschiedliche Herangehensweisen. Bei der ersten werden die Rohdaten/Sequenzen nach Qualität gefiltert und die *forward* und *reverse reads* assembliert, d. h. zu längeren Fragmenten zusammengefügt, falls dies erforderlich ist (Illumina-Sequenzierung).

DOI 10.1515/9783110454352-003

Anschließend werden die Sequenzen direkt über den Vergleich mit Referenzsequenzen einer taxonomischen Gruppe zugeordnet (***supervised method***) [2, 3]. Die gängigsten Datenbanken für Referenzsequenzen sind hierbei *Greengenes* [4], das *Ribosomal Database Project* (RDP) [5] und *Silva* [6]. Eine solche Zuordnung ist jedoch bedingt durch die Genauigkeit der Sequenzierungsplattform, der Referenzdatenbank und vor allem der Diversität/Zusammensetzung der Probe. Unvollständige Datenbanken und neue unbeschriebene Sequenzen, die nur grob in eine bekannte taxonomische Entwicklungslinie passen, lassen dabei keine genaue Analyse zu [7]. Generell ist dies jedoch im Bereich des humanen Mikrobioms nur für eine geringe Anzahl von Sequenzen der Fall, da bereits viele vom Menschen isolierte Bakterien sequenziert wurden [8]. Eine verbreitete alternative Methode ist das s. g. ***clustering***. Hierbei werden ähnliche Sequenzen, d. h. Sequenzen aus mutmaßlich ähnlichen Bakterien, in *cluster* bzw. ***operational taxonomic units* (OTU)**, zusammengefasst. In der Regel weisen diese Sequenzen eine Übereinstimmung von 95 %, 97 %, oder 99 % auf. Üblicherweise wird je OTU eine mittlere oder repräsentative Sequenz ausgewählt und ebenfalls mit einer Referenzdatenbank verglichen. In vielen Studien werden OTUs als Synonym für eine taxonomische Einheit wie Genus oder Spezies, abhängig vom Übereinstimmungsgrad, verwendet. Da diese OTUs jedoch unabhängig von Referenzdatenbanken erzeugt werden und gewisse taxonomische Einheiten keinen konstanten Übereinstimmungsgrad aufweisen, stimmen sie oft nicht mit der tatsächlichen Spezies bzw. dem Genus, überein. Das heißt, Sequenzen einer OTU können von unterschiedlichen Spezies/Genera stammen oder verschiedene OTUs können zur/zum gleichen Spezies/Genus gehören [7, 9]. Mittlerweile existieren einige öffentlich verfügbare Plattformen (u. a. *mothur*, *QIIME* und *RDP*) [10–12], die alle Algorithmen von der bioinformatischen Analyse der Rohsequenzen bis zu deren taxonomischen Identifikation sowie der statistischen Datenanalyse beinhalten.

Beide Methoden, sowohl die *supervised method* als auch die OTU-basierte Methode, ermöglichen die Erstellung von so genannten Häufigkeits- bzw. OTU-Tabellen. Da Bakterien häufig mehrere 16S-Gene in deren Genomen besitzen, werden die Daten oftmals auf diesen Parameter normalisiert. Diese Normalisierung ist jedoch stark von den vorhandenen Referenzgenomen abhängig und birgt noch eine große Ungenauigkeit. Ein bioinformatisch aufbereiteter Sequenz-Datensatz kann dann in vielerlei Weisen wiedergegeben werden. Häufig werden dabei Histogramme einzelner wichtiger Taxa/OTUs dargestellt, um einen Überblick über die Zusammensetzung der bakteriellen Gemeinschaften zu erhalten [13]. Alternativ können diese Histogramme auch in binärer Form, d. h. dem Vorhandensein bzw. der Abwesenheit einzelner OTUs, innerhalb verschiedener Proben, dargestellt werden. Eine typische Darstellung der mikrobiellen Zusammensetzung verschiedener Proben ist in Abb. 3.1 zu sehen. Diese Daten können wiederum für multivariate Zerlegungsverfahren, wie die Hauptkomponentenanalyse (PCA) [14] verwendet werden, um letztendlich zu untersuchen, ob sich die Gemeinschaften zwischen Gruppen unterscheiden, welche OTUs maßgeblich

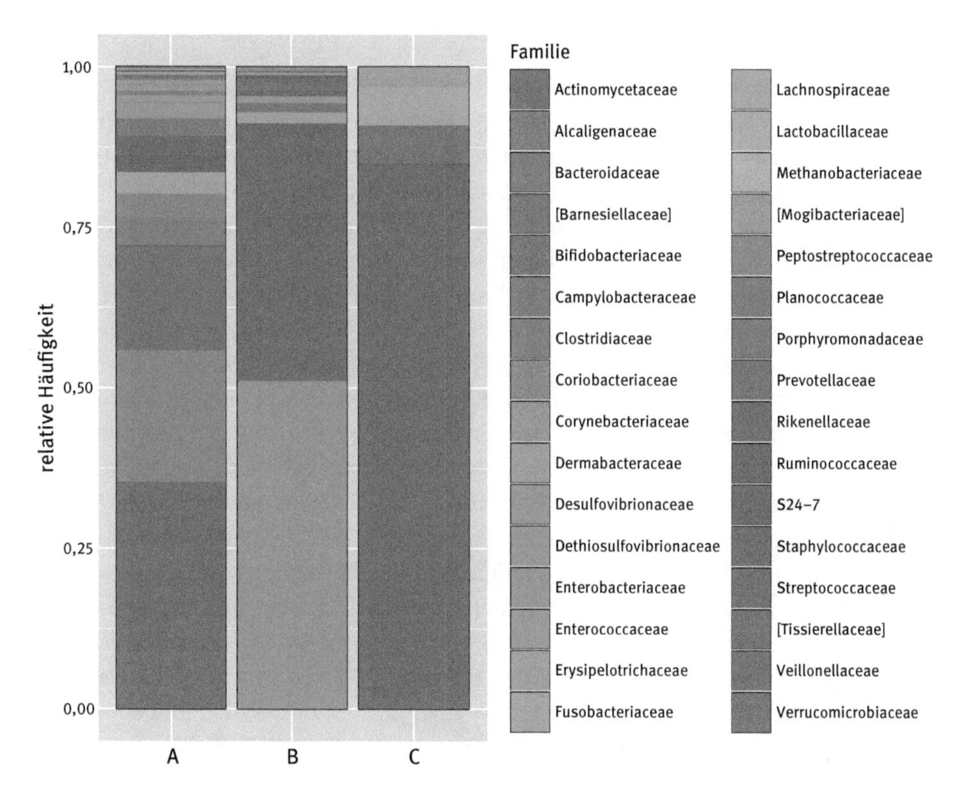

Abb. 3.1: Exemplarische Darstellung der mikrobiellen Zusammensetzung bzw. der relativen Abundanz verschiedener Taxa über einen zeitlichen Verlauf. In diesem Fall wird die Zusammensetzung eines Darmmikrobioms (auf Familien-Ebene) nach der Gabe von Antibiotika gezeigt. Jeder Balken entspricht der Zusammensetzung einer einzelnen Probe. Die entsprechenden Shannon-Indices sind: 4,4 (A), 1,3 (B) und 2,0 (C).

für deren Varianz verantwortlich sind und ob die Zusammensetzung mit spezifischen Metadaten korreliert.

3.3 Shotgun-Metagenomic-Sequencing

Eine Alternative zur Amplikon-Sequenzierung stellt das ***Shotgun-Metagenomic-Sequencing*** dar. Bei dieser Technik wird die extrahierte DNA in kleinere Fragmente zerlegt und anschließend sequenziert. Die Grundlagen dieser Technik wurden bereits in Kapitel 2 vorgestellt. Mittels des *shotgun-metagenomic-sequencing* wird ein sehr umfangreicher Datensatz erzeugt, der die Gesamtheit der genomischen Informationen einer mikrobiellen Gemeinschaft beinhaltet und große rechnerische sowie statistische Anforderungen bereithält. Andererseits bringt diese enorme Fülle an Informationen auch große Möglichkeiten mit sich. Es können beispielsweise Genome einzelner Mitglieder einer mikrobiellen Gemeinschaft rekonstruiert und diese, neben deren taxonomischer Zugehörigkeit, auch auf funktioneller Ebene charakterisiert werden. Während das Ziel der *whole genome shotgun* (WGS) Sequenzierung einzelner Organismen in der Regel darin besteht, ein komplett zusammengesetztes Genom zu erhalten, ist dies für Metagenome jedoch selten der Fall. Die einfachste Methode besteht darin, die vorhandenen *reads* nicht zu assemblieren, sondern direkt mit Referenzgenomen zu vergleichen. Dabei werden sowohl detaillierte taxonomische Informationen gewonnen als auch ein Einblick über die Häufigkeit der vorhandenen bakteriellen Funktionen, wie z. B. deren Stoffwechselwege, gegeben. Öffentlich verfügbare Programme (z. B. IMG, MetaPhlAn, Kraken, MG-RAST) für solch eine Analyse stehen bereits zur Verfügung [15–18]. Da hierbei die Taxonomie nicht nur auf spezifische Markergene beschränkt ist, sondern das gesamte Genom herangezogen wird, ist eine Charakterisierung auf Speziesebene meistens problemlos möglich. Diese Art der Analyse, vor allem in Bezug auf die funktionelle Charakterisierung, ist jedoch stark von bereits vorhandenen Genomsequenzen abhängig. Insbesondere, wenn eine Probe eine größere Anzahl Bakterien enthält, die nicht in den Datenbanken vorhanden sind, kann dies zu Problemen führen. In diesem Fall muss auf eine Assemblierung der *reads* zurückgegriffen werden. Verschiedene *assembly methods* wurden für Metagenome bereits erfolgreich erprobt. Dies ist jedoch ein aktives Feld und es werden laufend neue, optimierte Algorithmen entwickelt. Dabei werden *reads* in sogenannten *contigs*, d. h. DNA-Sequenzen, die sich aus mehreren *reads* zusammensetzen, assembliert. Generell wird zwischen zwei Assemblierungsstrategien unterschieden – dem *de novo assembly*, welches ohne Zuhilfenahme von Referenzen die *reads* assembliert, und referenzbasierenden Methoden, bei denen Referenzgenome berücksichtigt werden. Die ***De-novo*-Analyse** erfolgt ohne einen Abgleich mit Referenzdatenbanken. Der Vorteil dieser Methode besteht darin, dass sie weniger auf bereits bekannte Information angewiesen ist und somit mehr Spielraum zur Charakterisierung einer Gemeinschaft lässt. Oft werden hierbei die *reads* vorab aufgrund spezieller Charakteristika (GC-Gehalt, Codon-Gebrauch, Häufigkeit etc.) sortiert – das sogenannte ***binning***. Die größte Herausforderung stellt sicherlich der komplette Zusammenbau einzelner Genome einer mikrobiellen Gemeinschaft dar und dieser ist wahrscheinlich nur in seltenen Fällen möglich und stark von der Probenzusammensetzung und Sequenzierungstiefe abhängig [19]. Hierbei lässt sich folgende Regel festhalten: Je geringer die Diversität und je höher die Sequenzierungstiefe desto wahrscheinlicher ist es, komplette Genome aus metagenomischen Daten zu erhalten. Ein großer Vorteil von gesamten Genomen besteht darin, dass ein klarer Zusammenhang zwischen Taxonomie und Funktion spezifischer Bakterien gegeben werden kann. So ist es dabei zum Beispiel möglich, spezifische Pathogenitätsfaktoren klar spezifischen Bakterien zuzuordnen und auch Informationen über etwaige vorhandene Resistenzgene gegen Antibiotika dieser Bakterien zu erhalten. Dies ist bei einer Assemblierung in Fragmenten (*contigs*) nur bedingt möglich. Bei allen assemblierungsbasierten Methoden kann jedoch das Auftreten von Chimären zu erheblichen Problemen führen. Dabei handelt es sich um *contigs*, welche aus *reads* zusammengesetzt sind, die nicht von demselben Genom, sondern von verschiedenen Genomen stammen und somit artifizielle Genabschnitte darstellen. Durch eine fortlaufende Methodenoptimierung, wie zum Beispiel die Zuhilfenahme von speziellen *binning*-Methoden (z. B. der Häufigkeit von *reads*), wird das Auftreten von Chimären ständig reduziert.

Nach der Assemblierung werden *open reading frames* (Bereiche, die für Gene codieren) auf den *contigs* bestimmt und eine Annotation (Vorhersage der kodierten Proteine) durchgeführt. Da in mikrobiellen Genomen nur wenig intergenische Sequenzen vorkommen, enthalten die meisten *contigs* ein oder mehrere Gene, die direkt zur Charakterisierung von vorhandenen Enzymen und Stoffwechselwegen verwendet werden können [20–23]. Zur Quantifizierung werden die *reads* auf die *contigs gemapped* und somit deren Anzahl bestimmt. Eine der größten Herausforderungen des *shotgun metagenomic sequencing* stellt eine akkurate funktionelle Analyse und Bestimmung bestimmter Stoffwechselwege von bakteriellen Gemeinschaften dar, da eine funktionelle Zuordnung der Gene in Referenzdatenbanken zumeist nur auf Sequenzhomologie basiert und lediglich ein kleiner Teil biochemisch verifiziert ist. Dadurch gibt es viele Misannotationen von Genen, sodass Vorhersagen bestimmter Stoffwechselwege von Metagenomen oft ungenau ausfallen.

3.4 Analyse der mikrobiellen Gemeinschaft

Um das humane Mikrobiom als eine Gemeinschaft zu untersuchen, werden häufig Konzepte aus der Ökologie, wie Diversität (*diversity*), Verteilung (*evenness*), Anzahl (*richness*) und Abundanz (*abundance*), herangezogen. Anstatt ausschließlich auf spezielle Taxa zu fokussieren, ermöglichen solche Analysen, einen Gesamtüberblick über das Mikrobiom zu erhalten und deren Zusammensetzung als Ökosystem zu begreifen. Generell stehen bei der Analyse drei Ebenen im Vordergrund: (1) Die Erfassung der Zusammensetzung und Diversität innerhalb einer Probe (α-Diversität), (2) Unterschiede in den Gemeinschaften zwischen Proben(gruppen) (β-Diversität) und (3) Aufdecken spezifischer Taxa/OTUs, welche sich zwischen Proben(gruppen) unterscheiden. Des Weiteren ist oft die Erforschung von Einflussfaktoren auf die Zusammensetzung der Gemeinschaften und auch Abundanz spezifischer Taxa/OTUs im Fokus.

3.5 α-Diversität

Die α-Diversität ist ein Maß für die Diversität einer Probe und kann mittels verschiedener Algorithmen berechnet werden, den sogenannten *diversity indices*. Neben der Anzahl von Taxa/OTUs wird dabei auch deren Häufigkeit berücksichtigt. Der *Shannon's index* ist hierfür einer der am meisten verwendeten Indices und wird wie folgt definiert:

$$H'_\alpha = -\sum_{i=1}^{S} p_i \ln p_i$$

mit:

$$p_i = \frac{n_i}{N}$$

wobei S die Anzahl aller OTUs, n_i die Häufigkeit jeder OTU und N die Menge aller OUTs ist. p_i ist die relative Abundanz jeder einzelnen OTU. $H_{\alpha max} = \ln S$.

Solche Indices berücksichtigen zwar die Anzahl der einzelnen Taxa und ihre Abundanz, allerdings vernachlässigen sie die phylogenetische Beziehung der einzelnen Taxa zueinander. Dabei kann es durchaus sinnvoll sein, phylogenetische Informationen in die α- (und β-)Diversität einzubeziehen [24–26]. Abhängig davon, wie fein oder grob die Einteilung in einzelne Klassen erfolgt, können ggf. sehr ähnliche 16S-Sequenzen entweder als eine OTU oder als viele verschiedene Taxa angesehen und somit als Gruppen mit geringer oder hoher Diversität wahrgenommen werden. Bei der phylogenetischen Betrachtung, d. h. bei der Betrachtung hinsichtlich ihrer evolutionären Beziehung zueinander, werden diese sehr ähnlichen Sequenzen jedoch immer eine kleine Entfernung zueinander aufweisen. Anders ausgedrückt: Zwei taxonomisch extrem unterschiedliche OTUs (oder beispielsweise auch Äpfel und Birnen) sind gleichbedeutend mit zwei taxonomisch sehr ähnlichen OTUs (*Golden Delicious* und *Elstar*); bei einer phylogenetischen Betrachtung würden diese jedoch hinsichtlich ihrer evolutionären Entfernung (unterschiedlich) bewertet werden. Beide Methoden (OTU-basiert und phylogenetisch) können als komplementär angesehen werden, da sie unterschiedliche Aspekte der Gemeinschaftsstruktur offenbaren. Die evolutionäre Verwandtschaft verschiedener Taxa wird häufig als ein phylogenetischer Baum, bzw. Dendrogramm, dargestellt (Abb. 3.2). Ein solcher Baum besteht aus Ästen, Knoten (bzw. Verästelungen) und Blättern. Die Blätter, d. h. die Spitzen der Äste, repräsentieren jeweils ein Taxon. Jedem Knoten entspringen genau zwei Äste. Diese Konten, oder Verästelungen, repräsentieren den nächsten gemeinsamen Verwandten der Taxa/Spezies an den anderen Enden der beiden Äste. Die Länge eines Astes entspricht der evolutionären/genetischen Distanz zwischen den Taxa an beiden Enden des Astes. Das quantitative Maß für die phylogenetische Diversität (PD) kann als die minimale Gesamtlänge aller Verästelungen eines solchen phylogenetischen Baums angesehen werden [27]. Eine Gewichtung der PD nach Abundanz ist mittels folgender Formel möglich (26):

$$PD = \sum_i l_i g_\theta (D(i))$$

mit l_i als Astlänge an der i-ten Verästelung, D(i) als Anzahl der *reads* im distalen Ende der Verästelung i und $g_\theta(x) = [2 \min(x, 1 - x)]^\theta$. Der Parameter θ ermöglicht es, den

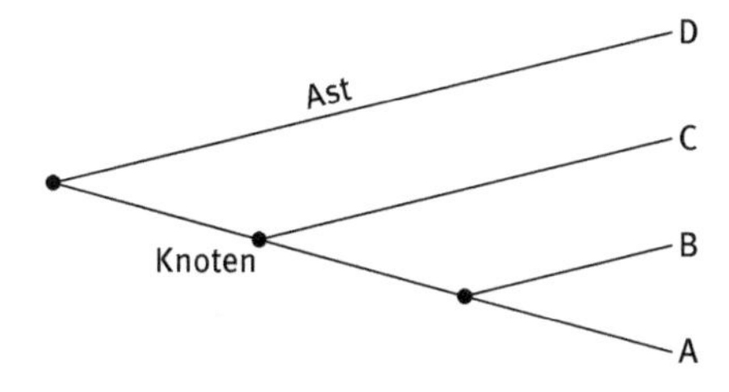

Abb. 3.2: Illustration eines phylogenetischen Baumes.

Effekt der Taxa-Frequenz auf die α-Diversität zu modulieren; wobei $\theta = 0$ der klassischen PD und $\theta = 1$ der gewichteten PD entspricht. McCoy & Matsen (26) verglichen verschiedene Werte für θ und konnten zeigen, dass $\theta = 0.25$ oder $\theta = 0.5$ einen besseren Vorhersagewert für eine Dysbiose als $\theta = 0$ und $\theta = 1$ lieferten.

3.6 β-Diversität

Die β-Diversität ist ein Maß für die unterschiedliche Zusammensetzung verschiedener Populationen bzw. Proben. Die β-Diversität zweier Proben A und B kann über verschiedene Distanzen berechnet werden. Es wird unterschieden zwischen Distanzen, die auf binären (*presence/absence*) Daten basieren, wie z. B. Jaccard und Sørensen, und solchen, welche auch die Abundanz der Taxa/OTUs berücksichtigen (Euclidean, Bray-Curtis). In der Mikrobiomanalyse wird dabei der Bray-Curtis-Algorithmus am häufigsten verwendet. Dieser ist definiert über:

$$d_{AB} = \sum_{j=1}^{p} \frac{|n_{Aj} - n_{Bj}|}{(n_{A+} + n_{B+})}$$

wobei n_{Aj} (bzw. n_{Bj}) der Anzahl der Taxa j und n_{A+} (bzw. n_{B+}) der Menge aller Taxa innerhalb der jeweiligen Proben A und B entspricht. Es ist zu beachten, dass es sich hier im strengen Sinne nicht um eine Distanz handelt, da die Dreiecksungleichung nicht gegeben ist. Daher wird auch häufig von *dissimilarity* oder Ungleichheit gesprochen. Um auch hier die phylogenetischen Informationen einzubeziehen, kann die *unique fraction* (UniFrac) Metrik verwendet werden. Diese beschreibt die phylogenetische Distanz zwischen A und B als Bruchteil der Astlänge des Baums, der zu Nachkommen von ausschließlich einer Probe führt [25]. Die ungewichtete UniFrac Distanz ist gegeben durch:

$$d^U = \sum_{i=1}^{n} \frac{l_i |I(p_i^A > 0) - I(p_i^B > 0)|}{\sum_{i=1}^{n} l_i}$$

wobei I (•) die Anwesenheit (bzw. Abwesenheit) einer Spezies innerhalb des Astes i mit der Astlänge l_i anzeigt. Die Taxa-Abundanz kann mittels der gewichteten UniFrac-

Distanz ebenfalls (wie folgt) berücksichtigt werden:

$$d^W = \frac{\sum_{i=1}^{n} l_i \left|p_i^A - p_i^B\right|}{\sum_{i=1}^{n} l_i \left(p_i^A + p_i^B\right)} = \frac{\sum_{i=1}^{n} l_i \left(p_i^A + p_i^B\right) \left|\frac{p_i^A - p_i^B}{p_i^A + p_i^B}\right|}{\sum_{i=1}^{n} l_i \left(p_i^A + p_i^B\right)}$$

Allerdings wird d^W überwiegend durch größere Äste bestimmt und ist wenig sensitiv für Abundanzverändungen in kleineren Ästen. Um diesen Effekt abzuschwächen, haben Chen et al. die Verwendung eines Parameters vorgeschlagen (*generalized UniFrac*) [28]:

$$d^{(\theta)} = \frac{\sum_{i=1}^{n} l_i \left(p_i^A + p_i^B\right)^{\theta} \left|\frac{p_i^A - p_i^B}{p_i^A + p_i^B}\right|}{\sum_{i=1}^{n} l_i \left(p_i^A + p_i^B\right)^{\theta}}$$

wobei θ Werte zwischen 0 und 1 annehmen kann. Chen et al. [26] zeigten außerdem, dass für $\theta = 0.25$ oder $\theta = 0.5$ die Detektion von Unterschieden in der Gemeinschaftszusammensetzung, gegenüber anderen Werten für θ, verbessert wurde. Generell besteht der Vorteil phylogenetischer Methoden darin, dass Unterschiede aufgrund eng verwandter Organismen weniger stark gewichtet werden als Unterschiede aufgrund entfernt verwandter Organismen.

Im Regelfall werden die Daten vor der Distanzberechnung transformiert, um eine homogenere Gewichtung aller Taxa/OTUs zu erhalten. Eine Normalisierung auf die totale Anzahl Taxa/OTUs innerhalb einer Probe (Prozent) und eine anschließende Log- oder Wurzel-Transformation sind dabei die am häufigsten verwendeten Methoden. Die errechneten Distanzmatrizen werden dann in einer Ordinationsanalyse graphisch dargestellt. Dabei werden die Proben in einer Graphik so sortiert, dass der Abstand zwischen den Proben deren errechnete Distanz widerspiegelt (Abb. 3.3). Das Ziel der Ordinationsanalyse liegt darin, die komplexen Zusammenhänge in einem möglichst wenig-dimensionalen Raum, nämlich einer zweidimensionalen Abbildung, darzustellen. Die gebräuchlichsten Analysen hierfür sind die Hauptkomponentenanalyse (PCA) und die Hauptkoordinatenanalyse (PCoA) sowie die nichtmetrische Multidimensionale Skalierung (nMDS). Bei der letzteren wird nur die Rangfolge der Distanzen zwischen den Proben (*rank order*) berücksichtigt (= nicht metrisch); d. h., der Abstand der Proben in der Graphik spiegelt nur deren relative Distanz zueinander wider.

3.7 Vergleichende Betrachtung mittels differentieller Abundanz-Analyse

Häufig ist nicht nur die Zusammensetzung einer mikrobiellen Gemeinschaft von Interesse, sondern auch die Bestimmung der Taxa, die – je nach Bedingung – unterschiedlich abundante Eigenschaften aufweisen. Bei der Detektion dieser Unterschiede spielen die verwendeten statistischen Methoden eine entscheidende Rolle. Dabei macht

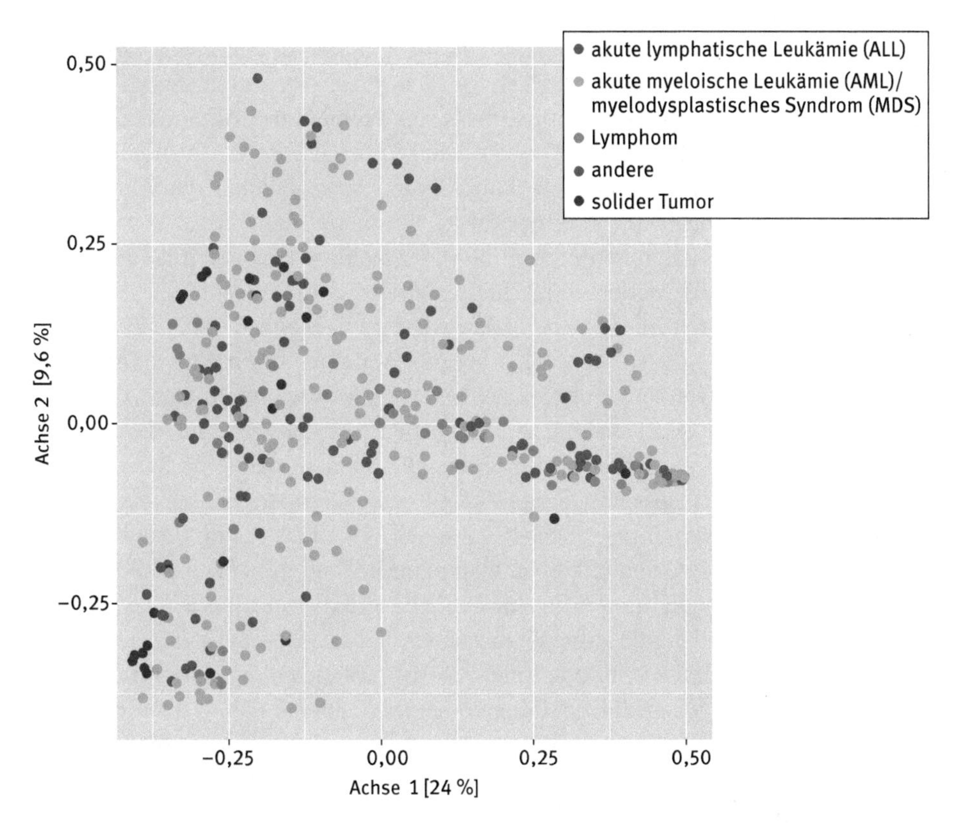

Abb. 3.3: Exemplarische Darstellung einer Ordinationsanalyse. In diesem Fall wird die gewichtete UniFrac-Distanz zwischen Darmmikrobiomproben von Patienten mit verschiedenen malignen Grunderkrankungen mittels multidimensionaler Skalierung gezeigt. Dabei wird die UniFrac-Distanz durch die Entfernung der einzelnen Punkte zueinander veranschaulicht.

es im Prinzip keinen Unterschied, ob es sich bei den unterschiedlich abundanten Parametern um die taxonomisch mikrobiellen Zusammensetzungen (*taxonomic profiling)* oder deren funktionellen Eigenschaften (*metagenomics/metatranscriptomics*) handelt. Mikrobiomdaten bestehen in der Regel aus vielen *sparse counts* (Daten mit zahlreichen Nullwerten), die einen hohen Grad an Überdispersion aufweisen, d. h. deren Varianz größer ist als der Erwartungswert. Dadurch werden die Bestimmung der differentiellen Abundanz einzelner Taxa/OTUs sowie die Extraktion funktioneller Biomarker vor erhebliche statistische Probleme gestellt. Es gibt eine Vielzahl von verwendeten Methoden, die sich zum Teil wesentlich in ihren statistischen Grundlagen unterscheiden und abweichende Resultate liefern. Ein Konsens über die beste Strategie/Methode ist nicht gegeben, da die Vor- und Nachteile spezifischer Analysen vom *Experimentator* jeweils unterschiedlich bewertet werden.

Eine häufige Herangehensweise für eine differentielle Abundanz-Analyse besteht aus einfachen parametrischen Testverfahren (t-test, ANOVA) oder, da Mikrobiomdaten selten normalverteilt sind, häufiger aus nichtparametrischen Tests (Wilcoxon-Mann-Whitney-Test, Kruskal-Wallis-Test). Jedoch stellt die anschließende Korrektur der Alphafehler-Kumulierung ein erhebliches Problem dar, da durch die große Anzahl von durchgeführten Tests (hohe Anzahl Taxa/OTUs) die Alphafehler-Wahrscheinlichkeit extrem ansteigt. Eine Kumulierung oder Inflation der Alphafehler (fälschlicherweise abgelehnte Nullhypothese) tritt immer dann auf, wenn mehrere Tests an derselben Stichprobe durchgeführt oder mehrere Gruppen mit einer anderen Gruppe verglichen werden. Typischerweise wird daher nur ein Teil der Daten (z. B. alle OTUs, die mit über 1 % detektiert wurden) verwendet, was jedoch statistische Zweifel zulässt. Es wurden daher spezifisch Methoden für eine differentielle Abundanz-Analyse wie zum Beispiel LefSe [29], *phyloseqs mt* Analyse [30] oder *ShotgunFunctionalizeR* [31] entwickelt, die jedoch nur zum Teil auf die typische Mikrobiomdatenstruktur eingehen. Ein großes Problem ist dabei die hohe Überdispersion der Daten, da viele statistische Modelle eine Poisson-Verteilung (ein diskrete Wahrscheinlichkeitsverteilung, abgeleitet von der Binomialverteilung) voraussetzen und folglich zur Analyse von Mikrobiomdaten nur bedingt geeignet sind [32]. Daten von Genexpressionsanalysen weisen eine ähnliche Struktur auf. Speziell dafür entwickelte Analysemethoden, die auf einer negativen Binomialverteilung (einer weiteren diskreten Wahrscheinlichkeitsverteilung aus der „Versicherungsmathematik" zur Berechnung von Schadenszahlverteilungen) beruhen, um der hohen Überdispersion Herr zu werden, wie zum Beispiel DESeq2 [33], finden auch in der Mikrobiomanalytik großen Anklang. Eine weitere Möglichkeit, überdispersierte Daten mit vielen Nullwerten statistisch anzugehen, wurde von Paulson et al. (*metagenomeSeq*) vorgeschlagen [34]. Bei dieser Methode werden die Daten mittels einer *Zero-Inflated-Gaussian*-(ZIG-)-Verteilung modelliert. Allerdings wurde kürzlich gezeigt, dass diese Methode unter Umständen zu einer erhöhten *False Discovery Rate* (FDR), d. h. zu einer Häufung von Alphafehlern, führen kann [35]. Des Weiteren wiesen Mandal et al. (2015) in letzter Zeit darauf hin, dass die gesamte Anzahl an Mikroorganismen zwischen verschiedenen Proben stark variieren kann, die Daten jedoch immer nur relativ zueinander verglichen werden. Das heißt, die *counts* in einer Probe werden in Relation zu der gesamten Anzahl, d. h. als Quotient zu den totalen *counts* der Probe, betrachtet. Das bedeutet wiederum, dass die Summe aller Quotienten immer 1 ergibt bzw. dass es sich um *compositional data* handelt. Die Autoren schlussfolgern, dass statistische Standardmethoden, wie z. B. der t-Test, ANOVA oder lineare Regressionsanalysen, die alle davon ausgehen, dass solche Zusammenhänge nicht bestehen, ungeeignet zur Analyse von Mikrobiomdaten sind [36]. Eine neue, Methode zur Analyse der Zusammensetzung von Mikrobiomen, nämlich die *analysis of composition of microbiomes* (ANCOM), wurde als Alternative vorgeschlagen. Wie auch bei klassischen Methoden zur Datenanalyse, die eine logarithmische Transformation beinhalten, wird bei ANCOM vor der Transformation eine kleine positive Konstante addiert, um Probleme mit den häufig vorkommenden Nullwerten zu vermeiden [35]. Allerdings erfolgt die Wahl der Konstante eher willkürlich und basiert auf keiner strengen statistischen Theorie.

Daher sollte ihr Einfluss auf die FDR sowie auf die Teststärke eingehend untersucht werden [35]. Zusammenfassend lässt sich erklären, dass eine optimale statistische Analyse von Mikrobiomdaten im Allgemeinen und für die differentielle Abundanz-Analyse im Speziellen noch nicht gegeben ist und daher sicherlich einige Zeit vergehen wird, bis sich eine Methode als „Goldstandard" durchsetzt. Nichtsdestotrotz dürfen diese Kontroversen nicht zu einer Ausklammerung statistischer Methoden verleiten, sondern sollten, im Gegenteil, dazu anregen, vorliegende Daten mittels verschiedener Techniken zu analysieren, um fundierte Interpretationen zu ermöglichen.

3.8 Fazit

In den vergangenen Jahren wurden enorme Fortschritte auf dem Gebiet der Sequenzierungstechnologien erzielt, die es uns erlauben, unbekannte Lebensräume als eine genomische Gemeinschaft zu erforschen. So verheißungsvoll diese Technologien auch sein mögen, so stellen sie uns auch vor neue Herausforderungen. Momentan hinkt die nachgeschaltete Analyse der gewonnenen Daten den Möglichkeiten der neuen Sequenzierungstechnologien hinterher. Bisher existieren keine Standardmethoden für die bioinformatische und auch statistischen Analysen, die für alle Situationen angemessen sind. Der Mangel an Standards führt zu einer eingeschränkten Reproduzier- und Vergleichbarkeit der Forschungsergebnisse, sodass viele Projekte nicht über eine Art *case study* hinausgehen. Wir haben in diesem Kapitel einige aktuelle Methoden vorgestellt sowie statistische Probleme aufgezeigt. Die Entwicklung neuer bioinformatischer *tools* sowie neuer statistischer Methoden, um Mikrobiomdaten bzw. *sparse compositional data* zu modellieren, ist im vollen Gange, sodass eine heute aktuelle *pipeline* bereits morgen überholt sein kann. Es ist daher umso wichtiger, die Schwächen und Einschränkungen der verwendeten Methoden zu kennen, um so die Ergebnisse richtig zu interpretieren und sinnvolle Schlussfolgerungen zu ziehen.

3.9 Literatur

[1] Tringe SG, Rubin EM. Metagenomics: DNA sequencing of environmental samples. Nat Rev Genet. 2005; 6(11): 805–814.

[2] Matsen FA, Kodner RB, Armbrust EV. pplacer: linear time maximum-likelihood and Bayesian phylogenetic placement of sequences onto a fixed reference tree. BMC Bioinformatics. 2010; 11: 538.

[3] Sul WJ, Cole JR, Jesus Eda C, Wang Q, Farris RJ, Fish JA, et al. Bacterial community comparisons by taxonomy-supervised analysis independent of sequence alignment and clustering. Proc Natl Acad Sci USA. 2011; 108(35): 14637–14642.

[4] DeSantis TZ, Hugenholtz P, Larsen N, Rojas M, Brodie EL, Keller K, et al. Greengenes, a chimera-checked 16S rRNA gene database and workbench compatible with ARB. Appl Environ Microbiol. 2006; 72(7): 5069–5072.

[5] Cole JR, Wang Q, Cardenas E, Fish J, Chai B, Farris RJ, et al. The Ribosomal Database Project: improved alignments and new tools for rRNA analysis. Nucleic Acids Res. 2009; 37 (Database issue): D141–145.
[6] Pruesse E, Quast C, Knittel K, Fuchs BM, Ludwig W, Peplies J, et al. SILVA: a comprehensive online resource for quality checked and aligned ribosomal RNA sequence data compatible with ARB. Nucleic Acids Res. 2007; 35(21): 7188–7196.
[7] Schloss PD, Westcott SL. Assessing and improving methods used in operational taxonomic unit-based approaches for 16S rRNA gene sequence analysis. Appl Environ Microbiol. 2011; 77(10): 3219–3226.
[8] Turnbaugh PJ, Ley RE, Hamady M, Fraser-Liggett CM, Knight R, Gordon JI. The human microbiome project. Nature. 2007; 449(7164): 804–810.
[9] Schloss PD, Gevers D, Westcott SL. Reducing the effects of PCR amplification and sequencing artifacts on 16S rRNA-based studies. PLoS One. 2011; 6(12): e27310.
[10] Schloss PD, Westcott SL, Ryabin T, Hall JR, Hartmann M, Hollister EB, et al. Introducing mothur: open-source, platform-independent, community-supported software for describing and comparing microbial communities. Appl Environ Microbiol. 2009; 75(23): 7537–7541.
[11] Caporaso JG, Kuczynski J, Stombaugh J, Bittinger K, Bushman FD, Costello EK, et al. QIIME allows analysis of high-throughput community sequencing data. Nat Methods. 2010; 7(5): 335–336.
[12] Ye Y. Identification and Quantification of Abundant Species from Pyrosequences of 16S rRNA by Consensus Alignment. Proceedings (IEEE Int Conf Bioinformatics Biomed). 2011; 2010: 153–157.
[13] Hamady M, Knight R. Microbial community profiling for human microbiome projects: Tools, techniques, and challenges. Genome Res. 2009; 19(7): 1141–1152.
[14] Johnson RA, Wichern DW. Applied Multivariate Statistical Analysis. 6th ed: Prentice Hall. 2007.
[15] Markowitz VM, Ivanova NN, Szeto E, Palaniappan K, Chu K, Dalevi D, et al. IMG/M: a data management and analysis system for metagenomes. Nucleic Acids Res. 2008; 36 (Database issue): D534–538.
[16] Meyer F, Paarmann D, D'Souza M, Olson R, Glass EM, Kubal M, et al. The metagenomics RAST server – a public resource for the automatic phylogenetic and functional analysis of metagenomes. BMC Bioinformatics. 2008; 9: 386.
[17] Wood DE, Salzberg SL. Kraken: ultrafast metagenomic sequence classification using exact alignments. Genome Biol. 2014; 15(3): R46.
[18] Segata N, Waldron L, Ballarini A, Narasimhan V, Jousson O, Huttenhower C. Metagenomic microbial community profiling using unique clade-specific marker genes. Nat Methods. 2012; 9(8): 811–814.
[19] Backhed F, Roswall J, Peng Y, Feng Q, Jia H, Kovatcheva-Datchary P, et al. Dynamics and Stabilization of the Human Gut Microbiome during the First Year of Life. Cell Host Microbe. 2015; 17(5): 690–703.
[20] Qin J, Li R, Raes J, Arumugam M, Burgdorf KS, Manichanh C, et al. A human gut microbial gene catalogue established by metagenomic sequencing. Nature. 2010; 464(7285): 59–65.
[21] Mavromatis K, Ivanova N, Barry K, Shapiro H, Goltsman E, McHardy AC, et al. Use of simulated data sets to evaluate the fidelity of metagenomic processing methods. Nat Methods. 2007; 4(6): 495–500.
[22] Turnbaugh PJ, Hamady M, Yatsunenko T, Cantarel BL, Duncan A, Ley RE, et al. A core gut microbiome in obese and lean twins. Nature. 2009; 457(7228): 480–484.
[23] Abubucker S, Segata N, Goll J, Schubert AM, Izard J, Cantarel BL, et al. Metabolic reconstruction for metagenomic data and its application to the human microbiome. PLoS Comput Biol. 2012; 8(6): e1002358.

[24] Lozupone CA, Hamady M, Kelley ST, Knight R. Quantitative and qualitative beta diversity measures lead to different insights into factors that structure microbial communities. Appl Environ Microbiol. 2007; 73(5): 1576–1585.
[25] Lozupone C, Knight R. UniFrac: a new phylogenetic method for comparing microbial communities. Appl Environ Microbiol. 2005; 71(12): 8228–8235.
[26] McCoy CO, Matsen FAt. Abundance-weighted phylogenetic diversity measures distinguish microbial community states and are robust to sampling depth. PeerJ. 2013; 1: e157.
[27] Faith DP. Conservation evaluation and phylogenetic diversity. Biological Conservation. 1992; 61(1): 1–10.
[28] Chen J, Bittinger K, Charlson ES, Hoffmann C, Lewis J, Wu GD, et al. Associating microbiome composition with environmental covariates using generalized UniFrac distances. Bioinformatics. 2012; 28(16): 2106–2113.
[29] Segata N, Izard J, Waldron L, Gevers D, Miropolsky L, Garrett WS, et al. Metagenomic biomarker discovery and explanation. Genome Biol. 2011; 12(6): R60.
[30] McMurdie PJ, Holmes S. phyloseq: an R package for reproducible interactive analysis and graphics of microbiome census data. PLoS One. 2013; 8(4): e61217.
[31] Kristiansson E, Hugenholtz P, Dalevi D. ShotgunFunctionalizeR: an R-package for functional comparison of metagenomes. Bioinformatics. 2009; 25(20): 2737–2738.
[32] Rapaport F, Khanin R, Liang Y, Pirun M, Krek A, Zumbo P, et al. Comprehensive evaluation of differential gene expression analysis methods for RNA-seq data. Genome Biol. 2013; 14(9): R95.
[33] Love MI, Huber W, Anders S. Moderated estimation of fold change and dispersion for RNA-seq data with DESeq2. Genome Biol. 2014; 15(12): 550.
[34] Paulson JN, Stine OC, Bravo HC, Pop M. Differential abundance analysis for microbial marker-gene surveys. Nat Methods. 2013; 10(12): 1200–1202.
[35] Mandal S, Van Treuren W, White RA, Eggesbo M, Knight R, Peddada SD. Analysis of composition of microbiomes: a novel method for studying microbial composition. Microb Ecol Health Dis. 2015; 26: 27663.
[36] Aitchison J. The Statistical-Analysis of Compositional Data. J Roy Stat Soc B Met. 1982; 44(2): 139–177.

Daniel Stößel

4 Metabolomics

4.1 Einleitung

Metabolomics leitet sich aus dem Griechischen von dem Wort metabolismós, zu Deutsch „Umwurf", ab und wurde im Jahr 1998 eingeführt. Es bezeichnet eine umfassende Herangehensweise zur Analyse von kleinen Molekülen (Metaboliten oder Stoffwechselprodukten) mit einer Masse von bis zu 1,500 Dalton. Der Begriff Metabolomics wurde 1998 eingeführt und stellt damit die aktuellste Erweiterung zu den bekannteren „Omics"-Feldern wie Genomics, Transcriptomics und Proteomics dar. Durch seine besondere Nähe zum Phänotyp bzw. zu der Funktion eines biologischen Systems ist das Metabolom von besonderem Interesse (Abb. 4.1) [1, 2].

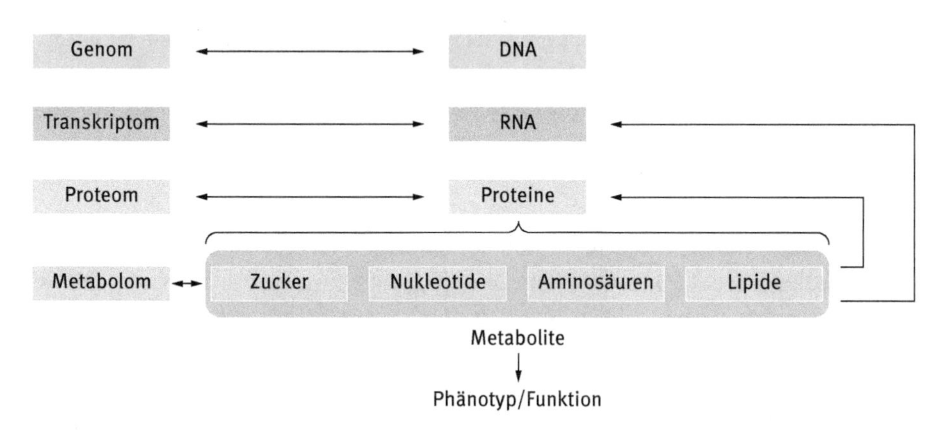

Abb. 4.1: Einordnung des Metaboloms in Relation zu anderen typischen Gebieten der „Omics"-Analyse, Korrelation der unterschiedlichen Felder zur Genom- (Genomics), Transkriptom- (Transcriptomics), Proteom- (Proteomics) und Metabolom- (Metabolomics) Forschung sowie die direkte Nähe des Metaboloms zum Phänotyp/Funktion und Einfluss des Metaboloms auf Proteine und RNA.

Die große Diversität an metabolomischen Strukturen wird in lebenden Organismen direkt durch eine chemische Transformation durch Enzyme oder auch Umwelteinflüsse katalysiert [3]. Geschichtlich reicht der Glaube an eine Änderung von Metabolit-Gehalten in Zellen, Geweben oder auch Körperflüssigkeiten zurück bis ca. 1500–2000 v. Chr. Dort interessierten sich chinesische Ärzte für die Bestimmung des Glukosegehaltes im Urin, welchen sie mithilfe von Ameisen testeten, um diabetische Erkrankungen zu diagnostizieren. Metabolomische Experimente zielen im Allgemeinen darauf ab, zelluläre Antworten auf unterschiedliche Stimuli wie bspw. Ernährung, Krankheit und Medikation zu vermessen. Die Analyse des Metaboloms bietet zudem

DOI 10.1515/9783110454352-004

die Möglichkeit, den Einfluss des humanen Mikrobioms auf den Metabolismus zu detektieren [4] und ließ bereits Einflüsse in unterschiedlichen Krankheiten wie bspw. Fettsucht [5], Leberinsuffizienz [6] und Zöliakie [7] erkennen. Für metabolomische Experimente wird in der Regel zwischen zwei Herangehensweisen unterschieden. Zum einen kann ein definiertes Set von Metaboliten basierend auf einer konkreten Fragestellung analysiert werden (targeted Metabolomics). Dieser Ansatz zeichnet sich durch eine hohe Genauigkeit aus und wird oft zur absoluten Quantifizierung von Metaboliten verwendet. Auf der anderen Seite werden im umfassenden (untargeted Metabolomics) Ansatz so viele Metabolite wie möglich detektiert. In diesem Ansatz werden die Metabolite meist relativ quantifiziert [8]. Gerade durch die umfassende Metabolomics-Analyse ist die Wahrscheinlichkeit, neue unbekannte Metabolite oder unerwartete Änderungen zu erfassen, sehr hoch. Die Analyse kleiner Moleküle stößt dabei auf zunehmendes Interesse in einer Vielzahl von Bereichen wie bspw. der pharmazeutischen Wirkstoffforschung [9], Mikrobiologie [10], Pflanzen-Physiologie [11], Ernährung [12] sowie Umweltforschung [13]. Weitere Anwendungsmöglichkeiten betreffen die Erforschung neuer Stoffwechselwege [13], Biomarker [14] sowie pathophysiologische Prozesse [15].

4.2 Technische Aspekte

Aus technologischer Sicht ist für die Metabolomanalyse die Verwendung der Massenspektrometrie (MS) das Mittel der Wahl. Diese Technologie dient zur Erfassung der akkuraten Masse von Ionen und zeichnet sich durch eine sehr hohe Massengenauigkeit aus. Bereits seit den 1960er Jahren wird die Gaschromatographie/MS (GC/MS) zur Vermessung von Carnitin-Derivaten sowie Aminosäuren verwendet [16]. Die Technologie der Nuclear magnetic resonance (NMR) wurde in den 1980er Jahren entwickelt, um Metabolite in biologischen Flüssigkeiten zu vermessen (Abb. 4.3) [16]. Trotz anfänglicher Bemühungen war die Vermessung des Metaboloms mittels einer umfassenden Analyse aufgrund der geringen Auflösung, Sensitivität und Ionisation der Substanzen maschinell auf wenige Metabolite begrenzt. So sind z. B. die Derivatisierbarkeit sowie schlechte Verdampfbarkeit der Metabolite Einschränkungen bei der Verwendung von GC/MS. Verfahren der NMR benötigen relativ große Mengen an Ausgangmaterial, was die Analyse meist auf die hundert abundantesten Metabolite begrenzt. Erst durch den technologischen Fortschritt in den 90er Jahren, insbesondere durch die Entwicklung der Elektrospray-Ionisation (ESI) sowie der hochauflösenden und hochsensitiven Massenspektrometer (HRMS), war eine Analyse des Metaboloms im Hochdurchsatz in biologischen Systemen möglich (Abb. 4.2).

Durch die Etablierung der Elektrospray-Ionisation war es nun möglich, unterschiedlichste Molekülklassen wie Peptide, Zucker, Aminosäuren, Lipide oder Nukleotide für die Vermessung mittels MS ohne vorherige Derivatisierung zu ionisieren und somit massenspektrometrisch zu vermessen. Durch diese Art der Ionisierung

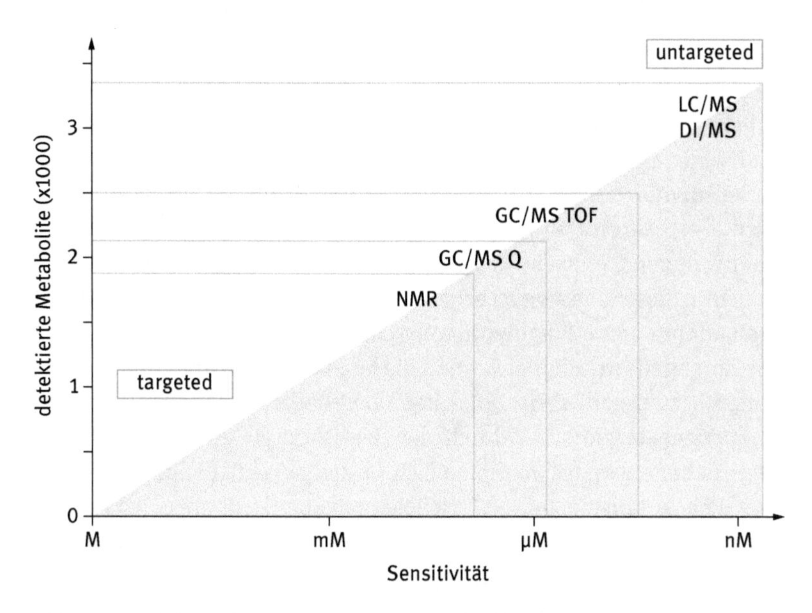

Abb. 4.2: Vergleichende Darstellung der unterschiedlichen Technologien zur Vermessung von Metaboliten in Bezug auf Sensitivität und der Anzahl an detektierbaren Metaboliten. Nuclear magnetic resonance (NMR), Gaschromatography (GC) Massenspektrometrie (MS) mit Quadrupole (Q) Detektor, time of flight (TOF), Flüssigchromatographie (LC), direct infusion (DI), M = Molar.

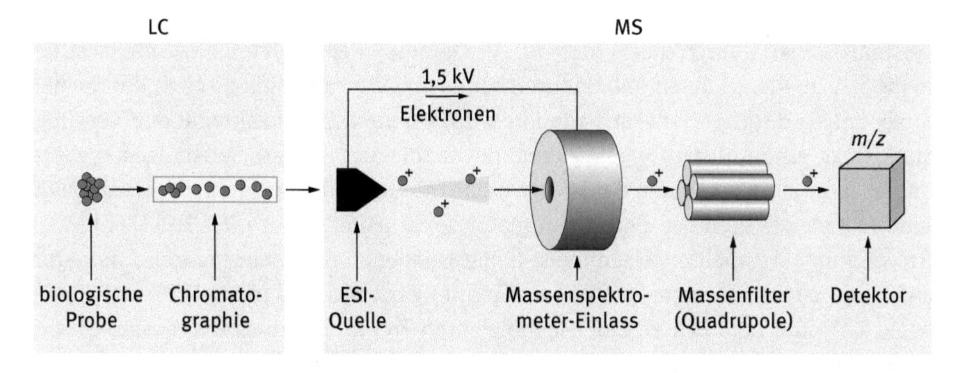

Abb. 4.3: Technologische Herangehensweise zur Vermessung einer metabolomischen Probe mit Hilfe von Flüssigchromatographie/Massenspektrometrie (LC/MS). Chromatografische Auftrennung einer komplexen Probe, Ionisierung mittels electron spray Ionisation (ESI) und massenspektrometrische Bestimmung der akkuraten Masse (m/z).

unter meist atmosphärischem Druck liegen die Moleküle hauptsächlich als deprotonierte Form ($[M\text{-}H]^-$) oder protonierte Form ($[M+H]^+$) vor. Aufgrund der großen Diversität und Menge an Molekülen werden aktuell unterschiedliche analytische Techniken verwendet. Dazu zählen NMR [17], Fourier Transform Ion Cyclotron Resonance Mass Spectrometry (FTICR) [18, 19], Pyrolyse/EI-MS [20], GC/EI-MS [11],

ESI-MS [21] und LC-ESI-MS/MS [21, 22]. Gängige Massenspektrometer für eine umfassende Metabolomanalyse sind mit einem Time-of-flight-(TOF-) oder Orbitrap-Massendetektor gekoppelt, da diese eine sehr hohe Massengenauigkeit aufweisen. FTICR-Massenspektrometer stellen aufgrund ihrer unerreichten Auflösung, Massengenaugkeit und Sensitivität derzeit die Technologie der Wahl dar [19]. Eine hohe Massengenauigkeit, i. e. die Bestimmung der akkuraten Masse, ist für die Berechnung der Strukturformel zwingend notwendig. Um eine möglichst genaue Strukturinformation über die identifizierten Massen zu erhalten, wird in der Regel, ähnlich wie im Bereich der Proteinanalyse, eine Fragmentierung der Moleküle mittels MS/MS oder sequentieller MS^n durchgeführt. Hierbei werden die Moleküle in einer Kollisionszelle mit einem Fragmentierungsgas, meist Stickstoff, beschossen und die Fragmentmassen der Struktur zugeordnet. Der durch den Beschuss zu erwartende Zerfall des Moleküls kann dabei entweder mathematisch basierend auf Bindungsenergien berechnet oder mit dem Zerfallsmuster von beschossenen Standards abgeglichen werden. Bei dieser Fragmentierung von Metaboliten wird zwischen den Typen collision induced dissociation (CID) und electron capture dissociation (ECD) unterschieden.

Aufgrund der hohen Komplexität biologischer Proben wird die MS-Analyse in der Regel mit einer flüssigen Chromatographie gekoppelt (LC/MS), um die im Analyten enthaltenen Substanzen nach ihren chemischen Eigenschaften aufzutrennen. Limitierungen in Scangeschwindigkeiten sowie der Auflösung der handelsüblichen Massenspektrometer und der Suppression der Ionisation der Analyten in der ESI-Quelle machen diesen Schritt notwendig (Abb. 4.3). Der Begriff der Ionensupression wird verwendet, wenn durch das Fehlen der Auftrennung der Analyten diese gleichzeitig in die ESI-Quelle gelangen und dadurch bei hochkomplexen biologischen Proben die Ionisation unterdrückt bzw. supprimiert wird, wodurch die Sensitivität der Messung stark sinkt. Eine Auftrennung ist zudem notwendig, um isomere Substanzen voneinander zu trennen, was deren eindeutige Identifizierung erleichtert. In der Regel findet hierbei high performance liquid chromatography (HPLC) oder ultra-HPLC (UHPLC) Anwendung. Metabolite weisen meist einen geladenen bzw. sehr polaren Charakter auf, wodurch eine chromatographische Trennung mit reversed phase (RP) Säulen wie bspw. C18 oder C8 Silica zu einer insuffizienten Trennung führt. Aus diesem Grund wird in der Regel auf hydrophile Interaktionschromatographie (HILIC) [21, 23, 24] oder endcapped RP-Säulen zurückgegriffen. Die stationäre Phase der HILIC-Säulen zeichnet sich durch eine Verlinkung unterschiedlicher funktioneller Gruppen wie Amino-Gruppen oder Anionen, Amide, Kationen sowie Zwitterionen aus. Die Bindung des Analyten an die Säule/stationäre Phase erfolgt hierbei in der Regel in einem wässrigen Lösemittel bei einem sehr hohen organischen Anteil (95 %), üblich Methanol, Acetonitril oder auch Isopropanol. Die Elution (Lösen des Analyten von der Säule) findet über einen isokratischen Gradienten mit einem ansteigenden wässrigen Anteil (bis 90 %) statt. Um sowohl die Ionisation der gelösten Analyten als auch die Sensitivität des Massenspektrometers zu verbessern, werden dieser mobilen Phase üblicherweise Ammoniumsalze wie Ammoniumacetat, -formiat oder -carbonat zugesetzt

[25]. Durch technische Weiterentwicklungen im Bereich der Massenspektrometer, insbesondere durch erhöhte Auflösung und Scangeschwindigkeiten, gibt es bereits Ansätze, die gänzlich auf eine chromatographische Trennung verzichten und die Probe direkt in das MS über die ESI-Quelle injizieren. Dieser Ansatz wird auch als direct infusion (DI/MS) oder flow injection bezeichnet [26, 27]. Ein großer Vorteil dieser Methodik besteht in der Zeitersparnis. Aufgrund der fehlenden Auftrennung isomerer Substanzen liegen aber Limitierungen vor. Des Weiteren leiden diese Methoden unter der beschriebenen Ionensupression.

4.3 Standards zur Identifizierung von Metaboliten

Trotz technischer Fortschritte sind die Identifizierung von Metaboliten und die Etablierung einheitlicher Standards unter Wissenschaftlern noch immer ein viel diskutiertes Thema [28]. An der Etablierung dieser einheitlichen Standards ist vor allem die Metabolomics Society beteiligt. Gegründet im Jahr 2004, setzt sie sich aus mehr als 100 Mitgliedern aus über 40 Ländern zusammen (Stand: Februar 2016). Für die Etablierung einheitlicher Standards wurde von der Gruppe der Metabolomics Standard Initiative (MSI) ein System mit vier Ebenen eingeführt. Ein Metabolit mit dem Level I muss mindestens zwei durch einen authentischen Standard bestätigte orthogonale molekulare Eigenschaften (Retentionszeit und MS/MS-Spektrum) aufweisen, die in zwei unabhängigen identischen Experimenten gemessen wurden. Im Gegensatz dazu ist es für die Level II und III ausreichend, einen Abgleich gegen eine Datenbank oder bestehende Literatur durchzuführen. Bei Level II und III handelt es sich im Gegensatz zum Level I um eine Annotation, aber nicht um eine Identifikation. Für das Level III liegt eine Zuordnung der Metabolitklasse vor. Eine Level-IV-Identifikation beschreibt im Allgemeinen einen unbekannten Analyten, hierbei kann der gemessenen akkuraten Masse keine Summenformel zugeordnet werden. Basierend auf diesem System sind die Mehrzahl der in der Literatur erwähnten Daten als Annotation (Level II und Level III) zu bezeichnen [3]. Im Allgemeinen erfolgt die Annotation eines Analyten auf Basis unterschiedlicher physikochemischer Eigenschaften, dazu zählen die Retentionszeit bei der verwendeten Chromatographie sowie Ähnlichkeiten der Spektren von kommerziellen oder frei verfügbaren Datenbanken. Eine ausreichende und repräsentative Annotation eines Metaboliten stellt derzeit die größte Herausforderung dar. Idealerweise erfolgt eine tatsächliche Identifikation eines Analyten durch einen authentischen Standard, dies ist aufgrund der begrenzten Verfügbarkeit dieser aber nicht immer möglich. Zudem erschweren oft gerätespezifische Fragment-Spektren den Abgleich mit Datenbanken. Außerdem ist die Vergleichbarkeit der Retentionszeit als zweite orthogonale Information schwierig, da diese einer starken Variabilität zwischen den unterschiedlichen Plattformen sowie Variationen in Batch, Temperatur, Lösungsmittel und unterschiedlicher stationärer Phasen unterliegt. Aus diesem Grund gibt es Ansätze, die Retentionszeit unbekannter Analyten auf Basis eines quantitativen Structure-retention-relationships-(QSRR-)Modells vorherzusagen [21]. Dieses Modell wird anhand einer Auswahl von mehreren hundert Standard-Metaboliten aus unterschiedlichen Stoffklassen erstellt und basiert auf unterschiedlichen physiochemischen Eigenschaften, welche sich aus dem „simplified molecular-input line-entry system“ (SMILES) Code des Metaboliten ableiten lassen. Der SMILES-Code beschreibt die Struktur eines Moleküls und wurde in den 80er Jahren eingeführt [29]. Mit Hilfe des erstellten Retentionszeit-Modells ist es nun möglich, die Retentionszeit anderer Metabolite vorherzusagen, was zur Annotation von Isomeren hilfreich sein kann. Zudem können durch die Information einer möglichen Retentionszeit das Messen von Rauschen und die Fehlannotation von Metaboliten minimiert werden [30].

4.4 Planung der Analyse

Metabolomische Experimente sind in einige grundsätzliche Arbeitsschritte untergliedert (Abb. 4.4): Als wichtigster Schritt gilt das experimentelle Design, in dem die Fragstellung, Probenanzahl und die Art der Messung diskutiert werden. Anschließend werden die Metabolite aus den Proben extrahiert und auf der entsprechenden analytischen Plattform vermessen. Die Evaluierung der Qualität der Messung ist notwendig, um eventuelle Fehler bei der Datenaufnahme zu detektieren. Dem folgend werden die gemessenen Peaks bioinformatisch extrahiert und eine Annotation bzw. Identifikation der Metabolite durchgeführt. Anschließend erfolgen eine statistische Auswertung und Interpretation der Ergebnisse (Abb. 4.4). Alle Schritte werden nun einzeln näher erläutert.

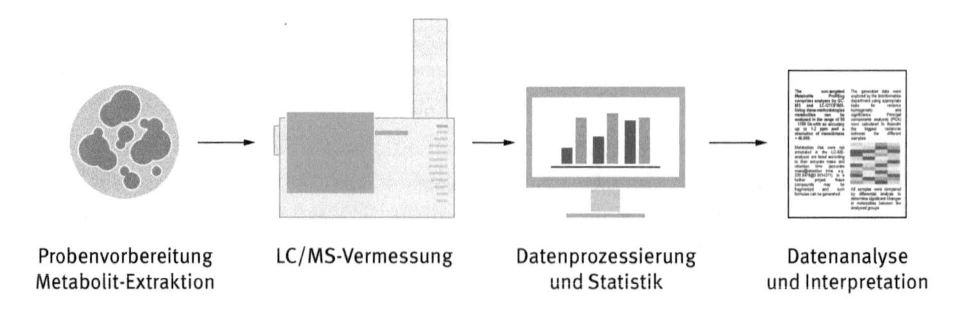

Abb. 4.4: Typischer Ablauf eines metabolomischen Experiments von der Probenvorbereitung und Metabolit-Extraktion, gefolgt von der Vermessung, Datenprozessierung und Statistik sowie Datenanalyse und Interpretation.

Für eine repräsentative, zuverlässige und genaue Metabolomanalyse ist der Schritt der Probenvorbereitung einer der wichtigsten. Dies gilt insbesondere unter Berücksichtigung der hohen Dynamik eines biologischen Systems sowie des schnellen Abbaus und Turnovers von Metaboliten [31–33]. Es ist hierbei gewünscht, den möglichst exakten

Zustand eines biologischen Systems in der Metabolitanalyse widerzuspiegeln. Dazu ist ein sehr schnelles Abstoppen des zellulären Metabolismus und enzymatischen Turnovers, das sogenannte „Quenchen", erforderlich. Dies geschieht in der Regel mit Hilfe von tiefgekühltem Methanol [34–36]. Nach dem Quenchen des Metabolismus erfolgt zumeist eine Extraktion der Metabolite. Für diese Extraktion stehen unterschiedliche Lösungsmittel zur Verfügung. Am häufigsten werden Chloroform [37], Methanol und Ethanol [27, 38] oder unterschiedliche Gemische aus diesen Substanzen verwendet [39]. Zur Unterstützung der Extraktion empfiehlt sich zusätzlich der Einsatz von Ultraschall. Für die Zerkleinerung von Geweben oder Pflanzen werden in der Regel Glas- oder auch Stahlkugeln in unterschiedlichen Größen in einem Homogenisator verwendet [40, 41]. Die Proben werden meist direkt nach der Extraktion analysiert oder alternativ bis zur Analyse lyophilisiert (gefriergetrocknet). Sollte eine Vermessung mittels GC/MS gewünscht sein, so erfolgt nach der Lyophilisierung eine Derivatisierung der Analyten. Als wichtiger Teil der Qualitätssicherung werden den Proben während der Extraktion interne Standards zugesetzt. Diese Standards werden z. B. dazu genutzt, technische Varianzen während der Messung zu erkennen und diese nach der Messung zu normalisieren, Ionsupression zu erkennen und zum anderen den Abbau von Metaboliten während der Extraktion zu erfassen und zu berücksichtigen. Standards, die der Normalisierung der technischen Varianz dienen, sind in der Regel nicht in der biologischen Probe vorhanden, teilweise werden dafür auch anorganische Substanzen verwendet. Zur Detektion der Metabolitendegradation wird meist der zu untersuchende Metabolit als Isotopen-markiertes Pendant herangezogen (bspw. ^{13}C-Markierung). Hierbei gilt die Annahme, dass der ^{13}C-Metabolit ähnliche Degradationseigenschaften aufweist wie der eigentliche, unmarkierte Metabolit [42, 43]. Neben der Verwendung interner Standards werden im experimentellen Design eines metabolomischen Experiments Qualitätskontrollen (QC) und Leerproben (Blanks) berücksichtigt und während der Messung mitgeführt. Die Blanks dienen zur Unterscheidung von echten Metaboliten und Verunreinigungen, die während der Probenvorbereitung in die Proben gelangen. Bei den Qualitätskontrollen handelt es sich um Proben, welche qualitativ und quantitativ den zu erwartenden Metaboliten entsprechen. Diese QCs werden in der Regel alle acht bis zehn Injektionen in Kombination mit einem Blank injiziert und dienen zur zusätzlichen Detektion technischer Varianzen. QCs helfen ebenfalls dabei, den Sensitivitätsverlust des Gerätes im Verlauf einer Messreihe zu detektieren. Die zu analysierenden Proben werden in ihrer Lauffolge auf dem jeweiligen analytischen Gerät randomisiert. Der verwendete QC stellt idealerweise einen Pool aller zu analysierenden Proben dar und wird dann auch als „pooled biological quality control" (PBQC) bezeichnet (Abb. 4.5) [8]. Da dieser Pool alle zu erwartenden Metabolite enthält, wird er zusätzlich zur Aufnahme von MS/MS-Spektren verwendet, was im Gegensatz zur Fragmentierung jeder einzelnen Probe einen zeitlichen Vorteil darstellt.

Neben dem experimentellen Design und der Vermessung der Proben ist die Auswertung der massenspektrometrischen Daten für eine erfolgreiche Durchführung

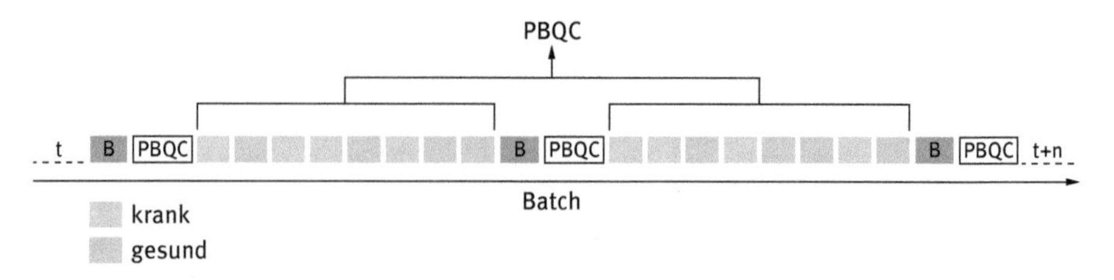

Abb. 4.5: Typischer Aufbau einer Messreihe (Batch) zur Metabolomics-Analyse. PBQC: pooled biological quality control, t = Zeit.

eines metabolomischen Experiments von großer Bedeutung. Moderne Massenspektrometer produzieren riesige Datenmengen, welche bioinformatisch gefiltert und prozessiert werden müssen. Dieser Schritt stellt noch immer den Engpass der Analyse dar. Für die Prozessierung stehen unterschiedliche Algorithmen zur Verfügung, wobei eine Vielzahl dieser Funktionen sowohl in dem statistischen und graphischen Programm R als auch in C^{++} ausgeführt werden können. Standardmäßig verwendete Q-TOF- oder Orbitrap-basierende Massenspektrometer produzieren dabei Datenfiles, die tausende Massenpeaks in Form eines Masse- zu Ladungsverhältnisses (m/z) in Kombination mit einer chromatographischen Retentionszeit enthalten. Die Kombination einer Masse mit einer Retentionszeit wird hier in der Regel als Feature bezeichnet. Im ersten Schritt der Datenauswertung gilt es, diese Features aus den Rohdaten zu extrahieren. Hierbei werden üblicherweise die frei erhältlichen Skripte/Programme XCMS [44], MZmine [45], MetAlign [46] oder XCMS in Kombination mit mzMatch [47] verwendet. Die Extraktion der Features erfolgt hier meist anhand der akkuraten Masse, des Isotopenmusters, Fragmentierungsmusters sowie der Retentionszeit. Als wichtige Operationen gelten hier zudem die Korrektur von Retentionszeit-Verschiebungen [48] sowie die gezielte Auffüllung von bzw. Suche nach Fehlstellen. Neben den genannten Programmen wird auch von vielen Herstellern Software zur Rohdatenverwertung zur Verfügung gestellt. Dazu zählen bspw. MassHunter/Mass Profiler Professional (Agilent Technologies), DataAnalysis (Bruker Daltonics), MarkerLynx™ (Waters Corporation) und Sieve™ (Thermo Scientific). Sobald die Features aus den Rohdaten extrahiert sind, werden diese gegen eine Datenbank abgeglichen. Dies erfolgt anhand von Retentionszeiten, von Standards oder resultierend aus einem Retentionszeitmodell, dem natürlichen Isotopenmuster, Adduktbildung, Fragment-Bildung, Berücksichtigung der Ladung sowie der chromatographischen Peakform. Auch für diesen Schritt stehen unterschiedliche Open-source-Skripte zur Verfügung, dazu zählen z. B. PUTMEDID [49], AStream [50], nontarget (Martin Loos, CRAN package) sowie CAMERA [51]. Eine weitere benutzerfreundliche Möglichkeit stellt hierbei zusätzlich das visual basic basierende Excel-Programm IDEOM dar [52]. Um möglichst vielen Features eine Annotation zuzuordnen, ist die Qualität der gewählten Datenbank entscheidend. Folgend werden die unterschiedlichen Aspekte der gängigen Datenbanken näher erläutert. Eine der größten Datenbanken zur Auswertung metabolomischer Daten ist METLIN (https://metlin.scripps.edu/index.php), welche vom Scripps Center für Metabolomics in San Diego, Kalifornien, verwaltet wird. Diese Datenbank wurde im Jahr 2004 veröffentlicht, ist webbasiert und frei verfügbar [53, 54]. Die METLIN-Datenbank beinhaltet 240.000 Substanzen inklusive endogener Substanzen von unterschiedlichen Organismen wie Pflanzen, Bakterien und dem Menschen sowie exogene Substanzen wie Medikamente und synthetische organische Substanzen. Als eine große Stärke dieser Datenbank sind zudem hochauflösende MS/MS-Spektren von mehr als 13.000 chemischen Standards zu betrachten. Zudem beinhaltet die Datenbank mehr als 68.000 MS/MS-Spektren (Stand: Februar 2016) und stellt somit eine der größten Datenbanken für die MS-basierte Metabolomforschung dar. Ein äußerst wichtiges Tool bei dieser Datenbank ist zudem der Vergleich von MS/MS-Spektren. Somit kann diese Datenbank zur Identifizierung bis Level II genutzt werden. Die größte Spezies-spezifische Datenbank mit ca. 42.000 Einträgen (Stand: August 2015) ist die Human Metabolome Datenbank (HMDB, http://www.hmdb.ca), welche im Jahr 2007 veröffentlicht wurde [55, 56]. Die Datenbank beinhaltet quantitative chemische, physikalische, klinische und biologische Daten von bekannten sowie vermuteten Metaboliten im humanen Organismus. Die HMDB umfasst ca. 3.500 ESI MS/MS-Spektren, auf welche durch das „MS/MS-Search"-Tool zugegriffen werden kann. Eine Vielzahl der in der HMDB beinhalteten MS/MS-Spektren wird von der web-basierten Open-Source-Datenbank MassBank bezogen. MassBank setzt sich aus Referenz-Massenspektren authentischer Standards zusammen, welche mit unterschiedlichen Massenspektrometern unter verschiedenen Bedingungen aufgenommen wurden. Insgesamt beinhaltet diese Datenbank 19.000 MS-Spektren (MS1) und 28.000 MS/MS-Spektren [3, 57]. Als Metabolitklassen-spezifische Datenbank sind Lipid Maps und LipidBlast zu nennen. Lipid Maps ist mit seinen mehr als 40.000 biologisch relevanten Lipiden (Stand: Februar 2016) die größte Datenbank dieser Art (http://www.lipidmaps.org). Im Bereich der strukturellen Analyse kann auch diese Datenbank zum Abgleich von MS/MS-Spektren genutzt werden, zudem sind hier vorhergesagte Fragmentierungsspektren für viele Lipidklassen hinterlegt. LipidBlast ist als Desktop-Version frei erhältlich und beinhaltet computergenerierte (*in silico*) MS/MS-Spektren, welche zum automatischen Abgleich genutzt werden können [58]. Als letzte Open-Source-Datenbank für die Auswertung von MS/MS-Spektren soll in diesem Zusammenhang mzCloud (https://www.mzcloud.org) genannt werden. MzCloud beinhaltet spektrale Informationen von 4.000 authentischen Standards (Stand: Februar 2016), welche mit Orbitrap-Massenspektrometern aufgenommen und validiert wurden. Nachteilig ist bei dieser Datenbank die noch vergleichsweise geringe Anzahl an Einträgen. Als eine der größten kommerziell erhältlichen Datenbanken gilt NIST 14 (National Institute of Science and Technology). Diese Datenbank beinhaltet mehr als 234.000 ESI MS/MS-Spektren kleiner Moleküle von unterschiedlichen Massenspektrometern und kann in Kombination mit den genannten Hersteller-Softwarepaketen genutzt werden [3].

4.5 Statistische Auswertung

Im letzten Schritt einer metabolischen Untersuchung werden die Daten statistisch ausgewertet und interpretiert. In den meisten metabolomischen Experimenten geht es darum, semiquantitative oder auch absolut quantitative Änderungen von Metabolit-Gehalten verschiedener Gruppen zu detektieren, bspw. bei dem Vergleich von „krank" vs. „gesund" (Abb. 4.6). In der Regel wird der normalisierte Datensatz anhand der relativen Standardabweichung (RSD) sowie der Intensität der einzelnen Metabolite gefiltert und anschließend eine Hauptkomponentenanalyse (Principal Component Analysis, PCA) durchgeführt. Die PCA dient der Darstellung der Varianzen im Datensatz und zeigt im optimalen Fall eine klare Gruppierung der Proben gemäß den untersuchten Gruppen (z. B. „krank" und „gesund") (Abb. 4.6(a)). Alternativ dazu kann auch eine „partial least square discrimant analysis" (PLS-DA) oder eine orthogonale-PLS-DA (O-PLS-DA) durchgeführt werden, wobei im Gegensatz zur PCA die Zuordnung der einzelnen Proben zu den analysierten Gruppen („krank" und „gesund") berücksichtigt wird (Abb. 4.6(a)). Aufgrund der großen Heterogenität biologischer Proben ist die Auswahl einer repräsentativen Probenanzahl für eine statistische Aussage von besonderer Bedeutung. Zur Feststellung einer ausreichenden Probenanzahl dienen sowohl Erfahrungswerte als auch Berechnungen [59]. Signifikante Unterschiede werden in der Regel durch einen ungepaarten t-Test (Welchs's t-test) oder bei mehr als zwei Variablen mittels einer Varianzanalyse (Analysis of Variance, ANOVA) festgestellt [60, 61]. Quantitative Veränderungen zwischen Metaboliten lassen sich sehr gut über Heatmaps (Abb. 4.6(b)) sowie Boxplots (Abb. 4.6(c)) darstellen. In einer Heatmap werden die skalierten und logtransformierten Messwerte jedes einzelnen Metaboliten pro Probe wiedergegeben. Die Abundanz des Metaboliten wird durch die Farbintensität vermittelt, wodurch Unterschiede verschiedener Gruppen erkennbar werden.

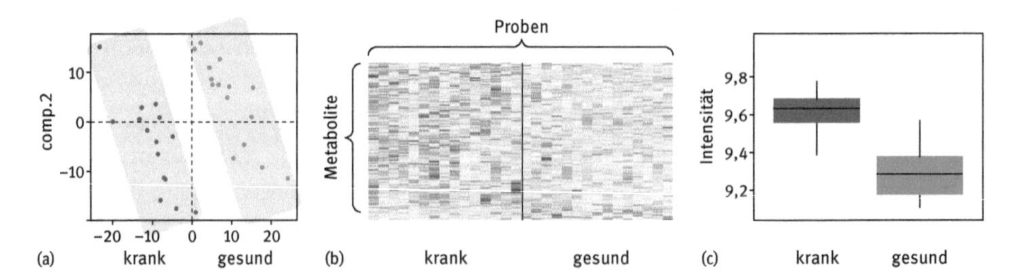

Abb. 4.6: Darstellungsformen metabolomischer Daten der zwei gegenüber gestellten Gruppen „gesund" und „krank". A: PCA Plot, B: Heatmap, C: Box-Plot

Metabolomics gewinnt gerade für die Biomarker-Forschung immer mehr an Bedeutung. Für die Auswertung dieser Daten sind besondere Tools notwendig. Vor allem im klinischen Bereich gelten strenge Regeln und potenzielle Biomarker müssen mehrfach kreuzvalidiert werden. Die Stärke eine Biomarkers wird üblicherweise durch eine Receiver-operating-Characteristics-(ROC-)Kurve beschrieben [62]. Für Kreuzvalidierungen gibt es verschiedene Ansätze. In der Regel wird der Datensatz in ein Trainings- und Validierungsset gesplittet. Mittels Machine-Learning-Algorithmen, wie z. B. Random Forest [64, 65], oder multilinearer Regressionen, wie bspw. PLS oder PLS-DA [66], können Klassifizierungsmodelle erstellt werden.

4.6 Literatur

[1] Shah SH, Kraus WE, Newgard CB. Metabolomic profiling for the identification of novel biomarkers and mechanisms related to common cardiovascular diseases: form and function. Circulation. USA. 2012 Aug; 126(9): 1110–1120.

[2] Oliver SG, Winson MK, Kell DB, Baganz F. Systematic functional analysis of the yeast genome. Trends Biotechnol. Elsevier. 2016 Feb 24; 16(9): 373–378.

[3] Vinaixa M, Schymanski EL, Neumann S, Navarro M, Salek RM, Yanes O. Mass spectral databases for LC/MS- and GC/MS-based metabolomics: State of the field and future prospects. TrAC Trends Anal Chem. 2016 Apr; 78: 23–35.

[4] Wikoff WR, Anfora AT, Liu J, Schultz PG, Lesley SA, Peters EC, et al. Metabolomics analysis reveals large effects of gut microflora on mammalian blood metabolites. Proc Natl Acad Sci. 2009 Mar 10; 106(10): 3698–3703.

[5] Walker A, Pfitzner B, Neschen S, Kahle M, Harir M, Lucio M, et al. Distinct signatures of host-microbial meta-metabolome and gut microbiome in two C57BL/6 strains under high-fat diet. ISME J. International Society for Microbial Ecology. 2014 Dec; 8(12): 2380–2396.

[6] Zhong W, Zhou Z. Alterations of the gut microbiome and metabolome in alcoholic liver disease. World J Gastrointest Pathophysiol . Baishideng Publishing Group Inc. 2014 Nov 15; 5(4): 514–522.

[7] Sellitto M, Bai G, Serena G, Fricke WF, Sturgeon C, Gajer P, et al. Proof of Concept of Microbiome-Metabolome Analysis and Delayed Gluten Exposure on Celiac Disease Autoimmunity in Genetically At-Risk Infants. PLoS One. Public Library of Science. 2012 Mar 14; 7(3): e33387.

[8] Dunn WB, Wilson ID, Nicholls AW, Broadhurst D. The importance of experimental design and QC samples in large-scale and MS-driven untargeted metabolomic studies of humans. Bioanalysis. England. 2012 Sep; 4(18) :2249–2264.

[9] Kell DB. Systems biology, metabolic modelling and metabolomics in drug discovery and development. Drug Discov Today. England. 2006 Dec; 11(23–24): 1085–1092.

[10] Allen J, Davey HM, Broadhurst D, Heald JK, Rowland JJ, Oliver SG, et al. High-throughput classification of yeast mutants for functional genomics using metabolic footprinting. Nat Biotechnol. USA. 2003 Jun; 21(6): 692–696.

[11] Fiehn O, Kopka J, Dormann P, Altmann T, Trethewey RN, Willmitzer L. Metabolite profiling for plant functional genomics. Nat Biotechnol. USA. 2000 Nov; 18(11): 1157–1161.

[12] Lodge JK. Symposium 2: Modern approaches to nutritional research challenges: Targeted and non-targeted approaches for metabolite profiling in nutritional research. Proc Nutr Soc. England. 2010 Feb; 69(1): 95–102.

[13] Peyraud R, Kiefer P, Christen P, Massou S, Portais J-C, Vorholt JA. Demonstration of the ethylmalonyl-CoA pathway by using 13C metabolomics. Proc Natl Acad Sci U S A. USA. 2009 Mar; 106(12): 4846–4851.

[14] Sabatine MS, Liu E, Morrow DA, Heller E, McCarroll R, Wiegand R, et al. Metabolomic identification of novel biomarkers of myocardial ischemia. Circulation. USA. 2005 Dec;112(25): 3868–3875.

[15] Patti GJ, Yanes O, Shriver LP, Courade J-P, Tautenhahn R, Manchester M, et al. Metabolomics implicates altered sphingolipids in chronic pain of neuropathic origin. Nat Chem Biol. USA. 2012 Mar; 8(3): 232–234.

[16] Junot C, Fenaille F, Colsch B, Becher F. High resolution mass spectrometry based techniques at the crossroads of metabolic pathways. Mass Spectrom Rev. USA. 2014; 33(6): 471–500.

[17] Holmes E, Nicholls AW, Lindon JC, Ramos S, Spraul M, Neidig P, et al. Development of a model for classification of toxin-induced lesions using 1H NMR spectroscopy of urine combined with pattern recognition. NMR Biomed . John Wiley & Sons, Ltd. 1998; 11(4–5): 235–244.

[18] Johnson HE, Broadhurst D, Goodacre R, Smith AR. Metabolic fingerprinting of salt-stressed tomatoes. Phytochemistry. 2003 Mar; 62(6): 919–928.

[19] Han J, Danell RM, Patel JR, Gumerov DR, Scarlett CO, Speir JP, et al. Towards high-throughput metabolomics using ultrahigh-field Fourier transform ion cyclotron resonance mass spectrometry. Metabolomics?: Official journal of the Metabolomic Society. 2008: 128–140.

[20] Dumas M-E, Debrauwer L, Beyet L, Lesage D, André F, Paris A, et al. Analyzing the Physiological Signature of Anabolic Steroids in Cattle Urine Using Pyrolysis/Metastable Atom Bombardment Mass Spectrometry and Pattern Recognition. Anal Chem. American Chemical Society. 2002 Oct 1; 74(20): 5393–5404.

[21] Creek DJ, Jankevics A, Breitling R, Watson DG, Barrett MP, Burgess KE V. Toward Global Metabolomics Analysis with Hydrophilic Interaction Liquid Chromatography–Mass Spectrometry: Improved Metabolite Identification by Retention Time Prediction. Anal Chem . American Chemical Society. 2011 Nov 15; 83(22): 8703–8710.

[22] Plumb RS, Stumpf CL, Gorenstein M V, Castro-Perez JM, Dear GJ, Anthony M, et al. Metabonomics: the use of electrospray mass spectrometry coupled to reversed-phase liquid chromatography shows potential for the screening of rat urine in drug development. Rapid Commun Mass Spectrom . John Wiley & Sons, Ltd. 2002; 16(20): 1991–1996.

[23] Cubbon S, Antonio C, Wilson J, Thomas-Oates J. Metabolomic applications of HILIC-LC-MS. Mass Spectrom Rev. USA. 2010; 29(5): 671–684.

[24] Trivedi DK, Iles RK. HILIC-MS-based shotgun metabolomic profiling of maternal urine at 9–23 weeks of gestation – establishing the baseline changes in the maternal metabolome. Biomed Chromatogr. England. 2015 Feb; 29(2): 240–245.

[25] Zhang R, Watson DG, Wang L, Westrop GD, Coombs GH, Zhang T. Evaluation of mobile phase characteristics on three zwitterionic columns in hydrophilic interaction liquid chromatography mode for liquid chromatography-high resolution mass spectrometry based untargeted metabolite profiling of Leishmania parasites. J Chromatogr A. Netherlands. 2014 Oct;1362: 168–179.

[26] Kirwan JA, Weber RJM, Broadhurst DI, Viant MR. Direct infusion mass spectrometry metabolomics dataset: a benchmark for data processing and quality control. Sci Data. Macmillan Publishers Limited. 2014 Jun 10; 1: 140012.

[27] Gonzalez-Dominguez R, Garcia-Barrera T, Gomez-Ariza JL. Using direct infusion mass spectrometry for serum metabolomics in Alzheimer's disease. Anal Bioanal Chem. Germany. 2014 Nov; 406(28): 7137–7148.

[28] Creek DJ, Dunn WB, Fiehn O, Griffin JL, Hall RD, Lei Z, et al. Metabolite identification: are you sure? And how do your peers gauge your confidence? Metabolomics. 2014; 10(3): 350–353.

[29] Weininger D. SMILES, a chemical language and information system. 1. Introduction to methodology and encoding rules. J Chem Inf Comput Sci . American Chemical Society. 1988 Feb 1; 28(1): 31–36.

[30] Hagiwara T, Saito S, Ujiie Y, Imai K, Kakuta M, Kadota K, et al. HPLC Retention time prediction for metabolome analysi. Bioinformation. 2010: 255–258.
[31] Kim S, Lee DY, Wohlgemuth G, Park HS, Fiehn O, Kim KH. Evaluation and Optimization of Metabolome Sample Preparation Methods for Saccharomyces cerevisiae. Anal Chem. American Chemical Society. 2013 Feb 19; 85(4): 2169–2176.
[32] Fiehn O. Combining Genomics, Metabolome Analysis, and Biochemical Modelling to Understand Metabolic Networks. Comparative and Functional Genomics. 2001:155–68.
[33] Fiehn O. Metabolomics–the link between genotypes and phenotypes. Plant Mol Biol. Netherlands. 2002 Jan; 48(1–2):1 55–171.
[34] Creek DJ, Anderson J, McConville MJ, Barrett MP. Metabolomic analysis of trypanosomatid protozoa. Mol Biochem Parasitol. 2012 Feb; 181(2): 73–84.
[35] Faijes M, Mars AE, Smid EJ. Comparison of quenching and extraction methodologies for metabolome analysis of Lactobacillus plantarum. Microbial Cell Factories. London. 2007: 27.
[36] Creek DJ, Nijagal B, Kim D-H, Rojas F, Matthews KR, Barrett MP. Metabolomics guides rational development of a simplified cell culture medium for drug screening against Trypanosoma brucei. Antimicrob Agents Chemother. USA. 2013 Jun; 57(6): 2768–2779.
[37] Koning W de, Dam K van. A method for the determination of changes of glycolytic metabolites in yeast on a subsecond time scale using extraction at neutral pH. Anal Biochem. 1992 Jul; 204(1): 118–123.
[38] van Dam JC, Eman MR, Frank J, Lange HC, van Dedem GWK, Heijnen SJ. Analysis of glycolytic intermediates in Saccharomyces cerevisiae using anion exchange chromatography and electrospray ionization with tandem mass spectrometric detection. Anal Chim Acta. 2002 Jun 5; 460(2): 209–218.
[39] Chen T, Xie G, Wang X, Fan J, Qiu Y, Zheng X, et al. Serum and urine metabolite profiling reveals potential biomarkers of human hepatocellular carcinoma. Mol Cell Proteomics. USA. 2011 Jul; 10(7): M110.004945.
[40] Römisch-Margl W, Prehn C, Bogumil R, Röhring C, Suhre K, Adamski J. Procedure for tissue sample preparation and metabolite extraction for high-throughput targeted metabolomics. Metabolomics. 2011; 8(1): 133–142.
[41] Jorge TF, Rodrigues JA, Caldana C, Schmidt R, van Dongen JT, Thomas-Oates J, et al. Mass spectrometry-based plant metabolomics: Metabolite responses to abiotic stress. Mass Spectrom Rev. 2015.
[42] Hellerstein MK, Neese RA. Mass isotopomer distribution analysis at eight years: theoretical, analytic, and experimental considerations. Am J Physiol. UNITED STATES. 1999 Jun; 276(6 Pt. 1): E1146–1170.
[43] Wu L, Mashego MR, van Dam JC, Proell AM, Vinke JL, Ras C, et al. Quantitative analysis of the microbial metabolome by isotope dilution mass spectrometry using uniformly 13C-labeled cell extracts as internal standards. Anal Biochem. 2005 Jan 15; 336(2): 164–171.
[44] Smith CA, Want EJ, O'Maille G, Abagyan R, Siuzdak G. XCMS: Processing Mass Spectrometry Data for Metabolite Profiling Using Nonlinear Peak Alignment, Matching, and Identification. Anal Chem . American Chemical Society. 2006 Feb 1; 78(3): 779–787.
[45] Katajamaa M, Miettinen J, Orešič M. MZmine: toolbox for processing and visualization of mass spectrometry based molecular profile data. Bioinforma. 2006 Mar 1; 22(5): 634–636.
[46] Lommen A. MetAlign: Interface-Driven, Versatile Metabolomics Tool for Hyphenated Full-Scan Mass Spectrometry Data Preprocessing. Anal Chem . American Chemical Society. 2009 Apr 15; 81(8): 3079–3086.
[47] Scheltema RA, Jankevics A, Jansen RC, Swertz MA, Breitling R. PeakML/mzMatch: a file format, Java library, R library, and tool-chain for mass spectrometry data analysis. Anal Chem. USA. 2011 Apr; 83(7): 2786–2793.

[48] Patti GJ, Tautenhahn R, Siuzdak G. Meta-analysis of untargeted metabolomic data from multiple profiling experiments. Nat Protoc . Nature Publishing Group, a division of Macmillan Publishers Limited. All Rights Reserved. 2012 Mar; 7(3): 508–516.
[49] Brown M, Wedge DC, Goodacre R, Kell DB, Baker PN, Kenny LC, et al. Automated workflows for accurate mass-based putative metabolite identification in LC/MS-derived metabolomic datasets. Bioinforma. 2011 Apr 15; 27(8): 1108–1112.
[50] Alonso A, Julià A, Beltran A, Vinaixa M, Díaz M, Ibañez L, et al. AStream: an R package for annotating LC/MS metabolomic data. Bioinforma. 2011 May 1; 27(9): 1339–1340.
[51] Kuhl C, Tautenhahn R, Böttcher C, Larson TR, Neumann S. CAMERA: An Integrated Strategy for Compound Spectra Extraction and Annotation of Liquid Chromatography/Mass Spectrometry Data Sets. Anal Chem. American Chemical Society. 2012 Jan 3; 84(1): 283–289.
[52] Creek DJ, Jankevics A, Burgess KE V, Breitling R, Barrett MP. IDEOM: an Excel interface for analysis of LC-MS-based metabolomics data. Bioinformatics. England. 2012 Apr; 28(7): 1048–1049.
[53] Smith CA, O'Maille G, Want EJ, Qin C, Trauger SA, Brandon TR, et al. METLIN: a metabolite mass spectral database. Ther Drug Monit. USA. 2005 Dec; 27(6): 747–751.
[54] Sana TR, Roark JC, Li X, Waddell K, Fischer SM. Molecular formula and METLIN Personal Metabolite Database matching applied to the identification of compounds generated by LC/TOF-MS. J Biomol Tech. USA. 2008 Sep; 19(4): 258–266.
[55] Wishart DS, Tzur D, Knox C, Eisner R, Guo AC, Young N, et al. HMDB: the Human Metabolome Database. Nucleic Acids Res. England. 2007 Jan; 35(Database issue): D521–526.
[56] Wishart DS, Jewison T, Guo AC, Wilson M, Knox C, Liu Y, et al. HMDB 3.0–The Human Metabolome Database in 2013. Nucleic Acids Res. England. 2013 Jan; 41(Database issue): D801–807.
[57] Horai H, Arita M, Kanaya S, Nihei Y, Ikeda T, Suwa K, et al. MassBank: a public repository for sharing mass spectral data for life sciences. J Mass Spectrom. John Wiley & Sons, Ltd. 2010; 45(7): 703–714.
[58] Kind T, Liu K-H, Lee DY, DeFelice B, Meissen JK, Fiehn O. LipidBlast in silico tandem mass spectrometry database for lipid identification. Nat Meth. Nature Publishing Group, a division of Macmillan Publishers Limited. All Rights Reserved. 2013 Aug; 10(8): 755–758.
[59] Charan J, Biswas T. How to Calculate Sample Size for Different Study Designs in Medical Research? Indian Journal of Psychological Medicine. India. 2013: 121–126.
[60] Fagerland MW. t-tests, non-parametric tests, and large studies–a paradox of statistical practice? BMC Med Res Methodol. England. 2012; 12: 78.
[61] Smilde AK, Jansen JJ, Hoefsloot HCJ, Lamers R-JAN, van der Greef J, Timmerman ME. ANOVA-simultaneous component analysis (ASCA): a new tool for analyzing designed metabolomics data. Bioinformatics. England. 2005 Jul; 21(13): 3043–3048.
[62] Grund B, Sabin C. Analysis of Biomarker Data: logs, odds ratios and ROC curves. Current opinion in HIV and AIDS. 2010: 473–479.
[63] Warnock DG, Peck CC. A roadmap for biomarker qualification. Nat Biotech. Nature Publishing Group. 2010 May; 28(5): 444–445.
[64] Yan Z, Li J, Xiong Y, Xu W, Zheng G. Identification of candidate colon cancer biomarkers by applying a random forest approach on microarray data. Oncol Rep. Greece. 2012 Sep; 28(3): 1036–1042.
[65] Chen T, Cao Y, Zhang Y, Liu J, Bao Y, Wang C, et al. Random forest in clinical metabolomics for phenotypic discrimination and biomarker selection. Evid Based Complement Alternat Med. USA. 2013; 2013: 298183.
[66] Seijo S, Lozano JJ, Alonso C, Reverter E, Miquel R, Abraldes JG, et al. Metabolomics discloses potential biomarkers for the noninvasive diagnosis of idiopathic portal hypertension. Am J Gastroenterol. USA. 2013 Jun; 108(6): 926–932.

Hans Proquitté

5 Entwicklung des Mikrobioms beim Neugeborenen und Kleinkind

5.1 Einleitung

Dem Mikrobiom, speziell dem des Darmes, wird inzwischen in der Laienpresse, in Fachbüchern, aber auch entsprechenden wissenschaftlichen Publikationen zunehmend Aufmerksamkeit gewidmet. Eine Vielzahl präventiver und therapeutischer Einsatzmöglichkeiten werden dargestellt, teilweise sehr spekulative Artikel in der Laienpresse und ein unkonventionell verfasstes Fachbuch erobern Bestsellerlisten.

Als gesichert kann bislang gelten, dass das Mikrobiom aus zehnmal mehr Zellen als der menschliche Organismus besteht und mehr als 1.000 bekannten Spezies, die darin vorkommen können. Das Mikrobiom eines Individuums jedoch setzt sich meist nur aus 150 bis max. 200 Spezies zusammen. Ein erwachsener Mensch beherbergt einen physisch nennenswerten Umfang an Mikrobiom, welcher bis zu zwei Kilogramm wiegen dürfte. Von Bedeutung ist, dass das Mikrobiom im ersten Lebensjahr und hier speziell in den ersten drei Lebensmonaten – noch einem hohen Maß an Variabilität unterliegt, sich danach jedoch eine Stabilität einstellt, die durchaus dem Vergleich mit einem individuellen Fingerabdruck standhält. Das Mikrobiom beeinflusst im wachsenden Organismus gleichzeitig das immunologische, das neurologische und metabolische System, teilweise gesteuert durch deren Metaboliten und immer in Hinblick auf die weitere gesunde Entwicklung.

Die Tatsache der Beeinflussbarkeit des Mikrobioms im (frühen) Kindesalter [1] induziert die Frage nach den Faktoren der Ausbildung eines „vorteilhaften" Mikrobioms. Als wesentliche, heute bekannten Faktoren gelten (siehe auch Abb. 5.1):
- die Art der Entbindung (Spontangeburt vs. Kaiserschnitt),
- das Stillen, also die Gabe von Muttermilch,
- die Zufütterung nach dem vierten bis sechsten Lebensmonat,
- mögliche frühkindliche Antibiotikatherapien.

Kinder, die vaginal entbunden werden, entwickeln eine andere Darmflora als solche, die per sectionem zur Welt kommen [2]. Dieses Wissen über den Einfluss des Mikrobioms dürfte langfristig relevant sein, steigt doch die Anzahl (z. T. medizinisch nicht zwingend indizierter) Sectiones weiter an. Nachträgliche „Korrekturen" allerdings sind dann nicht mehr möglich, denn Neugeborene erwerben bereits vor Geburt [4], aber speziell auf ihrer Passage durch den Geburtskanal, ihre „erste Dosis" Probiotika. Entsprechend sind dann vorherrschend *Lactobacillus Prevotella* und *Sneathia* nachweisbar. Nach einem Kaiserschnitt dominieren dagegen *Corynebacterium*, *Propionibacterium* und *Staphylokokken*.

DOI 10.1515/9783110454352-005

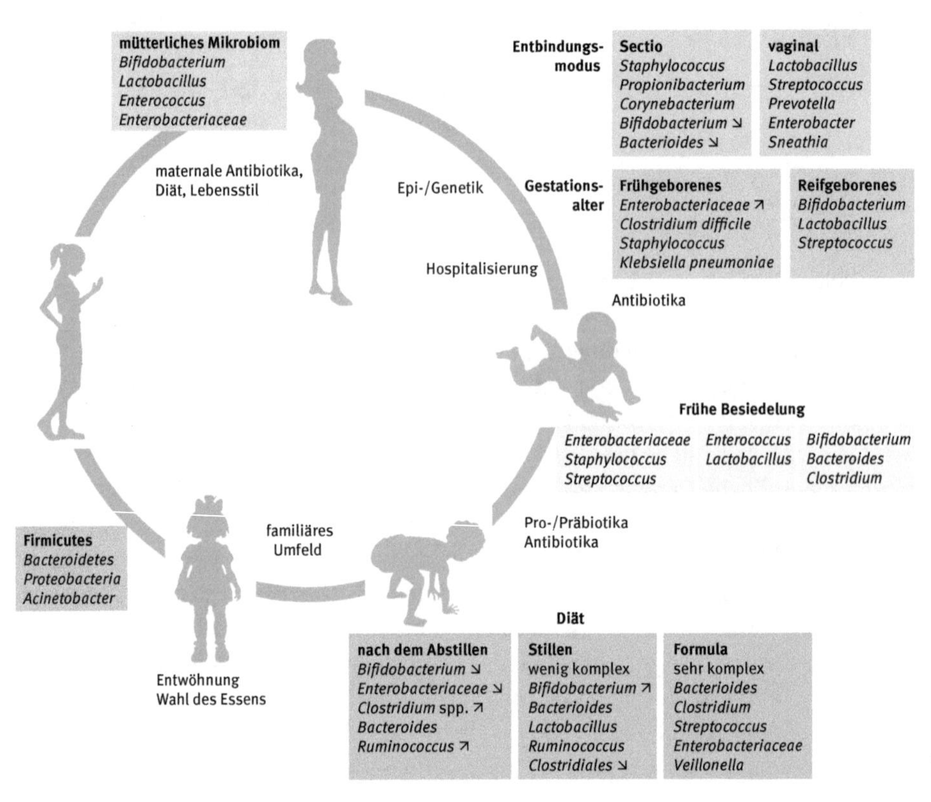

Abb. 5.1: Entwicklung des frühkindlichen Mikrobioms und mögliche Einflussgrößen für dessen Zusammensetzung. Faktoren wie das mütterliche Mikrobiom, der Entbindungsmodus, das Gestationsalter und die Art der postnatalen Ernährung beeinflussen das Mikrobiom nachhaltig. Die Kolonisation und die Entfaltung des Darm-Mikrobioms, beeinflusst durch Diät, Nahrung und externe Faktoren (Antibiotika), führen zu einem weitgehend „erwachsenen-ähnlichen Mikrobiom" im Alter von etwa zwei bis drei Jahren, wobei *Firmicutes* und *Bacteroidetes* die vorherrschenden Stämme repräsentieren. Früh-/Neugeborenen-, Säuglings- und Kleinkindesalter stellen – im positiven und negativen Sinne – die vulnerabelste Phase für mögliche Alterationen des Darm-Mikrobioms dar, mit wahrscheinlichen Langzeiteffekten auf die weitere Gesundheit (nach [3]).

Auch für antibiotische Therapien kann ein nachhaltiger Effekt auf das Mikrobiom postuliert werden, besonders in der frühen postnatalen Phase [5, 6]. Gezeigt werden konnte bereits, dass sich die landesspezifische Anwendung von Antibiotika bei Tieren und Menschen auf die Entwicklung des Mikrobioms und des Darm-Resistoms auswirkt [5–7]. Umso wichtiger ist einerseits die strenge Indikationsstellung für antibiotische Behandlungen im ersten Lebensjahr, andererseits die frühzeitige Beendigung derselben, falls sich dessen Nicht-Notwendigkeit herausstellt.

Bereits die pränatale Ernährung beeinflusst das Mikrobiom der Nachkommen [8], aber auch der vielfach postulierte positive Effekt des Stillens auf das Mikrobiom lässt sich wissenschaftlich belegen [1, 9]. Gestillte Kinder weisen mehr Bakterienspezies mit günstigem Einfluss, wie z. B. *Bifidobakterien*, und weniger ungünstige Spezies, wie z. B. *Clostridien*, auf [10]. Unterschiedliche Ernährungsgewohnheiten und deren Einfluss auf das Mikrobiom wurden anhand eines Vergleiches von Kindern aus Burkina Faso mit Kindern aus Italien gezeigt [11]. Während in Italien eine übliche mitteleuropäische Zufütterung erfolgt, erhalten die Kinder in Burkina Faso Nahrung auf Hirse-Basis, vergleichbar der Ernährung zu Beginn des Ackerbaus. Auffälligerweise wies das Mikrobiom der afrikanischen Kinder zu mehr als zwei Dritteln *Bacteroidetes* und das europäischer Kinder etwa zur Hälfte *Firmicutes* auf. *Firmicutes*-Spezies bilden vermehrt kurzkettige Fettsäuren, die mit potenziell pathogenen Bakterien interagieren und motilitätshemmend wirken, *Bacteroidetes* dagegen sind mit einer guten Kohlenhydratverwertung assoziiert. Aber auch die Entwicklung von Resistenzgenen gegen Antibiotika findet bereits in den ersten Lebensmonaten statt [12] und scheint beim Stillen [12, 13] günstiger zu verlaufen.

5.2 Ernährung und die neuronale Achse

Eine internationale Arbeitsgruppe geht davon aus, dass sich Menschen in drei „Enterotypen" einteilen lassen [14]. Das Konzept – wenngleich noch nicht vollständig ausgereift [15] – zielt darauf ab, dass die Anzahl von *Bacteroidetes*-Typen die entscheidende Größe für die Verwertung von Kohlenhydraten darstellt. Während dieses in Entwicklungsländern mit unzureichendem Nahrungsangebot von Vorteil sein dürfte, prädisponiert es in einer westlichen Industrienation eher zu Übergewicht und ist daher von Nachteil. Heute wird angenommen: Ernährung und Mikrobiom beeinflussen sich wechselseitig [16]. So lässt sich nachweisen, dass *Lactobacillus* im Darm die Expression von Opioid-Rezeptoren erhöhen kann und somit Analgetika-ähnliche Effekte erzielt werden [17]. Das Mikrobiom kann Einfluss auf geschmackliche Vorlieben und damit die Nahrungsauswahl nehmen, aber auch auf die subjektive Stimmungslage [16]. Zusätzlich spielt der enge Zusammenhang von spezies-spezifischen Geschmacksrezeptoren und dem Mikrobiom im Darm eine Schlüsselrolle bei der Entwicklung in den ersten Lebensmonaten [18]. Das nach Abschluss der frühkindlichen Periode sehr stabile Mikrobiom erfährt durch die Zusammensetzung der aufgenommenen Nahrung Veränderungen, sowohl das quantitative Verhältnis der Spezies untereinander als auch die sezernierten Stoffwechselprodukte betreffend. Indirekt werden dadurch das Verdauungssystem und über das enterische Nervensystem die Schmerzwahrnehmung [17, 18] bzw. die Entwicklung des ZNS selbst [19] beeinflusst. Trotzdem erscheint eine kognitive und mentale Wirkung des Mikrobioms noch schwerer nachvollziehbar. In Arbeiten an Mäusen konnte bereits gezeigt werden, dass *Laktobacillus* in der Darmflora die Tiere mutiger macht, verglichen mit Tieren mit normaler Flora oder sterilem Darm [20]. Die emotionale und somatosensorische Hirnaktivität war bei gesunden Probandinnen nur nach dem Genuss von normalen oder fermentierten Milchprodukten (Probiotika), nicht aber mit Placebo nachweisbar [21]. Die Bedeutung der neuronalen Achse des Mikrobioms lässt sich aus Untersuchungen zu Patienten des Autismus-Spektrums ableiten [22], ein Einfluss im Rahmen des Wachstums ist wahrscheinlich [23] (siehe auch Abb. 5.2).

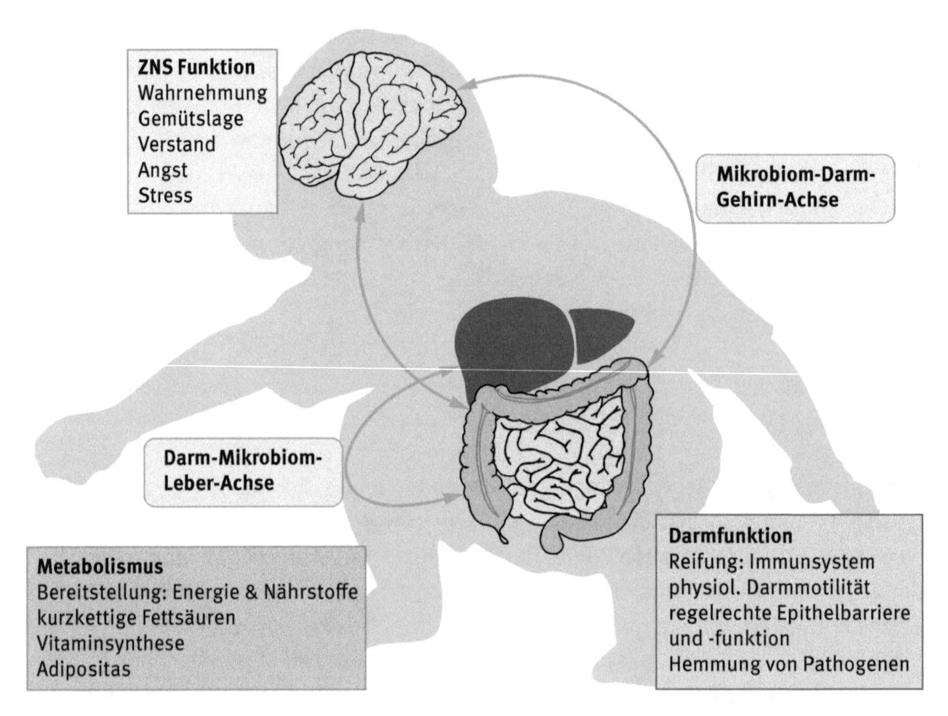

Abb. 5.2: Interaktion von Darm-Mikrobiom und Wirt. In Form zweier unterschiedlicher Achsen übt das Mikrobiom einen Effekt auf mehrere Aspekte der Wirtsphysiologie aus. Dadurch beeinflusst das Mikrobiom den Metabolismus, diverse Hirnfunktionen und lokal durch Modulation die intestinale Funktion (nach [3]).

5.3 Nahrungszusammensetzung

In Tierversuchen konnte gezeigt werden, dass die Voraussetzung für ein normales postnatales Wachstum ein vorhandenes Mikrobiom ist [24]. Emulgatoren in der Nahrung, aber auch in intravenösen Fettemulsionen, verändern das Mikrobiom bei Neu- und Frühgeborenen zusätzlich und erhöhen das Risiko für eine Leberfunktionsstörung [25]. Emulgatoren in der Ernährung führten bei Tieren zu einem unmäßigen Fressverhalten, Adipositas und einer gestörten Glukosetoleranz [24], allerdings nur, wenn die Tiere ein Mikrobiom besaßen, nicht aber bei sterilen Mäusen. Erklärt wird das durch den Emulgator-vermittelten verminderten Abstand zwischen den Darmzotten und dem Mikrobiom, wodurch ein veränderter, ggf. auch stärkerer Austausch über die Darmwand postuliert wird.

5.4 Mikrobiom und Antibiotika

Die Zusammensetzung des Mikrobioms und dessen Entwicklung im Kontext der Anwendung von Antibiotika soll in einer prospektiv randomisierten Studie genauer untersucht werden [26]. Nicht nur das enterale, auch das respiratorische Mikrobiom sind im Verlauf der Entwicklung durch Antibiotika zu beeinflussen, zumal es bereits im Säuglingsalter nachweisbar ist [27]. Sowohl die prä- [28] und peripartale [29] Antibiotikatherapie der Mutter als auch die postnatale Therapie von Früh- und Neugeborenen [30] scheinen das Mikrobiom negativ zu beeinflussen (Einfluss auf *Bifidobakterien*), aber auch das Risiko für spätere Adipositas zu erhöhen.

5.5 Pro- und Präbiotika

Die Wirkungen von Probiotika im Darm sind mannigfaltig, häufig findet der erste Kontakt bereits vor [31] bzw. unter der Geburt statt [2]. Speziell bei Frühgeborenen scheint die dysbiotische Entwicklung des Mikrobioms das Risiko einer Nekrotisierenden Enterocolitis (NEC) [32] zu beeinflussen, wobei hier orales Lactoferrin [33] und Probiotika als protektiv angesehen werden [34, 35], auch wenn das nicht für alle Probiotika in dieser Population gleichermaßen gilt [36]. Probiotika scheinen durch Modifikation des Mikrobioms von Frühgeborenen [37] vor allem auch die Mortalität reduzieren zu können [33, 38], bei größeren Kindern wird perioperativ das Mikrobiom positiv beeinflusst [39]. Sie konkurrieren mit Pathogenen um Nährstoffe und Bindungsstellen an

Tab. 5.1: Mögliche positive Wirkungen von Probiotika.

Intestinale Funktionen des Immunsystems werden moduliert	– Reduktion proinflammatorischer Zytokine – Begünstigung Toleranzinduzierender Zytokinprofile und regulatorischer Pfade – Erhöhung des sekretorischen IgA
Epitheliale Zellhomöostase wird gefördert	– Erhöhung der Barrierefunktion – Förderung zytoprotektiver Antworten – verbessertes Überleben der Zellen – Erhöhung der Muzinproduktion
Neuromodulation	– Expression von Cannabinoid- und μ-Opioid-Rezeptoren auf den Epithelzellen – Reduktion viszeraler Hypersensitivität und der Stressantwort
Blockade der Wirkung pathogener Keime	– Reduktion der Bindung an der Mukosa – Senkung des pH-Werts im Lumen – produziert antibakterielle Bakteriozine
Ernährungsvorteile	– Hilfe beim Abbau ansonsten unverdaulicher Nahrung – Erschließung von Nährstoffen

der Schleimhautoberfläche, können aber auch direkt eine antagonistische Wirkung auf Pathogene haben und das Immunsystem stimulieren [2]. In Tab. 5.1 sind mögliche positive Wirkungen von Probiotika auf den wachsenden Organismus dargestellt.

5.6 Einsatz von Prä-/Probiotika

Präbiotika sind Kohlenhydrate unterschiedlicher Kettenlänge. Deren Wirkung ist dosisabhängig und kann sowohl positive als auch negative Effekte zeigen [40]. Im Tiermodell des neugeborenen Ferkels waren ein verbessertes Wachstum, eine raschere Reifung des Darmes und des Mikrobioms sowie ein verminderter Anteil an opportunistischen Pathogenen nachweisbar [41]. Bei 50 ausschließlich gestillten Frühgeborenen < 1500 g Geburtsgewicht ließ sich in einer kontrollierten Studie durch Zugabe von Präbiotika (Oligosacchariden) vermehrt *Lactobacillus* nachweisen und die Liegezeit im Krankenhaus signifikant ($p = 0.003$) verkürzen [42]. Ob das in gleicher Weise für die Anreichung von Formula-Nahrung gilt, ist offen [43]. Die Anwendung von vergärbarem Mehrfach-, Zweifach- und Einfachzucker sowie mehrwertigen Alkoholen (FODMAPs-Konzept) lässt sich durch die Wirkung der darin enthaltenen Präbiotika auf das Mikrobiom erklären. Während sich eine adäquate Menge dieser in den FODMAPs enthaltenen Präbiotika günstig auf das Mikrobiom auswirkt, kann ein Übermaß zu einem Ungleichgewicht und nachfolgend negativen Effekte führen [3]. So ergibt sich eine Assoziation zu den Spezies in der Flora, der Transitzeit des Darminhalts und den Keim-Konzentrationen im Mikrobiom, eine abschließende positive Bewertung lässt sich derzeit vorwiegend für gestillte Neonaten abgeben.

Vielfältige präventive und therapeutische Einsatzmöglichkeiten von Probiotika im Kindesalter unter Berücksichtigung des Mikrobioms sind denkbar [44]:
- bei Säuglingskoliken [45], Reizdarmsyndrom und Gastroenteritiden [46, 47],
- bei Antibiotikaassoziierten Diarrhöen [48, 49],
- zum Remissionserhalt bei Colitis ulcerosa [49, 50],
- zur Prävention bei Allergien [51–53], Adipositas [54] und sogar bei Erkrankungen wie Autismus [55].

5.7 Präventiver Einsatz von Probiotika

Sollte die Mutter nicht stillen können, können Prä-/Probiotika der Säuglingsnahrung zugesetzt werden, um das normale Wachstum zu fördern [56]. Derartige Nahrungen werden von reifen Neugeborenen gut vertragen und ermöglichen ein regelrechtes Wachstum [56]. Als Effekt belegt sind jedoch weder eine reduzierte Zahl gastrointestinaler/pulmonaler Effekte noch eine verminderte Häufigkeit antibiotischer Therapien. Auch eine Verminderung der Koliken oder der Entstehung von Allergien ist nicht sicher belegt, allenfalls angedeutet. Geringfügig waren die Zahl der

Stuhlentleerungen und die Stuhlkonsistenz beeinflussbar, in Subgruppenanalysen waren allergische Symptome gemindert. Sicher beeinflusst werden nicht klinisch relevante Parameter wie der Stuhl-pH-Wert und der lgE-Spiegel. Die Tatsache, dass in Muttermilch HMOs (human milk oligo-saccharides) und probiotische Bakterien enthalten sind [57], unterstützt die These einer Supplementierung von Formulanahrung mit Prä- und Probiotika. Probiotika gelten zumindest ab dem Säuglingsalter als weitgehend risikolos, Einschätzungen zum positiven Einfluss auf das Mikrobiom werden als berechtigt angesehen.

Ein präventiver Einsatz bei Allergien ist denkbar [58], wenngleich umstritten, da aktuelle Thesen davon ausgehen, dass das verminderte „Herunterregulieren" von Inflammation vorwiegend einer geringeren immunologischen Homöostase zuzurechnen ist [59]. Widersprüchliche Studienergebnisse zerstörten bisher diese Hoffnung und derzeit lassen Metaanalysen der Gabe von Probiotika keine klinischen Effekte sicher zuordnen [60], wenngleich nachweislich der lgE-Spiegel gesenkt wurde.

5.8 Therapeutischer Einsatz von Probiotika

Metaanalysen und Fachgesellschaften haben sich bei akuten infektiösen Diarrhöen für den Einsatz von Probiotika ausgesprochen [61]. Am besten untersucht sind *Saccharomyces boulardii* und *Lactobacillus GG* (LGG), welche bei Rotavirus-Enteritis die Durchfalldauer (max. einen Tag) verkürzten [62]. Auch bei Diarrhöen, die im Zusammenhang mit der Gabe von Antibiotika auftreten, wurde in Metaanalysen ein präventiver Effekt gezeigt, die number needed to treat (NNT) lag bei 7 [63]. Eine Dosis-Wirkungs-Beziehung legt nahe, dass wenigstens 5×10^9 Koloniebildende Einheiten (CFU) enthalten sein sollten. Für besonders problematische antibiotikaassoziierte Diarrhöen durch *Clostridien* existieren keine randomisierten Studien, während bei bakteriellen Dünndarm-Fehlbesiedelungen positive Einsätze von Probiotika beschrieben sind [63].

Studien zur Wirkung von Probiotika bei Säuglingskoliken, gemessen an der Reduktion der „Schreizeiten", geben mehr Anlass zur Hoffnung [64]. Bei fast ausschließlich gestillten Säuglingen vermochte *Lactobacillus reuteri* diese über einen Monat signifikant zu senken, eine Konstellation, die ebenfalls von weiteren Untersuchern geteilt wird [65]. Auch zur Therapie des Reizdarmsyndroms bei Kindern (postenteritisch mit Diarrhö) sind Probiotika eingesetzt worden, Ballaststoffe haben sich nicht durchgesetzt. Die überwiegende Zusammensetzung im Mikrobiom bestand aus *Firmicutes*, *Bacteroides* und *Actinobacteriaceae* [66], die Einführung einer FODMAP-Diät beeinflusste schon bei Kindern das Mikrobiom und verbesserte die klinische Symptomatik [67]. Bei Erwachsenen [68] und auch bei Kindern [69] verspricht der Einsatz einer faekalen Mikrobiomtransplantation (Stuhltransfer) bei clostridienbedingter Diarrhö eine Heilungsrate von bis zu 95 %, verglichen etwa mit 30 % unter konventioneller Therapie mit Vancomycin. Auch wenn die derzeitigen

Daten noch nicht für einen routinemäßigen Einsatz sprechen, weisen sie dennoch auf diese potenziell positive Möglichkeit der Beeinflussung des Mikrobioms hin.

5.9 Mikrobiom und Wachstum

Auch Körpergewicht und Darmflora scheinen sich gegenseitig zu beeinflussen, wohl weil Bacteroides-Enterotypen Kohlenhydrate effektiver zu spalten vermögen. Entsprechend haben adipöse Menschen eine geringer diversifizierte Darmflora als Normalgewichtige. So ließ sich im Mausmodell nachweisen, dass durch die Übertragung des Mikrobioms von normal- auf übergewichtige Mäuse eine Gewichtsreduktion erzielt werden konnte. Bei Mäusen mit verändertem Mikrobiom in der Folge einer antibiotischen Therapie stieg das Gewicht signifikant an [70]. Lediglich die Übertragung dieses intestinalen Mikrobioms, nicht aber die Übertragung von Darmflora normalgewichtiger Mäuse auf Tiere mit zuvor sterilem Darm, führte zu einer Gewichtszunahme [70]. Auf Menschen, speziell Kinder, ist dieser Effekt jedoch nicht uneingeschränkt übertragbar.

5.10 Zusammenfassung

Das zunehmende Interesse am humanen Mikrobiom im Rahmen der Entwicklung ist aufgrund der Vielzahl neuer Ergebnisse berechtigt. Vor diesem Hintergrund müssen die Themen „Wunschsectio“, das „Nicht-Stillen-Wollen“ sowie fraglich erforderliche antibiotische Therapien im ersten Lebensjahr als kritische Themen für den Pädiater mit derzeit unübersehbaren Konsequenzen betrachtet werden. Sollte Stillen nicht möglich sein, sind Prä-, Pro- und Synbiotika in Formulanahrungen denkbar. Im Rahmen funktioneller Störungen wie Koliken und Reizdarm dürften Probiotika einen Stellenwert haben, da sich das Mikrobiom positiv beeinflussen lässt. Insgesamt gilt, dass eine vielfältige, möglichst naturbelassene Nahrung wichtig für ein vielfältiges Mikrobiom im Rahmen des Wachstums sein dürfte, während sich dogmatisch einseitige Nahrungszusammensetzungen als problematisch erweisen dürften. Ob das Mikrobiom bei Allergien und Autoimmunerkrankungen im Kindesalter einen positiven Verlauf unterstützen kann, ist möglich, aber noch nicht ausreichend bewiesen. Auch mögliche Einflüsse auf die Vermeidung eines metabolischen Syndroms sowie psychiatrische Erkrankungen sind bisher nicht ausreichend gesichert, um eine eindeutige Empfehlung abgeben zu können, es spricht aber einiges dafür.

5.11 Literatur

[1] Adlerberth I, Wold AE. Establishment of the gut microbiota in Western infants. Acta Paediatr. 2009; 98(2): 229–238.

[2] Miniello VL, Colasanto A, Cristofori F, et al. Gut microbiota biomodulators, when the stork comes by the scalpel. Clin Chim Acta. 2015; 451(Pt A): 88–96.

[3] Castanys-Munoz E, Martin MJ, Vazquez E. Building a Beneficial Microbiome from Birth. Adv Nutr. 2016; 7(2): 323–330.

[4] Ardissone AN, de la Cruz DM, Davis-Richardson AG, et al. Meconium microbiome analysis identifies bacteria correlated with premature birth. PloS one. 2014; 9(3): e90784.

[5] Gibson MK, Crofts TS, Dantas G. Antibiotics and the developing infant gut microbiota and resistome. Curr Opin Microbiol. 2015; 27: 51–56.

[6] Moore AM, Ahmadi S, Patel S, et al. Gut resistome development in healthy twin pairs in the first year of life. Microbiome. 2015; 3: 27.

[7] Forslund K, Sunagawa S, Kultima JR, et al. Country-specific antibiotic use practices impact the human gut resistome. Genome Res. 2013; 23(7): 1163–1169.

[8] Myles IA, Pincus NB, Fontecilla NM, Datta SK. Effects of parental omega-3 fatty acid intake on offspring microbiome and immunity. PloS one. 2014; 9(1): e87181.

[9] Videhult FK, West CE. Nutrition, gut microbiota and child health outcomes. Curr Opin Clin Nutr Metab Care. 2016; 19(3): 208–213.

[10] Adlerberth I, Strachan DP, Matricardi PM, et al. Gut microbiota and development of atopic eczema in 3 European birth cohorts. J Allergy Clin Immunol. 2007; 120(2): 343–350.

[11] De Filippo C, Cavalieri D, Di Paola M, et al. Impact of diet in shaping gut microbiota revealed by a comparative study in children from Europe and rural Africa. Proceedings of the National Academy of Sciences of the USA. 2010; 107(33): 14691–14696.

[12] von Wintersdorff CJ, Wolffs PF, Savelkoul PH, et al. The gut resistome is highly dynamic during the first months of life. Future Microbiol. 2016; 11: 501–510.

[13] Yang Z, Guo Z, Qiu C, et al. Preliminary analysis showed country-specific gut resistome based on 1267 feces samples. Gene. 2016; 581(2): 178–182.

[14] Arumugam M, Raes J, Pelletier E, et al. Enterotypes of the human gut microbiome. Nature. 2011; 473(7346): 174–180.

[15] Lim MY, Rho M, Song YM, Lee K, Sung J, Ko G. Stability of gut enterotypes in Korean monozygotic twins and their association with biomarkers and diet. Scientific reports. 2014; 4: 7348.

[16] Alcock J, Maley CC, Aktipis CA. Is eating behavior manipulated by the gastrointestinal microbiota? Evolutionary pressures and potential mechanisms. Bioessays. 2014; 36(10): 940–949.

[17] Rousseaux C, Thuru X, Gelot A, et al. Lactobacillus acidophilus modulates intestinal pain and induces opioid and cannabinoid receptors. Nat Med. 2007; 13(1): 35–37.

[18] Cuomo R, D'Alessandro A, Andreozzi P, Vozzella L, Sarnelli G. Gastrointestinal regulation of food intake: do gut motility, enteric nerves and entero-hormones play together? Minerva Endocrinol. 2011; 36(4): 281–293.

[19] Sherman MP, Zaghouani H, Niklas V. Gut microbiota, the immune system, and diet influence the neonatal gut-brain axis. Pediatric research. 2015; 77(1–2): 127–135.

[20] Foster JA. Gut feelings: bacteria and the brain. Cerebrum: the Dana forum on brain science. 2013; 2013(9).

[21] Tillisch K, Labus J, Kilpatrick L, et al. Consumption of fermented milk product with probiotic modulates brain activity. Gastroenterology. 2013; 144(7): 1394–1401, 401 e1–4.

[22] Mulle JG, Sharp WG, Cubells JF. The gut microbiome: a new frontier in autism research. Current psychiatry reports. 2013; 15(2): 337.

[23] Li Q, Zhou JM. The microbiota-gut-brain axis and its potential therapeutic role in autism spectrum disorder. Neuroscience. 2016; 324: 131–139.
[24] Duca FA, Swartz TD, Sakar Y, Covasa M. Increased oral detection, but decreased intestinal signaling for fats in mice lacking gut microbiota. PloS one. 2012; 7(6): e39748.
[25] Lee WS, Sokol RJ. Intestinal Microbiota, Lipids, and the Pathogenesis of Intestinal Failure-Associated Liver Disease. J Pediatr. 2015; 167(3): 519–526.
[26] Rutten NB, Rijkers GT, Meijssen CB, et al. Intestinal microbiota composition after antibiotic treatment in early life: the INCA study. BMC pediatrics. 2015; 15: 204.
[27] Biesbroek G, Tsivtsivadze E, Sanders EA, et al. Early respiratory microbiota composition determines bacterial succession patterns and respiratory health in children. American journal of respiratory and critical care medicine. 2014; 190(11): 1283–1292.
[28] Mueller NT, Whyatt R, Hoepner L, et al. Prenatal exposure to antibiotics, cesarean section and risk of childhood obesity. International journal of obesity. 2015; 39(4): 665–670.
[29] Aloisio I, Mazzola G, Corvaglia LT, et al. Influence of intrapartum antibiotic prophylaxis against group B Streptococcus on the early newborn gut composition and evaluation of the anti-Streptococcus activity of Bifidobacterium strains. Applied microbiology and biotechnology. 2014; 98(13): 6051–6060.
[30] Dardas M, Gill SR, Grier A, et al. The impact of postnatal antibiotics on the preterm intestinal microbiome. Pediatric research. 2014; 76(2): 150–158.
[31] Wassenaar TM, Panigrahi P. Is a foetus developing in a sterile environment? Lett Appl Microbiol. 2014; 59(6): 572–579.
[32] Elgin TG, Kern SL, McElroy SJ. Development of the Neonatal Intestinal Microbiome and Its Association With Necrotizing Enterocolitis. Clin Ther. 2016.
[33] Pammi M, Abrams SA. Oral lactoferrin for the prevention of sepsis and necrotizing enterocolitis in preterm infants. The Cochrane database of systematic reviews. 2015; 2: CD007137.
[34] AlFaleh K, Anabrees J. Probiotics for prevention of necrotizing enterocolitis in preterm infants. The Cochrane database of systematic reviews. 2014; 4: CD005496.
[35] Vongbhavit K, Underwood MA. Prevention of Necrotizing Enterocolitis Through Manipulation of the Intestinal Microbiota of the Premature Infant. Clin Ther. 2016.
[36] Costeloe K, Hardy P, Juszczak E, Wilks M, Millar MR, Probiotics in Preterm Infants Study Collaborative G. Bifidobacterium breve BBG-001 in very preterm infants: a randomised controlled phase 3 trial. Lancet. 2016; 387(10019): 649–660.
[37] Patel K, Konduru K, Patra AK, Chandel DS, Panigrahi P. Trends and determinants of gastric bacterial colonization of preterm neonates in a NICU setting. PloS one. 2015; 10(7): e0114664.
[38] Olsen R, Greisen G, Schroder M, Brok J. Prophylactic Probiotics for Preterm Infants: A Systematic Review and Meta-Analysis of Observational Studies. Neonatology. 2016; 109(2): 105–112.
[39] Okazaki T, Asahara T, Yamataka A, et al. Intestinal Microbiota in Pediatric Surgical Cases Administered Bifidobacterium Breve: A Randomized Controlled Trial. Journal of pediatric gastroenterology and nutrition. 2016.
[40] Barrett E, Deshpandey AK, Ryan CA, et al. The neonatal gut harbours distinct bifidobacterial strains. Arch Dis Child Fetal Neonatal Ed. 2015; 100(5): F405–410.
[41] Berding K, Wang M, Monaco MH, et al. Prebiotics and Bioactive Milk Fractions Affect Gut Development, Microbiota and Neurotransmitter Expression in Piglets. Journal of pediatric gastroenterology and nutrition. 2016.
[42] Armanian AM, Sadeghnia A, Hoseinzadeh M, et al. The effect of neutral oligosaccharides on fecal microbiota in premature infants fed exclusively with breast milk: A randomized clinical trial. J Res Pharm Pract. 2016; 5(1): 27–34.
[43] Vandenplas Y, Zakharova I, Dmitrieva Y. Oligosaccharides in infant formula: more evidence to validate the role of prebiotics. The British journal of nutrition. 2015; 113(9): 1339–1344.

[44] Bertelsen RJ, Jensen ET, Ringel-Kulka T. Use of probiotics and prebiotics in infant feeding. Best practice & research Clinical gastroenterology. 2016; 30(1): 39–48.
[45] Guarino A, Guandalini S, Lo Vecchio A. Probiotics for Prevention and Treatment of Diarrhea. Journal of clinical gastroenterology. 2015; 49(1): S37–45.
[46] Vandenplas Y. Probiotics and prebiotics in infectious gastroenteritis. Best practice & research Clinical gastroenterology. 2016; 30(1): 49–53.
[47] Szajewska H, Urbanska M, Chmielewska A, Weizman Z, Shamir R. Meta-analysis: Lactobacillus reuteri strain DSM 17938 (and the original strain ATCC 55730) for treating acute gastroenteritis in children. Beneficial microbes. 2014; 5(3): 285–293.
[48] Vecchio AL, Dias JA, Berkley JA, et al. Comparison of Recommendations in Clinical Practice Guidelines for Acute Gastroenteritis in Children. Journal of pediatric gastroenterology and nutrition. 2016.
[49] Barnes D, Yeh AM. Bugs and Guts: Practical Applications of Probiotics for Gastrointestinal Disorders in Children. Nutrition in clinical practice: official publication of the American Society for Parenteral and Enteral Nutrition. 2015; 30(6): 747–759.
[50] Cardile S, Alterio T, Arrigo T, Salpietro C. The role of prebiotics and probiotics in pediatric diseases. Minerva pediatrica. 2015.
[51] Zhang GQ, Hu HJ, Liu CY, Zhang Q, Shakya S, Li ZY. Probiotics for Prevention of Atopy and Food Hypersensitivity in Early Childhood: A PRISMA-Compliant Systematic Review and Meta-Analysis of Randomized Controlled Trials. Medicine. 2016; 95(8): e2562.
[52] Miraglia Del Giudice M, Indolfi C, Allegorico A, et al. Probiotics and Allergic Respiratory Diseases. Journal of biological regulators and homeostatic agents. 2015; 29(2 Suppl 1): 80–83.
[53] Singh M, Ranjan Das R. Probiotics for allergic respiratory diseases–putting it into perspective. Pediatric allergy and immunology : official publication of the European Society of Pediatric Allergy and Immunology. 2010; 21(2 Pt 2): e368–376.
[54] Principi N, Esposito S. Antibiotic administration and the development of obesity in children. International journal of antimicrobial agents. 2016; 47(3): 171–177.
[55] Srinivasjois R, Rao S, Patole S. Probiotic supplementation in children with autism spectrum disorder. Archives of disease in childhood. 2015; 100(5): 505–506.
[56] Bergmann H, Rodriguez JM, Salminen S, Szajewska H. Probiotics in human milk and probiotic supplementation in infant nutrition: a workshop report. The British journal of nutrition. 2014; 112(7): 1119–1128.
[57] Alderete TL, Autran C, Brekke BE, et al. Associations between human milk oligosaccharides and infant body composition in the first 6 mo of life. The American journal of clinical nutrition. 2015; 102(6): 1381–1388.
[58] West CE. Probiotics for allergy prevention. Beneficial microbes. 2016; 7(2): 171–179.
[59] Johnson CC, Ownby DR. Allergies and Asthma: Do Atopic Disorders Result from Inadequate Immune Homeostasis arising from Infant Gut Dysbiosis? Expert review of clinical immunology. 2016; 12(4): 379–388.
[60] Elazab N, Mendy A, Gasana J, Vieira ER, Quizon A, Forno E. Probiotic administration in early life, atopy, and asthma: a meta-analysis of clinical trials. Pediatrics. 2013; 132(3): e666–676.
[61] Goossens D, Jonkers D, Stobberingh E, van den Bogaard A, Russel M, Stockbrugger R. Probiotics in gastroenterology: indications and future perspectives. Scandinavian journal of gastroenterology Supplement. 2003; (239): 15–23.
[62] Vandenplas Y, De Hert S, Probiotical study g. Cost/benefit of synbiotics in acute infectious gastroenteritis: spend to save. Beneficial microbes. 2012; 3(3): 189–194.
[63] Goldenberg JZ, Lytvyn L, Steurich J, Parkin P, Mahant S, Johnston BC. Probiotics for the prevention of pediatric antibiotic-associated diarrhea. The Cochrane database of systematic reviews. 2015; 12: CD004827.

[64] Szajewska H. Microbiota modulation: can probiotics prevent/treat disease in pediatrics? Nestle Nutrition Institute workshop series. 2013; 77: 99–110.
[65] Sung V, Hiscock H, Tang ML, et al. Treating infant colic with the probiotic Lactobacillus reuteri: double blind, placebo controlled randomised trial. Bmj. 2014; 348: g2107.
[66] Rigsbee L, Agans R, Shankar V, et al. Quantitative profiling of gut microbiota of children with diarrhea-predominant irritable bowel syndrome. The American journal of gastroenterology. 2012; 107(11): 1740–1751.
[67] Chumpitazi BP, Cope JL, Hollister EB, et al. Randomised clinical trial: gut microbiome biomarkers are associated with clinical response to a low FODMAP diet in children with the irritable bowel syndrome. Alimentary pharmacology & therapeutics. 2015; 42(4): 418–427.
[68] van Nood E, Vrieze A, Nieuwdorp M, et al. Duodenal infusion of donor feces for recurrent Clostridium difficile. The New England journal of medicine. 2013; 368(5): 407–415.
[69] Hourigan SK, Chen LA, Grigoryan Z, et al. Microbiome changes associated with sustained eradication of Clostridium difficile after single faecal microbiota transplantation in children with and without inflammatory bowel disease. Alimentary pharmacology & therapeutics. 2015; 42(6): 741–752.
[70] Cox LM, Yamanishi S, Sohn J, et al. Altering the intestinal microbiota during a critical developmental window has lasting metabolic consequences. Cell. 2014; 158(4): 705–721.

Sebastian Zeißig

6 Die physiologische Standortflora

6.1 Einleitung

Die inneren und äußeren Körperoberflächen des Menschen dienen als Lebensraum für eine komplexe Mikrobiota, die alle drei Domänen des Lebens (Bacteria, Archaea, Eukaryota) sowie Viren umfasst und sich in co-evolutionärer Weise mit dem menschlichen Wirt entwickelt hat. Dabei besteht eine Vielzahl symbiontischer Interaktionen zwischen dem menschlichen Wirt und der Mikrobiota, die in ihrer Gesamtheit dem Konzept eines Superorganismus entsprechen. So bietet der Gastrointestinaltrakt in seiner segmentalen Heterogenität zahlreiche selektive Nischen für an diese Lebensbedingungen angepasste Mikroorganismen und stellt diesen ein zur Kolonisierung geeignetes Milieu zur Verfügung. Umgekehrt trägt die intestinale Mikrobiota zur Energiegewinnung aus der Nahrung bei, reguliert den Metabolismus des menschlichen Wirts, spielt eine zentrale Rolle in der postnatalen Entwicklung des Immunsystems und schützt durch die Besetzung intestinaler Nischen vor einer Kolonisierung des Darmes mit pathogenen Erregern. Symbiontische Beziehungen lassen sich dabei insbesondere anhand metabolischer Zusammenhänge abbilden. So leistet die kommensale Mikrobiota einen essentiellen Beitrag zur Digestion pflanzlicher Polysaccharide, die vom menschlichen Wirt selbst nicht degradiert werden können. Diese Polysaccharide dienen nicht nur als Nahrungssubstrat für die Mikrobiota, sondern generieren im Rahmen fermentativer Prozesse Produkte wie kurzkettige Fettsäuren, die dem menschlichen Wirt als Energiequelle dienen und außerdem protektive Effekte auf das Immunsystem haben. Während Interaktionen zwischen dem menschlichen Wirt und der Mikrobiota somit von zentraler Bedeutung für die metabolische und immunologische Homöostase sind, kann die primäre oder sekundäre Perturbation dieses symbiontischen Verhältnisses aktiv zur Entstehung und Unterhaltung von Krankheitsprozessen wie Entzündung oder Malignität beitragen.

In diesem Kapitel sollen zunächst grundlegende Aspekte der Komposition der gastrointestinalen Mikrobiota beleuchtet werden. Nachfolgend sollen unter Fokussierung auf Bakterien – den bei weitem dominierenden Anteil gastrointestinaler Mikroorganismen – die segmentale Heterogenität der Mikrobiota innerhalb des Gastrointestinaltraktes sowie die Modulation der Komposition der Mikrobiota durch Umwelteinflüsse und die Genetik des Wirtes betrachtet werden. Abschließend sollen mit Viren, Eukaryonten und Archaeen weniger gut untersuchte Aspekte der intestinalen Mikroelemente diskutiert werden.

DOI 10.1515/9783110454352-006

6.2 Die Komposition der gastrointestinalen Mikrobiota

Mit geschätzten 40 Billion Mikroorganismen enthält der menschliche Körper etwa genauso viele Mikroorganismen wie körpereigene Zellen [1, 2]. Da ein erheblicher Anteil der Mikrobiota mit derzeit verfügbaren Methoden nicht kultivierbar ist, ermöglichte erst die Entwicklung neuer Sequenzier-Technologien einen genaueren Einblick in die Komplexität der kommensalen Mikrobiota. So konnte vor wenigen Jahren durch metagenomische Sequenzierung erstmals ein mikrobieller Genkatalog erstellt werden, der 3,3 Millionen nicht redundante mikrobielle Gene umfasst und somit das menschliche Gen-Repertoire um einen Faktor von etwa 150 übersteigt [3]. Dieser Genkatalog spiegelt auch die Verteilung der Mikroorganismen und Viren im Gastrointestinaltrakt wider. So sind 99 % der mikrobiellen Gene bakteriellen Ursprungs, während das verbleibende Gen-Repertoire aus Eukaryonten (z. B. Pilze), Viren und Archaeen stammt [4, 5]. Aus der Genetik abgeleitete Schätzungen gehen dabei von etwa 1.000–1.200 bakteriellen Spezies innerhalb der intestinalen Mikrobiota aus, von denen etwa 100–160 im einzelnen Individuum zu finden sind und einer Zahl von etwa 200 bakteriellen Stämmen entsprechen [3, 5, 6].

In Einklang mit den hochselektiven Lebensbedingungen innerhalb des Gastrointestinaltraktes (Nährstoffen, pH-Wert, antimikrobiellen Peptiden, Peristaltik) stammen mehr als 90 % der kolonisierenden Bakterien aus nur zwei der 55 bislang beschriebenen bakteriellen Phyla (Bacteroidetes und Firmicutes), während eines der 13 bekannten Phyla (Euryarchaeota) den primären Anteil der Archaeen im Gastrointestinaltrakt stellt [2, 4]. Innerhalb der Stuhl-Mikrobiota finden sich beispielsweise auf Phylum-Ebene bei großer interindividueller Variation in abnehmender relativer Häufigkeit unter anderem Firmicutes, Bacteroidetes, Actinobacteria, Proteobacteria, Verrucomicrobia und Euryarcheota. Auf Ebene der Gattung und Familie zeigen sich, bei noch erheblicheren interindividuellen Unterschieden, in abnehmender Häufigkeit unter anderem *Bacteroides*, *Faecalibacterium*, *Bifidobacterium*, *Prevotella*, *Lachnospiraceae*, *Roseburia*, und *Alistipes* (Tab. 6.1).

Während die kommensale Mikrobiota auf Phylum-Ebene eine geringe intra- und interindividuelle Diversität zeigt, existiert eine ausgeprägter Diversität auf Subspezies- und Spezies-Ebene [2]. So weist jeder Mensch eine interindividuell deutlich unterschiedliche Mikrobiota auf, die von der Mutter, anderen Familienangehörigen und aus der Umwelt erworben und durch genetische und Umwelteinflüsse modifiziert wird. Trotz einer erheblichen interindividuellen Diversität der Mikrobiota auf Subspezies- und Speziesebene findet sich eine Konvergenz auf funktioneller Ebene, da innerhalb dieser diversen Mikrobiota ein geteiltes genetisches Repertoire („core gut microbiome“) existiert [3, 7].

Tab. 6.1: Relative Häufigkeit von Bakterien in der Stuhl-Mikrobiota auf Phylum- und Gattungsebene (Nach [4]). M = Mittelwert; R = Streuung (Range).

Phylum		Familie/Gattung	
Firmicutes	(M: 39 %, R: 20–66 %)	*Faecalibacterium*	(M: 5 %; R: 0,5–15 %)
		Lachnospiraceae	(M: 3 %; R: 0,6–10 %)
		Roseburia	(M: 2,6 %; R: 0,2–25 %)
Bacteroidetes	(M: 28 %; R: 0,1–65 %)	*Bacteroides*	(M: 14 %; R: 0–55 %)
		Prevotella	(M: 4 %; R: 0–36 %)
		Alistipes	(M: 2 %; R: 0–9 %)
Actinobacteria	(M: 8 %; R: 1–33 %)	*Bifidobacterium*	(M: 5 %; R: 0–20 %)
		Collinsella	(M: 2 %; R: 0–8 %)
Proteobacteria	(M: 2 %; R: 0,2–22 %)		
Verrucomicrobia	(M: 1 %; R: 0–9 %)		
Euryarchaeota	(M: 1 %; R: 0–11 %)		

6.3 Die Biogeographie der bakteriellen Mikrobiota im Gastrointestinaltrakt

Aufgrund der einfachen Verfügbarkeit von Material basierten bisherige Untersuchungen der humanen gastrointestinalen Mikrobiota primär auf Stuhluntersuchungen [3, 4, 6, 8–10]. Die Charakterisierung der ortsständigen Mikrobiota entlang dem Gastrointestinaltrakt hingegen erfordert invasive, apparative Untersuchungen (Gastroskopie, Enteroskopie, Koloskopie) und bedarf zumindest bei Endoskopien im Bereich des unteren Gastrointestinaltraktes abführender Maßnahmen, die ihrerseits zur Veränderung der Mikrobiota führen [11]. Während Tiermodelle wie Mäuse oder nichtmenschliche Primaten die Untersuchung der lokalen Mikrobiota am nativen Darm ermöglichen, sind Ergebnisse dieser Studien aufgrund der spezifischen Ernährung und Haltung dieser Modellorganismen von eingeschränkter Übertragbarkeit auf den Menschen. In Anbetracht dieser Limitationen existieren vergleichsweise wenige Untersuchungen zur ortsständigen Mikrobiota des menschlichen Gastrointestinaltraktes. Insbesondere aktuelle, sequenzierungsbasierte Daten konnten jedoch interessante Erkenntnisse zur longitudinalen Verteilung der Mikrobiota im Gastrointestinaltrakt aufzeigen [12]. So weist die Mundhöhle neben dem Kolon die größte Diversität bakterieller Organismen auf [13]. Die Mundhöhle bildet dabei auch den Ursprungsort der von oral nach aboral ablaufenden Kolonisierung des Gastrointestinaltraktes, welche in Abhängigkeit der Standortbedingungen erfolgt [13]. Diese Standortfaktoren umfassen unter anderem die Verfügbarkeit von Nährstoffen, den pH-Wert, die lokale Sauerstoffkonzentration, das Repertoire antimikrobieller Peptide und die Exposition gegenüber Gallensäuren [2, 12]. Entsprechend den harschen Bedingungen findet sich dabei die geringste Alpha-Diversität im Bereich des Magens mit einer Zunahme der Diversität über den Dünndarm hin zum Dickdarm [13].

6.3.1 Mundraum

Die longitudinale Analyse der gastrointestinalen Mikrobiota in gesunden Probanden zeigte, dass die größte Alpha-Diversität (Anzahl der Arten) der bakteriellen Mikrobiota des Gastrointestinaltraktes im Mundraum zu finden ist [13]. Dabei konnten etwa 1.000 bakterielle Spezies beschrieben werden, die obligat aerobe und fakultativ sowie obligat anaerobe Bakterien umfassen und primär den Phyla Firmicutes, Bacteroidetes, Proteobacteria, Actinobacteria und Spirochaetes sowie Fusobacteria zuzuordnen sind [13, 14] (Abb. 6.1). Diese kommensale Mikrobiota trägt durch Besetzung der entsprechenden Nische zu einer Kolonisationsresistenz für pathogene Organismen bei, interferiert zum Teil in direkter Weise mit der Biologie pathogener Bakterien und spielt eine zentrale Rolle in der Generierung von kardioprotektiven Nitraten [14].

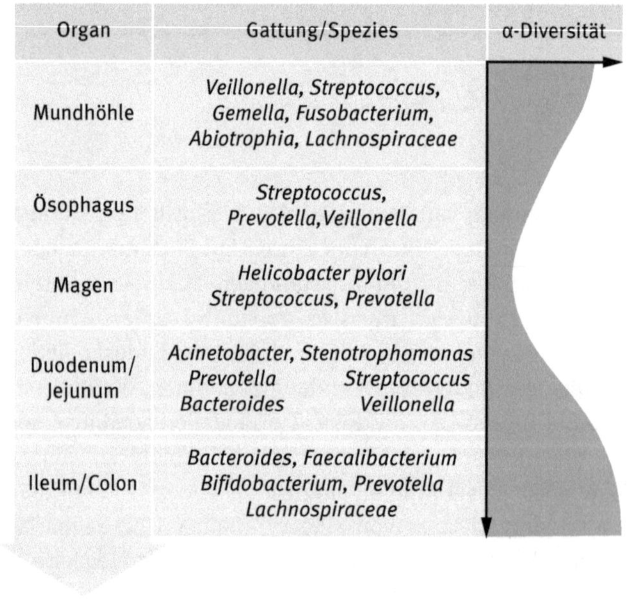

Organ	Gattung/Spezies	α-Diversität
Mundhöhle	*Veillonella, Streptococcus, Gemella, Fusobacterium, Abiotrophia, Lachnospiraceae*	
Ösophagus	*Streptococcus, Prevotella, Veillonella*	
Magen	*Helicobacter pylori Streptococcus, Prevotella*	
Duodenum/Jejunum	*Acinetobacter, Stenotrophomonas Prevotella Streptococcus Bacteroides Veillonella*	
Ileum/Colon	*Bacteroides, Faecalibacterium Bifidobacterium, Prevotella Lachnospiraceae*	

Abb. 6.1: Diversität sowie standorttypische Gattungen und Spezies entlang dem Gastrointestinaltrakt.

Im Gegensatz zur hohen Alpha-Diversität zeigt die orale Flora eine geringe Beta-Diversität und somit nur moderate interindividuelle Unterschiede in der Komposition der Mikrobiota [15]. Die Beobachtung einer sehr großen Alpha-Diversität der oralen Mikrobiota bei geringer Beta-Diversität steht in Einklang mit dem Konzept eines oralen Eintritts von Bakterien, verbunden mit einer nachfolgenden Selektion von Organismen in Abhängigkeit von den ortsspezifischen Bedingungen innerhalb des Gastrointestinaltraktes.

6.3.2 Ösophagus

Die bakterielle Mikrobiota des distalen Ösophagus zeigt mit etwa 100–200 Spezies eine gegenüber der Mundhöhle reduzierte Alpha-Diversität, wobei auch hier die dominanten Phyla Firmicutes (70 %), Bacteroidetes (20 %), Actinobacteria, Proteobacteria, Fusobacteria und TM7 darstellen und primär von den Gattungen *Streptococcus* (40 %), *Prevotella* (20 %) und *Veillonella* (15 %) getragen werden [14, 16] (Abb. 6.1). Die Komposition der Mikrobiota des Ösophagus entspricht in Einklang mit dem Konzept einer oral-aboral gerichteten Kolonisierung des Gastrointestinaltraktes weitestgehend der Biota des Oropharynx [16]. Ähnlich den Erwägungen zur oralen Flora besteht auch im Ösophagus eine limitierte Beta-Diversität mit vergleichsweise moderaten interindividuellen Unterschieden in der bakteriellen Komposition. So stammen etwa zwei Drittel der bakteriellen Sequenzen des distalen Ösophagus aus 14 Spezies, die in allen untersuchten Probanden detektiert werden konnten und somit die Kern-Mikrobiota des Ösophagus bilden [16]. Während Pilze und Viren mit Pathologien des Ösophagus assoziiert sein können, ist bislang nur wenig über etwaige protektive Effekte der ösophagealen bakteriellen Mikrobiota bekannt. Zusammengefasst enthält der Ösophagus eine komplexe Mikrobiota, die mit 10^4 Bakterien pro Quadratmillimeter auch eine signifikante Besiedlungsdichte aufweist [16]. Diese Beobachtungen stehen im Gegensatz zu früheren Annahmen einer relativ keimarmen, simplen Mikrobiota des oberen Gastrointestinaltraktes und gelten ebenfalls für den Magen.

6.3.3 Magen

Während der Magen aufgrund seines sauren pH-Wertes und einer Vielzahl antimikrobieller Peptide lange Zeit als eher lebensfeindliche Umgebung wahrgenommen wurde, zeigen aktuelle sequenzierungsbasierte Arbeiten auch hier eine komplexere Mikrobiota als ursprünglich angenommen. So konnten im Magen 128 bakterielle Phylotypen detektiert werden, die primär den Phyla Firmicutes, Bacteroidetes, Actinobacteria und Fusobacteria zuzuordnen sind. Erwartungsgemäß stammt ein Großteil (42 %) der bakteriellen Sequenzen der Magenschleimhaut von *Helicobacter pylori* (Proteobacteria) [17]. Neben *Helicobacter* findet sich auch eine Häufung der Gattungen *Streptococcus* (16 %) und *Prevotella* (8 %), die in vergleichbarer relativer Häufigkeit im Ösophagus anzutreffen sind [16, 17] (Abb. 6.1). Die residente Mikrobiota des Magens entsteht somit vermutlich auf der Basis einer Rekrutierung von Organismen aus den oral gelegenen Abschnitten des Gastrointestinaltraktes unter Selektionsdruck durch das gastrale Milieu. Ähnlich den Erwägungen zum Ösophagus ist bislang nur wenig über potenzielle protektive Effekte der gastralen Mikrobiota bekannt.

6.3.4 Duodenum und Jejunum

Die signifikantesten Unterschiede der mikrobiellen Komposition innerhalb eines einzelnen Segmentes des Gastrointestinaltraktes finden sich innerhalb des Dünndarms. So weist die Mikrobiota des terminalen Ileums ein deutliche Ähnlichkeit zur Kolon-Mikrobiota auf, während sich die proximalen Abschnitte des Dünndarms, das heißt das Duodenum und Jejunum, sowohl von der Mikrobiota des Magens als auch von der des Kolons unterscheiden [13, 18–20]. Zur Standortflora des Duodenums und Jejunums existieren nur wenige Daten, die jedoch eine erhebliche interindividuelle Variabilität in der Komposition der Mikrobiota aufzeigen. Während Firmicutes, Bacteroidetes, Actinobacteria, Proteobacteria und Fusobacteria auch hier die primären Phyla darstellen, zeigt sich vor allem im Duodenum eine interindividuelle Heterogenität in der relativen Häufigkeit dieser Phyla und ihrer Gattungen. So weisen einige Probanden eine vor allem aus Proteobacteria (v. a. *Acinetobacter, Stenotrophomonas*) bestehende duodenale Mikrobiota auf, während die duodenale Mikrobiota anderer Probanden primär Bacteroidetes (v. a. *Prevotella*, *Bacteroides*, *Porphyromonas*) oder Firmicutes (*Streptococcus, Veillonella*) enthält (Abb. 6.1) [13, 18, 20].

Auch finden sich wie im Kolon Unterschiede zwischen der luminalen und mukosalen Mikrobiota des Duodenums, wobei Gattungen wie *Acinetobacter*, *Bacteroides* und *Prevotella* maßgeblich in der mukosalen und *Prevotella*, *Stenotrophomonas* und *Streptococcus* vor allem in der luminalen Mikrobiota vorhanden sind [18]. In Einklang mit kulturbasierten Daten enthält die duodenale Mikrobiota somit zu einem signifikanten Anteil aerobe Bakterien (*Acinetobacter*, *Stenotrophomonas*, *Streptococcus*) [18]. Darüber hinaus gilt, dass die phylogenetische Diversität im Duodenum deutlich höher ist als im Magen und in einigen Studien numerisch der des Kolons vergleichbar ist [13, 18]. Die wenigen zum Jejunum verfügbaren Studien zeigen eine von fakultativ-anaeroben und teils säure-toleranten Gattungen wie *Streptococcus*, *Lactobacillus*, *Escherichia* und *Klebsiella* dominierte Flora, wobei sich im Verlauf des Jejunums bereits typische Kommensalen des distalen Dünndarms und des Dickdarms wie obligat anaerobe Bakterien der Gattung *Clostridium* finden [19, 21].

6.3.5 Terminales Ileum und Colon

Während sich die mikrobielle Komposition von Duodenum und Jejunum deutlich von der des terminalen Ileums abgrenzt, besteht nur eine geringe segmentale Heterogenität im Bereich des distalen Dünn- und des Dickdarms. Vergleiche der Phylotypen-Komposition von Ileum und Colon sowie verschiedener Kolonsegmente untereinander zeigen ein hohes Maß an Ähnlichkeit der mikrobiellen Komposition (ca. 60 % basierend auf Bray-Curtis-Dissimilarity), die im Gegensatz zu einer erheblichen interindividuellen Variabilität der Komposition der Mikrobiota des distalen Darms steht [4, 6, 10, 19, 22–26]. Obwohl intraindividuelle Unterschiede in der mikrobiellen Komposition auch im distalen Dünn- und Dickdarm beobachtet werden können, bestehen diese primär in einer fleckförmigen Heterogenität der Mikrobiota, die auch in wenige Millimeter voneinander entfernt gelegenen Regionen detektierbar ist, während systematische Unterschiede zwischen verschiedenen Kolon-Segmenten nicht vorliegen [22, 26].

Die Mikrobiota des Colons und terminalen Ileums ist dominiert von den Phyla Firmicutes und Bacteroidetes mit deutlich geringerer Repräsentanz von Proteobacteria und Verrucomicrobia, während auf Gattungsebene *Bacteroides*, *Faecalibacterium* und *Prevotella* dominieren [22] (Abb. 6.1, vgl. Tab. 6.1). Firmicutes bilden dabei im distalen Dünndarm und Colon ein sehr diverses Phylum, welches etwa drei Viertel der gesamten Phylotypen des Colons stellt [22]. Mehr als 95 % der Firmicutes-Sequenzen stammen von Mitgliedern der Clostridia-Cluster XIVa (u. a. *Eubacterium*, *Ruminococcus*, *Dorea*), IV und XVI [19, 22], die unter anderem aufgrund ihres Beitrags zur Produktion von Butyrat als Energiequelle für Kolon-Epithelzellen [27] und als Modulator regulatorischer T-Zell-Antworten in der intestinalen Mukosa [28–30] zentrale protektive Effekte vermitteln. Darüber hinaus bildet *Faecalibacterium prausnitzii* als bakterielle Spezies mit immunmodulatorischen und anti-inflammatorischen Eigenschaften einen zentralen Anteil der Colon-Mikrobiota (Firmicutes, Clostridia) [19, 22, 31, 32].

Während Bacteroidetes neben Firmicutes das Hauptphylum im distalen Darm ergeben, ist hier die phylogenetische Diversität deutlich geringer ausgeprägt als bei den Firmicutes [22]. So findet sich eine primäre Repräsentanz von *B. vulgatus*, *Prevotellaceae* und *B. thetaiotaomicron* bei jedoch erheblichen interindividuellen Unterschieden in der mikrobiellen Komposition innerhalb der Bacteroidetes [19, 22]. Einige dieser Spezies wie beispielsweise *B. thetaiotaomicron* spielen eine zentrale Rolle in der Entwicklung des intestinalen Epithels und seiner Glycan- und antimikrobiellen Peptidexpression [33].

Im Gegensatz zu Firmicutes und Bacteroidetes enthält das gesunde Kolon nur in geringer Repräsentanz Proteobacteria, ein Phylum, das u. a. *Sutturella*, *Bilophila*, *Campylobacter* und *Escherichia* beinhaltet, in intestinalen Entzündungsreaktionen expandiert und teils aktiv zu diesen beiträgt [19, 22]. Weitere seltene Phyla des terminalen Ileums und Colons umfassen unter anderem Actinobacteria (u. a. *Actinomyces*, *Bifidobacterium*, *Collinsella*), Verrucobacteria (*Akkermansia muciniphila*) und Fusobacteria [19, 22].

6.3.6 Kompartmentalisierung und Stratifizierung der Mikrobiota

Während die intestinale Mikrobiota im distalen Dünn- und Dickdarm nur eine geringe segmentale Variabilität aufweist, existiert für eine Subgruppe bakterieller Taxa ein Gradient zwischen dem intestinalen Lumen und dem Mukosa-adhärenten Kompartiment. So finden sich in der Mukosa-assoziierten Flora im Vergleich zum Stuhl vermehrt Bacteroidetes, Proteobacteria und Actinobacteria, während Firmicutes eine Anreicherung in der luminalen Mikrobiota aufweisen [13, 22, 34, 35] (Abb. 6.2). Sowohl die Verfügbarkeit von Sauerstoff und die Toleranz gegenüber reaktiven Sauerstoffspezies als auch die Konzentration von Nährstoffen beeinflussen diese luminal-mukosalen Gradienten der Mikrobiota. Sauerstoff diffundiert aus dem Gewebe in das intestinale Lumen. Entsprechend finden sich in der Mukosa-adhärenten Flora vor allem aerobe, fakultativ-anaerobe und aerotolerante bakterielle Gattungen, die Sauerstoff utilisieren können oder ein enzymatisches Repertoire aufweisen, das zur Detoxifizierung reaktiver Sauerstoffspezies beiträgt [34]. Dies erklärt zumindest partiell die vermehrte Repräsentanz Sauerstoff-toleranter Proteobacteria und Actinobacteria in der Mukosa-adhärenten im Vergleich zur luminalen Flora. Diese Beobachtung verdeutlicht auch, weshalb Entzündungsreaktionen und das damit verbundene oxidative Milieu, wie beispielsweise bei Infektionen oder chronisch-entzündlichen Darmerkrankungen (CED), mit einer Expansion von Proteobacteria verbunden sind [34, 36–38]. Aufgrund der Konsumierung von Sauerstoff durch Mukosa-adhärente Bakterien findet sich darüber hinaus ein rapider Abfall der Sauerstoffkonzentration von etwa 40 mm Hg auf unter 1 mm Hg im intestinalen Lumen [34] (Abb. 6.2). Dies trägt zur Anreicherung obligat-anaerober Bakterien wie zum Beispiel von *Clostridiaceae*-Familienmitgliedern im intestinalen Lumen bei [13, 22, 35].

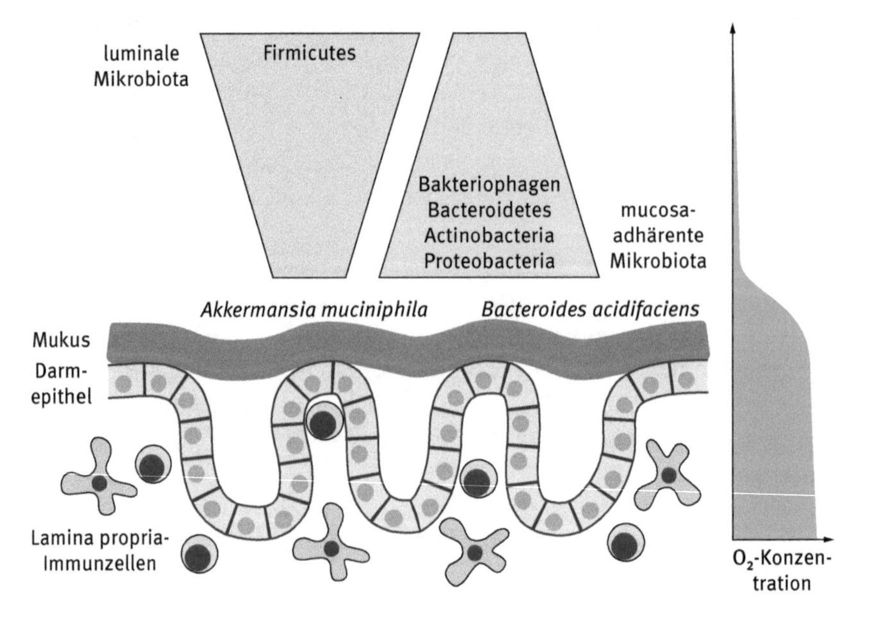

Abb. 6.2: Kompartmentalisierung der intestinalen Mikrobiota. Die intestinale Mikrobiota weist zumindest für einige Phyla einen Gradienten zwischen der Mukosa-adhärenten und luminalen Biota auf. Dieser Gradient ist durch unterschiedliche Sauerstoffkonzentrationen im Mukosa-adhärenten und luminalen Kompartiment mitbedingt. Darüber hinaus findet sich eine Anreicherung Mukus-degradierender Bakterien in der äußeren Schicht des intestinalen Mukus.

Neben dem Sauerstoffgradienten beeinflusst auch die Verfügbarkeit von Nährstoffen die Stratifizierung der Mikrobiota. So findet sich im Mukus eine Anreicherung einiger asaccharolytischer bakterieller Taxa, die vermutlich auf der Basis des proteinhaltigen Milieus des Mukus selektioniert werden [34]. Darüber hinaus ist der Mukus des Kolons angereichert mit Mucin-degradierenden Bakterien wie *Akkermansia muciniphila* und *Bacteroides acidifaciens* die durch Degradation von wirtsabhängigen Nährstoffen eigene Nischen besetzen [39] (Abb. 6.2). Diese Bakterien finden sich in der äußeren von zwei Schichten des Kolon-Mukus, während die innere, dichte Schicht des Mukus weitestgehend bakterienfrei ist und somit einen direkten Kontakt zwischen Bakterien und dem Epithel verhindert [40].

Auch Bakteriophagen, der dominante Anteil des annotierten enteralen Viroms [8, 9], zeigen eine deutliche Anreicherung im Mukosa-adhärenten Kompartiment im Vergleich zum intestinalen Lumen [41] (Abb. 6.2). Dies ist auf Interaktionen von Capsid-Strukturen mit Glykanen des Mukus zurückzuführen und mit einer Reduktion der Zahl Mukosa-adhärenter Bakterien verbunden [41]. Mukus-adhärente Bakteriophagen tragen somit vermutlich zur Prävention bakterieller Infektionen der Mukosa dar. Zusammengefasst existiert nicht nur eine longitudinale Heterogenität der Mikrobiota im Gastrointestinaltrakt, sondern auch eine Stratifizierung entlang einem mukosal-luminalen Gradienten.

6.4 Die Regulation der Komposition und Funktion der bakteriellen Mikrobiota

Die Struktur der intestinalen Mikrobiota wird von einer Vielzahl von Faktoren reguliert. So entwickelt sich während der ersten Lebensjahre unter dem Einfluss von Umweltfaktoren (u. a. Geburtsmodus, Ernährung, Antibiotika) sowie in Abhängigkeit vom genetischen Repertoire des Wirtes eine für das jeweilige Individuum spezifische Mikrobiota. Während die mikrobielle Komposition und Struktur in den ersten Lebensjahren ausgeprägte dynamische Veränderungen durchlaufen, zeigt sich im Erwachsenenalter eine stabile und resiliente individuelle Mikrobiota, die jedoch auch weiterhin einer Modulation durch Umwelteinflüsse zugängig ist. Im Folgenden soll zunächst die postnatale Entwicklung der Mikrobiota diskutiert werden. Nachfolgend soll in selektiver Weise ein Überblick über einzelne in der Regulation der Mikrobiota involvierte genetische Faktoren und Umwelteinflüsse vermittelt werden.

6.4.1 Die intestinale Mikrobiota im Zeitverlauf

6.4.1.1 Initiale Kolonisierung des Gastrointestinaltraktes

Die intrauterine Entwicklung des Fetus erfolgt in einer keimfreien Umgebung. Erst mit dem Zeitpunkt der Geburt kommt es zur mikrobiellen Exposition des Neugeborenen, womit die Kolonisierung des Gastrointestinaltraktes eingeleitet wird. Stuhluntersuchungen belegen eine rapide intestinale Kolonisierung, sodass bereits eine Woche nach der Geburt eine dem Erwachsenen vergleichbare Gesamtbakterienmenge im Stuhl gefunden wird. Innerhalb weniger Tage erfolgt somit eine massive Expansion der intestinalen Mikrobiota in einem zuvor sterilen Gastrointestinaltrakt mit etwa 10^{11} Bakterien pro Gramm Stuhl am Ende der ersten Lebenswoche [42].

Die initiale Komposition der Mikrobiota des Neugeborenen ist abhängig vom Geburtsweg [43, 44]. So weisen Neugeborene nach vaginaler Geburt eine intestinale Mikrobiota auf, deren Komposition der vaginalen Standortflora entspricht und die von *Lactobacillus*, *Prevotella*, *Atopobium* und *Sneathia* spp. geprägt ist [43]. Im Gegensatz dazu zeigt sich nach einer Sectio eine der kutanen Mikrobiota entsprechende Komposition der Darmflora mit primärer Repräsentation durch *Staphylococcus* spp., Corynebacterineae und *Proprionibacteriaceae* [43]. Kultur-basierte Studien zeigen in Einklang hiermit eine verzögerte intestinale Kolonisierung des Neugeborenen mit *Lactobacillus*, *Bifidobacterium* und *Bacteroides* spp. nach einer Sectio [45, 46]. Diese Beeinflussung der initialen Kolonisierung des Darmes in Abhängigkeit vom Geburtsweg hat vermutlich auch funktionelle Auswirkungen, da beispielsweise Infektionen Neugeborener mit Methicillin-resistenten *S.-aureus*-Stämmen häufiger nach Sectio als nach vaginaler Geburt auftreten [47].

Während die Gesamtbakterienzahl nach rapider initialer Expansion bereits zum Ende der ersten Lebenswoche eine Stabilisierung aufweist, unterliegt die Komposition der Mikrobiota innerhalb der ersten Lebensmonate einer äußerst dynamischen Regulation und erreicht erst im dritten Lebensjahr einen stabilen Zustand [10, 42, 48]. Initiale dynamische Veränderungen der Mikrobiota sind primär die Folge von Umwelteinflüssen. So tragen unter anderem die Ernährung (Stillen, Formeldiät), Erkrankungen und Antibiotika-Behandlungen zu teils drastischen Veränderungen der Komposition der intestinalen Mikrobiota bei [42, 44, 48]. Antibiotika können dabei zu persistierenden Veränderungen im intestinalen Mikrobiom führen [49–52] und über Effekte auf das mukosale und systemische Immunsystem die Suszeptibilität gegenüber immunvermittelten Erkrankungen erhöhen [53]. Trotz der Beeinflussung des intestinalen Mikrobioms durch Umwelteinflüsse zeigt sich während der ersten drei Lebensjahre eine stetige Entwicklung der Komposition der intestinalen Mikrobiota hin zu einem stabilen, adulten Mikrobiom. Diese Entwicklung ist charakterisiert durch eine Zunahme der bakteriellen Diversität und eine Abnahme interindividueller Unterschiede in der mikrobiellen Komposition [10, 42, 48].

6.4.1.2 Stabilität der Mikrobiota im Erwachsenenalter und Veränderungen im Alter

Veränderungen der individuellen Mikrobiota können in dichotomen Effekten bestehen, bei denen residente Organismen die intestinale Mikrobiota verlassen oder neue Organismen den Gastrointestinaltrakt besiedeln. Dabei muss unterschieden werden zwischen dauerhaften, autochtonen Mitgliedern der Mikrobiota und allochtonen Organismen, die aus der Umwelt stammen (Nahrung, Trinkwasser) und den Gastrointestinaltraktes lediglich passieren [2]. Über diese dichotomen Effekte hinaus kann auch die relative Repräsentanz kolonisierender Organismen verändert werden, ohne dass diese die ortsständige Mikrobiota verlassen oder neue Organismen hinzutreten. Des Weiteren können genetische Modifikationen wie Polymorphismen oder Mutationen, aber auch Genexpressionsveränderungen zu permanenten beziehungsweise transienten Veränderungen der kommensalen Mikrobiota führen.

Während die intestinale Mikrobiota insbesondere in den ersten drei Lebensjahren intensiven Veränderungen in Hinblick auf ihre Komposition und Diversität unterliegt, zeigt sich im Erwachsenenalter eine weitestgehend stabile und resiliente Mikrobiota. Diese Mikrobiota ist charakterisiert durch eine individuelle und über die Zeit relativ stabile Selektion von Spezies, wobei Umweltfaktoren vor allem die relative Proportion von Mikroorganismen beeinflussen, aber nur selten über deren Existenz innerhalb der Mikrobiota entscheiden. In Einklang damit sind intraindividuelle Veränderungen der Komposition der Mikrobiota im Langzeitverlauf deutlich geringer ausgeprägt als interindividuelle Unterschiede zwischen verschiedenen Individuen [5, 15, 54]. So zeigen Langzeitanalysen der Stuhlmikrobiota, dass etwa 60 % der bakteriellen Stämme über einen Zeitraum von fünf Jahren im Gastrointestinaltrakt verbleiben mit nur geringfügigen weiteren Veränderungen über nachfolgende Dekaden [5]. Gleiche bakterielle Stämme finden sich bei Eltern und Geschwistern, aber nicht bei unverwandten Individuen [5]. Entsprechend ist davon auszugehen, dass ein Großteil der intestinalen Mikrobiota aus Organismen besteht, die während der frühen Kindheit von Familienmitgliedern erworben werden und über die gesamte Lebensspanne den Gastrointestinaltrakt besiedeln. Interessanterweise existieren zwischen verschiedenen Phyla der bakteriellen Mikrobiota Unterschiede in deren zeitlicher Stabilität. So zeigen Bacteroidetes und Actinobacteria eine deutlich stabilere Repräsentanz im Gastrointestinaltrakt im Vergleich zu Firmicutes und Proteobacteria [5, 54].

Über die Resilienz der mikrobiellen Komposition hinaus gilt, dass die bakterielle Mikrobiota auch einen hohen Grad an genomischer Stabilität aufweist. So zeigt sich ein über die Zeit stabiles Muster an bakteriellen Einzelnukleotid-Polymorphismen (single nucleotide polymorphisms; SNPs). Dies impliziert, dass die primäre Quelle genetischer Variation in der intestinalen Mikrobiota von den initial kolonisierenden Organismen bestimmt wird und nicht von Neumutationen während der Kolonisierung des jeweiligen menschlichen Wirtes [6]. Vergleichbare bakterielle Mutationsraten zwischen verschiedenen Probanden deuten darüber hinaus darauf hin, dass interindividuelle Unterschiede in Wirtsfaktoren (Diät, Wirtsgenetik, Immunsystem) im Vergleich zu allgemeinen Selektionsfaktoren des Gastrointestinaltraktes (pH-Wert, Sauerstoff) eine untergeordnete Bedeutung für die bakterielle Evolution spielen [6].

Während die Mikrobiota im Erwachsenenalter somit eine im Zeitverlauf relativ stabile Struktur aufweist, konnten Untersuchungen des Stuhlmikrobioms älterer Patienten durchaus altersabhängige Veränderungen in der Komposition der Mikrobiota aufzeigen, die gekennzeichnet sind von einer Zunahme der relativen Häufigkeit von Bacteroidetes und einer Abnahme der relativen Repräsentanz von Firmicutes [55, 56]. Darüber hinaus zeigt sich im höheren Alter eine deutliche Zunahme der interindividuellen Variabilität der Mikrobiota mit einer Subgruppe von Patienten die einen ausgeprägten Anstieg in der Abundanz von Proteobacteria aufweisen [55, 57]. Unter den Proteobacteria finden sich dabei zahlreiche sogenannte Pathobionten wie *Campylobacter*, *Helicobacter* und *Fusobacterium* [57]. Diese stellen Minoritäten der normalen Mikrobiota dar, die als Opportunisten zu pathophysiologischen Zuständen wie Entzündungsreaktionen und Malignität beitragen können. In Einklang damit korreliert eine Subgruppe der altersabhängigen Mikrobiotaveränderungen mit Prozessen wie der erhöhten Sekretion proinflammatorischer Zytokine im Alter (*Inflammaging*), chronischen Entzündungsreaktionen, Gebrechlichkeit und Komorbiditäten [57, 58]. Inwieweit diese Zusammenhänge rein korrelativer Natur sind oder auch ein kausaler Beitrag altersabhängiger Mikrobiotaveränderungen zu Erkrankungen des Alters oder auch dem gesunden Altern existiert, ist Gegenstand aktueller Forschung.

Zusammengefasst weist die Mikrobiota des adulten Menschen eine über die Zeit relativ stabile Komposition auf, wobei moderate, aber möglicherweise funktionell relevante Veränderungen der Struktur der Mikrobiota im Alter beobachtet werden können. Trotz dieser relativen Stabilität der Mikrobiota können Umweltfaktoren und genetische Faktoren des Wirts die relative Repräsentanz von Mikroorganismen innerhalb der individuellen Mikrobiota regulieren und auf diese Weise die gastrointestinale Homöostase beeinflussen. Dies soll im Folgenden besprochen werden.

6.4.2 Einfluss der Ernährung auf die Mikrobiota

Die intestinale Mikrobiota utilisiert mit der Nahrung aufgenommene oder aus dem menschlichen Wirt stammende Kohlenhydrate als primäre Energiequelle [2]. Die bakterielle Fermentation von Kohlenhydraten unterstützt dabei auch die Energiegewinnung des Wirtes aus der Nahrung. In Einklang damit zeigen keimfreie Mäuse einen geringeren Körperfettanteil trotz einer erhöhten oralen Kalorienzufuhr [59]. In einer Vielzahl von Arbeiten konnte außerdem gezeigt werden, dass diätetische Veränderungen die Komposition der intestinalen Mikrobiota beeinflussen [60]. So ist eine Dominanz pflanzlicher Polysaccharide in der Ernährung mit einer *Prevotella*- und *Xylanibacter*-dominierten Mikrobiota assoziiert [61, 62]. Beide Gattungen tragen in effizienter Weise zur Degradation von Cellulose und Xylanen bei, sodass von einer Adaptation der Mikrobiota an die Ernährung auszugehen ist [60]. Umgekehrt ist eine primär auf Protein und tierischen Fetten basierende Ernährung mit einer *Bacteroides*-dominierten Mikrobiota assoziiert [61–63].

Entsprechend der diätetischen Modulation der Mikrobiota ist auch die Adipositas mit Veränderungen der mikrobiellen Komposition verbunden. So zeigt sich eine phylumweite und somit nicht nur einzelne Spezies betreffende Reduktion von Bacteroidetes bei einer Zunahme von Firmicutes und Actinobacteria [7, 64, 65]. Umgekehrt ist sowohl eine fettarme als auch eine Kohlenhydrat-reduzierte Diät mit einem Anstieg der Ratio von Bacteroidetes zu Firmicutes verbunden [66]. Adipositas-induzierte Einflüsse auf die Komposition der Mikrobiota befördern dabei einen Circulus vitiosus, da die veränderte Komposition der Mikrobiota und ihres genetischen Repertoires sowie zusätzliche Diät-abhängige Einflüsse auf die mikrobielle Genexpression mit einer weiteren Optimierung der mikrobiellen Energiegewinnung verbunden sind, die aktiv zur Gewichtszunahme des Wirtes beitragen [65, 67]. Umgekehrt zeigt sich nach bariatrischer Chirurgie eine Veränderung der Komposition der Mikrobiota, die mit einer reduzierten mikrobiellen Energiegewinnung verbunden ist und somit möglicherweise zur Gewichtsabnahme beiträgt [60, 68]. Insgesamt bestehen vielfältige Interaktionen zwischen Komponenten der Diät und der Komposition und Funktion der Mikrobiota, die hier nur überblicksweise und selektiv diskutiert werden können.

6.4.3 Geographische Variation der Mikrobiota

Entsprechend dem Einfluss von Umweltfaktoren und insbesondere der Ernährung auf die Komposition der Mikrobiota existiert auch eine von geographischen Regionen geprägte Variation in der Struktur der kommensalen Mikrobiota. So zeigte sich im direkten Vergleich der Mikrobiota von nordamerikanischen (USA), südamerikanischen (Venezuela; Amerindian-Population) und afrikanischen (Malawi) Kindern und Erwachsenen eine unterschiedliche Komposition der Stuhlmikrobiota [10]. Dabei unterscheidet sich insbesondere die Mikrobiota der US-Population von der Mikrobiota der Amerindian- und Malawi-Population, was unter anderem auf eine verstärkte Repräsentation der *Prevotella*-Gattung in der südamerikanischen und afrikanischen Population zurückzuführen ist [10]. Letzteres steht in Einklang mit Beobachtungen von Kindern in Westafrika (Burkina Faso) im Vergleich zu europäischen Kindern (Italien), in denen sich auch eine Dominanz von *Prevotella* in der Mikrobiota afrikanischer Kinder zeigte [61]. Wie bereits oben erwähnt eignet sich das genetische und enzymatische Repertoire von Mitgliedern der *Prevotella*-Gattung insbesondere für die Degradation pflanzlicher Polysaccharide. Da die Diät aller drei erwähnten Nicht-US-Populationen auf pflanzlicher Nahrung basiert, sprechen diese Beobachtungen für eine Anpassung der intestinalen Mikrobiota an die vor Ort dominierende Ernährung. Auch metagenomische Analysen des enzymatischen Repertoires der Mikrobiota spiegeln diese Adaptation wider. So sind enzymatische Kategorien der Degradation von Aminosäuren und Einfachzuckern sowie der Metabolisierung von Xenobiotika in der US-amerikanischen Mikrobiota überrepräsentiert [10]. Im Gegensatz dazu zeigt sich in der afrikanischen und amerindianischen Population eine vermehrte Repräsentation von enzymatischen Kategorien der Degradation von Stärke [10]. Auch findet sich insgesamt eine größere Diversität der afrikanischen und indianischen Mikrobiota im Vergleich zu US-Amerikanern [10].

In Abhängigkeit der geographischen Region zeigt sich somit eine an die unterschiedlichen Lebensbedingungen adaptierte intestinale Mikrobiota. Andere Charakteristika der kommensalen Mikrobiota des Gastrointestinaltraktes bleiben hingegen unberührt von geographischen Verhältnissen. So ist auch in der amerindianischen und afrikanischen Population eine sukzessive Entwicklung der individuellen Mikrobiota über die ersten drei Lebensjahre zu beobachten [10]. Darüber hinaus gilt ebenso in Nicht-US-Populationen, dass die Mikrobiota von Familienmitgliedern im Vergleich zu nicht verwandten Personen eine größere Ähnlichkeit aufweist [10].

6.4.4 Regulation der Mikrobiota durch die Genetik des menschlichen Wirts

Die Komposition der bakteriellen Mikrobiota des distalen Gastrointestinaltraktes zeigt eine hohe inter-individuelle Variabilität bei intra-individueller Stabilität im Zeitverlauf. Während Familienmitglieder, im Vergleich zu nicht verwandten Individuen, eine höhere Ähnlichkeit der Mikrobiota aufweisen, ergeben initiale Studien gleiche Effekte für mono- und dizygote Zwillinge, sodass von dominanten Effekten geteilter Umwelteinflüsse und einer untergeordneten Rolle der Wirtsgenetik in der Regulation der Mikrobiota ausgegangen wurde [7, 10]. Im Gegensatz dazu ist jedoch bekannt, dass Polymorphismen im Menschen [37, 69–72] und genetische Modifikationen in der Maus [73–77] mit Veränderungen der Struktur der Mikrobiota verbunden sind. In Einklang hiermit konnten neuere Arbeiten eine selektive Regulation der intestinalen Mikrobiota in Abhängigkeit von der Genetik des menschlichen Wirts demonstrieren. So ist die wirtsgenetische Beeinflussung bei *Ruminococcaceae* und *Lachnospiraceae* am stärksten ausgeprägt, während die Abundanz von Bacteroidetes primär durch Umwelteinflüsse reguliert wird [78]. Auch Archeen und insbesondere *M. smithii* werden in ihrer Abundanz von der Genetik des Wirtes beeinflusst [78, 79]. Neben vermutlich dominanten Effekten von Umwelteinflüssen kann daher auch die Wirtsgenetik zur Modulation der individuellen Mikrobiota beitragen.

6.5 Viren, Eukaryonten und Archaeen im Gastrointestinaltrakt

6.5.1 Viren

Die Mikrobiota des Kolons enthält neben etwa 10^{11} Bakterien pro Milliliter Stuhl auch etwa 10^9 virale Partikel [80]. Sequenzierungsbasierte Studien der letzten Jahre erlaubten erste Einblicke in das enterische Virom und konnten eine beeindruckende interindividuelle Variabilität (Beta-Diversität) bei geringer Diversität innerhalb des Individuums (Alpha-Diversität) aufzeigen. So ist das enterische Virom spezifisch für das jeweilige Individuum und weist auch bei monozygoten Zwillingen und im gleichen Haushalt lebenden Familienmitgliedern keine Konvergenz auf [8, 9]. Der Großteil des enterischen Viroms besteht dabei aus bislang uncharakterisierten Viren [8, 9, 81]. Innerhalb der Minorität der annotierten Viren finden sich primär Bakteriophagen, während zumindest im gesunden Menschen nur wenige Viren detektiert werden, die eukaryonte Zellen infizieren [8, 9, 81]. Der annotierte Teil des enterischen Viroms wird dominiert von einzelnen temperenten Viren, die sich in das bakterielle Genom integrieren können und prävalente bakterielle Phyla (Firmicutes, Bacteroides) sowie Familien (*Ruminococcaceae, Lachnospiraceae, Bacteroidaceae*) infizieren [8, 9, 80]. Diese temperenten Viren weisen eine niedrige Mutationsrate auf, was die ausgeprägte Stabilität des individuellen Viroms über die Zeit erklärt [9, 80]. So zeigt sich innerhalb eines Zeitfensters von 2,5 Jahren eine Persistenz von 80 % der individuellen Virotypen [80]. Im Gegensatz dazu zeigen lytische Bakteriophagen innerhalb des enterischen Viroms eine hohe Mutationsrate mit genetischen Veränderungen von bis zu 4 % des Genoms innerhalb von 2,5 Jahren, was zur interindividuellen Variabilität beiträgt [80]. Eine weitere Quelle für Variabilität innerhalb des Viroms bildet aufgrund der Selektivität von Phagen für einzelne bakterielle Stämme die Komposition der bakteriellen Mikrobiota des Gastrointestinaltraktes.

Im Gegensatz zu anderen Ökosystemen besteht im Gastrointestinaltrakt kein von Prädation (Räuber-Beute-Beziehung) geprägtes Verhältnis zwischen Bakteriophagen und der bakteriellen Mikrobiota, sondern eine eher kommensales Verhältnis [82]. So tragen Bakteriophagen zur Fitness intestinaler Bakterien bei und unterstützen die bakterielle Kolonisierung des Wirtes sowie die Anpassung an veränderte Nährstoffbedingungen [82–85]. In Einklang mit dem Nachweis von Antibiotika-Resistenzgenen in intestinalen Bakteriophagen trägt das enterische Virom darüber hinaus in entscheidender Weise zur Stabilität und Resilienz der Mikrobiota gegenüber antibiotischer Perturbation bei [8, 9, 83, 85, 86]. Untersuchungen im Tiermodell konnten dabei zeigen, dass das enterale Virom unter antibiotischer Therapie eine dynamische Anpassung mit Anreicherung von Antibiotikaresistenzgenen zeigt, die zur Resistenz von kommensalen Bakterien gegenüber Antibiotika führt [85]. Dabei kommt es auch zu einer Anreicherung von Genen, die metabolische Funktionen intestinaler Bakterien beispielsweise durch optimierte Polysaccharid-Degradation vermitteln und somit nicht nur zur Kolonisierung des Wirtes und zur Resilienz der Mikrobiota beitragen, sondern indirekt auch mit positiven metabolischen und immunologischen Effekten für den Menschen verbunden sind [85].

Zusammengefasst weist das intestinale Virom eine hohe Individualität bei erheblicher intraindividueller Stabilität im Zeitverlauf auf. Während der Großteil des enterischen Viroms aus bislang uncharakterisierten Viren besteht, sind die annotierten Anteile des Viroms dominiert von temperenten Bakteriophagen, die neben traditionellen, pathophysiologisch relevanten Funktionen wie der Vermittlung von Virulenz und Fähigkeit zur Toxinproduktion in protektiver Weise zur Stabilität und Funktionalität der kommensalen Mikrobiota beitragen.

6.5.2 Das Mycobiom und andere intestinale Eukaryoten

Eukaryonten bilden eine Minorität der Spezies im Gastrointestinaltrakt. So zeigen Stuhluntersuchungen, dass weniger als 0,5 % der metagenomischen Sequenzen aus Eukaryonten stammen, von denen ein Großteil entweder tierischen (Metazoa) oder pflanzlichen (Viridiplantae) Ursprungs ist, aus der Ernährung stammt und somit passagerer Natur ist [4]. Ein noch kleinerer Anteil der Eukaryoten umfasst die Pilze (0,1 %), Stramenopiles (primär *Blastocystis*), Amoebozoa, einzelligen Alveolata und begeißelten Einzeller [4]. Die eukaryote Standortflora im Gastrointestinaltrakt ist von geringer Diversität, dominiert von einzelnen Taxa und relativ stabil im individuellen Zeitverlauf [87]. Pilze finden sich interindividuell in sehr unterschiedlichen Konzentrationen (10^2–10^6 pro Gramm Stuhl) [87, 88]. Stuhluntersuchungen konnten mehr als 40 Pilzspezies beschreiben, die auf Phylum-Ebene den Ascomycota und Basidiomycota und auf Gattungsebene primär und erwartungsgemäß *Candida*, *Penicillium* und *Saccharomyces* sowie *Paecilomyces* und *Glactomyces* zugeordnet werden konnten [87, 88]. Neben den Pilzen stellt auch *Blastocystis*, eine den Stramenopiles zugeordnete Gattung, eine der dominanten Gruppen von Mikroorganismen innerhalb der Eukaryota des Gastrointestinaltraktes dar [87, 89]. Bislang wurden den Pilzen wie auch den Stramenopiles primär pathogene Funktionen innerhalb des menschlichen Organismus zugeschrieben. So sind Pilze mit lokalen und systemischen Infektionen, Entzündungsreaktionen und Karzinomen assoziiert [90]. Inwieweit Mikro-Eukaryonten, genauso wie Bakterien und Viren, zu protektiven Effekten im menschlichen Organismus beitragen, ist bislang nur unzureichend untersucht.

6.5.3 Archaeen

Archaeen bilden neben Bakterien und Eukaryonten eine der drei Domänen des Lebens. Archaeen sind einzellige Organismen, die eine weite Verbreitung in der Natur zeigen und deren Arten teils unter extremen Bedingungen wie hoher Temperatur (hyper-thermophil), hohen Salzkonzentrationen (halophil) und pH-Extremen (acidophil, alkaliphil) leben können [91]. Die dominante Spezies der Archaeen des Darmes ist *Methanobrevibacter smithii* (Euryarchaeota/Methanobacteria), eine Methan-bildende (methanogene) anaerobe Spezies des Colons, die Wasserstoff und Kohlendioxid unter Energiegewinn in Methan und Wasser umwandeln kann [22, 91]. Der Abbau von Wasserstoff, einem Hauptprodukt der bakteriellen Fermentation, ist von zentraler Bedeutung für eine effiziente bakterielle Fermentation von Polysacchariden [91, 92]. Entsprechend bildet *M. smithii* eine abundante Spezies im distalen Gastrointestinaltrakt, die bis zu 10 % der Anaerobier des Colons repräsentiert [22, 91, 93]. *Methanosphaera stadtmanae*, eine weitere methanogene Spezies der Archaeen findet sich deutlich seltener im Gastrointestinaltrakt [91]. Während bislang davon ausgegangen wurde, dass *M. smithii* und *M. stadtmanae* die einzigen

Archaeen des Gastrointestinaltraktes darstellen, konnten in neueren Arbeiten in sehr niedriger Prävalenz auch Crenarchaeota (Sulfolobales) und Thaumarchaeota (Nitrososphaerales) sowie weitere Euryarchaeota der Ordnungen Methanomicrobiales, Halobacteriales und Methanomassiliicoccales im Gastrointestinaltrakt nachgewiesen werden, wobei die physiologischen Implikationen für das Ökosystem des Gastrointestinaltraktes bislang weitestgehend unbekannt sind [91].

6.6 Zusammenfassung

Der Gastrointestinaltrakt trägt eine diverse Mikrobiota, die alle drei Domänen des Lebens umfasst und den jeweiligen segmentalen Standortbedingungen angepasst ist. Diese individuelle gastrointestinale Mikrobiota entwickelt sich während der ersten Jahre der postnatalen Entwicklung und wird in ihrer Komposition von einer Vielzahl von Umweltfaktoren sowie von genetischen Einflüssen geprägt. Im Erwachsenenalter zeigt sich dann eine stabile Mikrobiota, die in symbiontischer Weise mit dem Wirt interagiert und zur immunologischen und metabolischen Homöostase des Menschen beiträgt. Umgekehrt können Perturbationen dieses symbiontischen Verhältnisses in maßgeblicher Weise zu mukosalen und systemischen Erkrankungen beitragen.

6.7 Literatur

[1] Sender R, Fuchs S, Milo R. Are we really vastly outnumbered? Revisiting the ratio of bacterial to host cells in humans. Cell. 2016; 164(3): 337–40. doi: 10.1016/j.cell.2016.01.013.
[2] Ley RE, Peterson DA, Gordon JI. Ecological and evolutionary forces shaping microbial diversity in the human intestine. Cell. 2006; 124(4): 837–848.
[3] Qin J, Li R, Raes J, et al. A human gut microbial gene catalogue established by metagenomic sequencing. Nature. 2010; 464(7285): 59–65.
[4] Arumugam M, Raes J, Pelletier E, et al. Enterotypes of the human gut microbiome. Nature. 2011; 473(7346): 174–180.
[5] Faith JJ, Guruge JL, Charbonneau M, et al. The long-term stability of the human gut microbiota. Science. 2013; 341(6141): 1237439.
[6] Schloissnig S, Arumugam M, Sunagawa S, et al. Genomic variation landscape of the human gut microbiome. Nature. 2013; 493(7430): 45–50.
[7] Turnbaugh PJ, Hamady M, Yatsunenko T, et al. A core gut microbiome in obese and lean twins. Nature. 2009; 457(7228): 480–484.
[8] Minot S, Sinha R, Chen J, et al. The human gut virome: inter-individual variation and dynamic response to diet. Genome Res. 2011; 21(10): 1616–1625.
[9] Reyes A, Haynes M, Hanson N, et al. Viruses in the faecal microbiota of monozygotic twins and their mothers. Nature. 2010; 466(7304): 334–338.
[10] Yatsunenko T, Rey FE, Manary MJ, et al. Human gut microbiome viewed across age and geography. Nature. 2012; 486(7402): 222–227.
[11] Jalanka J, Salonen A, Salojärvi J, et al. Effects of bowel cleansing on the intestinal microbiota. Gut. 2015; 64(10): 1562–1568.

[12] Donaldson GP, Lee SM, Mazmanian SK. Gut biogeography of the bacterial microbiota. Nature reviews Microbiology. 2016; 14(1): 20–32.
[13] Stearns JC, Lynch MD, Senadheera DB, et al. Bacterial biogeography of the human digestive tract. Sci Rep. 2011; 1: 17.
[14] Wade WG. The oral microbiome in health and disease. Pharmacol Res. 2013; 69(1): 137–143.
[15] Human Microbiome Project C. Structure, function and diversity of the healthy human microbiome. Nature. 2012; 486(7402): 207–214.
[16] Pei Z, Bini EJ, Yang L, Zhou M, Francois F, Blaser MJ. Bacterial biota in the human distal esophagus. Proceedings of the National Academy of Sciences of the USA. 2004; 101(12): 4250–4255
[17] Bik EM, Eckburg PB, Gill SR, et al. Molecular analysis of the bacterial microbiota in the human stomach. Proceedings of the National Academy of Sciences of the USA. 2006; 103(3):732–737.
[18] Li G, Yang M, Zhou K, et al. Diversity of Duodenal and Rectal Microbiota in Biopsy Tissues and Luminal Contents in Healthy Volunteers. J Microbiol Biotechnol. 2015; 25(7): 1136–1145.
[19] Wang M, Ahrne S, Jeppsson B, Molin G. Comparison of bacterial diversity along the human intestinal tract by direct cloning and sequencing of 16S rRNA genes. FEMS Microbiol Ecol. 2005; 54(2): 219–231.
[20] Wacklin P, Kaukinen K, Tuovinen E, et al. The duodenal microbiota composition of adult celiac disease patients is associated with the clinical manifestation of the disease. Inflamm Bowel Dis. 2013; 19(5): 934–941.
[21] Hayashi H, Takahashi R, Nishi T, Sakamoto M, Benno Y. Molecular analysis of jejunal, ileal, caecal and recto-sigmoidal human colonic microbiota using 16S rRNA gene libraries and terminal restriction fragment length polymorphism. J Med Microbiol. 2005; 54(Pt 11): 1093–1101.
[22] Eckburg PB, Bik EM, Bernstein CN, et al. Diversity of the human intestinal microbial flora. Science. 2005; 308(5728): 1635–1638.
[23] Lepage P, Seksik P, Sutren M, et al. Biodiversity of the mucosa-associated microbiota is stable along the distal digestive tract in healthy individuals and patients with IBD. Inflamm Bowel Dis. 2005; 11(5): 473–480.
[24] Lavelle A, Lennon G, O'Sullivan O, et al. Spatial variation of the colonic microbiota in patients with ulcerative colitis and control volunteers. Gut. 2015; 64(10): 1553–1561.
[25] Costello EK, Lauber CL, Hamady M, Fierer N, Gordon JI, Knight R. Bacterial community variation in human body habitats across space and time. Science. 2009; 326(5960): 1694–1697.
[26] Hong PY, Croix JA, Greenberg E, Gaskins HR, Mackie RI. Pyrosequencing-based analysis of the mucosal microbiota in healthy individuals reveals ubiquitous bacterial groups and microheterogeneity. PloS one. 2011; 6(9):e25042.
[27] Roediger WE. Utilization of nutrients by isolated epithelial cells of the rat colon. Gastroenterology. 1982; 83(2):424–429.
[28] Arpaia N, Campbell C, Fan X, et al. Metabolites produced by commensal bacteria promote peripheral regulatory T-cell generation. Nature. 2013; 504(7480): 451–455.
[29] Atarashi K, Tanoue T, Shima T, et al. Induction of colonic regulatory T cells by indigenous Clostridium species. Science. 2011; 331(6015): 337–341.
[30] Furusawa Y, Obata Y, Fukuda S, et al. Commensal microbe-derived butyrate induces the differentiation of colonic regulatory T cells. Nature. 2013; 504(7480): 446–450
[31] Miquel S, Martin R, Rossi O, et al. Faecalibacterium prausnitzii and human intestinal health. Curr Opin Microbiol. 2013; 16(3): 255–261
[32] Sokol H, Pigneur B, Watterlot L, et al. Faecalibacterium prausnitzii is an anti-inflammatory commensal bacterium identified by gut microbiota analysis of Crohn disease patients. Proceedings of the National Academy of Sciences of the USA. 2008; 105(43): 16731–16736.

[33] Hooper LV. Bacterial contributions to mammalian gut development. Trends Microbiol. 2004; 12(3): 129–134.
[34] Albenberg L, Esipova TV, Judge CP, et al. Correlation between intraluminal oxygen gradient and radial partitioning of intestinal microbiota. Gastroenterology. 2014; 147(5): 1055–1063 e8.
[35] Yasuda K, Oh K, Ren B, et al. Biogeography of the intestinal mucosal and lumenal microbiome in the rhesus macaque. Cell host & microbe. 2015; 17(3): 385–391.
[36] Lupp C, Robertson ML, Wickham ME, et al. Host-mediated inflammation disrupts the intestinal microbiota and promotes the overgrowth of Enterobacteriaceae. Cell host & microbe. 2007; 2(2): 119–129.
[37] Frank DN, Robertson CE, Hamm CM, et al. Disease phenotype and genotype are associated with shifts in intestinal-associated microbiota in inflammatory bowel diseases. Inflamm Bowel Dis. 2011; 17(1): 179–184.
[38] Gevers D, Kugathasan S, Denson LA, et al. The treatment-naive microbiome in new-onset Crohn's disease. Cell host & microbe. 2014; 15(3): 382–392.
[39] Berry D, Stecher B, Schintlmeister A, et al. Host-compound foraging by intestinal microbiota revealed by single-cell stable isotope probing. Proceedings of the National Academy of Sciences of the USA. 2013; 110(12): 4720–4725.
[40] Johansson ME, Phillipson M, Petersson J, Velcich A, Holm L, Hansson GC. The inner of the two Muc2 mucin-dependent mucus layers in colon is devoid of bacteria. Proceedings of the National Academy of Sciences of the USA. 2008; 105(39): 15064–15069.
[41] Barr JJ, Auro R, Furlan M, et al. Bacteriophage adhering to mucus provide a non-host-derived immunity. Proceedings of the National Academy of Sciences of the USA. 2013; 110(26): 10771–10776.
[42] Palmer C, Bik EM, DiGiulio DB, Relman DA, Brown PO. Development of the human infant intestinal microbiota. PLoS biology. 2007; 5(7): e177.
[43] Dominguez-Bello MG, Costello EK, Contreras M, et al. Delivery mode shapes the acquisition and structure of the initial microbiota across multiple body habitats in newborns. Proceedings of the National Academy of Sciences of the USA. 2010; 107(26): 11971–11975.
[44] Penders J, Thijs C, Vink C, et al. Factors influencing the composition of the intestinal microbiota in early infancy. Pediatrics. 2006; 118(2): 511–521.
[45] Gronlund MM, Lehtonen OP, Eerola E, Kero P. Fecal microflora in healthy infants born by different methods of delivery: permanent changes in intestinal flora after cesarean delivery. Journal of pediatric gastroenterology and nutrition. 1999; 28(1): 19–25.
[46] Adlerberth I, Lindberg E, Aberg N, et al. Reduced enterobacterial and increased staphylococcal colonization of the infantile bowel: an effect of hygienic lifestyle? Pediatr Res. 2006; 59(1): 96–101.
[47] Centers for Disease C, Prevention. Community-associated methicillin-resistant Staphylococcus aureus infection among healthy newborns–Chicago and Los Angeles County, 2004. MMWR Morbidity and mortality weekly report. 2006; 55(12): 329–332.
[48] Koenig JE, Spor A, Scalfone N, et al. Succession of microbial consortia in the developing infant gut microbiome. Proceedings of the National Academy of Sciences of the USA. 2011; 108(1): 4578–4585.
[49] Antonopoulos DA, Huse SM, Morrison HG, Schmidt TM, Sogin ML, Young VB. Reproducible community dynamics of the gastrointestinal microbiota following antibiotic perturbation. Infection and immunity. 2009; 77(6): 2367–2375.
[50] Dethlefsen L, Huse S, Sogin ML, Relman DA. The pervasive effects of an antibiotic on the human gut microbiota, as revealed by deep 16S rRNA sequencing. PLoS biology. 2008; 6(11): e280.

[51] Dethlefsen L, Relman DA. Incomplete recovery and individualized responses of the human distal gut microbiota to repeated antibiotic perturbation. Proceedings of the National Academy of Sciences of the USA. 2011; 108(1): 4554–4561.
[52] Jakobsson HE, Jernberg C, Andersson AF, Sjolund-Karlsson M, Jansson JK, Engstrand L. Short-term antibiotic treatment has differing long-term impacts on the human throat and gut microbiome. PloS one. 2010; 5(3): e9836.
[53] Zeissig S, Blumberg RS. Life at the beginning: perturbation of the microbiota by antibiotics in early life and its role in health and disease. Nat Immunol. 2014; 15(4): 307–310.
[54] Rajilic-Stojanovic M, Heilig HG, Tims S, Zoetendal EG, de Vos WM. Long-term monitoring of the human intestinal microbiota composition. Environ Microbiol. 2012.
[55] Claesson MJ, Cusack S, O'Sullivan O, et al. Composition, variability, and temporal stability of the intestinal microbiota of the elderly. Proceedings of the National Academy of Sciences of the USA. 2011; 108(1): 4586–4591.
[56] Mariat D, Firmesse O, Levenez F, et al. The Firmicutes/Bacteroidetes ratio of the human microbiota changes with age. BMC Microbiol. 2009; 9: 123.
[57] Biagi E, Nylund L, Candela M, et al. Through ageing, and beyond: gut microbiota and inflammatory status in seniors and centenarians. PloS one. 2010; 5(5): e10667.
[58] Claesson MJ, Jeffery IB, Conde S, et al. Gut microbiota composition correlates with diet and health in the elderly. Nature. 2012; 488(7410): 178–184.
[59] Backhed F, Ding H, Wang T, et al. The gut microbiota as an environmental factor that regulates fat storage. Proceedings of the National Academy of Sciences of the USA. 2004; 101(44): 15718–15723.
[60] Tremaroli V, Backhed F. Functional interactions between the gut microbiota and host metabolism. Nature. 2012; 489(7415): 242–249.
[61] De Filippo C, Cavalieri D, Di Paola M, et al. Impact of diet in shaping gut microbiota revealed by a comparative study in children from Europe and rural Africa. Proceedings of the National Academy of Sciences of the USA. 2010; 107(33): 14691–14696.
[62] Wu GD, Chen J, Hoffmann C, et al. Linking long-term dietary patterns with gut microbial enterotypes. Science. 2011; 334(6052): 105–108.
[63] David LA, Maurice CF, Carmody RN, et al. Diet rapidly and reproducibly alters the human gut microbiome. Nature. 2014; 505(7484): 559–563.
[64] Ley RE, Turnbaugh PJ, Klein S, Gordon JI. Microbial ecology: human gut microbes associated with obesity. Nature. 2006; 444(7122): 1022–1023.
[65] Turnbaugh PJ, Ley RE, Mahowald MA, Magrini V, Mardis ER, Gordon JI. An obesity-associated gut microbiome with increased capacity for energy harvest. Nature. 2006; 444(7122): 1027–1031.
[66] Ley RE, Backhed F, Turnbaugh P, Lozupone CA, Knight RD, Gordon JI. Obesity alters gut microbial ecology. Proceedings of the National Academy of Sciences of the USA. 2005; 102(31): 11070–11075.
[67] Sonnenburg JL, Xu J, Leip DD, et al. Glycan foraging in vivo by an intestine-adapted bacterial symbiont. Science. 2005; 307(5717): 1955–1959
[68] Liou AP, Paziuk M, Luevano JM, Jr., Machineni S, Turnbaugh PJ, Kaplan LM. Conserved shifts in the gut microbiota due to gastric bypass reduce host weight and adiposity. Sci Transl Med. 2013; 5(178): 178ra41.
[69] Khachatryan ZA, Ktsoyan ZA, Manukyan GP, Kelly D, Ghazaryan KA, Aminov RI. Predominant role of host genetics in controlling the composition of gut microbiota. PloS one. 2008; 3(8): e3064.

[70] Rausch P, Rehman A, Kunzel S, et al. Colonic mucosa-associated microbiota is influenced by an interaction of Crohn disease and FUT2 (Secretor) genotype. Proceedings of the National Academy of Sciences of the USA. 2011; 108(47): 19030–19035.
[71] Rehman A, Sina C, Gavrilova O, et al. Nod2 is essential for temporal development of intestinal microbial communities. Gut. 2011; 60(10): 1354–1362
[72] Wacklin P, Makivuokko H, Alakulppi N, et al. Secretor genotype (FUT2 gene) is strongly associated with the composition of Bifidobacteria in the human intestine. PloS one. 2011; 6(5): e20113.
[73] Benson AK, Kelly SA, Legge R, et al. Individuality in gut microbiota composition is a complex polygenic trait shaped by multiple environmental and host genetic factors. Proceedings of the National Academy of Sciences of the USA. 2010; 107(44): 18933–18938.
[74] McKnite AM, Perez-Munoz ME, Lu L, et al. Murine gut microbiota is defined by host genetics and modulates variation of metabolic traits. PloS one. 2012; 7(6): e39191.
[75] Garrett WS, Lord GM, Punit S, et al. Communicable ulcerative colitis induced by T-bet deficiency in the innate immune system. Cell. 2007; 131(1): 33–45.
[76] Elinav E, Strowig T, Kau AL, et al. NLRP6 inflammasome regulates colonic microbial ecology and risk for colitis. Cell. 2011; 145(5): 745–757.
[77] Vijay-Kumar M, Aitken JD, Carvalho FA, et al. Metabolic syndrome and altered gut microbiota in mice lacking Toll-like receptor 5. Science. 2010; 328(5975): 228–231.
[78] Goodrich JK, Waters JL, Poole AC, et al. Human genetics shape the gut microbiome. Cell. 2014; 159(4): 789–799
[79] Hansen EE, Lozupone CA, Rey FE, et al. Pan-genome of the dominant human gut-associated archaeon, Methanobrevibacter smithii, studied in twins. Proceedings of the National Academy of Sciences of the USA. 2011; 108(1): 4599–4606.
[80] Minot S, Bryson A, Chehoud C, Wu GD, Lewis JD, Bushman FD. Rapid evolution of the human gut virome. Proceedings of the National Academy of Sciences of the USA. 2013; 110(30): 12450–12455.
[81] Breitbart M, Hewson I, Felts B, et al. Metagenomic Analyses of an Uncultured Viral Community from Human Feces. Journal of Bacteriology. 2003; 185(20): 6220–6223.
[82] Ogilvie LA, Jones BV. The human gut virome: a multifaceted majority. Front Microbiol. 2015; 6: 918.
[83] Ogilvie LA, Bowler LD, Caplin J, et al. Genome signature-based dissection of human gut metagenomes to extract subliminal viral sequences. Nat Commun. 2013; 4: 2420.
[84] Duerkop BA, Clements CV, Rollins D, Rodrigues JL, Hooper LV. A composite bacteriophage alters colonization by an intestinal commensal bacterium. Proceedings of the National Academy of Sciences of the USA. 2012; 109(43): 17621–17626.
[85] Modi SR, Lee HH, Spina CS, Collins JJ. Antibiotic treatment expands the resistance reservoir and ecological network of the phage metagenome. Nature. 2013; 499(7457): 219–222.
[86] Minot S, Grunberg S, Wu GD, Lewis JD, Bushman FD. Hypervariable loci in the human gut virome. Proceedings of the National Academy of Sciences of the USA. 2012; 109(10): 3962–3966.
[87] Scanlan PD, Marchesi JR. Micro-eukaryotic diversity of the human distal gut microbiota: qualitative assessment using culture-dependent and -independent analysis of faeces. The ISME journal. 2008; 2(12): 1183–1193.
[88] Ott SJ, Kuhbacher T, Musfeldt M, et al. Fungi and inflammatory bowel diseases: Alterations of composition and diversity. Scand J Gastroenterol. 2008; 43(7): 831–841.
[89] Nam YD, Chang HW, Kim KH, et al. Bacterial, archaeal, and eukaryal diversity in the intestines of Korean people. J Microbiol. 2008; 46(5): 491–501.

[90] Wang ZK, Yang YS, Stefka AT, Sun G, Peng LH. Review article: fungal microbiota and digestive diseases. Aliment Pharmacol Ther. 2014; 39(8): 751–766.
[91] Gaci N, Borrel G, Tottey W, O'Toole PW, Brugere JF. Archaea and the human gut: new beginning of an old story. World J Gastroenterol. 2014; 20(43): 16062–16078.
[92] Samuel BS, Gordon JI. A humanized gnotobiotic mouse model of host-archaeal-bacterial mutualism. Proceedings of the National Academy of Sciences. 2006; 103(26): 10011–10016.
[93] Dridi B, Henry M, El Khechine A, Raoult D, Drancourt M. High prevalence of Methanobrevibacter smithii and Methanosphaera stadtmanae detected in the human gut using an improved DNA detection protocol. PloS one. 2009; 4(9): e7063.

Martin Bürger und Kathleen Lange

7 Einfluss von Antibiotika auf das gastrointestinale Mikrobiom

7.1 Einleitung

Antibiotika zählen in Deutschland zu den meistverkauften Medikamenten: Hochrechnungen ergaben für das Jahr 2014 einen Gesamtverbrauch von ca. 900 Tonnen Antibiotika allein in der Humanmedizin. 80 % der Gesamtmenge entfielen dabei auf den ambulanten Bereich [1]: So wurden im Jahr 2014 mit steigender Tendenz zu den Vorjahren ca. 38 Millionen Verordnungen über eine antimikrobielle Therapie ausgestellt. Die Verordnungshäufigkeit ist dabei vom Alter abhängig: Unter den gesetzlich Krankenversicherten ist eine Antibiotikatherapie bei Kleinkindern besonders häufig. Fast 70 % der unter 4-Jährigen erhielten eine antibiotische Therapie, welche vorrangig aus Basispenicillinen wie beispielsweise Amoxicillin und Oralcephalosporinen bestand [1]. Gemeinsam mit Makroliden und Tetrazyklinen gehören diese Präparate zu den verordnungsstärksten Antibiotika. Die Einnahme von Antibiotika weist mittlerweile eine gewisse Alltäglichkeit auf, die nicht nur vor dem Hintergrund zunehmender Resistenzen nachdenklich stimmen sollte, denn auch die potenziell negativen Effekte einer antibiotischen Behandlung auf das Mikrobiom des Menschen sind vielfältig.

In der letzten Dekade ist das Wissen um die Zusammensetzung der humanen Mikrobiota immens gewachsen. Es konnte gezeigt werden, dass deutliche Unterschiede bezüglich der Mikrobiota auch in Bezug auf die Lokalisation im menschlichen Intestinum bestehen: So ist z. B. die Komposition des Mikrobioms des Dünndarms deutlich unterschiedlich zu der des Dickdarms [2] und ebenso unterscheiden sich die luminalen von den oberflächenadhärenten Mikrobiota [3]. Trotz immenser Forschungsanstrengungen sind die funktionellen Wechselbeziehungen zwischen dem Wirt Mensch und der Mikrobiota weiterhin kaum bekannt und verstanden.

Die Biodiversität der Mikrobiota ist auch bei gesunden Individuen stärker ausgeprägt als initial angenommen [3]. Die Zusammensetzung des Mikrobioms verändert sich schnell durch eine Änderung der Nahrungsaufnahme und -zusammensetzung [4] und zeigt deutliche Unterschiede in Abhängigkeit von Alter, Lebensumständen und geographischer Region [5]. Obwohl alle diese Indizien auf eine außerordentliche inter- und intraindividuelle Variabilität schließen lassen, scheint die Grundkomposition der Mikrobiota doch relativ stabil zu sein. Auch wenn Änderungen der Mikrobiota bereits innerhalb eines Tages eintreten können [4] besitzt die gesunde Mikrobiota ein gewisses Maß an Widerstandsfähigkeit – die sogenannte Resilienz – gegenüber äußeren Einflüssen wie z. B. Medikamenten. Kommt es jedoch zu einer Veränderung, so variiert die Zeitspanne bis zum Erreichen des vorhergehenden Ausgangszustands erheblich und ist abhängig von Faktoren wie Schwere, Art und Frequenz der Störung [6]. Jeder Gebrauch von Antibiotika kann die Komposition der Mikrobiota in einen

DOI 10.1515/9783110454352-007

neuen dysbiotischen Zustand verschieben, welche dann ebenso eine temporär stabile von der ursprünglichen Mikrobiota abweichende Zusammensetzung erreicht und ihrerseits widerstandsfähig gegenüber externen Einflüssen wird [7, 8]. Diese postantibiotischen Veränderungen manifestieren sich verblüffend schnell, nachhaltig und in klinisch relevantem Ausmaß. Das postantibiotische Mikrobiom ist durch eine verminderte Diversität [7, 12] und den Verlust bestimmter Taxa gekennzeichnet (siehe Abb. 7.1). Diese Veränderungen bleiben nachweislich bis zu mehreren Jahren bestehen [8, 9]. Direkt beeinflusst werden nicht nur die gewünschten pathogenen Bakterienstämme, sondern zusätzlich naturgemäß phylogenetisch auch ähnliche nicht pathogenen Stämme, was einerseits in der Überwucherung dieser nicht pathogener Stämme und andererseits auch in dem Entstehen resistenter Stämme resultieren kann [9, 10]. Bereits nach wenigen Tagen treten signifikante Veränderungen der Mikrobiota mit einem Anstieg von resistenten Genen im Mikrobiom auf und diese selbst zu Antibiotikaklassen, die nicht verabreicht wurden [10, 11]. Gründe für die über die Wirkspektren der eingesetzten Antibiotika hinausgehenden und somit spezifische Bakterienstämme überschreitenden Einflüsse auf das Mikrobiom finden sich in komplexen und

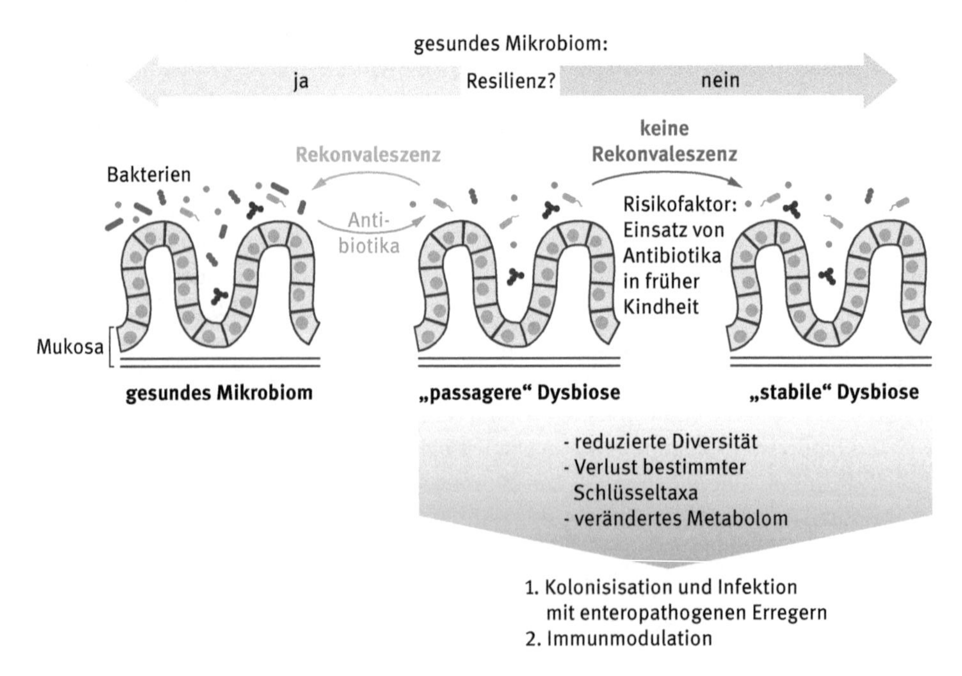

Abb. 7.1: Veränderung des Mikrobioms nach Antibiotikatherapie. Ausschlaggebend für eine Dysbiose sind eine reduzierte Diversität, der Verlust bestimmter Schlüsseltaxa und die Zunahme resistenter Bakterienstämme. Dies führt zum Verlust der Kolonisierungsresistenz und begünstigt Infektionen durch enteropathogene Erreger. Die veränderte taxonomische Zusammensetzung des Mikrobioms wirkt sich zusätzlich auf das Metabolom als Gesamtheit aller Stoffwechselprodukte des intestinalen Milieus aus. Dies setzt die Kolonisierungsresistenz weiter herab. Alle Effekte zusammen beeinflussen außerdem das Immunsystem des Wirts (adaptiert nach [15, 19]).

wechselseitigen Abhängigkeitsverhältnissen: So ist es z. B. einigen Stämmen nicht möglich, ohne das Vorhandensein von anderen Stämmen Kolonien zu bilden. Dies erklärt, warum es nach Behandlung mit z. B. Vancomycin mit antimikrobieller Wirkung auf grampositive Erreger auch zu einer Dezimierung von gramnegativen Bakterien [13] kommt. Interessanterweise verändert dasselbe Antibiotikum die Mikrobiota nicht immer auf die gleiche Art und Weise: So konnten z. B. Dethlefsen et al. zeigen, dass repetitive Behandlungen mit Ciprofloxacin zu individualisierten Veränderungen beim gleichen Individuum führen [14]. **Ob das Mikrobiom nach „antibiotischer Störung" in den ursprünglichen Zustand rekonvaleszieren kann oder dauerhaft in einem antibiotisch modifizierten, aber stabilen Zustand verbleibt, kann aktuell noch nicht abgeschätzt werden (siehe Abb. 7.1). Einer der Risikofaktoren für eine persistierende Dysbiose ist jedoch der Einsatz von Antibiotika in den ersten Lebensjahren, in denen sich das intestinale Ökosystem entwickelt. Jede Art von störenden Effekten auf die bakterielle Besiedlung des Darms, sei es durch Antibiotika, die Art der Geburt oder auch Formen von Malnutrition, kann lebenslange Konsequenzen nach sich ziehen** [15].

Eine weitere Folge der postantibiotischen Dysbiose ist der Verlust der sogenannten „Kolonisierungsresistenz" als natürliche Verteidigungsstrategie symbiontischer gegenüber enteropathogener Taxa [16–18]. Dieser begünstigt nicht nur opportunistische Infektionen, sondern – siehe oben – auch die Entstehung von resistenten Bakterien durch einen horizontalen Gentransfer. Dieses kann in der Zunahme resistenter Pathogene resultieren und damit einen sehr bedeutungsvollen Langzeiteffekt darstellen der eine potenzielle Ausbreitung unerwünschter Antibiotikaresistenzen bedingt.

Die „postantibiotische Dysbiose" geht im weiteren Verlauf mit einem veränderten intraluminalen Stoffwechsel der Mikrobiota und damit der Zusammensetzung der im Darm vorhandenen bakteriellen Stoffwechselprodukte, die in ihrer Gesamtheit als das Metabolom bezeichnet werden, einher. Bakterielle Metaboliten und das durch eine dysbiotische Besiedlung veränderte Angebot von Substraten sind gleichzeitig Effektoren auf das menschliche Immunsystem einerseits und dienen andererseits zur prokaryotischen Kommunikation. Das dysbiotische Metabolom ist somit eine indirekte Folge der Antiinfektivatherapie und trägt zur Erhaltung des dysbiotischen Zustands bei, wie im Folgenden erläutert werden soll.

7.2 Antibiotika-spezifische Effekte auf die taxonomische Zusammensetzung

So vielseitig und verschieden wie die Wirkungsspektren der Antibiotikaklassen, so unterschiedlich sind auch deren Effekte auf die physiologische Darmflora. Trotz ihrer vermutlich größeren sozioökonomischen Bedeutung ist bisher über Langzeiteffekte von Antibiotika auf die taxonomische Zusammensetzung der intestinalen Mikrobiota wenig bekannt. Die Mikrobiomanalyse erfolgt kultur- oder genombasiert, wobei

bei letzterem zwischen luminaler und mukus-adheränter Flora unterschieden werden muss. Aufgrund unterschiedlicher methodischer Ansätze ist die Vergleichbarkeit zahlreicher Studien nicht uneingeschränkt möglich, da kulturbasierte Analysen Effekte auf nicht kultivierbare Mikrobiota methodenbedingt nicht erfassen können. Weiterhin sind die Ergebnisse zahlreicher Studien am Tiermodell erarbeitet und variieren bezüglich Dauer und Dosierung der Antibiotikaanwendung, so dass ihre Vergleichbarkeit und die Übertragbarkeit der Ergebnisse auf den Menschen lediglich eingeschränkt möglich sind. Unter Berücksichtigung dieser Limitationen soll im Folgenden auf die taxonomischen Effekte der in Deutschland am häufigsten verschriebenen Antibiotika eingegangen werden.

Die statistisch meistverordneten Antibiotika im Kindes- und Erwachsenenalter stellen **Oralcephalosporine** sowie **Aminopenicilline** dar. Für **Amoxicillin** konnten Studien bis auf eine Reduktion der *Lactobacillus spp.* lediglich einen moderaten Effekt auf kultivierbare Mikrobiota zeigen. Wesentlich gravierender jedoch war die Zunahme resistenter *Enterobacteriaceae* [8, 12]. Die taxonomische Zusammensetzung kehrte 30 Tage nach Ende der mikrobiellen Therapie in der Mehrheit der untersuchten Personen zum Ausgangszustand zurück. Im Individualfall war eine postantibiotische Dysbiose jedoch bis zu zwei Monate nach Behandlung nachweisbar, was eine individuell erhöhte Vulnerabilität nahelegt [20]. Für **Cephalosporine der dritten Generation**, wie zum Beispiel **Ceftriaxon**, zeigte sich eine ausgeprägte Reduktion der *Enterobacteriaceae* und gleichzeitig eine Zunahme von Enterokokken und *Candida*. Zusätzlich war ein gehäuftes Auftreten von *Clostridium difficile*-Infektionen zu verzeichnen [21].

Die besonders im zunehmenden Erwachsenenalter häufig verschriebenen **Fluorchinolone** wie **Ciprofloxacin** führten zu einer Abnahme von aeroben, gramnegativen Bakterien, was jedoch ohne kompensatorische Zunahme grampositiver Kolonien oder Hefen geschah [22]. Im untersuchten Kollektiv betrug die absolute Abnahme der gramnegativen Taxa im Durchschnitt ein Drittel, bei jedoch hoher interindividueller Variabilität. Innerhalb von vier Wochen kam es zur Rekonstitution des Mikrobioms in den Ausgangszustand, wenngleich das Risiko chinolonresistenter Stämme signifikant anstieg [7].

7.3 Indirekte Folgen einer Antibiotikatherapie: Immunmodulation und Effekte eines veränderten intestinalen Metaboloms

7.3.1 Immunmodulation durch Antibiotika

Unbestritten sind die mit der „post-antibiotischen Dysbiose" einhergehenden funktionellen Effekte auf die Wirt-Mikrobiom-Symbiose, die opportunistische Infektionen begünstigen. Zuerst von Bohnhoff am Beispiel von Salmonelleninfektionen in Mäusen demonstriert, stellen opportunistische Infektionen mit Vancomycin resistentem *Enterococcus* (VRE) und *Clostridium difficile* heute eine problematische Komplikation mit zunehmender Inzidenz dar (siehe Kapitel 7.1) [17, 24]. Physiologische Interaktionen zwischen dem wirtsspezifischen Immunsystem und der Mikrobiota modulieren die Immunität (siehe Kapitel 7.4). In diesem Zusammenhang ist es nicht verwunderlich, dass eine Antibiotikatherapie die intestinale Immunabwehr negativ beeinflussen kann [25]. Nach Antibiotikagabe konnte z. B. ein reduziertes mukosales Infiltrat der Th17 und INF-gamma-produzierenden T-Lymphozyten nachgewiesen werden. Auch finden sich geringe Konzentrationen bestimmter Interleukine, wie z. B. des pro-Interleukin 18 oder antibiotika-ähnlicher Peptide [26, 27]. Unklar blieb bisher die Frage, ob es die Folgen der veränderten taxonomischen Zusammensetzung oder sogar die Antibiotika selbst sind, welche immunsuppressiv wirken.

Eine im Jahre 2015 in der angesehenen Fachzeitschrift „Gut“ publizierte herausragende Arbeit von Morgun et al. versuchte, diese Fragestellung mit einem metagenomischen Ansatz im Mausmodell zu klären und verglich das mukosale Genom (Maus und Bakterien) von Mäusen nach antibiotischer Behandlung mit dem konventioneller Mäuse [28]. Die Analyse der Genexpressionsmuster aus Ileumbiopsien ergab eine veränderte, mehrheitlich reduzierte Expression von 1583 Genen bei behandelten Mäusen. Ein weiterer Vergleich der Expressionsanalyse von behandelten Mäusen mit keimfreien Mäusen zeigte eine ähnliche Expression für 645 Gene. Damit geht die Reduktion des kommensalen Mikrobioms als direkte Folge der Antibiotikatherapie erst einmal nur mit einem Drittel aller verändert exprimierten Gene einher. Die Mehrheit dieser Gene konnte in der *Lamina propria mucosae* und den *Villi intestinales* lokalisiert werden. Um nun den Effekt der postantibiotisch veränderten mikrobiellen Flora zu erfassen, wurden keimfreie Mäuse mit Faeces von antibiotisch behandelten Mäusen kolonisiert. Der Vergleich der antibiotisch behandelten Mäuse mit der kolonisierten Gruppe ergab für 540 Gene ähnliche Expressionsmuster, die sich in keimfreien Mäusen, welche mit dem Faeces unbehandelter konventioneller Mäuse kolonisiert wurden, aber nicht fanden. Der direkte Effekt der Antibiotika wurde in einem dritten Teilversuch mit keimfreien Mäusen untersucht. Im Vergleich der Genexpressionsmuster dieser Gruppe mit ebenfalls antibiotisch behandelten konventionellen Mäusen zeigten sich in beiden Gruppen 617 Gene ähnlich exprimiert. Nicht alle der 1583 Gene waren nur durch einen der drei Faktoren zu beeinflussen: Den größten gemeinsamen Effekt auf insgesamt 258 Gene ergaben die Antibiotikatherapie und die Kolonisation mit Antibiotika-resistenten Kolonien. Interessanterweise waren solche Gene, die direkt durch Antibiotika als auch indirekt durch ein resistentes Mikrobiom beeinflusst wurden, vorrangig in Krypten und *Villi intestinales* exprimiert und unterschieden sich damit auch in ihrer Lokalisation von denen, die durch die Depletion des physiologischen Mikrobioms beeinflusst werden. Eine Korrelationsanalyse legte nahe, dass Antibiotika als auch resistente Stämme ähnliche funktionelle Einheiten beeinflussen. Dass hier ähnliche Effekte auf das mukosale Milieu entstehen können, zeigten die Autoren mittels genontologischer Analysen. Veränderte Expressionsmuster, die durch die Depletion des physiologischen Mikrobioms hervorgerufen werden, betrafen vorrangig T- und B-Lymphozytenstoffwechselwege, Mechanismen der Antigenpräsentation und der angeborenen Immunabwehr. Im Ileum der mit Antibiotika behandelten Tiere zeigte sich eine Reduktion der mukosal lokalisierten T- und B-Lymphozyten. Somit scheint sich die Depletion des physiologischen Mikrobioms vorrangig auf die zelluläre Zusammensetzung des intestinalen Immunsystems auszuwirken. Genontologische Analysen der Expressionsmuster, die direkt durch Antibiotika und durch die Besiedlung mit resistenten Kolonien hervorgerufen werden, zeigten vorrangig einen Effekt auf mitochondriale Gene. Überraschenderweise war die Expression der Gene für Proteine der Atmungskette herabgesetzt, was für eine wesentliche Beeinträchtigung der mitochondrialen Funktion als Nebenwirkung der Antibiotika beziehungsweise der Besiedlung mit resistenten Kolonien sprach. Die Autoren fanden fluoreszenzmikroskopisch tatsächlich eine geringere Dichte von Mitochondrien in Epithelzellen sowie mehr apoptotische Zellen in der Mukosa behandelter Tiere. Dies kann zum einen Folge der beobachteten Inhibition ribosomaler Gene durch Depletion der rRNA-Transkription durch oxidativen Stress sein oder im Rahmen einer verminderten ATP-Konzentration auftreten. Die gestörte Barrierefunktion des Epithels kann dann zur Translokation von kommensaler Flora führen [29] und einen Entzündungsprozess hervorrufen, der unter bestimmten Umständen die Immuntoleranz gegenüber Symbionten schädigt und Ausgangspunkt einer chronischen Inflammation sein kann.

Als zusätzlicher Auslöser für einen oxidativen Stress wird der im dysbiotischen Mikrobiom gehäuft vorkommende Keim *Pseudomonas aeruginosa* diskutiert. Obwohl dieser Keim bisher nicht mit einer intestinalen Dysbiose in Verbindung gebracht wurde, besitzt er die Möglichkeit zur Entwicklung multipler Antibiotikaresistenzen sowie eine hohe Virulenz. Verschiedene andere Arbeitsgruppen konnte die Fähigkeit dieses Erregers zur Schädigung humaner Zellen durch oxidativen Stress aufzeigen.

Die oben gestellte „Henne-und-Ei-Frage“ kann somit wie folgt beantwortet werden: Die wichtigste Ursache einer mukosalen Immunsuppression scheint die Suppression der symbiontischen Flora zu sein. Zusätzlich rufen Antibiotika als auch die Besiedlung mit bestimmten, hoch virulenten und resistenten Kolonien durch oxidativen Stress eine direkte Schädigung des intestinalen Epithels hervor und bedingen dort einen zunehmenden Zelluntergang. Inwieweit dieser Vorgang zusätzliche immunologische Reaktionen hervorruft, kann jedoch nicht abgeschätzt werden.

Obwohl diese Studie an einem Tiermodell durchgeführt wurde und eine unkonventionelle Antibiotikakombination eingesetzt hat, gibt sie wegweisende Einblicke in die grundsätzlichen Mechanismen, die nach Antibiotikatherapie zur Schädigung des Darms und seiner mikrobiellen Flora führen siehe Abb. 7.2. Es bleibt abzuwarten, inwieweit sich diese Ergebnisse auf den Menschen übertragen und verifizieren lassen.

7.3.2 Konsequenzen eines veränderten Metaboloms

Das symbiontische gastrointestinale Mikrobiom weist verschiedene Verteidigungsstrategien auf, um den Wirt vor einer Invasion durch enteropathogene Keime zu

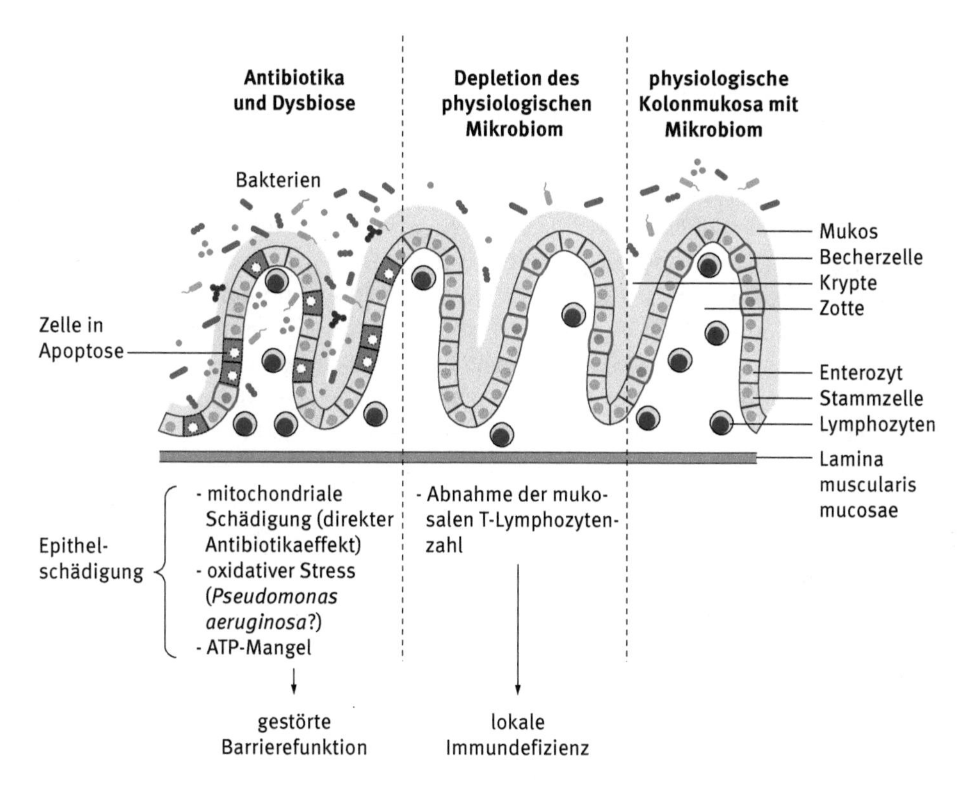

Abb. 7.2: Effekte der Antibiotika- und der Antibiotioka-induzierten Dysbiose auf die kolische Mukosa adaptiert nach Morgun et al. [28].

schützen. Bisher sind folgende wesentliche Mechanismen bekannt: die direkte Stimulation des Immunsystems des Wirtes sowie direkte Mechanismen wie die Sekretion bakterizider Substanzen und die Kompetition um Schlüsselsubstrate. Aufgrund ähnlicher Stoffwechselwege steht *Escherichia coli* beispielsweise mit *Enterhämorrhagischen Escherichia coli* (EHEC) im direkten Wettbewerb um Substrate. *Escherichia coli* sezerniert außerdem ein spezifisch auf EHEC wirkendes Bakterizid [30]. Aber auch indirekte Mechanismen, wie die Synthese kurzkettiger Fettsäuren, die einen Abfall des pH-Wertes im Umgebungsmilieu bewirken, inhibieren bestimmte pathogene Stämme [31]. So zum Beispiel hemmen Bifidobakterien *spp.* das Wachstum von *Escherichia coli* durch die Produktion von Acetaten [32]. Außerdem ist die Virulenz bestimmter pathogener Erreger von den Umgebungsbedingungen wie dem Sauerstoffgehalt abhängig: So führt die Reduktion des Sauerstoffgehalts durch fakultativ anaerobe Keime zu einer unvollständigen Freisetzung und somit Inhibition von Virulenzfaktoren von z. B. *Shigella flexneri* (Erreger der bakteriellen Ruhr) [33].

Durch Eradikation bestimmter Symbionten nach Antibiotikatherapie erlangen pathogene Stämme wie *Clostridium difficile* oder Vancomycin resistente Enterokokken [34] oder pathogene Escherichia-coli-Stämme einen deutlichen Überlebensvorteil und können ungehindert Kolonien bilden. Diese postantibiotische Dysbiose ist somit nicht nur Folge der rein taxonomisch unterschiedlichen Zusammensetzung im Vergleich zu dem Ausgangszustand, dem physiologischen Mikrobiom, sondern sie ist auch Folge eines geänderten funktionellen Zustands, in „dem die Karten neu gemischt" werden.

Mit dem Wissen um die Eigenschaften der kommensalen Flora und ihrer Metabolite entstehen außerdem neue diagnostische und therapeutische Ansätze zur Erfassung und Beeinflussung der postantibiotischen Dysbiose: Zum einen stellt sich die Frage, inwieweit gewisse Pro- und Präbiotika die Rekonstitution des Mikrobioms unterstützen können (siehe Kapitel 8). Auf der anderen Seite könnte die quantitative Bestimmung mancher Metabolite eine diagnostische Aussage über die Vulnerabilität und den aktuellen Zustand des Mikrobioms ermöglichen. Ob sich der Nachweis bestimmter Metabolite im Stuhl als Marker für eine intakte Kolonisierungsresistenz eignet, bleibt bislang noch unklar. Es gibt Hinweise aus Tiermodellen, dass die Menge bestimmter Metaboliten aus dem Kohlenhydrat- und Proteinstoffwechsel mit der Kolonisierungsresistenz korrelieren [35]. Dieser Ansatz bleibt jedoch noch experimentell und ist für den Menschen zu überprüfen.

7.4 Literatur

[1] Bundesamt für Verbraucherschutz und Lebensmittelsicherheit, I. Paul-Ehrlich-Gesellschaft für Chemotherapie e.V. and Freiburg. Antiinfectives.Intelligence GmbH; 2014.

[2] Zoetendal EG, Raes J, van den Bogert B, Arumugam M, Booijink CC, Troost FJ, et al. Isme j. 2012; 6: 1415–1426.

[3] Eckburg PB, Bik EM, Bernstein CN, Purdom E, Dethlefsen L, Sargent M, et al. Science. 2005; 308: 1635–1638.

[4] David LA, Maurice CF, Carmody RN, Gootenberg DB, Button JE, Wolfe BE, et al. Nature. 2014; 505: 559–563.

[5] Yatsunenko T, Rey FE, Manary MJ, Trehan I, Dominguez-Bello MG, Contreras M, et al. Nature; 2012, 486: 222–227.

[6] Lozupone CA, Stombaugh JI, Gordon JI, Jansson JK and Knight R. Nature. 2012; 489: 220–230.

[7] Dethlefsen L, Huse S, Sogin ML and Relman DA. PLoS biology. 2008; 6: e280.

[8] Jernberg C, Lofmark S, Edlund C and Jansson JK. Isme j. 2007; 1: 56–66.

[9] Jakobsson HE, Jernberg C, Andersson AF, Sjolund-Karlsson M, Jansson JK and Engstrand L. PLoS One. 2010; 5: e9836.

[10] Looft T, Allen HK, Cantarel BL, Levine UY, Bayles DO, Alt DP, et al. Isme j. 2014; 8: 1566–1576.

[11] Looft T, Johnson TA, Allen HK, Bayles DO, Alt DP, Stedtfeld RD, et al. Proc Natl Acad Sci U S A. 2012; 109: 1691–1696.

[12] Heinsen FA, Knecht H, Neulinger SC, Schmitz RA, Knecht C, Kuhbacher T, et al. Gut Microbes. 2015; 6: 243–254.

[13] Robinson CJ and Young VB. Gut Microbes. 2010; 1: 279–284.

[14] Dethlefse L and Relman DA. Proc Natl Acad Sci U S A. 2011; 108(1): 4554–4561.

[15] Langdon A, Crook N and Dantas G. Genome medicine. 2016; 8: 39.

[16] van der Waaij D, Berghuis-de Vries JM and v. Lekkerkerk L. J Hyg (Lond). 1971; 69: 405–411.

[17] Buffie CG and Pamer EG. Nat Rev Immunol. 2013; 13: 790–801.

[18] Kamada N, Chen GY, Inohara N and Nunez G. Nature immunology. 2013; 14: 685–690.

[19] Lange K, Buerger M, Stallmach A and Bruns T. Digestive diseases (Basel, Switzerland). 2016; 34: 260–268.
[20] De La Cochetiere MF, Durand T, Lepage P, Bourreille A, Galmiche JP and Dore J. Journal of clinical microbiology. 2005; 43: 5588–5592.
[21] Sullivan A, Edlund C and Nord CE. The Lancet. Infectious diseases. 2001; 1: 101–114.
[22] van de Leur JJ, Vollaard EJ, Janssen AJ and Dofferhoff AS. Scandinavian journal of infectious diseases. 1997; 29: 297–300.
[23] Ubeda C and Pamer EG. Trends in immunology. 2012; 33: 459–466.
[24] Bohnhoff M and Miller CP. J Infect Dis. 1962; 111: 117–127.
[25] Ubeda C and Pamer EG. Trends Immunol. 2011; 33: 459–466.
[26] Hall JA, Bouladoux N, Sun CM, Wohlfert EA, Blank RB, Zhu Q, et al. Immunity. 2008; 29: 637–649.
[27] Reikvam DH, Erofeev A, Sandvik A, Grcic V, Jahnsen FL, Gaustad P, et al. PLoS One. 2011; 6: e17996.
[28] Morgun A, Dzutsev A, Dong X, Greer RL, Sexton DJ, Ravel J, et al. Gut. 2015.
[29] Knoop KA, McDonald KG, Kulkarni DH and Newberry RD. Gut. 2015.
[30] Schamberger GP and Diez-Gonzalez F. Journal of food protection. 2002; 65: 1381–1387.
[31] Shin R, Suzuki M and Morishita Y. Journal of medical microbiology. 2002; 51: 201–206.
[32] Fukuda S, Toh H, Hase K, Oshima K, Nakanishi Y, Yoshimura K, et al. Nature. 201;, 469: 543–547.
[33] Marteyn B, West NP, Browning DF, Cole JA, Shaw JG, Palm F, et al. Nature. 2010; 465: 355–358.
[34] Donskey CJ, Chowdhry TK, Hecker MT, Hoyen CK, Hanrahan JA, Hujer AM, et al. The New England journal of medicine. 2000; 343: 1925–1932.
[35] Jump RL, Polinkovsky A, Hurless K, Sitzlar B, Eckart K, Tomas M, et al. PLoS One. 2014; 9: e101267.

Tony Bruns, Elke Roeb und Felix Goeser

8 Mikrobiom und Lebererkrankungen

8.1 Die Darm-Leber-Achse

Die embryonische Leber entwickelt sich als Ausknospung zwischen Vorder- und Mitteldarm und hält eine enge, lebenslange wechselseitige strukturelle und funktionelle Verbindung mit dem Verdauungstrakt. Die Pfortader transportiert das venöse nährstoffreiche Blut des Darmes in die Leber und enthält Fragmente von Bakterien des intestinalen Mikrobioms und deren Stoffwechselprodukte, die metabolische und immunologische Auswirkungen auf die Leber haben. Die Leber produziert Galle, die in den Zwölffingerdarm abfließt und ihrerseits die Zusammensetzung und Diversität der Darm-Mikrobiota beeinflusst [1].

8.1.1 Komposition der Darm-Mikrobiota

Die Zahl der Mikroben im menschlichen Darm übersteigt die Zahl humaner Zellen im menschlichen Körper um ein Vielfaches und wir beginnen erst jetzt damit, ihre genaue Rolle für den Erhalt der Gesundheit und für verschiedene Krankheiten zu erkennen. Im Darm eines 70 kg schweren Menschen leben ca. 1,5 kg kommensale Mikroorganismen – das sind mehr als 100 Billionen (10^{14}) [2]. Der Darminhalt selbst enthält etwa 10^{11} bis 10^{12} Bakterien pro Gramm Faeces, wobei die obligaten Anaerobier etwa 100- bis 1000-mal häufiger als Aerobier und fakultative Anaerobier nachzuweisen sind. Das kollektive Genom der Mikrobiota, das sogenannte intestinale Mikrobiom, umfasst mit etwa 600.000 Genen pro Individuum und insgesamt mehr als drei Millionen bislang identifizierten Genen deutlich mehr Gene als das gesamte humane Genom [3, 4]. Etwa 300.000 der 600.000 Gene sind in der Mehrzahl aller Individuen zu finden. Dieses Überangebot beruht phylogenetisch in aller Regel auf einer Symbiose mit Vorteilen für den menschlichen Wirt. Die mikrobiotische Flora unterliegt einem langen Selektionsprozess und ist über einen Zeitraum von 400 Millionen Jahren entstanden, lange bevor der Mensch unseren Planeten bevölkert hat.

Nur sieben bis neun der mehr als 50 existierenden Bakterienstämme wurden in Fäkal- oder Schleimhautproben des menschlichen Darms bislang nachgewiesen, wobei 90 % aller Taxa zu den Stämmen Firmicutes und Bacteroidetes gehören [4]. Neben diesen zwei dominanten Stämmen können weitere Spezies aus mindestens zehn Stämmen sowie Viren und Eukaryoten trotz ihrer zahlenmäßigen Unterlegenheit funktionell beitragen [5]. Die Zusammensetzung des luminalen Mikrobioms variiert nach anatomischer Lokalisation, z. B. zwischen Coecum und Rektum, während die mukosa-adhärente Mikrobiota eines Individuums weitaus stabiler erscheint [6, 7]. Obwohl sich die Zusammensetzung der Mikrobiota interindividuell stark unterschei-

DOI 10.1515/9783110454352-008

det und durch Alter, Herkunft und Ernährungsgewohnheiten beeinflusst wird, gibt es Hinweise auf relativ stabile eubiotische Zustände zwischen Wirt und Mikrobiota – die sogenannten Enterotypen, die durch die Variation der Dominanz einer der drei Gattungen identifiziert werden: *Bacteroides*, *Prevotella* und *Ruminococcus* [8]. Der *Bacteroides*-Enterotyp wird durch fett- und proteinreiche Diäten gefördert, während der *Prevotella*-Enterotyp mit kohlenhydratreicher Diät assoziiert ist [9], so dass diese Enterotypen auch Ausdruck eines funktionellen „Enterostatus" sein können.

Die Zusammensetzung der Mikrobiota beeinflusst den Gesundheitszustand von Organismus und Leber direkt und indirekt durch die Verdauung von Fasern, Vitaminsynthese, Verhinderung der Kolonisierung mit Pathogenen und Immunmodulation bei der Entwicklung von Darmschleimhautimmunität [1]. Die Vielfalt dieses mikrobiellen Ökosystems scheint ein wichtiges Kriterium für gesunde Darm-Mikrobiota zu sein, während ein Verlust an Diversität (Dysbiose) mit einem immunologischen Ungleichgewicht und Inflammation des Wirts in Zusammenhang gebracht wird [10, 11].

8.1.2 Metabolische Darm-Leber-Achse

Da 70 % des Bluts der Leber durch die Portalvene bereitgestellt werden, treten permanent Toxine und mikrobielle Produkte aus dem Darm in die Leber ein. Es ist plausibel, dass die metabolische Funktion der Leber deshalb stark durch die Zusammensetzung und Funktion der Darm-Mikrobiota beeinflusst werden kann – insbesondere durch die Auseinandersetzung mit mikrobiellen Stoffwechselprodukten. Die Enzyme des menschlichen Organismus können keine komplexen Kohlenhydrate oder pflanzlichen Polysaccharide verdauen; an ihrer Stelle fermentiert die Darm-Mikrobiota nichtverdauliche Kohlenhydrate einschließlich Zellulose, resistenter Stärke und Inulin, um Energie für das mikrobielle Wachstum zu generieren [12]. Während die Mikrobiota des Dickdarmes auf den effizienten Abbau komplexer unverdaulicher Kohlenhydrate spezialisiert ist, ist es bei der Mikrobiota des Dünndarmes die flexible, schnelle Verstoffwechselung kleinerer Kohlenhydrate [13]. Organische kurzkettige Fettsäuren (SCFA) bilden das Hauptprodukt der Fermentation von Darmmikroben und üben ihre Wirkungen lokal im Dickdarm aus oder erreichen über die Pfortader die Leber als erstes parenchymatöses Organ.

Gramnegative Bacteroidetes, die ca. 20 verschiedene wasserstoffbildende Stämme umfassen, von denen die *Bacteroides* den größten Anteil ausmachen, produzieren überwiegend Acetat und Propionat, während grampositive Firmicutes, wie Lactobazillen, Streptokokken, Mykoplasmen und Clostridien, vor allem Butyrat produzieren [14, 15]. Butyrat dient als Substrat zur energetischen Versorgung des Kolonepithels, während Acetat und Propionat für die Energiegewinnung peripherer Gewebe zuständig sind [12]. Acetat und Propionat beeinflussen die Cholesterolsynthese, den Lipidstatus und das kardiovaskuläre Risikoprofil [16]. Im Gegensatz zu Propionat, was von der Leber nahezu vollständig aufgenommen und zur hepatischen Glukoseproduktion eingesetzt wird, lässt sich Acetat auch extraintestinal im peripheren Blut nachweisen und trägt als Substrat zur Gluconeogenese bei [17]. Die Zugabe von SCFA zur total parenteralen Ernährung hilft in Tiermodellen, Schleimhautatrophie vorzubeugen und erhöht die intestinale Absorption von Glucose [18, 19]. Neben diesen Einflüssen auf die Energiehomöostase beeinflusst Acetat zusätzlich die zentrale Regulation des Appetits [20].

SCFA fördern Zellproliferation und -differenzierung und üben immunmodulatorische und anti-inflammatorische Effekte auf intestinaler und systemischer Ebene aus [21, 22]. Obwohl SCFA wie Butyrat in verschiedenen Modellen die gastrointestinale Barriere verbessern können, scheinen sie keine herausragende protektive Rolle in der Vermittlung der alkoholischen Steatohepatitis zu spielen [23]. Im Gegensatz dazu scheinen jedoch langkettige Fettsäuren (LCFA) wie Palmitat und Stearat eine besondere Stellung in der Vermittlung alkoholischer Steatohepatitis einzunehmen, da ihre alkoholinduzierte reduzierte Synthese zu einer Depletion von Lactobacilli, gestörter intestinaler Barriere und hepatischer Steatosis beiträgt [24].

8.1.3 Immunologische Darm-Leber-Achse

Der Darm dient neben seinen Aufgaben für Verdauung, Resorption und Metabolismus auch als mechanische und immunologische Barriere gegenüber Kommensalen und Pathogenen des Gastrointestinaltraktes. Trotz vielfältiger Mechanismen der mukosalen Immunität gelangen potenzielle Immunogene, seien es Antigene der Nahrung oder mikrobielle Bestandteile, über den Portalkreislauf in die Leber [25]. Hepatische Parenchym- und Nicht-Parenchym-Zellen induzieren vorwiegend Immuntoleranz gegenüber harmlosen löslichen Nahrungsantigenen und Pathogen-assoziierten molekularen Mustern (PAMPs) von degradierten Mikroorganismen des Darm-Mikrobioms [26]. Antigenpräsentation durch sinusoidale Endothelzellen und Hepatozyten, IL-10-Produktion durch Kupfferzellen (KC), TGF-β-Produktion durch hepatische Sternzellen (HSC), hohe Arginase-Konzentrationen in der Leber, Induktion von immunoregulatorischen Populationen und Monozytendifferenzierung nach Transmigration in die Leber tragen zur Immuntoleranz in der Leber bei [27–29]. Erst eine Antigenpräsentation durch professionelle Antigen-präsentierende Zellen außerhalb der Leber, z. B. in perihepatischen Lymphknoten, oder eine Virusinfektion von sinusoidalen Zellen tragen dazu bei, die Immuntoleranz der Leber zu durchbrechen und eine hepatische Entzündung auszulösen [26, 30]. Somit spielt die Leber eine wichtige Rolle bei der Immunüberwachung und hilft dabei, das Bakteriengleichgewicht im Darm zu bewahren. Der Erhalt einer sensitiven Balance zwischen immunogenen und tolerogenen Immunantworten auf intestinale Antigene in der Leber ist von Bedeutung, da eine exzessive Aktivierung von hepatischen Immunzellen als Antwort auf exogene Antigene zu Entzündungen, Autoimmunphänomenen, Fibrose oder Karzinogenese führen kann. Veränderungen in der Natur und Anzahl der Darm-Mikrobiota können dieses subtile

Gleichgewicht stören und zu Leberschädigungen beitragen, besonders dann, wenn die hepatische Immuntoleranztoleranz auf bakterielle Antigene verletzt wurde [31].

Immunzellen in hepatischen Sinusoiden, vornehmlich KC, entfernen wirksam Bakterien und bakterielle Produkte aus dem Portalblut und schützen die systemische Zirkulation vor Endotoxinen [32]. Verschiedene Lebererkrankungen führen zu einem Verlust dieser hepatischen *Firewall* und einer insuffizienten Elimination kommensaler Mikroorganismen trotz erhöhter systemischer Immunantworten einschließlich Immunglobulinen gegen nichtpathogene Kommensale [33]. Hepatische und systemische Immunaktivierung durch Komponenten der intestinalen Mikrobiota tragen hierbei reziprok zur Leberschädigung bei: Studien haben gezeigt, dass insbesondere PAMP-assoziierte Signalwege, die über Toll-like-Rezeptor (TLR) 4 und 9 vermittelt werden, an der Vermittlung von Lebererkrankungen durch Mikrobiota beteiligt sind. Aktivierte TLR-Signalwege in der Leber führen zur Produktion von Tumornekrosefaktor (TNF-α), der hepatotoxische Effekte vermitteln kann [34]. Das Ausschalten von TLR-Signalwegen bewirkt häufig einen Schutz vor Lebererkrankungen in Mausmodellen der alkoholischen und cholestatischen Lebererkrankungen [35–37]. Mukosale immunregulatorische Mechanismen auf Darmebene kontrollieren die Zusammensetzung des Mikrobioms und begrenzen gleichzeitig den Einstrom von TLR4- und TLR9-Agonisten und so eine hepatische Schädigung [38].

Nachdem diese Studien eine ausschließlich deletäre Assoziation von intestinalem Mikrobiom mit der Progression von Lebererkrankungen suggerieren, konnte die Arbeitsgruppe von Bernd Schnabl kürzlich zeigen, dass die Darmmikrobiota auch hepatoprotektiv wirken kann, da intestinal keimfreie Mäuse überraschend mehr Leberfibrose in toxischen Leberschädigungsmodellen entwickelten [39]. Alle diese Daten zeigen, dass die Regulation der immunologischen Aktivierung der Darm-Leber-Achse komplex von der Zusammensetzung der Mikrobiota, der gastrointestinalen Permeabilität und dem Zusammenspiel der innaten und adaptiven Immunität auf mukosaler, mesenterial lymphonodulärer und hepatischer Ebene abhängt.

8.1.4 Gallensäuren und Darm-Leber-Achse

Als weiterer Mediator in der Vermittlung des Zusammenspiels von Darm und Leber spielt die von der Leber sezernierte Galle, insbesondere Gallensäuren, eine relevante Rolle. Gallensäuren agieren als Detergenz in Mizellen, helfen dem Körper, Nahrungsfette und fettlösliche Vitamine aufzunehmen, werden dann vom terminalen Ileum absorbiert, zurück zur Leber transportiert und anschließend zur Galle geleitet. Darüber hinaus hemmen Gallensäuren eine bakterielle Überwucherung des Dünndarmes (SIBO), führen zur Aktivierung von Farnesoid-X-Rezeptor (FXR), dem G-Protein-gekoppelten Rezeptor TGR5, dem Pregnan-X-Rezeptor (PXR) und Vitamin-D-Rezeptor (VDR) [40]. Die intestinale Mikrobiota ist ein kritischer Regulator dieser Wirkungen, da intestinale Mikroorganismen sowohl primäre Gallensäuren zu kanzerogenen sekundären Gallensäuren dekonjugieren und dehydroxylieren können als auch FXR-regulierte Pfadwege in extraintestinalen Organen beeinflussen [41]. Veränderungen in der Komposition der primären und sekundären Gallensäuren im Darm und supprimierte FXR-Pfadwege fördern die intestinale Dysbiose, vermitteln intestinale und hepatische Inflammation und tragen so mutmaßlich auf mehreren Ebenen der Darm-Leber-Achse zur Vermittlung und Verstärkung von Krankheiten des enterohepatischen Systems bei [42]. Darm-Mikrobiota und Gallensäurezusammensetzung stehen in einem komplexen Zusammenspiel der wechselseitigen Beeinflussung, dessen Störung zu intestinalen und hepatobiliären Erkrankungen entscheidend beitragen kann [43].

8.1.5 Zusammenfassung

Die Leber steht als zentrales Stoffwechselorgan des menschlichen Organismus in besonders enger anatomischer und funktioneller Beziehung zum Gastrointestinaltrakt und zur Darm-Mikrobiota. Die Leber klärt fremde und potenziell schädliche Stoffe aus dem portalvenösen Blut und begrenzt gleichzeitig die hepatische und systemische immunologische Aktivierung. Verschiedene strukturelle, metabolische, infektiöse und inflammatorische Erkrankungen des hepatobiliär-intestinalen Systems können dieses Gleichgewicht auf verschiedenen Ebenen (Diversität, Zusammensetzung und Metabolismus der Darm-Mikrobiota, Integrität der gastrointestinalen Barriere, Aktivierungsstatus der mukosalen, lymphonodulären und hepatischen Immunität, Zusammensetzung der Gallensäuren) empfindlich stören und somit zur selbstverstärkenden Krankheitsprogression hepatischer und intestinaler Erkrankungen beitragen.

8.2 Bakterielle Translokation und Lebererkrankungen

Lebererkrankungen sind bei unterschiedlichen Entitäten und in verschiedenen Krankheitsstadien mit dem Auftreten von pathologischer bakterieller Translokation (BT) assoziiert und beeinflusst [44–48]. Der Leber kommt als erste Filterstation und Wächter eine bedeutende Rolle bei der Auseinandersetzung des menschlichen Organismus mit Mikroorganismen und deren Bestandteilen zu, wenn es diesen trotz der vorhandenen Eingrenzungsfunktionen gelingt, die „Darmbarriere" zu überwinden und über den venösen Blutabfluss des Gastrointestinaltraktes (GIT) zur Leber zu gelangen [33, 44]. BT kann hierbei als ein Teilkorrelat der veränderten Interaktion zwischen Organismus und der Darm-Mikrobiota bei Lebererkrankungen angesehen werden, hat jedoch auch selbst Einfluss auf pathophysiologische Vorgänge in diesem Zusammenhang. Bei der Betrachtung von BT in diesem Kontext kann somit differenziert werden: (i) Zum einen kann sie als Folge pathophysiologischer

Veränderungsvorgänge im Rahmen von Lebererkrankungen angesehen werden; (ii) andererseits kann BT auch selbst zur Initiierung, Aufrechterhaltung und Aggravierung pathophysiologischer Vorgänge bei Lebererkrankungen beitragen; und (iii) von pathologischer BT und ihren Folgen wird ein nicht unerheblicher Anteil der Risikoprognose betroffener Patienten mit fortgeschrittenen Lebererkrankungen und Leberzirrhose mitverursacht.

8.2.1 Bakterielle Translokation als Folge von Lebererkrankungen

Bei mehreren Lebererkrankungen konnten erhöhte systemische LPS-Spiegel und somit der Nachweis von BT gefunden werden, so auch bei viralen Hepatitiden sowie der alkoholischen (ASH) und der nichtalkoholischen Fettleberhepatitis (NASH) [49–52]. Physiologisch besteht zwischen dem im Vergleich „keimarmen“ Dünndarm und dem mit bis zu 10^{12} Bakterien pro Gramm Stuhl besiedelten Dickdarm regulär ein eklatanter Unterschied bezüglich der Komplexität und Dichte der jeweils spezifisch vorhandenen Darm-Mikrobiota [53]. Gleichzeitig deuten mehrere Befunde darauf hin, dass relevante BT eher im Duodenum-/Ileum-Bereich stattfindet und weniger im distalen GIT (Zökum/Colon), da die lokalen transepithelialen Resistenzmechanismen dort besser ausgeprägt und stabiler erscheinen [54–56].

Chronischer Alkohol-Konsum scheint, auch unabhängig von einer bestehenden Lebererkrankung, zu erhöhter BT zu führen. Das zu Teilen bereits im Darmlumen von Bakterien generierte toxische Stoffwechselprodukt des Alkohol-Metabolismus, Acetaldehyd, hat hierbei einen negativen Einfluss auf die Expression von *tight junction* (TJ)-Proteinen [57, 58]. In diesem Kontext konnte auch eine Verbindung von reduzierter Produktion des *regenerating islet-derived protein 3 gamma* (Reg3γ), einem wichtigen antimikrobiellen Peptid, mit chronischem Alkohol-Konsum gezeigt werden [59]. Gleichzeitig fördert chronischer Alkohol-Konsum die Entstehung einer bakteriellen Überwucherung des Darmes, wobei meist der normalerweise eher „keimarme“ Dünndarm betroffen ist (*small intestinal bacterial overgrowth*, SIBO). Ein SIBO ist hierbei durch die Detektion von $>10^5$ *colony-forming units* pro Milliliter (CFU/ml) definiert und wird – völlig unabhängig von dem Alkoholkonsum – bei mehr als der Hälfte der Patienten mit Leberzirrhose gefunden [60–62]. Zusammen mit lokalen Immundysfunktionen stellt SIBO selbst einen Risikofaktor für die Entstehung von pathologischer BT dar [63, 64]. Die quantitative Veränderung der Mikrobiota im Rahmen eines SIBO resultiert multifaktoriell aus pathophysiologischen Veränderungen der Magensäuresekretion, verminderter intestinaler Motilität, veränderten/fehlenden Gallebestandteilen und antimikrobiellen Peptiden sowie portaler Hypertension [65–67].

Generell können anaerobe Bakterien nicht ohne weiteres über die Darmbarriere translozieren. Für Aerobier konnte hier hingegen ein eindeutiger Vorteil gezeigt werden [68]. Normalerweise überwiegt jedoch innerhalb der Darm-Mikrobiota der Anteil anaerober gegenüber aeroben Bakterien deutlich um den Faktor 100. Eine handfeste

Dezimierung der Anaerobier unterstützt hierbei auch die Entstehung eines SIBO und somit nachfolgend die Entstehung von BT [69]. Auch tierexperimentell konnte nachgewiesen werden, dass SIBO mit BT und Leberinflammation einhergeht [70]. Interessanterweise konnte eine große metagenomische Studie bei Patienten mit vorhandener Leberzirrhose zeigen, dass vor allem bakterielle Species oralen Ursprungs, darunter auch mehrere Aerobierspecies, im Genom der Mikrobiota (Mikrobiom) deutlich vermehrt nachweisbar waren [71].

Verminderte Immunglobulin-A-(IgA-)Spiegel im Stuhl von Patienten mit Leberzirrhose deuten ebenfalls auf eine pathophysiologische Bedeutung für die Entstehung und Aufrechterhaltung von BT hin [72]. Ein ähnlicher Zusammenhang besteht für genetische Polymorphismen von *nucleotide-binding oligomerization domain containing* 2 (NOD2) und von TLR2 sowie für einen Polymorphismus des *nuclear dot protein 52 kDa* (NDP52), die jeder für sich Risikofaktoren für die Entstehung einer spontanbakteriellen Peritonitis (SBP) darstellen [73–77]. Polymorphismen von *Toll-like-* und *NOD-like-*Rezeptoren konnten bereits vor längerer Zeit als pathophysiologisch bedeutsam für chronisch-entzündliche Darmerkrankungen (CED) identifiziert werden [78, 79], wobei eine defekte „Darmbarriere" bei CED und die hierdurch veränderte Interaktion zwischen Wirt und Mikrobiota als das zentrale krankheitsauslösende und -erhaltende Geschehen angesehen wird [80, 81]. Zusammen implizieren auch diese Zusammenhänge pathophysiologische Einflüsse auf die Entstehung von BT.

Pathologische BT findet insgesamt umso ausgeprägter statt, je schwerwiegender die Lebererkrankung und die hierdurch ausgelösten pathophysiologischen Veränderungsvorgänge sind – vor allem bei vorhandenem zirrhotischen Umbau des Lebergewebes. Der vermehrte Nachweis vitaler Bakterien in mesenterialen Lymphknoten (MLN) des darmassoziierten Immunsystems (*gut-associated lymphoid tissue,* GALT) kann hierbei als Ausdruck der zunehmenden Dekompensation der Leberfunktion angesehen werden [82].

8.2.2 Bakterielle Translokation als Promotor von Lebererkrankungen

Im Rahmen nichtalkoholischer Lebererkrankungen konnte gezeigt werden, dass BT über eine PAMP-vermittelte Immunaktivierung zu fortschreitender Steatose, Inflammation und NASH-Fibrose beiträgt [47, 83]. Somit scheint BT sich selbst weiter erhalten und verstärken zu können und hierdurch zu pathophysiologischen Prozessen in der Entstehung von Lebererkrankungen beizutragen [84]. Diese können zum einen direkt vermittelt auftreten, aber auch Folge einer durch BT induzierten Aktivierung leberständiger Immunzellen wie z. B. der hepatischen Kupfferzellen sein, welche dann ihrerseits einen Schaden des Leberparenchyms vermitteln [85]. Tierexperimentell konnte diese Interaktion dadurch untermauert werden, dass eine nach Antibiotika-Gabe resultierende Erniedrigung der systemischen LPS-Spiegel mit einem messbar reduzierten Leberschaden einherging [86]. Werden Anzahl, Zusammensetzung oder Diversität der Mikrobiota durch die Verabreichung von Antibiotika reduziert beziehungsweise modifiziert, so kann der Verlauf experimenteller Lebererkrankungsmodelle verbessert und die Krankheitsschwere sowie Infektionskomplikationen bei Patienten mit Leberzirrhose können relevant reduziert werden [87–89].

Weitere Ergebnisse machen ebenfalls deutlich, dass eine nicht gestörte Interaktion zwischen einer „normalen" Mikrobiota und einer nicht geschädigten Leber im Rahmen von physiologischer BT einen protektiven Faktor gegenüber toxisch vermittelten Leberschäden darstellen kann [39]. Dies könnte darauf hindeuten, dass nicht nur quantitative Veränderungen der Darm-Mikrobiota, wie im Rahmen eines SIBO, sondern auch bereits mehrfach nachgewiesene qualitative Veränderungen der Mikrobiota (sogenannte Dysbiose) im Rahmen multipler Entitäten von Lebererkrankungen [90–93] einen relevanten Einfluss auf die Regulation und Ausprägung von BT und die hieraus resultierenden Leberschäden ausüben. Dies konnte jedoch bisher noch nicht abschließend geklärt werden.

Es erscheint naheliegend, dass jede Form von BT und vor allem jede Zunahme derselbigen zu einer immunologischen Antwort führt. Für TNF-α-vermittelte Immunantworten konnte gezeigt werden, dass TNF-α einen negativen Einfluss auf die Expression von TJ-Proteinen hat und zu einer Zunahme von Transzytose führt und somit direkt zu einer Verstärkung von BT beitragen kann [94–96]. Passend hierzu führen verstärkende Mutationen von *monocyte chemotactic protein-1* (MCP-1) , einem wichtigen Effektor in der Chemotaxis von Monozyten, die wiederum die Hauptquelle von TNF-α darstellen, zu einem erhöhten Risiko für pathologische BT und SBP bei Alkohol-induzierten Leberzirrhosen [97]. Weiter konnten erhöhte TNF-α Serumspiegel als prognostisch bedeutsam für die Infektionsprädiktion nach einer Lebertransplantation gefunden werden [95]. Für Interleukin-6 (IL-6) und Interferon gamma (IFN-γ) vermittelte Immunantworten konnten ebenfalls proaktive Einflüsse bezüglich der Zunahme intestinal-epithelialer Permeabilität und auch von Transzytose-Mechanismen gezeigt werden [98, 99].

8.2.3 Bakterielle Translokation als Prognosefaktor

Patienten mit fortgeschrittener chronischer Lebererkrankung und bereits vorhandenem zirrhotischen Umbau des Lebergewebes sind in besonderem Maße durch bakterielle Infektionen gefährdet, die bei diesem Patientenkollektiv in relevantem Ausmaß zur kurz- und mittelfristigen Prognose beitragen [100]. Infektionen verursachen hierbei zu großen Teilen den Progress des Leberschadens, die Entwicklung von leberassoziierten Komplikationen und die Mortalität betroffener Patienten. Leberassoziierte Infektionen entstehen unter anderem in einem Wechselspiel aus Veränderungen der Darm-Mikrobiota und Darmbarrierestörung mit resultierender pathologischer BT und lebererkrankungs-assoziierten Immundefizienz-Mechanismen. Meist werden sie durch gramnegative *Enterobacteriaceae* intestinalen Ursprungs, jedoch auch von

Streptococcus spp. verursacht [101, 102]. Durch die zunehmende Besiedelung mit multiresistenten Bakterien vor allem auch in Nischen des GIT, wie *extended-spectrum β-lactamase-producing* (ESBL) *Enterobacteriaceae* und Vancomycin-resistenten Enterokokken (VRE), geht hiervon eine zusätzliche Gefährdung betroffener Patienten aus [103]. Pathologische BT wird in diesem Kontext als erheblicher pathophysiologischer Faktor für das drastisch erhöhte Gefährdungspotenzial und die resultierende Schwere leberassoziierter bakterieller Infektionen angesehen [48, 100].

Hierbei ist neben Infektionen der harnableitenden Strukturen zuvorderst die Entstehung einer SBP durch die Translokation von Darmbakterien in die Bauchhöhle und den Aszites zu nennen [104, 105]. Eine SBP kann als klinisch-eminente Form einer pathologischen BT angesehen werden. Typischerweise können bei einer SBP auch keine extra-intestinalen Infektionsherde als Ursache für ihre Entstehung gefunden werden und zudem sind die am meisten nachgewiesenen Bakterien intestinalen Ursprungs, mit dem häufigsten Nachweis von *Escherichia coli* (*E. coli*) [106]. Auch konnte bei Patienten mit Leberzirrhose und Aszites gezeigt werden, dass der Nachweis bakterieller DNA im Aszitespunktat und Serum mit erhöhten TNF-α Spiegeln, erhöhtem Risiko für eine SBP und für ein hepatorenales Syndrom assoziiert ist [107]. Auch Pneumonien, Haut- und Weichteil-Infektionen sowie Bakteriämien sowie die hieraus resultierenden Gefahren durch systemische Entzündungs- und Immun-Reaktionen sind bei Patienten mit Leberzirrhose deutlich häufiger anzutreffen [108].

Im Kontext leberassoziierter Infektionen wird der Gefahr von pathologischer BT im Rahmen eines SIBO besondere Bedeutung beigemessen [64]. So haben Patienten mit einem SIBO und einer Leberzirrhose deutlich häufiger eine SBP [109]. Gleichzeitig resultiert eine dauerhafte Aktivierung des innaten und adaptiven Immunsystems durch persistierende pathologische BT in verminderter/fehlender Aktivierung von Immunfunktionen im Rahmen von Infektionen [110, 111]. So wurde der Begriff der sogenannten *cirrhosis-associated immune deficiency* (CAID) definiert [112]. In diesem Kontext konnten sowohl innate als auch adaptive Immunmechanismen der Interaktion zwischen Wirt und Mikrobiota mit mannigfaltigen Defekten identifiziert werden. Hierbei geht CAID mit kontinuierlicher PAMP-basierter Immunstimulation, verminderter Synthese leberabhängiger Faktoren und einem Hypersplenismus mit resultierendem splenischen Blutzell-*Pooling* einher. Für die Entstehung und Aufrechterhaltung eines CAID bedarf es dysregulierter pathologischer BT. Gleichzeitig stellt eine CAID-induzierte „Erschöpfung" selbst einen relevant steigernden Faktor für pathologische BT und somit für die Gefahr eines progressiven Leberschadens bei Patienten mit Leberzirrhose dar. So wird durch pathologische BT auch die Entwicklung weiterer leberassoziierter Komplikationen bei Patienten mit Zirrhose entscheidend beeinflusst. Neben der SBP [107] konnten weitere schwerwiegende Komplikationen chronischer Lebererkrankungen mit Zirrhose, wie akut-auf-chronisches Leberversagen [113], hepatorenales Syndrom [114], hepatische Enzephalopathie [115], Aszites-Bildung [116], schwere portale Hypertension [117] und Varizenblutung [118] mit dem Nachweis von BT assoziiert werden.

8.2.4 Zusammenfassung

Bakterielle Translokation stellt einen in gewissen Grenzen physiologischen Prozess dar, der für eine funktionierende Interaktion zwischen Wirt und Darm-Mikrobiota und für wichtige physiologische Prozesse unerlässlich ist. Im Rahmen von Lebererkrankungen wird pathologischer BT ein bedeutender Stellenwert zugemessen. Zum einen nimmt BT durch eine gestörte Wirt-Mikrobiota-Interaktion und pathophysiologische Veränderungen im Rahmen von Lebererkrankungen über das physiologische Maß hinaus zu und stellt somit auch einen Gradmesser der Schwere eines Leberschadens dar. Gleichzeitig können BT-vermittelte Effekte auch selbst zu pathophysiologischen Prozessen in der Entstehung und Aufrechterhaltung von Lebererkrankungen beitragen. Im Rahmen fortgeschrittener Lebererkrankungen mit zirrhotischem Umbau des Lebergewebes trägt pathologische BT durch die Verursachung lebensbedrohlicher Infektionen und durch die Induktion systemischer Immundefizienz-Mechanismen eminent zur Prognose betroffener Patienten bei. Somit kommt dem Verständnis der hierbei zugrundeliegenden Zusammenhänge eine besondere Bedeutung zu. Gleichzeitig bietet die BT einen vielversprechenden Ausgangspunkt für zukünftige Therapieansätze in der Behandlung von Lebererkrankungen und ihrer Komplikationen.

8.3 Mikrobiota und NASH

Es ist mittlerweile gut belegt, dass eine enge Interaktion zwischen der bakteriellen Darmflora und chronischen Lebererkrankungen besteht [119]. Das Darmmikrobiom wird bereits seit Jahren mit Übergewicht, Insulinresistenz und Steatohepatitis (Fettleberhepatitis) in Verbindung gebracht [120]. Ein aktueller systematischer Übersichtsartikel, basierend auf fünf humanen und vier tierexperimentellen Studien, kommt zu dem Schluss, dass eine Assoziation zwischen spezifischer intestinaler Mikrobiotazusammensetzung und nichtalkoholischen Fettlebererkrankungen (NAFLD) existiert. Es besteht zwar eine Assoziation zwischen intestinaler Dysbiose und NAFLD – allerdings konnte bisher kein kausaler Zusammenhang belegt werden und die detektierten Querverbindungen bedürfen weiterer Ausarbeitung. Da das Feld der Mikrobiomforschung in Bezug auf Studiendesign, technische Möglichkeiten und Datenmanagement weiter heranreift, dürfte es nicht mehr lange dauern, bis tragfähige Kausalitätsbelege vorliegen. Die NAFLD gelten als hepatische Manifestationen des metabolischen Syndroms [121]. Mittlerweile gehören NAFLD zu den häufigsten Lebererkrankungen der westlichen Hemisphäre, vor allem in den industrialisierten Nationen. NAFLD erstrecken sich von der einfachen Fettleber (Steatose oder NAFL) bis hin zur Steatohepatitis (NASH) und der NASH-Zirrhose mit allen bekannten Komplikationen (hepatozelluläres Karzinom, portale Hypertension, hepatische Enzephalopathie). Epidemiologische Studien halten NAFLD bereits jetzt für die häufigsten Lebererkrankungen in den USA [122]. In Deutschland wird die Rate der NAFLD auf 30 % geschätzt. Bei adipösen Kindern beträgt die NASH-Rate bereits 10 % (Übersicht in [121]).

8.3.1 Humane Studien

Welche Bakterienstämme sind als positiv, protektiv oder günstig zu bewerten? Wie verändern sich die intestinalen Mikroben im Verlauf eines metabolischen Syndroms und der dazugehörigen Lebererkrankungen. Boursier untersuchte zur Beantwortung dieser Fragen erwachsene Patienten mit histologisch gesicherter nichtalkoholischer Fettlebererkrankung [123]. Die taxonomische Komposition der mikrobiellen Flora im Darm wurde mittels 16S ribosomaler RNA Gensequenzierung von Stuhlproben analysiert. 30 Patienten hatten eine F0/F1 Fibrose, zehn eine NASH und 27 Patienten eine signifikante ≥ F2-Fibrose (davon 25 eine NASH-Fibrose). *Bacteroides*-Stämme waren bei NASH-Patienten ≥ F2 signifikant vermehrt, wohingegen *Prevotella*-Stämme in deutlich geringerem Maße vorkamen. *Ruminococcus* waren ebenfalls bei F2-Fibrose-Patienten signifikant häufiger. Durch eine multivariate Analyse konnten *Bacteroides* unabhängig mit NASH assoziiert werden und *Ruminococcus* mit einer F2-Fibrose [123]. Eine Stratifizierung im Hinblick auf das Vorhandensein dieser beiden Bakterienstämme führte zu drei Patientenuntergruppen mit steigendem Schweregrad von NAFLD-Veränderungen. Entsprechend den metagenomischen Profilen waren die Pathways der *Kyoto Encyclopedia of Genes and Genomes* (KEGG), die mit NASH und ≥ F2-Fibrose verbunden sind, am häufigsten assoziiert mit Kohlenhydrat-, Lipid- und Aminosäure-Metabolismus. NAFLD sind folglich mit Dysbiose und Veränderung der metabolischen Funktionen der Darmflora assoziiert. *Bacteroides* konnten davon unabhängig mit NASH assoziiert werden und die Ruminokokken mit einer signifikanten Fibrose. Damit wird klar, dass eine Analyse der Darmflora zusätzliche Informationen außerhalb der klassischen NAFLD-Prädiktoren liefern kann [123].

Einige Jahre zuvor wurde erstmals eine inverse Assoziation zwischen dem Auftreten einer NASH und dem prozentualen Anteil von Bacteroidetesstämmen im Stuhl beschrieben [124]. Dieser Zusammenhang war unabhängig von zugeführter Nahrungsart und Body-Mass-Index (BMI). Bei insgesamt 50 Patienten, darunter 17 gesunde und elf Patienten mit einer einfachen Leberverfettung (Steatose), wurden Stuhlproben mittels quantitativer Real-Time PCR auf die Gesamtbakterienmenge, *Bacteroides*, *Clostridium*, *Clostridium coccoides*, Bifidobakterien, *E. coli* und *Archaea* hin überprüft. NASH-Patienten hatten einen deutlich geringeren fäkalen Anteil an *Bacteroidetes* und einen höheren fäkalen Anteil an *Clostridium coccoides*. Der BMI und auch der diätetisch aufgenommene Fettanteil differierten zwischen beiden Gruppen. Im Rahmen einer linearen Regressionsanalyse für unterschiedliche Variablen konnte lediglich der geringere Anteil an Bacteroidetes als wichtiger Faktor für die Entwicklung einer NASH angesehen werden.

Dass Studiendesign, Patientenkohorte und ggfs. die Methodik im Rahmen der Mikrobiomforschung von großer Bedeutung sind, zeigt eine Studie mit pädiatrischen Patienten [125]. Mittels der 16S ribosomalen RNA-Pyrosequenzierung untersuchten die Autoren eine Kohorte von 63 Kindern, hierunter 16 gesunde Kinder und 25 adipöse ohne Lebererkrankung sowie 22 Kinder mit einer bioptisch gesicherten NASH. Die Autoren beobachteten eine reduzierte Zahl bakterieller Spezies im Stuhl von adipösen Patienten und NASH-Patienten. Beide Patientengruppen wiesen einen ähnlichen Anstieg der *Bacteroidetes*- und eine Abnahme der *Firmicutes*-Stämme im Vergleich zu gesunden Kontrollen auf. Insbesondere *Proteobacteria* zeigten einen deutlichen Anstieg ausgehend von der gesunden Kontrollgruppe über adipöse Patienten bis hin zur NASH-Gruppe – mit jeweils signifikanten Unterschieden. Der reduzierte Anteil von *Firmicutes*-Spezies war auf eine Reduktion der *Lachnospiraceae* und der *Ruminococcaceae* zurückzuführen. Die Vermehrung der gesamten bakteriellen Flora wurde durch eine erhöhte Menge von *Enterobacteriae*, insbesondere *E. coli*, erklärt. Interessanterweise sind *E. coli* als Alkohol produzierende Bakterien bekannt und die Alkoholkonzentration war bei NASH-Patienten deutlich höher als bei adipösen und gesunden Kindern [125]. Beide Studien [124, 125] zeigen diskrepante Ergebnisse in Bezug auf *Bacterioidetes*, allerdings wurden unterschiedliche Studienkollektive mit Erwachsenen und pädiatrischen Patienten untersucht, und es kamen unterschiedliche Techniken in Bezug auf die Quantifizierung der bakteriellen Spezies zur Anwendung.

In einer randomisierten kontrollierten klinischen Studie wurde der Einfluss von *Bifidobacterium longum* und Fruktose-Oligosacchariden (Fos) über 24 Wochen auf die Entwicklung einer NASH untersucht. *Bifidobacterium longum* mit Fos und Lebensstiländerung (Diät und körperliches Training) ist einer alleinigen Lebensstiländerung überlegen [126]. *Bifidobacterium longum* und Fos reduzieren TNF-α, C-reaktives Protein, Aspartataminotransferase, die hepatische Steatose und auch den NASH-Aktivitätsindex signifikant.

8.3.2 Tierexperimentelle Studien

In tierexperimentellen Studien wurden, beginnend vor etwa zehn Jahren, die gezielte Manipulation der bakteriellen Flora und ihre Auswirkungen auf die Gruppe der NAFLD-Erkrankungen (Steatose, NASH-Fibrose und hepatozelluläres Karzinom) untersucht [35, 127] untersucht. Im Folgenden werden zunächst einzelne Krankheitsstadien der NAFLD beleuchtet und anschließend wichtige zelluläre Faktoren, die an der Interaktion des Mikrobioms mit der hepatischen Verfettung und Fibroseentwicklung beteiligt sind.

8.3.2.1 NAFL (Steatosis hepatis)

Eine 16-wöchige fettreiche sogenannte Western-Diät führte in konventionell aufgezogenen C57Bl/6-Mäusen zu einer Verfettung der Leber, einer Hypoglykämie und einer systemischen Inflammation [128]. Einige der Tiere galten als sogenannte Non-Responder und entwickelten unabhängig von der zugeführten Diät keine metabolischen Störungen. In dieser Studie wurde die mikrobielle Darmflora der sogenannten Responder und Non-Responder nach fäkalem Mikrobiotatransfer (FMT) in keimfreie Mäuse unter einer hochkonzentrierten Fettdiät über 16 Wochen analysiert. Unabhängig von einer eventuellen Erhöhung des Körpergewichtes entwickelten die Mäuse mit Responderflora eine stärkere Leberverfettung, eine stärkere Hyperglykämie und eine schwerere Insulinresistenz als Mäuse, die Bakterien der Non-Responder erhalten hatten [128]. Mäuse, die Responder-Bakterien bekamen und mit einer Fettlebererkrankung reagierten, synthetisierten vermehrt verzweigtkettige Fettsäuren. Verzweigtkettige Fettsäuren werden auch von bakteriellen Spezies synthetisiert, die mit einer erhöhten Insulinresistenz und dem metabolischen Syndrom assoziiert werden [129]. Insgesamt stützen diese Befunde die Hypothese, dass interindividuelle Unterschiede im intestinalen Mikrobiom die metabolische Funktion und auch die hepatische Verfettung bei westlicher Ernährungsweise (high fat oder Western Diät) beeinflussen. Unterschiedliche Mechanismen wurden hier diskutiert, z. B. kurzkettige Fettsäuren (SCFA) und die intestinale Expression der Lipoproteinlipaseinhibitoren FIAF (*angiopoetin like protein 4*) [130]. Insbesondere SCFA, die durch die Fermentation unverdaulicher Kohlenhydrate entstehen, sollen zu Fettleibigkeit und Steatosis hepatis beitragen. Allerdings verbessern sie auch den Fett- und Glukosemetabolismus [131]; insofern bleibt ihr Einfluss zunächst noch unklar [132].

8.3.2.2 NASH (Steatohepatitis)

Inflammasome sind zytosolische Proteinkomplexe in Makrophagen und neutrophilen Granulozyten, die durch Bestandteile von Bakterien stimuliert werden. Eine Aktivierung des *NACHT, LRR and PYD domains-containing protein* (NALP/NLRP)3-Inflammasoms löst z. B. die Sekretion des pro-inflammatorischen Zytokins IL-1β aus. Ein gezielter Knock-out von NLRP3 oder NLRP6 wurde mit einer erhöhten Koloninflammation und NASH-Entwicklung bei Mäusen unter einer Methionin-Cholin-defizienten Diät assoziiert [38]. Ausgehend von der Koloninflammation entwickelten Mäuse mit hohen Konzentrationen von TLR4- und TLR9- Agonisten in der portalen Zirkulation eine besonders schwere Form der NASH. Die TLR-Agonisten führten zu einer hepatischen TNF-α-Aktivierung. Eine antibiotische Behandlung der Mäuse mit Ciprofloxacin oder Metronidazol reduzierte den Schweregrad der NASH in Inflammasom-defizienten Mäusen und verhinderte die Transmission des NASH induzierenden Phänotyps auf Wildtypmäuse im gleichen Käfig [38]. Bereits 2007 und 2010 konnte durch die Studien von Ruiz und Alisi gezeigt werden, dass adipöse Patienten mit NAFLD deutlich höhere Endotoxin- und LPS-Spiegel sowie deutlich erhöhte TNF-α Expressionslevel in der Leber aufweisen [133, 134]. In einer pädiatrischen NASH-Kohorte konnte jedoch kein erhöhter Endoxingehalt nachgewiesen werden [135].

8.3.2.3 NASH-Fibrose

Es ist seit längerem bekannt, dass die Darmflora ein Fortschreiten der Fibrose zur NAFLD-assoziierten Leberzirrhose beeinflussen kann (Abb. 8.1). Eine Gallengangsligatur führt zum Beispiel unter hochdosierter Fettdiät vor der Operation zu einer deutlich höheren Fibrosierung als unter Standarddiät [136]. Die erhöhten Fibrosierungsraten waren im Darm insbesondere mit einem Anstieg der *Proteobacteria* assoziiert. Im Rahmen der letztgenannten Studie wurde ebenfalls nachgewiesen, dass eine selektive (Stuhl-)Transplantation von gramnegativen Bakterien (im Gegensatz zu grampositiven Bakterien) für den Anstieg der Leberfibrosierungsrate verantwortlich war [136].

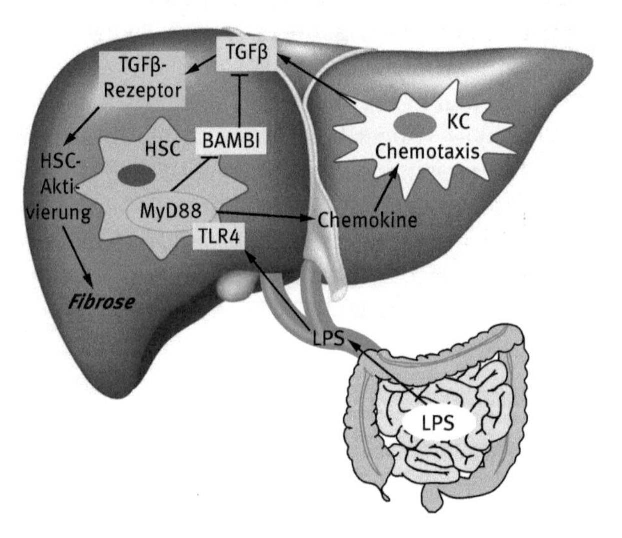

Abb. 8.1: Interaktion zwischen intestinalem Mikrobiom und hepatischen Progenitorzellen. (in Anlehnung an Roeb & Roderfeld 2015). Bei chronischer Leberschädigung wird die intestinale Permeabilität durch systemische Inflammation, portale Hypertension, intestinale Dysbiose oder Auflösung von tight junctions erhöht, was die Translokation von Lipopolysacchariden (LPS) über die Portalvene in die Leber induziert. LPS stimuliert den Toll-like-Rezeptor 4 (TLR4) auf Hepatischen Sternzellen (HSC). Hierdurch werden Chemokine (z. B. MCP-1 oder RANTES) sezerniert, die die Rekrutierung von Kupfferzellen (KC) induzieren. Eine hohe Expression des Pseudorezeptors BAMBI verhindert eine effektive TGF-beta (TGF-β) Signaltransduktion in ruhenden Sternzellen. Durch die TLR4-Aktivierung wird BAMBI depletiert, was die Sensitivität gegenüber der Aktivierung durch TGF-β steigert. Das vollständig aktivierte TGF-β-Signalling aktiviert ruhende HSC und fördert damit die Fibrose.

8.3.3 Zelluläre Faktoren

8.3.3.1 Toll-like-Rezeptoren

Pathogen-assoziierte molekulare Muster (PAMPs) werden durch Mustererkennungsrezeptoren (PRRs) erkannt, die zur angeborenen Immunantwort gehören. Toll-like-Rezeptoren stellen eine wichtige Untergruppe der PRRs dar und erkennen zum Beispiel bakterielle Peptidoglykane, doppelsträngige RNA und exonukleäre Doppelstrang-DNA, die normalerweise nach mikrobieller Infektion auftreten. Es ist jedoch notwendig, im Hinblick auf die normalen Verhältnisse im Gastrointestinaltrakt mit kontinuierlicher Exposition gegenüber der kommensalen mikrobiellen Flora zwischen nicht invasiven Darmbakterien und pathogenen Infektionen mit bedrohlichen Erkrankungen zu unterscheiden. Für diesen Zweck scheinen spezielle TLRs, bzw. deren Aktivierung, essentiell zu sein. In Zusammenschau mit Lebererkrankungen wurden einige TLR-mediierte Mechanismen beschrieben [137]. Abbildung 8.1 zeigt die enge Assoziation zwischen intestinalem Mikrobiom und hepatischen Progenitorzellen [138, 139]. Eine Erhöhung der intestinalen Permeabilität durch Inflammation, portale Hypertension oder vermittelt über eine intestinale Dysbiose führt zur Translokation von LPS) über die *Vena portae* in die Leber. Hier stimuliert LPS seinen Rezeptor TLR4 auf hepatischen Sternzellen (HSC). In Folge werden Chemokine sezerniert, die die Rekrutierung von Kupfferzellen (KC) induzieren. Die Expression des Pseudorezeptors BAMBI (*BMP and activin membrane-bound inhibitor homolog*) verhindert eine *transforming growth factor-beta* (TGF-β) Signaltransduktion in ruhenden Sternzellen. Eine TLR4-Aktivierung depletiert BAMBI und steigert somit die Sensitivität gegenüber TGF-β. Das resultierende TGF-β-Signalling aktiviert ruhende HSC und führt zur hepatischen Fibrose [138, 139].

Von großer Bedeutung sind die Veränderungen der mikrobiellen Darmflora im Hinblick auf Lebererkrankungen. Veränderungen im Bereich der Darmmikroben bei unterschiedlichen Erkrankungen haben starke Einflüsse auf das Immunsystem der Leber. Exzessiver Alkoholgenuss, Leberzirrhose und nichtalkoholische Fettlebererkrankungen spielen hier eine besondere Rolle. Zum Beispiel weist ein Wechsel der prädominanten *Eubacteria* (aus der Familie der *Clostridiaceae*) und der obligat anaeroben *Alistipes genera* zu *Veillonella*, Streptokokken, Clostridien und *Prevotella* bei Patienten mit Leberzirrhose eine mögliche Assoziation mit dem Fortschreiten der Lebererkrankung auf. *Prevotella*-Spezies werden normalerweise in der oralen mikrobiellen Flora, jedoch nicht im Darm nachgewiesen. Bei diesen Untersuchungen stimmte die Verteilung der Mikroben, sowohl in Dänemark als auch in China, in bis zu 80 % überein [71]. Auf der Basis von nur 15 Biomarkern konnte eine gute Diskriminierung zwischen Patienten mit Zirrhose im Vergleich zu Gesunden, Typ-2-Diabetikern und Patienten mit chronisch-entzündlichen Darmerkrankungen erfolgen. Einer der Schlüsselmechanismen für die Entstehung der Leberzirrhose bei NASH und alkoholischer Leberzirrhose ist die TLR4-mediierte Aktivierung von Kupfferzellen und Makrophagen aus Monozyten. Von weiterer Bedeutung für die Entstehung der

Leberzirrhose ist zudem das Komplementsystem. Eine Aktivierung der Komplementkaskade von C9 bis MAC (*membrane attack complex*) mit Hinweis auf eine Beteiligung von C1q, C3 und C5 bei Leberentzündung und Steatoseentwicklung wurde beschrieben [140–142].

8.3.3.2 Neutrophile

Die Rolle der Neutrophilen bei chronischen Lebererkrankungen ist bisher nicht vollständig geklärt. Obwohl eine Infiltration von Neutrophilen bei Patienten und auch in Mausmodellen bei Alkohol-induzierter Steatohepatitis und NASH häufig gesehen wird, scheint die Neutrophilen-Akkumulation bei diesen Erkrankungen nicht von herausragender Bedeutung zu sein. Insbesondere bei NASH sind auch Makrophagen für die Beeinflussung von Inflammation und Insulinresistenz wichtig [143]. Patienten mit morbider Adipositas zeigen eine ähnliche Expression von Makrophagen-assoziierten Aktivierungsmarkern, wie Alkoholiker. Die Prädominanz von M2-polarisierten und IL-10 exprimierenden Kupfferzellen mit Induktion von Kupfferzell-Apoptose und Hepatozyten-Seneszenz scheinen in Modellen für die NAFLD-Erkrankung protektiv zu sein [144].

8.3.3.3 Makrophagen und T-Zellen

In Mäusen ist die Makrophagen-Aktivierung im Rahmen einer NASH mit der Akkumulation von toxischen Lipiden wie z. B. Ceramiden assoziiert [145]. Die Ceramid-Akkumulation führt zur Aktivierung von NLRP3 und *absent in melanoma 2* (AIM2) in Makrophagen sowie in Kupfferzellen [146]. Auch T-Zellen sind in die Pathogenese der NASH involviert. Das Voranschreiten einer nichtalkoholischen Steatohepatitis ist eng mit dem Auftreten von Th17-Zellen verbunden. Eine Neutralisation von Interleukin-17 hingegen reduziert die durch LPS und fettreiche Diät entstandene Leberverfettung [147]. Eine aktuelle Übersicht über die Anteile der Immunzellen bei unterschiedlichen Lebererkrankungen findet sich in [148].

8.3.4 Ausblick

Die Leber unterliegt einer permanenten Exposition von mikrobiellen Bestandteilen aus dem Gastrointestinaltrakt und invasive Mikrobiota stellen eine große Herausforderung für das hepatische Immunsystem dar. Diese Mikroorganismen und deren Bestandteile tragen zu vielen Lebererkrankungen bei, z. B. der alkoholischen und nichtalkoholischen Steatohepatitis und vermutlich auch zur Leberzirrhose. Das therapeutische Potenzial einer Veränderung des Darmmikrobioms ist in Mausmodellen gut etabliert [35, 127]. Eine schwierige Aufgabe liegt weiterhin in der Übertragung dieser Ansätze in die translationale und klinische Medizin.

8.3.5 Zusammenfassung

Die große Gruppe der nichtalkoholischen Fettlebererkrankungen gehört zu den sehr weit verbreiteten und multifaktoriellen Erkrankungen, die sich aus einem komplizierten Zusammenspiel von suszeptibilitätsvermittelnden polygenetischen Hintergründen und Umgebungsfaktoren sowie Ernährungsgewohnheiten zusammensetzen. Die Identifikation der Art und Weise, wie die bakterielle Flora den Krankheitsprozess beeinflusst, birgt mögliche therapeutische Ansatzpunkte zur Verbesserung der Patientenmorbidität und Mortalität.

8.4 Mikrobiota und andere Lebererkrankungen

Verschiedene tierexperimentelle Studien und humane Observationsstudien suggerieren eine Assoziation zwischen chronischen Lebererkrankungen und deren Komplikationen mit einer veränderten Darm-Mikrobiota. Insbesondere der Übergang von der intestinalen Eubiose zur Dysbiose, die intestinale Barrierestörung und die bakterielle Translokation werden sowohl mit der Krankheitsentwicklung von alkoholischer und nichtalkoholischer Steatohepatitis in den frühen Stadien als auch mit Krankheitsprogression und dem Auftreten von Komplikationen in fortgeschrittenen Stadien der chronischen Lebererkrankung – insbesondere mit bakteriellen Infektionen, hepatischer Enzephalopathie, portaler Hypertension und hepatischer Karzinogenese – in Zusammenhang gebracht [149, 150]. Gerade im humanen System können erste Assoziationsstudien keine kausale Rolle der Mikrobiota bei der Pathogenese dieser Erkrankungen beweisen, da sie prinzipiell auch eine Konsequenz der Krankheit, gemeinsamer zugrundeliegender Ursachen als auch Folge einer begleitenden Therapie sein können. Dennoch zeigen die folgenden Studien auf, dass ein zunehmendes Verständnis über Ursachen und Konsequenzen einer veränderten Darm-Mikrobiota durchaus hilfreich für diagnostische und therapeutische Ansatzpunkte bei verschiedenen Lebererkrankungen sein kann.

8.4.1 Mikrobiota und alkoholische Lebererkrankung

Die alkoholische Lebererkrankung (ALD) ist durch hepatische Steatose mit Nekroinflammation und Fibroseentwicklung charakterisiert. Qualitative und quantitative Veränderungen der Darm-Mikrobiota wie Dysbiose und bakterielle Fehlbesiedelung können alle drei Qualitäten beeinflussen und die Auswirkungen dieser Veränderungen werden durch eine direkte alkoholbedingte oder indirekt über Acetaldehyd vermittelte Barrierestörung aggraviert [151, 152].

Obwohl seit langem bekannt ist, dass chronischer Alkoholkonsum die bakterielle Fehlbesiedelung des Dünndarms fördert [60], sind die Veränderungen des

Dickdarm-Mikrobioms bei ALD weniger gut untersucht. Bei Patienten mit chronischem Alkoholkonsum, insbesondere bei gleichzeitig vorliegender ALD im kompensierten Zirrhosestadium, findet sich eine langfristige Reduktion der Diversität des Dickdarmmukosa-assoziierten Mikrobioms innerhalb des Stammes der *Bacteroidetes*. Etwa ein Viertel bis ein Drittel der Patienten erfüllen die Kriterien einer Dysbiose im Dickdarm, die vor allem durch eine Zunahme gramnegativer *Proteobacteria* gekennzeichnet ist [91]. Bei Patienten mit fortgeschrittener ALD findet sich zudem eine Anreicherung der gramnegativen Familie der *Prevotellaceae* im fäkalen Mikrobiom im Vergleich zu nichtalkoholischen Lebererkrankungen und Gesunden [92]. Diese ersten Untersuchungen stehen in Übereinstimmung mit Tiermodellen, in denen chronischer Alkoholkonsum auch zu einer Reduktion von *Bacteroidetes* und *Firmicutes* führte, die durch eine deutliche Zunahme von Bakterien der Phyla *Proteobacteria* und *Actinobacteria* begleitet wurde [153]. Insbesondere die deutliche Expansion von Gammaproteobakterien suggeriert pathogenetische Relevanz, da diese gramnegativen Bakterien LPS in ihrer Außenmembran mit sich führen und adhärente und invasive Vertreter sowohl an der Entstehung intestinaler mukosaler Inflammationen als auch an pathologischer bakterieller Translokation beteiligt sind [154, 155]. Bei verstorbenen Patienten mit alkoholischer Leberzirrhose ließen sich in der Tat vermehrt vor allem Vertreter aus der Familie der Enterobacteriaceae aus dem Stuhl, der Leber und dem Aszites isolieren [156]. Neben diesen begünstigenden Effekten von Alkohol auf das Wachstum von *Enterobacteriaceae* weisen Patienten mit alkohol-assoziierter Dysbiose häufiger eine gestörte Glucosetoleranz oder Diabetes auf [91], was zur Progression der Lebererkrankung zusätzlich beitragen kann [157].

Präklinische Studien zeigen, dass das Vorhandensein der Darm-Mikrobiota eine unabdingbare Voraussetzung darstellt, eine Leberschädigung nach akuter Alkoholingestion zu entwickeln. Insbesondere der Einstrom von Endotoxinen gramnegativer Mikrobiota in das Pfortaderstromgebiet und die TLR4-vermittelte Aktivierung von Kupfferzellen sind Voraussetzung für die Entwicklung hepatischer Inflammation bei der frühen ALD [158]. Im Gegensatz zu herkömmlichen Tieren entwickeln keimfrei aufgezogene Mäuse nach akuter Alkoholapplikation keine gesteigerte Darmpermeabilität, keine gesteigerte hepatische Verfettung und deutlich reduzierte histopathologische Veränderungen [159]. Insbesondere die Neutrophileninfiltration der Leber war bei den keimfreien Mäusen im Vergleich zu konventionellen Mäusen deutlich reduziert. Wurde die alkohol-induzierte dysbiotische Flora auf bislang keimfreie Mäuse transferiert, konnte die alkohol-induzierte hepatische und intestinale Inflammation aggraviert werden, was die Bedeutung der dysbiotisch veränderten Flora in der Vermittlung von Inflammation bei der ALD unterstreicht [159].

Im Gegensatz zur klar etablierten Rolle der Darm-Mikrobiota bei der Vermittlung der hepatischen Schädigung im Rahmen der ALD sind die Mechanismen, wie chronischer Alkoholkonsum die Komposition der Mikrobiota beeinflussen kann, weniger klar. Neben einer reduzierten gastrointestinalen Motilität und möglichen direkten Effekten scheinen insbesondere deregulierte intestinale Immunprozesse eine Rolle zu spielen. So führt Alkoholkonsum in Tiermodellen zu einer reduzierten Zahl mukosa-assoziierter Lymphozyten [160] als auch zu einer Herunterregulation antimikrobieller Peptide im Dünndarm [59], was die Kolonisationsresistenz gegenüber Pathogenen reduziert und so die Dysbiose fördert. Ob neben den C-Typ-Lektinen Reg3β und Reg3γ auch andere antimikrobielle Peptide wie Defensine, Ribonucleasen und S100-Proteine oder intenstinale Inflammasomaktivierung eine Rolle bei der Vermittlung der alkoholinduzierten Dysbiose und Vermittlung von intestinaler und konsekutiver hepatischer Inflammation im Rahmen der ALD spielt, wird derzeit noch erforscht. Aktuelle Arbeiten unterstreichen vor allem die Bedeutung intestinaler Mikrobiota-assoziierter metabolischer Netzwerke. Neben Veränderungen in der Kapazität zur intestinalen Alkoholmetabolisierung geht die alkoholinduzierte Dysbiose auch mit einer reduzierten Synthese gesättigter LCFA durch die intestinale Mikrobiota einher [24]. LCFA scheinen jedoch keine direkten Effekte auf die Integrität der gastrointestinalen Barriere auszuüben und vermitteln stattdessen einen eubiotischen Zustand vor allem über das Wachstum von *Lactobacillus*-Spezies, deren Fehlen alkohol-induzierte Dysbiose aggraviert. Diese Arbeiten nähren die Hoffnungen auf einen möglichen hepatoprotektiven Ansatzpunkt von Präbiotika wie Fos als auch von Probiotika wie *Lactobacillus spp.* in der Prophylaxe und Therapie von alkoholinduzierten Lebererkrankungen [161].

8.4.2 Mikrobiota und autoimmun-cholestatische Lebererkrankungen

Neben ihrer Rolle für den Galletransport sind Cholangiozyten aktiv an hepatobiliären Immunantworten im Rahmen autoimmuner und cholestatischer Lebererkrankungen beteiligt, da sie selbst aufgrund ihrer Ausstattung mit multiplen PRRs immunologisch kompetente Zellen darstellen oder im Rahmen von gesteigerten Umbauprozessen oder TNF-α-Freisetzung Makrophagen- oder T-Zell-getriebene Inflammation unterhalten [162, 163]. Die Ergebnisse aktueller genomweiter Assoziationsstudien legen nahe, dass ein enger Zusammenhang zwischen hepatobiliärer Inflammation im Rahmen von primär biliärer Cholangitis/Zirrhose (PBC) oder primär sklerosierender Cholangitis (PSC) einerseits und abnormen Immunantworten auf die kommensale Mikrobiota gepaart mit einer gestörten epithelialen Barrierefunktion auf biliärer oder intestinaler Ebene andererseits existiert [164]. Insbesondere bei der PSC gibt es enge Beziehungen zwischen genetischer Krankheitsprädisposition und dem „Umweltfaktor" Darm-Mikrobiota. Obwohl ein definitiver Auslöser für die Entwicklung einer PSC bislang nicht identifiziert werden konnten, ist eine Rolle der Darmmikrobiota für die Krankheitsentwicklung sehr wahrscheinlich. So entwickeln Ratten mit Blindsacksyndrom und bakterieller Fehlbesiedelung oder nach Injektion von Peptidoglykan Gallenwegserkrankungen, die Merkmale einer PSC aufweisen [70, 165]. Eine antibiotische Therapie reduziert diese Veränderungen im Tiermodell und verbessert auch Surrogatparameter bei Patienten mit PSC [166, 167]. Mononukläre Zellen und biliäre Epithelien von Patienten mit PSC weisen überschießende Immunantworten nach Aktivierung durch bakterielle Bestandteile auf [168, 169]. Anti-neutrophile Antikörper (pANCA) bei PSC und autoimmuner Hepatitis (AIH) zeigen Kreuzreaktivität gegenüber bakteriellen Antigenen und können als Immunantwort auf intestinale Mikroorganismen gebildet werden [170]. Genetische Varianten des Enzyms Fucosyltransferase-2 (*FUT2*) modulieren über die Bindung von intestinalen Mikroorganismen an mukosale Oberflächen und Veränderungen im Kohlenhydratmetabolismus die Zusammensetzung der Darm-Mikrobiota und erhöhen zugleich die Wahrscheinlichkeit, eine PSC, insbesondere mit komplikativem Verlauf, zu entwickeln [171, 172].

Die Beurteilung der Darm-Mikrobiota bei Patienten mit PSC wird durch unterschiedliche Phänotypen der Erkrankung und vor allem durch die Überlagerung mit CED erschwert. Aktuelle Daten weisen jedoch darauf hin, dass die im Rahmen der PSC beobachtete Dysbiose stärker durch die Lebererkrankung als durch die CED moduliert wird. Im Rahmen der PSC ist die mikrobielle Diversität der fäkalen und mukosa-adhärenten Mikrobiota unabhängig vom Vorliegen einer konkomitanten CED im Vergleich zu gesunden Kontrollen deutlich reduziert [173, 174]. Neben einer Abnahme verschiedener Gattungen von *Clostridiales*, *Aeromonadales* und *Bacteroidales* konnte vor allem eine Zunahme der Spezies *Veillonella* und *Veillonella parvula* im Vergleich zu Gesunden und die von *Akkermansia* und *Clostridiales II* im Vergleich zu Colitis ulcerosa beobachtet werden [173, 174]. Interessanterweise scheint sich die Zusammensetzung der mukosa-assoziierten Mikrobiota im Rahmen der PSC nicht auffallend stark zwischen rechtem und linkem Hemicolon zu unterscheiden [175]. Insbesondere ein hoher Anteil von *Firmicutes* der *Veillonella*-Gattung war geeignet, Patienten mit PSC von Patienten mit CED oder von gesunden Kontrollen zu unterscheiden, und korrelierte mit dem Schweregrad der Erkrankung anhand des Mayo PSC *Risk Score* [173]. Die Zusammensetzung der Darm-Mikrobiota nach einem schädigenden biliären Ereignis ist auch für den Verlauf der Erkrankung (Resolution oder Progression) von entscheidender Bedeutung. So entwickelten im Krankheitsmodell der mdr2-Knockout-Maus Tiere eine schwerere biliäre Erkrankung und verstärkte Fibroseentstehung, wenn sie als keimfrei gehaltene Mäuse keine Darm-Mikrobiota aufwiesen [176].

8.4.3 Mikrobiota und Komplikationen der Leberzirrhose

Viele der im Rahmen der nichtalkoholischen und alkoholischen Lebererkrankung pathogenetisch relevanten Prozesse für die mikrobiota-vermittelte hepatische Inflammation und Fibroseprogression treffen in gesteigertem Maße auch auf das zirrhotische Stadium der chronischen Lebererkrankung zu. Durch die im Rahmen der portalen Hypertension mit dem Schweregrad der Leberzirrhose zunehmende intestinale Barrierestörung [177, 178] können eine Vielzahl bakterieller Bestandteile in die Leber eintreten und Kupffer-Zellen sowie hepatische Sternzellen aktivieren. Darüber hinaus lassen sich in klinischen und präklinischen Studien Belege für eine zirrhose-assoziierte intestinale Inflammation in Dick- und Dünndarm finden, die zur pathologischen bakteriellen Translokation beiträgt [179, 180]. Das Ausmaß der resultierenden hepatischen und systemischen Inflammation aggraviert wiederum die portale Hypertension und trägt so in einem Teufelskreis zur Aufrechterhaltung der Barrierestörung bei [181]. Daher lassen sich mit zunehmender Organdysfunktion und dem Auftreten typischer Komplikationen wie Mehrorganversagen (akut-auf-chronisches Leberversagen) oder schwerer hepatischer Enzephalopathie bei der Mehrzahl der Patienten mit Leberzirrhose bakterielle Bestandteile wie mikrobielle DNA von überwiegend *Gammaproteobacteria* in sterilen Kompartimenten nachweisen, die ihren Ursprung mutmaßlich in der Darm-Mikrobiota haben [182]. Da in präklinischen Modellen der dekompensierten Leberzirrhose Tiere mit bakterieller Translokation weniger Paneth-Zell Defensine und eine geringere antimikrobielle Aktivität gegen Enterobakterien aufweisen [180], welche die Zusammensetzung der Darm-Mikrobiota beeinflussen können [183], ist es wahrscheinlich, dass das Ausmaß der mukosalen Immunität und die intestinale Inflammation mit der Zusammensetzung des Darm-Mikrobioms bei der Leberzirrhose in engem Zusammenhang stehen. Auch für die bei Leberzirrhose mit infektiösen Komplikationen assoziierten genetischen Varianten von *NOD2* [76] konnte im Kontext chronisch-entzündlicher Darmerkrankungen eine veränderte Mikrobiota mit gendosisabhängiger Zunahme von mukosa-assoziierten Enterobacteriaceae nachgewiesen werden [184].

Qin et al. publizierten 2014 hochrangig die Sequenzierungsergebnisse des fäkalen Mikrobioms von 98 chinesischen Patienten mit überwiegend Hepatitis-B-Virus (HBV)- oder alkohol-assoziierter Leberzirrhose und von 83 gesunden Kontrollpersonen [71]. In dieser und anderen Studien der Arbeitsgruppe ließ sich bei Patienten mit Leberzirrhose eine Reduktion von *Bacteriodetes* nachweisen, die von einer Vermehrung von *Proteobacteria* und *Fusobacteria* begleitet wurde [71, 92]. Insbesondere der oralen Mikrobiota entstammende *Streptococcus* und *Veillonella* spp. waren im Stuhl von Patienten mit Leberzirrhose angereichert und korrelierten mit dem Schweregrad der Lebererkrankung. Trotz einer Vielzahl möglicher therapie-assoziierter Störfaktoren wie Antibiotika, Lactulose oder Protonenpumpen-Inhibitoren, die zu einer Migration oraler Mikrobiota nach aboral beitragen [185], war auffällig, dass gramnegative *Proteobacteria*, insbesondere die klinisch relevanten *Enterobacteriaceae*, bei der dekompensierten Leberzirrhose im Vergleich zum kompensierten Stadium angereichert waren [186]. In der bislang größten Studie an 219 Patienten mit Leberzirrhose konnte ein zunehmender Schweregrad der Erkrankung mit einer Abnahme an potenziell protektiven (*Clostridiales*, *Lachnospiraceae*, *Ruminococcaceae*) und einer Zunahme an potenziell deletären Taxa (*Staphylococcae*, *Enterococceae*, *Enterobacteriaceae*) beobachtet werden [187]. Auch in einer Studie an Patienten mit HBV-assoziierter Leberzirrhose [188] konnte neben einer Anreicherung fakultativ pathogener *Enterobactericeae* und einem verstärkten Nachweis bakterieller Virulenzfaktoren eine Anreicherung von *Enterococcus faecalis* bei Patienten mit Dekompensation beobachtet werden [188]. Sowohl *Enterobacteriacea* als auch Enterokokken spielen eine zunehmende Rolle bei der Vermittlung bakterieller Infektionen bei Patienten mit Leberzirrhose [189]. Diese Assoziationen unterlegen, dass dysbiotische Veränderungen im Rahmen der dekompensierten Leberzirrhose nicht nur Epiphänomene, sondern tatsächlich von klinischer Relevanz sind.

Interessanterweise unterscheiden sich die Zirrhose-assoziierten Veränderungen im Mikrobiom von dysbiotischen Veränderungen im Rahmen anderer Erkrankungen, beispielsweise im Rahmen von Typ-2-Diabetes. Funktionell zeichnet sich der dysbiotische Status im Rahmen der Leberzirrhose durch Veränderungen im Ammoniak-, Stickstoff- und Aminosäurestockwechsel und -transport, im Gamma-Amino-Buttersäure-(GABA-)Stoffwechsel und in der Häm-Biosynthese aus [71, 190]. Die Anreicherung von Ammoniak-produzierenden, GABA- und Mangan-metabolisierenden Enzymen im Darm-Mikrobiom von Patienten mit Leberzirrhose unterstreicht eine wichtige Rolle der Mikrobiota bei der Entwicklung der hepatischen Enzephalopathie. Vertreter der Darm-Mikrobiota exprimieren Urease, die den von der Leber ausgeschiedenen Harnstoff in Kohlendioxid und Ammoniak hydrolysieren. Ammoniak kann dann von der Mikrobiota zur bakteriellen Proteinbiosynthese verwendet werden, dient als Puffer für SCFA oder wird durch den Wirt resorbiert. Eine Vielzahl von Studien hat versucht, Assoziationen zwischen Veränderungen des Mikrobioms mit der kognitiven Funktion herzustellen. Ein schlechter kognitiver Status ist vor allem durch die Abnahme protektiver autochthoner mukosaler Mikrobiota (*Lachnospiraceae roseburia*, *Lachnospiraceae dorea*, *Ruminococcaceae fecalibacterium)* und die mukosale Zunahme einzelner Taxa der Familien der *Firmicutes* wie *Streptococcaceae*, der *Proteobacteria* wie *Burkholderiaceae* und *Alcaligenceae* oder *Bacteroidetes* wie *Porphyromonadaceae* oder *Rikenellaceae* assoziiert [191]. Eine der wenigen Studien, die longitudinale Untersuchungen der Mikrobiota vornahm, konnte zeigen, dass Patienten mit durchlebter erster hepatischer Enzephalopathie-Episode eine zunehmende Dysbiose entwickelten, die in erster Linie durch eine Zunahme der *Enterobacteriaceae* hervorgerufen wird, während Patienten ohne Dekompensation eine stabile Mikrobiota aufwiesen [187]. Insbesondere Urease-produzierende *Enterobacteriaceae* wie *Klebsiella*- oder *Proteus*-Spezies werden mit der Pathogenese der hepatischen Enzephalopathie in Verbindung gebracht, da sie sowohl Ammoniakproduktion als auch Enterotoxinfreisetzung steigern [192]. Eine gezielte Manipulation der Darm-Mikrobiota durch Anreicherung von Stämmen mit reduzierter Urease-Aktivität war im Tiermodell suffizient, die Ammoniakproduktion langfristig zu reduzieren und so hepatische Enzephalopathie, Morbidität und Mortalität zu reduzieren [193].

Trotz der positiven Effekte von nichtresorbierbaren Antibiotika auf die Schwere und Rekurrenz von Komplikationen wie auf die hepatische Enzephalopathie sind deren Einflüsse auf die Zusammensetzung der mikrobiellen Flora überraschend bescheiden. Lediglich eine geringe Reduktion von *Veillonellaceae* und ein Anstieg von *Eubacteriaceae* im fäkalen Mikrobiom wurden nach Therapieeinleitung mit Rifaximin nachgewiesen [194, 195]. Einen vielversprechenden nichtantibiotischen

Ansatz bietet jedoch eine Modulation der Gallensäure-vermittelten Effekte auf die Darm-Mikrobiota. Mit Fortschreiten der Lebererkrankung kommt es zu einer Zunahme primärer und Abnahme sekundärer Gallensäuren im Stuhl, die durch eine reduzierte Konversion von primären Gallensäuren durch die Darm-Mikrobiota vermittelt werden [195]. Diese Veränderung scheint auch kompensatorisch protektive Effekte bewirken zu können, da vermehrte fäkale sekundäre Gallensäuren, wie sie zum Beispiel bei aktivem Alkoholismus auftreten, mit inflammatorischen Prozessen im Kolon und somit zu einer reduzierten Barrierefunktion beitragen können [196]. Eine Beeinflussung des zirkulierenden Gallensäurepools, z. B. mit Hilfe des semi-synthetischen Chenodesoxycholsäure-Analogons und potenten FXR-Agonisten Obeticholsäure, könnte in Zukunft auch außerhalb von Tiermodellen dazu beitragen, die intestinale Barriere zu verbessern, die Expression antimikrobieller Peptide zu fördern, portale Hypertension zu reduzieren und pathologische bakterielle Translokation zu reduzieren [197, 198]

8.4.4 Zusammenfassung

Es existiert ein komplexes dynamisches Zusammenspiel der Darm-Mikrobiota mit alkoholischen, autoimmun-cholestatischen und fortgeschritten fibrotischen Lebererkrankungen, das derzeit nur unvollständig verstanden ist. Meta-genomische Analysen zeigen, dass insbesondere die fortgeschrittene Lebererkrankung mit Zirrhose mit einer Anreicherung metabolischer Pfade der Darm-Mikrobiota einhergeht, die pathogenetische oder kompensatorische Funktionen im Rahmen dieser Erkrankungen nahelegen. Ein zunehmendes Verständnis über die Interaktion von Wirtsimmunität mit der Darm-Mikrobiota trägt dazu bei, verschiedene Lebererkrankungen zukünftig mittels individualisierter prä- und probiotischer Therapien, fäkalen Mikrobiota-Transfers, Modulation der Gallensäurehomöostase und immunmodulierender Ansätze erfolgreich behandeln zu können.

8.5 Literatur

[1] Goel A, Gupta M, Aggarwal R. Gut microbiota and liver disease. J. Gastroenterol. Hepatol. 2014; 29: 1139–1148.

[2] Seksik P, Landman C. Understanding Microbiome Data: A Primer for Clinicians. Dig Dis. 2015; 33(1): 11–16.

[3] Gill SR, Pop M, Deboy RT, et al. Metagenomic analysis of the human distal gut microbiome. Science. 2006; 312: 1355–1359.

[4] Qin J, Li R, Raes J, et al. A human gut microbial gene catalogue established by metagenomic sequencing. Nature. 2010; 464: 59–65.

[5] Li J, Jia H, Cai X, et al. An integrated catalog of reference genes in the human gut microbiome. Nat. Biotechnol. 2014; 32: 834–841.

[6] Eckburg PB, Bik EM, Bernstein CN, et al. Diversity of the Human Intestinal Microbial Flora. Science. 2005; 308: 1635–1638.
[7] Lepage P, Seksik P, Sutren M, et al. Biodiversity of the mucosa-associated microbiota is stable along the distal digestive tract in healthy individuals and patients with IBD. Inflamm. Bowel Dis. 2005; 11: 473–480.
[8] Arumugam M, Raes J, Pelletier E, et al. Enterotypes of the human gut microbiome. Nature. 2011; 473: 174–180.
[9] Wu GD, Chen J, Hoffmann C, et al. Linking long-term dietary patterns with gut microbial enterotypes. Science. 2011; 334: 105–108.
[10] Le Chatelier E, Nielsen T, Qin J, et al. Richness of human gut microbiome correlates with metabolic markers. Nature. 2013; 500: 541–546.
[11] Claesson MJ, Jeffery IB, Conde S, et al. Gut microbiota composition correlates with diet and health in the elderly. Nature. 2012; 488: 178–184.
[12] Bergman EN. Energy contributions of volatile fatty acids from the gastrointestinal tract in various species. Physiol. Rev. 1990; 70: 567–590.
[13] Marchesi JR, Adams DH, Fava F, et al. The gut microbiota and host health: a new clinical frontier. Gut. 2015;
[14] Cani PD, Delzenne NM, Amar J, et al. Role of gut microflora in the development of obesity and insulin resistance following high-fat diet feeding. Pathol. Biol. 2008; 56: 305–309.
[15] Macfarlane S, Macfarlane GT. Regulation of short-chain fatty acid production. Proc Nutr Soc. 2003; 62: 67–72.
[16] Wong JMW, de Souza R, Kendall CWC, et al. Colonic health: fermentation and short chain fatty acids. J. Clin. Gastroenterol. 2006; 40: 235–243.
[17] Macfarlane GT, Macfarlane S. Fermentation in the human large intestine: its physiologic consequences and the potential contribution of prebiotics. J. Clin. Gastroenterol. 2011; 45: 120–127.
[18] Tappenden KA, Thomson AB, Wild GE, et al. Short-chain fatty acid-supplemented total parenteral nutrition enhances functional adaptation to intestinal resection in rats. Gastroenterology. 1997; 112: 792–802.
[19] Koruda MJ, Rolandelli RH, Bliss DZ, et al. Parenteral nutrition supplemented with short-chain fatty acids: effect on the small-bowel mucosa in normal rats. Am. J. Clin. Nutr. 1990; 51: 685–689.
[20] Chambers ES, Morrison DJ, Frost G. Control of appetite and energy intake by SCFA: what are the potential underlying mechanisms? Proc Nutr Soc. 2015; 74: 328–336.
[21] Maslowski KM, Vieira AT, Ng A, et al. Regulation of inflammatory responses by gut microbiota and chemoattractant receptor GPR43. Nature. 2009; 461: 1282–1286.
[22] Bailón E, Cueto-Sola M, Utrilla P, et al. Butyrate in vitro immune-modulatory effects might be mediated through a proliferation-related induction of apoptosis. Immunobiology. 2010; 215: 863–873.
[23] Cresci GA, Bush K, Nagy LE. Tributyrin supplementation protects mice from acute ethanol-induced gut injury. Alcohol. Clin. Exp. Res. 2014; 38: 1489–1501.
[24] Chen P, Torralba M, Tan J, et al. Supplementation of saturated long-chain fatty acids maintains intestinal eubiosis and reduces ethanol-induced liver injury in mice. Gastroenterology. 2015; 148: 203–214.e16.
[25] Husby S, Jensenius JC, Svehag SE. Passage of undegraded dietary antigen into the blood of healthy adults. Quantification, estimation of size distribution, and relation of uptake to levels of specific antibodies. Scand. J. Immunol. 1985; 22: 83–92.
[26] Adams DH, Eksteen B, Curbishley SM. Immunology of the gut and liver: a love/hate relationship. Gut. 2008; 57: 838–848.

[27] Knolle PA, Thimme R. Hepatic immune regulation and its involvement in viral hepatitis infection. Gastroenterology. 2014; 146: 1193–1207.

[28] Zimmermann HW, Bruns T, Weston CJ, et al. Bidirectional transendothelial migration of monocytes across hepatic sinusoidal endothelium shapes monocyte differentiation and regulates the balance between immunity and tolerance in liver. Hepatology. 2016; 63: 233–246.

[29] Höchst B, Schildberg FA, Sauerborn P, et al. Activated human hepatic stellate cells induce myeloid derived suppressor cells from peripheral blood monocytes in a CD44-dependent fashion. J. Hepatol. 2013; 59: 528–535.

[30] Bruns T, Zimmermann HW, Pachnio A, et al. CMV infection of human sinusoidal endothelium regulates hepatic T cell recruitment and activation. J. Hepatol. 2015; 63: 38–49.

[31] Compare D, Coccoli P, Rocco A, et al. Gut–liver axis: the impact of gut microbiota on non alcoholic fatty liver disease. Nutr Metab Cardiovasc Dis. 2012; 22: 471–476.

[32] Lumsden AB, Henderson JM, Kutner MH. Endotoxin levels measured by a chromogenic assay in portal, hepatic and peripheral venous blood in patients with cirrhosis. Hepatology. 1988; 8: 232–236.

[33] Balmer ML, Slack E, de Gottardi A, et al. The liver may act as a firewall mediating mutualism between the host and its gut commensal microbiota. Sci Transl Med. 2014; 6: 237ra66.

[34] Bird L. Metabolism and immunology: Gut microbiota influences liver disease. Nat Rev Immunol. 2012; 12: 153–153.

[35] Seki E, De Minicis S, Osterreicher CH, et al. TLR4 enhances TGF-beta signaling and hepatic fibrosis. Nat. Med. 2007; 13: 1324–1332.

[36] Hartmann P, Haimerl M, Mazagova M, et al. Toll-like receptor 2-mediated intestinal injury and enteric tumor necrosis factor receptor I contribute to liver fibrosis in mice. Gastroenterology. 2012; 143: 1330–1340.e1.

[37] Hritz I, Mandrekar P, Velayudham A, et al. The critical role of toll-like receptor (TLR) 4 in alcoholic liver disease is independent of the common TLR adapter MyD88. Hepatology. 2008; 48: 1224–1231.

[38] Henao-Mejia J, Elinav E, Jin C, et al. Inflammasome-mediated dysbiosis regulates progression of NAFLD and obesity. Nature. 2012; 482: 179–185.

[39] Mazagova M, Wang L, Anfora AT, et al. Commensal microbiota is hepatoprotective and prevents liver fibrosis in mice. FASEB J. 2015; 29: 1043–1055.

[40] de Aguiar Vallim TQ, Tarling EJ, Edwards PA. Pleiotropic roles of bile acids in metabolism. Cell Metab. 2013; 17: 657–669.

[41] Swann JR, Want EJ, Geier FM, et al. Systemic gut microbial modulation of bile acid metabolism in host tissue compartments. Proc. Natl. Acad. Sci. U.S.A. 2011; 108(1): 4523–4530.

[42] Tsuei J, Chau T, Mills D, et al. Bile acid dysregulation, gut dysbiosis, and gastrointestinal cancer. Exp Biol Med (Maywood). 2014; 239: 1489–1504.

[43] Ridlon JM, Alves JM, Hylemon PB, et al. Cirrhosis, bile acids and gut microbiota: unraveling a complex relationship. Gut Microbes. 2013; 4: 382–387.

[44] Brandl K, Schnabl B. Is intestinal inflammation linking dysbiosis to gut barrier dysfunction during liver disease? Expert Rev Gastroenterol Hepatol. 2015; 9: 1069–1076.

[45] Fukui H. Gut-liver axis in liver cirrhosis: How to manage leaky gut and endotoxemia. World J Hepatol. 2015; 7: 425–442.

[46] Minemura M, Tajiri K, Shimizu Y. Systemic abnormalities in liver disease. World J. Gastroenterol. 2009; 15: 2960–2974.

[47] Schnabl B, Brenner DA. Interactions between the intestinal microbiome and liver diseases. Gastroenterology. 2014; 146: 1513–1524.

[48] Wiest R, Lawson M, Geuking M. Pathological bacterial translocation in liver cirrhosis. J Hepatol. 2013;

[49] Caradonna L, Mastronardi ML, Magrone T, et al. Biological and clinical significance of endotoxemia in the course of hepatitis C virus infection. Curr. Pharm. Des. 2002; 8: 995–1005.
[50] Sandler NG, Koh C, Roque A, et al. Host response to translocated microbial products predicts outcomes of patients with HBV or HCV infection. Gastroenterology. 2011; 141: 1220–1230, 1230.e1–3.
[51] Farhadi A, Gundlapalli S, Shaikh M, et al. Susceptibility to gut leakiness: a possible mechanism for endotoxaemia in non-alcoholic steatohepatitis. Liver Int. 2008; 28: 1026–1033.
[52] Michelena J, Altamirano J, Abraldes JG, et al. Systemic inflammatory response and serum lipopolysaccharide levels predict multiple organ failure and death in alcoholic hepatitis. Hepatology. 2015; 62: 762–772.
[53] Donaldson GP, Lee SM, Mazmanian SK. Gut biogeography of the bacterial microbiota. Nat. Rev. Microbiol. 2016; 14: 20–32.
[54] Powell DW. Barrier function of epithelia. Am. J. Physiol. 1981; 241: G275–288.
[55] Koh IH, Guatelli R, Montero EF, et al. Where is the site of bacterial translocation – small or large bowel? Transplant. Proc. 1996; 28: 2661.
[56] Marshall JC, Christou NV, Horn R, et al. The microbiology of multiple organ failure. The proximal gastrointestinal tract as an occult reservoir of pathogens. Arch Surg. 1988; 123: 309–315.
[57] Bode C, Bode JC. Effect of alcohol consumption on the gut. Best Pract Res Clin Gastroenterol. 2003; 17: 575–592.
[58] Basuroy S, Sheth P, Mansbach CM, et al. Acetaldehyde disrupts tight junctions and adherens junctions in human colonic mucosa: protection by EGF and L-glutamine. Am. J. Physiol. Gastrointest. Liver Physiol. 2005; 289: G367–375.
[59] Yan AW, E. Fouts D, Brandl J, et al. Enteric dysbiosis associated with a mouse model of alcoholic liver disease. Hepatology. 2011; 53: 96–105.
[60] Bode JC, Bode C, Heidelbach R, et al. Jejunal microflora in patients with chronic alcohol abuse. Hepatogastroenterology. 1984; 31: 30–34.
[61] Bauer TM, Steinbrückner B, Brinkmann FE, et al. Small intestinal bacterial overgrowth in patients with cirrhosis: prevalence and relation with spontaneous bacterial peritonitis. Am. J. Gastroenterol. 2001; 96: 2962–2967.
[62] Bauer TM, Schwacha H, Steinbrückner B, et al. Small intestinal bacterial overgrowth in human cirrhosis is associated with systemic endotoxemia. Am. J. Gastroenterol. 2002; 97: 2364–2370.
[63] Guarner C, Runyon BA, Young S, et al. Intestinal bacterial overgrowth and bacterial translocation in cirrhotic rats with ascites. J. Hepatol. 1997; 26: 1372–1378.
[64] Bellot P, Francés R, Such J. Pathological bacterial translocation in cirrhosis: pathophysiology, diagnosis and clinical implications. Liver Int. 2013; 33: 31–39.
[65] Bajaj JS, Zadvornova Y, Heuman DM, et al. Association of proton pump inhibitor therapy with spontaneous bacterial peritonitis in cirrhotic patients with ascites. Am. J. Gastroenterol. 2009; 104: 1130–1134.
[66] Sadik R, Abrahamsson H, Björnsson E, et al. Etiology of portal hypertension may influence gastrointestinal transit. Scand. J. Gastroenterol. 2003; 38: 1039–1044.
[67] Chang CS, Chen GH, Lien HC, et al. Small intestine dysmotility and bacterial overgrowth in cirrhotic patients with spontaneous bacterial peritonitis. Hepatology. 1998; 28: 1187–1190.
[68] Steffen EK, Berg RD, Deitch EA. Comparison of translocation rates of various indigenous bacteria from the gastrointestinal tract to the mesenteric lymph node. J. Infect. Dis. 1988; 157: 1032–1038.
[69] Wells CL, Maddaus MA, Reynolds CM, et al. Role of anaerobic flora in the translocation of aerobic and facultatively anaerobic intestinal bacteria. Infect. Immun. 1987; 55: 2689–2694.

[70] Lichtman SN, Sartor RB, Keku J, et al. Hepatic inflammation in rats with experimental small intestinal bacterial overgrowth. Gastroenterology. 1990; 98: 414–423.
[71] Qin N, Yang F, Li A, et al. Alterations of the human gut microbiome in liver cirrhosis. Nature. 2014; 513: 59–64.
[72] Saitoh O, Sugi K, Lojima K, et al. Increased prevalence of intestinal inflammation in patients with liver cirrhosis. World J. Gastroenterol. 1999; 5: 391–396.
[73] Lutz P, Krämer B, Kaczmarek DJ, et al. A variant in the nuclear dot protein 52kDa gene increases the risk for spontaneous bacterial peritonitis in patients with alcoholic liver cirrhosis. Dig Liver Dis. 2015.
[74] Nischalke HD, Berger C, Aldenhoff K, et al. Toll-like receptor (TLR) 2 promotor and intron 2 polymorphisms are associated with increased risk for spontaneous bacterial peritonitis in liver cirrhosis. J Hepatol [Internet]. 2011 [cited 2011 Mar 28]; Available from: http://www.ncbi.nlm.nih.gov/pubmed/21356257
[75] Appenrodt B, Grünhage F, Gentemann MG, et al. Nucleotide-binding oligomerization domain containing 2 (NOD2) variants are genetic risk factors for death and spontaneous bacterial peritonitis in liver cirrhosis. Hepatology. 2010; 51: 1327–1333.
[76] Bruns T, Peter J, Reuken PA, et al. NOD2 gene variants are a risk factor for culture-positive spontaneous bacterial peritonitis and monomicrobial bacterascites in cirrhosis. Liver Int. 2012; 32: 223–230.
[77] Bruns T, Reuken PA, Fischer J, et al. Further evidence for the relevance of TLR2 gene variants in spontaneous bacterial peritonitis. J. Hepatol. 2012; 56: 1207–1208.
[78] Cario E. Bacterial interactions with cells of the intestinal mucosa: Toll-like receptors and NOD2. Gut. 2005; 54: 1182–1193.
[79] Zhang Y-Z, Li Y-Y. Inflammatory bowel disease: pathogenesis. World J. Gastroenterol. 2014; 20: 91–99.
[80] Sánchez de Medina F, Romero-Calvo I, Mascaraque C, et al. Intestinal inflammation and mucosal barrier function. Inflamm. Bowel Dis. 2014; 20: 2394–2404.
[81] McGuckin MA, Eri R, Simms LA, et al. Intestinal barrier dysfunction in inflammatory bowel diseases. Inflamm. Bowel Dis. 2009; 15: 100–113.
[82] Garcia-Tsao G, Lee FY, Barden GE, et al. Bacterial translocation to mesenteric lymph nodes is increased in cirrhotic rats with ascites. Gastroenterology. 1995; 108: 1835–1841.
[83] Miura K, Ohnishi H. Role of gut microbiota and Toll-like receptors in nonalcoholic fatty liver disease. World J. Gastroenterol. 2014; 20: 7381–7391.
[84] Marchiando AM, Graham WV, Turner JR. Epithelial barriers in homeostasis and disease. Annu Rev Pathol. 2010; 5: 119–144.
[85] Koop DR, Klopfenstein B, Iimuro Y, et al. Gadolinium chloride blocks alcohol-dependent liver toxicity in rats treated chronically with intragastric alcohol despite the induction of CYP2E1. Mol. Pharmacol. 1997; 51: 944–950.
[86] Adachi Y, Moore LE, Bradford BU, et al. Antibiotics prevent liver injury in rats following long-term exposure to ethanol. Gastroenterology. 1995; 108: 218–224.
[87] Tsochatzis EA, Bosch J, Burroughs AK. New therapeutic paradigm for patients with cirrhosis. Hepatology. 2012; 56: 1983–1992.
[88] Leber B, Spindelboeck W, Stadlbauer V. Infectious complications of acute and chronic liver disease. Semin Respir Crit Care Med. 2012; 33: 80–95.
[89] Madrid AM, Hurtado C, Venegas M, et al. Long-Term treatment with cisapride and antibiotics in liver cirrhosis: effect on small intestinal motility, bacterial overgrowth, and liver function. Am. J. Gastroenterol. 2001; 96: 1251–1255.
[90] Minemura M, Shimizu Y. Gut microbiota and liver diseases. World J. Gastroenterol. 2015; 21: 1691–1702.

[91] Mutlu EA, Gillevet PM, Rangwala H, et al. Colonic microbiome is altered in alcoholism. Am. J. Physiol. Gastrointest. Liver Physiol. 2012; 302: G966–978.
[92] Chen Y, Yang F, Lu H, et al. Characterization of fecal microbial communities in patients with liver cirrhosis. Hepatology. 2011; 54: 562–572.
[93] Bajaj JS, Hylemon PB, Ridlon JM, et al. Colonic mucosal microbiome differs from stool microbiome in cirrhosis and hepatic encephalopathy and is linked to cognition and inflammation. Am. J. Physiol. Gastrointest. Liver Physiol. 2012; 303: G675–685.
[94] Taylor CT, Dzus AL, Colgan SP. Autocrine regulation of epithelial permeability by hypoxia: role for polarized release of tumor necrosis factor alpha. Gastroenterology. 1998; 114: 657–668.
[95] Genescà J, Martí R, Rojo F, et al. Increased tumour necrosis factor alpha production in mesenteric lymph nodes of cirrhotic patients with ascites. Gut. 2003; 52: 1054–1059.
[96] Muñoz L, Albillos A, Nieto M, et al. Mesenteric Th1 polarization and monocyte TNF-alpha production: first steps to systemic inflammation in rats with cirrhosis. Hepatology. 2005; 42: 411–419.
[97] Gäbele E, Mühlbauer M, Paulo H, et al. Analysis of monocyte chemotactic protein-1 gene polymorphism in patients with spontaneous bacterial peritonitis. World J. Gastroenterol. 2009; 15: 5558–5562.
[98] Suzuki T, Yoshinaga N, Tanabe S. Interleukin-6 (IL-6) regulates claudin-2 expression and tight junction permeability in intestinal epithelium. J. Biol. Chem. 2011; 286: 31263–31271.
[99] Clark E, Hoare C, Tanianis-Hughes J, et al. Interferon gamma induces translocation of commensal Escherichia coli across gut epithelial cells via a lipid raft-mediated process. Gastroenterology. 2005; 128: 1258–1267.
[100] Jalan R, Fernandez J, Wiest R, et al. Bacterial infections in cirrhosis: a position statement based on the EASL Special Conference 2013. J. Hepatol. 2014; 60: 1310–1324.
[101] Fernández J, Gustot T. Management of bacterial infections in cirrhosis. J. Hepatol. 2012; 56(1): S1–12.
[102] Gustot T, Durand F, Lebrec D, et al. Severe sepsis in cirrhosis. Hepatology. 2009; 50: 2022–2033.
[103] Fernández J, Acevedo J, Castro M, et al. Prevalence and risk factors of infections by multiresistant bacteria in cirrhosis: A prospective study. Hepatology. 2012; 55: 1551–1561.
[104] Lutz P, Nischalke HD, Strassburg CP, et al. Spontaneous bacterial peritonitis: The clinical challenge of a leaky gut and a cirrhotic liver. World J Hepatol. 2015; 7: 304–314.
[105] Wiest R, Krag A, Gerbes A. Spontaneous bacterial peritonitis: recent guidelines and beyond. Gut. 2012; 61: 297–310.
[106] European Association for the Study of the Liver. EASL clinical practice guidelines on the management of ascites, spontaneous bacterial peritonitis, and hepatorenal syndrome in cirrhosis. J. Hepatol. 2010; 53: 397–417.
[107] El-Naggar MM, Khalil E-SA-M, El-Daker MAM, et al. Bacterial DNA and its consequences in patients with cirrhosis and culture-negative, non-neutrocytic ascites. J. Med. Microbiol. 2008; 57: 1533–1538.
[108] Bruns T, Zimmermann HW, Stallmach A. Risk factors and outcome of bacterial infections in cirrhosis. World J. Gastroenterol. 2014; 20: 2542–2554.
[109] Chang CS, Yang SS, Kao CH, et al. Small intestinal bacterial overgrowth versus antimicrobial capacity in patients with spontaneous bacterial peritonitis. Scand. J. Gastroenterol. 2001; 36: 92–96.
[110] Malik R, Mookerjee RP, Jalan R. Infection and inflammation in liver failure: two sides of the same coin. J. Hepatol. 2009; 51: 426–429.
[111] Wasmuth HE, Kunz D, Yagmur E, et al. Patients with acute on chronic liver failure display 'sepsis-like' immune paralysis. J. Hepatol. 2005; 42: 195–201.

[112] Albillos A, Lario M, Álvarez-Mon M. Cirrhosis-associated immune dysfunction: distinctive features and clinical relevance. J. Hepatol. 2014; 61: 1385–1396.
[113] Verbeke L, Nevens F, Laleman W. Bench-to-beside review: acute-on-chronic liver failure – linking the gut, liver and systemic circulation. Crit Care. 2011; 15: 233.
[114] Bernardi M, Moreau R, Angeli P, et al. Mechanisms of decompensation and organ failure in cirrhosis: From peripheral arterial vasodilation to systemic inflammation hypothesis. J Hepatol. 2015; 63: 1272–1284.
[115] Jain L, Sharma BC, Sharma P, et al. Serum endotoxin and inflammatory mediators in patients with cirrhosis and hepatic encephalopathy. Dig Liver Dis. 2012; 44: 1027–1031.
[116] Albillos A, de la Hera A, González M, et al. Increased lipopolysaccharide binding protein in cirrhotic patients with marked immune and hemodynamic derangement. Hepatology. 2003; 37: 208–217.
[117] Reiberger T, Ferlitsch A, Payer BA, et al. Non-selective betablocker therapy decreases intestinal permeability and serum levels of LBP and IL-6 in patients with cirrhosis. J. Hepatol. 2012;
[118] Fukui H, Matsumoto M, Tsujita S, et al. Plasma endotoxin concentration and endotoxin binding capacity of plasma acute phase proteins in cirrhotics with variceal bleeding: an analysis by new methods. J. Gastroenterol. Hepatol. 1994; 9: 582–586.
[119] Wieland A, Frank DN, Harnke B, et al. Systematic review: microbial dysbiosis and nonalcoholic fatty liver disease. Aliment. Pharmacol. Ther. 2015;
[120] Machado MV, Cortez-Pinto H. Gut microbiota and nonalcoholic fatty liver disease. Ann Hepatol. 2012; 11: 440–449.
[121] Roeb E, Steffen HM, Bantel H, et al. [S2k Guideline non-alcoholic fatty liver disease]. Z Gastroenterol. 2015; 53: 668–723.
[122] Younossi ZM, Stepanova M, Afendy M, et al. Changes in the prevalence of the most common causes of chronic liver diseases in the USA from 1988 to 2008. Clin. Gastroenterol. Hepatol. 2011; 9: 524–530.e1; quiz e60.
[123] Boursier J, Mueller O, Barret M, et al. The severity of nonalcoholic fatty liver disease is associated with gut dysbiosis and shift in the metabolic function of the gut microbiota. Hepatology. 2016; 63: 764–775.
[124] Mouzaki M, Comelli EM, Arendt BM, et al. Intestinal microbiota in patients with nonalcoholic fatty liver disease. Hepatology. 2013; 58: 120–127.
[125] Zhu L, Baker SS, Gill C, et al. Characterization of gut microbiomes in nonalcoholic steatohepatitis (NASH) patients: a connection between endogenous alcohol and NASH. Hepatology. 2013; 57: 601–609.
[126] Malaguarnera M, Vacante M, Antic T, et al. Bifidobacterium longum with fructo-oligosaccharides in patients with non alcoholic steatohepatitis. Dig. Dis. Sci. 2012; 57: 545–553.
[127] Dapito DH, Mencin A, Gwak G-Y, et al. Promotion of hepatocellular carcinoma by the intestinal microbiota and TLR4. Cancer Cell. 2012; 21: 504–516.
[128] Le Roy T, Llopis M, Lepage P, et al. Intestinal microbiota determines development of non-alcoholic fatty liver disease in mice. Gut. 2013; 62: 1787–1794.
[129] Newgard CB. Interplay between lipids and branched-chain amino acids in development of insulin resistance. Cell Metab. 2012; 15: 606–614.
[130] den Besten G, van Eunen K, Groen AK, et al. The role of short-chain fatty acids in the interplay between diet, gut microbiota, and host energy metabolism. J. Lipid Res. 2013; 54: 2325–2340.
[131] Puertollano E, Kolida S, Yaqoob P. Biological significance of short-chain fatty acid metabolism by the intestinal microbiome. Curr Opin Clin Nutr Metab Care. 2014; 17: 139–144.
[132] Boursier J, Diehl AM. Implication of gut microbiota in nonalcoholic fatty liver disease. PLoS Pathog. 2015; 11: e1004559.

[133] Ruiz AG, Casafont F, Crespo J, et al. Lipopolysaccharide-binding protein plasma levels and liver TNF-alpha gene expression in obese patients: evidence for the potential role of endotoxin in the pathogenesis of non-alcoholic steatohepatitis. Obes Surg. 2007; 17: 1374–1380.
[134] Alisi A, Manco M, Devito R, et al. Endotoxin and plasminogen activator inhibitor-1 serum levels associated with nonalcoholic steatohepatitis in children. J. Pediatr. Gastroenterol. Nutr. 2010; 50: 645–649.
[135] Yuan J, Baker SS, Liu W, et al. Endotoxemia unrequired in the pathogenesis of pediatric nonalcoholic steatohepatitis. J. Gastroenterol. Hepatol. 2014; 29: 1292–1298.
[136] De Minicis S, Rychlicki C, Agostinelli L, et al. Dysbiosis contributes to fibrogenesis in the course of chronic liver injury in mice. Hepatology. 2014; 59: 1738–1749.
[137] Petrasek J, Csak T, Szabo G. Toll-like receptors in liver disease. Adv Clin Chem. 2013; 59: 155–201.
[138] Liu C, Chen X, Yang L, et al. Transcriptional repression of the transforming growth factor β (TGF-β) Pseudoreceptor BMP and activin membrane-bound inhibitor (BAMBI) by Nuclear Factor κB (NF-κB) p50 enhances TGF-β signaling in hepatic stellate cells. J. Biol. Chem. 2014; 289: 7082–7091.
[139] Guo J, Loke J, Zheng F, et al. Functional linkage of cirrhosis-predictive single nucleotide polymorphisms of Toll-like receptor 4 to hepatic stellate cell responses. Hepatology. 2009; 49: 960–968.
[140] Cohen JI, Roychowdhury S, McMullen MR, et al. Complement and alcoholic liver disease: role of C1q in the pathogenesis of ethanol-induced liver injury in mice. Gastroenterology. 2010; 139: 664–674, 674.e1.
[141] Bykov I, Junnikkala S, Pekna M, et al. Complement C3 contributes to ethanol-induced liver steatosis in mice. Ann. Med. 2006; 38: 280–286.
[142] Pritchard MT, McMullen MR, Stavitsky AB, et al. Differential contributions of C3, C5, and decay-accelerating factor to ethanol-induced fatty liver in mice. Gastroenterology. 2007; 132: 1117–1126.
[143] McNelis JC, Olefsky JM. Macrophages, immunity, and metabolic disease. Immunity. 2014; 41: 36–48.
[144] Wan J, Benkdane M, Teixeira-Clerc F, et al. M2 Kupffer cells promote M1 Kupffer cell apoptosis: a protective mechanism against alcoholic and nonalcoholic fatty liver disease. Hepatology. 2014; 59: 130–142.
[145] Leroux A, Ferrere G, Godie V, et al. Toxic lipids stored by Kupffer cells correlates with their pro-inflammatory phenotype at an early stage of steatohepatitis. J. Hepatol. 2012; 57: 141–149.
[146] Csak T, Pillai A, Ganz M, et al. Both bone marrow-derived and non-bone marrow-derived cells contribute to AIM2 and NLRP3 inflammasome activation in a MyD88-dependent manner in dietary steatohepatitis. Liver Int. 2014; 34: 1402–1413.
[147] Tang Y, Bian Z, Zhao L, et al. Interleukin-17 exacerbates hepatic steatosis and inflammation in non-alcoholic fatty liver disease. Clin. Exp. Immunol. 2011; 166: 281–290.
[148] Heymann F, Tacke F. Immunology in the liver – from homeostasis to disease. Nat Rev Gastroenterol Hepatol. 2016; 13: 88–110.
[149] Cho I, Blaser MJ. The Human Microbiome: at the interface of health and disease. Nat Rev Genet. 2012; 13: 260–270.
[150] Garcia-Tsao G, Wiest R. Gut microflora in the pathogenesis of the complications of cirrhosis. Best Pract Res Clin Gastroenterol. 2004; 18: 353–372.
[151] Wang Y, Tong J, Chang B, et al. Effects of alcohol on intestinal epithelial barrier permeability and expression of tight junction-associated proteins. Mol Med Rep. 2014; 9: 2352–2356.

[152] Dunagan M, Chaudhry K, Samak G, et al. Acetaldehyde disrupts tight junctions in Caco-2 cell monolayers by a protein phosphatase 2A-dependent mechanism. Am. J. Physiol. Gastrointest. Liver Physiol. 2012; 303: G1356–1364.
[153] Bull-Otterson L, Feng W, Kirpich I, et al. Metagenomic Analyses of Alcohol Induced Pathogenic Alterations in the Intestinal Microbiome and the Effect of Lactobacillus rhamnosus GG Treatment. PLoS One [Internet]. 2013 [cited 2016 Mar 17]; 8. Available from: http://www.ncbi.nlm.nih.gov/pmc/articles/PMC3541399/
[154] Mukhopadhya I, Hansen R, El-Omar EM, et al. IBD-what role do Proteobacteria play? Nat Rev Gastroenterol Hepatol. 2012; 9: 219–230.
[155] Wiest R, Lawson M, Geuking M. Pathological bacterial translocation in liver cirrhosis. Journal of Hepatology. 2014; 60: 197–209.
[156] Tuomisto S, Pessi T, Collin P, et al. Changes in gut bacterial populations and their translocation into liver and ascites in alcoholic liver cirrhotics. BMC Gastroenterol. 2014; 14: 40.
[157] Hagel S, Bruns T, Herrmann A, et al. Abnormal glucose tolerance: a predictor of 30-day mortality in patients with decompensated liver cirrhosis. Z Gastroenterol. 2011; 49: 331–334.
[158] Uesugi T, Froh M, Arteel GE, et al. Toll-like receptor 4 is involved in the mechanism of early alcohol-induced liver injury in mice. Hepatology. 2001; 34: 101–108.
[159] Canesso M, Lacerda N, Ferreira C, et al. Comparing the effects of acute alcohol consumption in germ-free and conventional mice: the role of the gut microbiota. BMC Microbiology. 2014; 14: 240.
[160] Sibley D, Jerrells TR. Alcohol consumption by C57BL/6 mice is associated with depletion of lymphoid cells from the gut-associated lymphoid tissues and altered resistance to oral infections with Salmonella typhimurium. J. Infect. Dis. 2000; 182: 482–489.
[161] Vassallo G, Mirijello A, Ferrulli A, et al. Review article: Alcohol and gut microbiota - the possible role of gut microbiota modulation in the treatment of alcoholic liver disease. Aliment. Pharmacol. Ther. 2015; 41: 917–927.
[162] Lleo A, Bowlus CL, Yang G-X, et al. Biliary apotopes and anti-mitochondrial antibodies activate innate immune responses in primary biliary cirrhosis. Hepatology. 2010; 52: 987–998.
[163] Liaskou E, Jeffery LE, Trivedi PJ, et al. Loss of CD28 expression by liver-infiltrating T cells contributes to pathogenesis of primary sclerosing cholangitis. Gastroenterology. 2014; 147: 221–232.e7.
[164] Trivedi PJ, Hirschfield GM. The Immunogenetics of Autoimmune Cholestasis. Clin Liver Dis. 2016; 20: 15–31.
[165] Lichtman SN, Wang J, Clark RL. A microcholangiographic study of liver disease models in rats. Acad Radiol. 1995; 2: 515–521.
[166] Lichtman SN, Keku J, Clark RL, et al. Biliary tract disease in rats with experimental small bowel bacterial overgrowth. Hepatology. 1991; 13: 766–772.
[167] Tabibian JH, Weeding E, Jorgensen RA, et al. Randomised clinical trial: vancomycin or metronidazole in patients with primary sclerosing cholangitis – a pilot study. Aliment. Pharmacol. Ther. 2013; 37: 604–612.
[168] Katt J, Schwinge D, Schoknecht T, et al. Increased T helper type 17 response to pathogen stimulation in patients with primary sclerosing cholangitis. Hepatology. 2013; 58: 1084–1093.
[169] Mueller T, Beutler C, Picó AH, et al. Enhanced innate immune responsiveness and intolerance to intestinal endotoxins in human biliary epithelial cells contributes to chronic cholangitis. Liver Int. 2011; 31: 1574–1588.
[170] Terjung B, Söhne J, Lechtenberg B, et al. p-ANCAs in autoimmune liver disorders recognise human beta-tubulin isotype 5 and cross-react with microbial protein FtsZ. Gut. 2010; 59: 808–816.

[171] Folseraas T, Melum E, Rausch P, et al. Extended analysis of a genome-wide association study in primary sclerosing cholangitis detects multiple novel risk loci. J. Hepatol. 2012; 57: 366–375.
[172] Rupp C, Friedrich K, Folseraas T, et al. Fut2 genotype is a risk factor for dominant stenosis and biliary candida infections in primary sclerosing cholangitis. Aliment. Pharmacol. Ther. 2014; 39: 873–882.
[173] Kummen M, Holm K, Anmarkrud JA, et al. The gut microbial profile in patients with primary sclerosing cholangitis is distinct from patients with ulcerative colitis without biliary disease and healthy controls. Gut. 2016.
[174] Rossen NG, Fuentes S, Boonstra K, et al. The mucosa-associated microbiota of PSC patients is characterized by low diversity and low abundance of uncultured Clostridiales II. J Crohns Colitis. 2015; 9: 342–348.
[175] Torres J, Bao X, Goel A, et al. The features of mucosa-associated microbiota in primary sclerosing cholangitis. Aliment. Pharmacol. Ther. 2016; 43: 790–801.
[176] Tabibian JH, O'Hara SP, Trussoni CE, et al. Absence of the intestinal microbiota exacerbates hepatobiliary disease in a murine model of primary sclerosing cholangitis. Hepatology. 2016; 63: 185–196.
[177] Reiberger T, Ferlitsch A, Payer BA, et al. Non-selective betablocker therapy decreases intestinal permeability and serum levels of LBP and IL-6 in patients with cirrhosis. J. Hepatol. 2013; 58: 911–921.
[178] Vogt A, Reuken PA, Stengel S, et al. Dual-sugar tests of small intestinal permeability are poor predictors of bacterial infections and mortality in cirrhosis: A prospective study. World Journal of Gastroenterology. 2016; 22: 3275–84.
[179] Du Plessis J, Vanheel H, Janssen CEI, et al. Activated intestinal macrophages in patients with cirrhosis release NO and IL-6 that may disrupt intestinal barrier function. J. Hepatol. 2013; 58: 1125–1132.
[180] Teltschik Z, Wiest R, Beisner J, et al. Intestinal bacterial translocation in rats with cirrhosis is related to compromised Paneth cell antimicrobial host defense. Hepatology. 2012; 55: 1154–1163.
[181] Mehta G, Gustot T, Mookerjee RP, et al. Inflammation and portal hypertension – The undiscovered country. Journal of Hepatology. 2014; 61: 155–163.
[182] Bruns T, Reuken PA, Stengel S, et al. The Prognostic Significance Of Bacterial DNA In Patients With Decompensated Cirrhosis and Suspected Infection. Liver Int. 2016.
[183] Salzman NH. Paneth cell defensins and the regulation of the microbiome. Gut Microbes. 2010; 1: 401–406.
[184] Knights D, Silverberg MS, Weersma RK, et al. Complex host genetics influence the microbiome in inflammatory bowel disease. Genome Med. 2014; 6: 107.
[185] Bajaj JS, Cox IJ, Betrapally NS, et al. Systems biology analysis of omeprazole therapy in cirrhosis demonstrates significant shifts in gut microbiota composition and function. Am. J. Physiol. Gastrointest. Liver Physiol. 2014; 307: G951–957.
[186] Bajaj JS, Betrapally NS, Gillevet PM. Decompensated cirrhosis and microbiome interpretation. Nature. 2015; 525: E1–2.
[187] Bajaj JS, Heuman DM, Hylemon PB, et al. Altered profile of human gut microbiome is associated with cirrhosis and its complications. J. Hepatol. 2014; 60: 940–947.
[188] Lu H, Wu Z, Xu W, et al. Intestinal microbiota was assessed in cirrhotic patients with hepatitis B virus infection. Intestinal microbiota of HBV cirrhotic patients. Microb. Ecol. 2011; 61: 693–703.

[189] Reuken PA, Pletz MW, Baier M, et al. Emergence of spontaneous bacterial peritonitis due to enterococci - risk factors and outcome in a 12-year retrospective study. Aliment. Pharmacol. Ther. 2012; 35: 1199–1208.
[190] Wei X, Yan X, Zou D, et al. Abnormal fecal microbiota community and functions in patients with hepatitis B liver cirrhosis as revealed by a metagenomic approach. BMC Gastroenterol. 2013; 13: 175.
[191] Bajaj JS. The role of microbiota in hepatic encephalopathy. Gut Microbes. 2014; 5: 397–403.
[192] Häussinger D, Schliess F. Pathogenetic mechanisms of hepatic encephalopathy. Gut. 2008; 57: 1156–1165.
[193] Shen T-CD, Albenberg L, Bittinger K, et al. Engineering the gut microbiota to treat hyperammonemia. J. Clin. Invest. 2015; 125: 2841–2850.
[194] Bajaj JS, Heuman DM, Sanyal AJ, et al. Modulation of the Metabiome by Rifaximin in Patients with Cirrhosis and Minimal Hepatic Encephalopathy. PLOS ONE. 2013; 8: e60042.
[195] Kakiyama G, Pandak WM, Gillevet PM, et al. Modulation of the fecal bile acid profile by gut microbiota in cirrhosis. J. Hepatol. 2013; 58: 949–955.
[196] Kakiyama G, Hylemon PB, Zhou H, et al. Colonic inflammation and secondary bile acids in alcoholic cirrhosis. Am. J. Physiol. Gastrointest. Liver Physiol. 2014; 306: G929–937.
[197] Úbeda M, Lario M, Muñoz L, et al. Obeticholic acid reduces bacterial translocation and inhibits intestinal inflammation in cirrhotic rats. J. Hepatol. 2015; in press.
[198] Verbeke L, Farre R, Trebicka J, et al. Obeticholic acid, a farnesoid X receptor agonist, improves portal hypertension by two distinct pathways in cirrhotic rats. Hepatology. 2014; 59: 2286–2298.

Christian Schulz und Peter Malfertheiner

9 *Helicobacter pylori* und andere Mikrobiota im Magen

9.1 Einleitung

Die Entdeckung von *Helicobacter pylori (H. pylori)* 1983 und das Verständnis seiner Bedeutung in der Entstehung gastro-duodenaler Erkrankungen führte zu einer Veränderung der bis dato traditionellen Einschätzung des Magens als säurebedingt steriles Organ. Die Fähigkeit, im sauren Milieu des Magens überleben zu können, weist *H. pylori* eine einzigartige Rolle unter den humanpathogenen Bakterien zu. Umfangreiche Studien zur Charakterisierung dieses Bakteriums und seiner Interaktion mit dem Wirt führten in den letzten drei Jahrzehnten zu einem stetig wachsenden Verständnis der Pathophysiologie der *H. pylori*-Infektion und ihrer assoziierten Erkrankungen.

Mit der Entwicklung kulturunabhängiger Nachweisverfahren wurde der Fokus in den letzten Jahren zunehmend auf die Bedeutung des transienten gastralen Mikrobioms gelenkt. Unterschiede in der Zusammensetzung der Bakterien-„Community“ unter säuresuppressiver Therapie und infolge der fortschreitenden Magenschleimhautatrophie mit verminderter Säuresekretion wurden ebenso beschrieben wie eine beschleunigte Entwicklung präkanzeröser Läsionen des Magens als Folge der *H. pylori*-Infektion in Anwesenheit intestinaler Bakterien im Mausmodell.

Dieses Kapitel soll einen Überblick hinsichtlich des derzeitigen Kenntnisstands über das Mikrobiom des Magens geben und offene Fragen zu diesem dynamischen Forschungsgebiet aufzeigen.

Erstmals wurde *H. pylori* durch Robin Warren und Barry Marshall 1983 beschrieben [1]. Allerdings gibt es in der Literatur schon seit 1893 an Hundemägen und seit 1906 auch in Proben aus humaner Magenschleimhaut lichtmikroskopische Evidenz für die Existenz spiralförmiger Bakterien im Magen [2, 3]. Die Pathogenität der *H. pylori* wurde exemplarisch durch die Heilung der Gastritis und der peptischen Ulkuskrankheit gezeigt. Den beiden Erstbeschreibern wurde 2005 aufgrund der Ursachenfindung und dadurch heilbar gewordenen peptischen Ulkuskrankheit der Nobelpreis für Physiologie und Medizin verliehen.

Initial wurde das Bakterium aufgrund der taxonomischen Zuordnung als *Campylobacter pylori* bezeichnet. Die endgültige und bis heute anhaltende Bezeichnung *H. pylori* wurde erst 1989 nach Ergänzung der Familie der *Helicobacteriaceae* um die Gattung Helicobacter eingeführt [4].

9.2 Mikrobiologische Charakterisierung von Helicobacter plyori

Die mikroaerophilen, gramnegativen und spiralförmigen ε-Proteobakterien besiedeln als einziges bekanntes Reservoir den humanen Magen. Zur Familie der *Helicobac-*

DOI 10.1515/9783110454352-009

teracea zählen insgesamt über 40 vorwiegend zoonotische Spezies. Neben *H. pylori* sind nur wenige Spezies mit humanpathogener Potenz beschrieben (u. a. *Helicobacter hepaticus, Helicobacter cinaedi, Helicobacter heilmannii* [5]). Erst das Zusammenspiel von Virulenzfaktoren des Bakteriums mit der wirtsspezifischen Prädisposition und Umweltfaktoren führt – häufig erst im fortgeschrittenen Lebensalter – zur Ausbildung unterschiedlicher Komplikationen. Verschiedene bakterielle Virulenzfaktoren von H. pylori stehen in engem Zusammenhang mit bestimmten Krankheitsmanifestationen (Tab. 9.1).

Tab. 9.1: Auswahl bakterieller Virulenzfaktoren von Helicobacter pylori.

Virulenz-faktor	Klasse	Assoziation mit	OR	Referenz
CagA	cytotoxin-associated gene	– Ulcus duodeni – Magenkarzinom	2,9–15	[6–10]
DupA	duodenal ulcer promoting gene	– Ulcus duodeni	3,1	[11]
VacA s1 m1	vacuolating cytotoxin A gene	– Progression prämaligner Veränderungen – Magenkarzinom	3,4 6,7–17	[9, 10, 12]
OipA	outer membrane proteine	– Ulcus duodeni – Magenkarzinom	4,0 4,8	[9, 13, 14]

Der bekannteste hierunter – CagA (cytotoxin-associated gene A) – kodiert für die cag-Pathogenitätsinsel (PAI) und wird mit Hilfe der serologischen Antikörpernachweise in 50–70 % der *H. pylori*-Stämme in der westlichen Welt nachgewiesen. CagA-positiven *H. pylori*-Stämmen werden eine stärkere Entzündung und ein deutlich erhöhtes Risiko zur Entwicklung von peptischen Ulzera und Karzinomen zugeschrieben. VacA wird als vakuolisierendes Zytotoxin von *H. pylori*-Stämmen produziert [6, 7]. Verschiedene Allelkombinationen unterscheiden sich in ihrer Affinität zu eukaryotischen Zellen und in ihrer Vakuolisierungsaktivität. Der Bestimmung der Virulenzfaktoren kommt trotz ihrer biologischen Relevanz in der klinischen Routine bislang kein Stellenwert zu.

Aus evolutionärer Sicht sind sechs Hauptpopulationen von *H. pylori* bekannt: HpEurope, HpAfrica1, HpAfrica2, HpNEAfrica, HpEastAsia und HpAsia2. Der vorwiegend in Europa nachgewiesene Stamm HpEurope gilt als Hybrid aus asiatischen und afrikanischen Stämmen. Analysen der H. pylori-DNA aus dem Magen der 5300 Jahre alten Mumie „Ötzi" aus den Tiroler Alpen wiesen ein Genom asiatischer Abstammung nach, wonach sich das Genom der heutigen europäischen *H. pylori*-Populationen erst zu einem späteren Zeitpunkt mit afrikanischen Stämmen vermischt hat.

Dies gibt einen starken Hinweis dafür, dass die Bevölkerung Mitteleuropas zur damaligen Zeit zunächst aus Asien eingewandert ist [15].

Der hervorstechende Selektionsvorteil von *H. pylori* besteht darin, im sauren Milieu des Magens überleben zu können. In vitro zeigt dieses neutrophile Bakterium ein

Wachstumsoptimum bei einem pH-Wert zwischen 6.0 und 8.0. In vivo kann *H. pylori* dieses lokale pH-Optimum durch die hohe zytoplasmatische Konzentration an Urease, einem Enzym, welches die hydrolytische Spaltung gastralen Harnstoffs in Ammoniak und Kohlenstoff katalysiert, regulieren [16]. Dies ist der bislang am besten dokumentierte Mechanismus, durch den das Bakterium über pH-abhängige UreI-Kanäle mit dem passiven Influx von Harnstoff auf pH-Schwankungen zwischen den Digestionsphasen reagiert [17].

9.3 Der Magen als ökologische Nische

Vereinfachend wird der Magen anatomisch in drei Regionen eingeteilt, anhand derer der mukosale Aufbau auch durch seine physiologische Spezialisierung definiert werden kann. Dies ist von Bedeutung, da sich so die Folgen von Infektionen und krankheits- oder medikamentös verursachten pathophysiologischen Veränderungen besser in den Kontext klinischer Manifestationen einordnen lassen (Abb. 9.1).

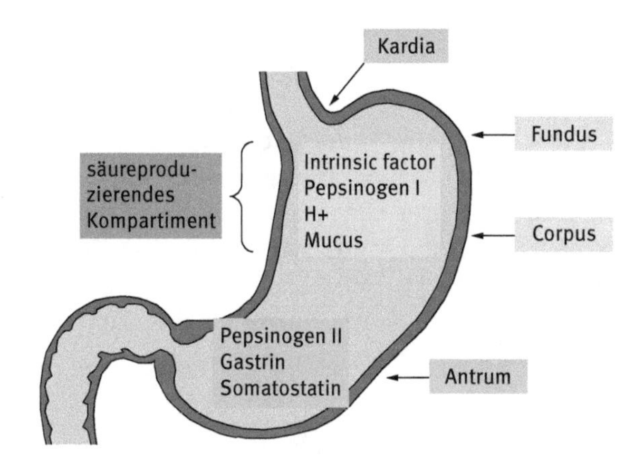

Abb. 9.1: Anatomie des Magens mit Zuordnung der regional sezernierten Substrate.

Am gastroösophagealen Übergang (Cardia) wird von dem Zylinderepithel des Magens vor allem alkalischer Mucus sezerniert. Die Region im Fundus und Corpus nimmt fast 80 % der Magenoberfläche ein und enthält die Glandulae gastricae propriae, die sich aus Nebenzellen (alkalischem Mukus), Parietalzellen (Säure, Intrinsic factor), enterochromaffinen Zellen (gastrale Hormone, u. a. Histamin) und Hauptzellen (proteolytischen Hormonen) zusammensetzen. Im distalen Abschnitt des Magens – dem Antrum – ist neben der alkalischen Schleimbildung insbesondere die Produktion von Gastrin in G-Zellen und von Somatostatin in D-Zellen von Bedeutung [18].

Die zwei Hauptfunktionen des hormonell und über Dehnungsrezeptoren physikalisch fein austarierten Magenmilieus unterteilen sich in (a) die Sekretion proteolytischer Enzyme und alkalischen Mukus zur Aufrechterhaltung der Fähigkeit einer Proteindenaturierung und zum Schutz der Mukosa vor (b) der Säureproduktion zur Gewährleistung eines physiologischen luminalen pH-Wertes von 1–2. Evolutionär wird diese säurebedingte Barriere als Schutz vor bakterieller Kolonisation und zur Digestion i. S. einer Hydrolyse von Nahrungseiweißen gewertet. Der alkalische Mukus ist ein effektiver Schutz der Magenmukosa vor der Säure, die zwei Schichten dieses Mukus gewährleisten einen pH-Gradienten zwischen 1–2 luminal und 6–7 an der apikalen Oberfläche der Mukosa. Der Mukus enthält zudem verschiedene antimikrobiell wirkende Mucine (MUC1, MUC5AC, MUC5AB, MUC6) [19, 20]. Ein weitgehender Verlust von Parietalzellen (wie typischerweise bei einer autoimmunen Gastritis oder infolge einer atrophischen Gastritis bei *H. pylori*-Infektion führt zu einer Abnahme der Säuresekretion bis hin zur Achlorhydrie. Auch pharmakologisch wird durch Protonenpumpen-Inhibition eine Hypochlorhydrie (pH 4–7) induziert [21]. Dies zieht eine Besiedlung des Magens durch physiologisch transiente Bakterien, insbesondere aus dem Mund-Rachen-Raum, nach sich.

9.4 Helicobacter pylori als obligat humanpathogener Keim

H. pylori kann als das verbreiteteste humanpathogene Bakterium der Welt angesehen werden. Mit einer globalen Prävalenz von bis zu 50 % mit starker regionaler Variabilität hat dieser Keim eine große gesundheits-ökonomische Bedeutung. Prävalenzstudien aus verschiedenen Regionen zeigen infolge der verbesserten Eradikationsstrategien einen anhaltenden Rückgang der Infektionsraten weltweit. Die niedrigsten Prävalenzraten wurden für Nordamerika und Australien erhoben, europäische Daten zeigen eine Prävalenz von 25–60 %. Die höchsten Infektionsraten sind in Südamerika und Teilen Asiens mit bis zu 80 % publiziert [22] (Tab. 9.2).

Tab. 9.2: Globale Anti-H. pylori-IgG und Anti-CagA- Seroprävalenz [31–46].

Region	% Seroprävalenz IgG *Helicobacter pylori*	% Seroprävalenz CagA *Helicobacter pylori*
Deutschland	42–52	28–60
Europa	32–79	77
Nordamerika	32–95	50–85
Südamerika	38–79	51–63
Russland	41–94	35–61
Asien	42–86	44–56
Naher Osten	47–68	58–73
Afrika	61–100	11–93

Eine Untersuchung der Seroprävalenz in einer mitteldeutschen Kohorte konnte eine kumulative Prävalenz von 44,4 % zeigen. Eine Stratifizierung nach Altersgruppen ergab einen signifikanten Prävalenzsprung zwischen der Kohorte 0–30 Lebensjahre und > 30 Jahre (17,6 % vs. 47,7 %) [23]. Als wahrscheinlichste Transmissionsrouten werden die oral-orale Übertragung neben der fäkal-oralen Übertragung angesehen [24, 25]. Die Übertragungswege differieren je nach Hygienestandards und kulturellen Angewohnheiten bei der Nahrungszubereitung in den Weltregionen. In Entwicklungsländern wurden einzelne Übertragungen über Nahrungsmittel und Trinkwasser dokumentiert [26]. Ebenso wenig sind Aussagen über eine genaue Inkubationszeit zwischen Ingestion des Bakteriums und dem Auftreten klinischer Symptome oder mukosaler Veränderungen zu treffen. Neuere publizierte Arbeiten berichteten nach Infektion gesunder Probanden mit 10^4–10^{10} cagA-negativen *H. pylori*-Stämmen ein Auftreten von Symptomen nach wenigen Tagen und entzündliche mukosale Veränderungen zwischen zwei und sechs Wochen nach der (akzidentellen) Infektion [27, 28]. Vorzugsweise die Mukosa des Antrums kolonisierend, lässt sich *H. pylori* innerhalb des Mukuslayers an der apikalen Seite der Mukosa nachweisen, wo es unter Ausnutzung des luminal-apikalen pH- Gradienten adhäriert. Elektronenmikroskopische Aufnahmen von Zellkulturen konnten auch interzelluläre Bakterien nach cagA-induzierter Auflösung der tight-junctions zeigen [29]. Zusätzlich wird *H. pylori* auch als fakultativ intrazelluläres Bakterium diskutiert, was modellhaft eine Erklärung für die lebenslange chronische Entzündung liefern könnte. Mit Zunahme des Lebensalters nimmt die Bakteriendichte im Corpus ventriculi zu, wohingegen die antrale Dichte abnimmt. Bei Infektionen mit mehreren verschiedenen Stämmen können ähnliche Konzentrationen in verschiedenen Lokalisationen nachgewiesen werden [30].

9.5 Klinische Bedeutung der Helicobacter pylori-Infektion

Die Infektion mit *H. pylori* führt immer zur Entwicklung einer chronischen aktiven Gastritis. Während > 80 % der Patienten asymptomatisch bleiben, entwickelt eine Subgruppe von Patienten klinische Symptome (Dyspepsie) oder Komplikationen der Infektion, das peptische Ulkus, das mukosa- assoziierte Lymphom des Magens (mucosa ascoiated lymphoid tissue, MALT) oder das Magenkarzinom (Abb. 9.2). Die Entwicklung des Magenkarzinoms vom intestinalen Typ lässt sich exemplarisch am Modell einer Kaskade der mukosalen Veränderungen von der chronischen Gastritis über die atrophische Gastritis, die intestinale Metaplasie, die Dysplasie bis zum Karzinom zeigen [47] (Abb. 9.3). Aufgrund der morphologischen Veränderungen der Schleimhaut mit dem Verlust säureproduzierender Parietalzellen kommt es zu einer Veränderung des normalen Magenmilieus und dem Anstieg des pH-Wertes. Infolgedessen werden bakterielle Übersiedlungen bei Patienten mit z. B. säuresuppressiver Therapie beschrieben. Die Bedeutung dieser Magenkeime und weiterer (intestinaler) Bakterien für die Karzinogenese wurde am Tiermodell demonstriert. Mägen keimfreier insulin- und gastrin-defizienter Mäuse wurden neben *H. pylori* mit einer definierten

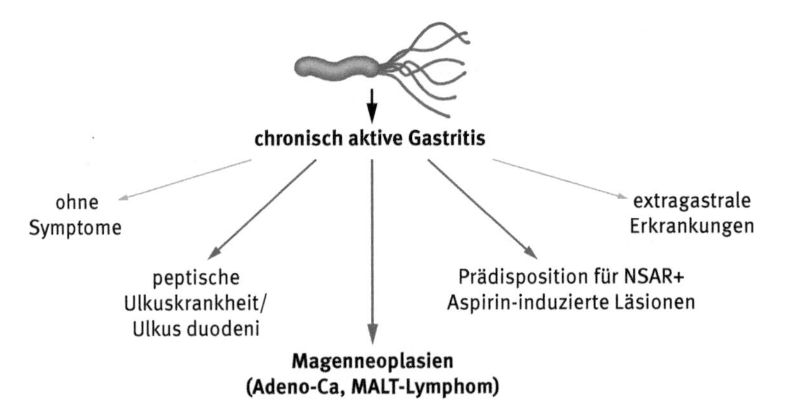

Abb. 9.2: Klinische Präsentationen einer *H. pylori*-Infektion. SAR: nichtsteroidale Antirheumatika, ASS: Azethylsalizylsäure.

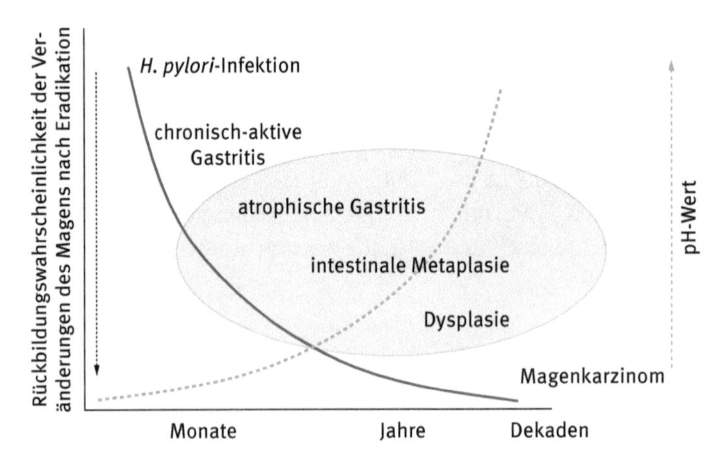

Abb. 9.3: Correa-Kaskade als Modell der mukosalen Progression einer *H. pylori*-Infektion (mod. nach N Wright, 1998).

Flora (Altered Schaedler Flora) oder intestineller bakterieller Flora kolonisiert und eine Beschleunigung der Entwicklung präkanzeröser Läsionen demonstriert [48].

Neben der Schädigung der Magenschleimhaut und ihrer Erkrankungen sind auch Assoziationen der *H. pylori*-Infektion mit extragastralen Erkrankungen belegt. Die Eisenmangelanämie (nach Ausschluss anderer Ursachen) und die Immunthrombozytopenie gehören dazu – der klinische Beleg wurde durch Heilung dieser Erkrankungen mithilfe einer Eradikationstherapie geliefert. Verringerte Medikamentenresorptionen einzelner Wirkstoffe wie Thyroxin und L-Dopa können nach erfolgter Eradikation normalisiert werden. Andere extragastrale Erkrankungen wie Adipositas, eine atopische Diathese oder die Refluxerkrankung und eine Assoziation zu einer *H. pylori*-Infektion werden unverändert kontrovers diskutiert [49].

Zur Diagnostik stehen neben dem invasiven Nachweis durch eine Magenspiegelung mit Probenentnahme und histopathologischer Begutachtung oder dem Nachweis der bakteriellen Urease im Urease- Schnelltest an Magenbiopsien nichtinvasive Nachweisverfahren wie der serologische Nachweis von IgG zur Erstdiagnose, der Nachweis von *H. pylori*-Antigen im Stuhl und der ^{13}C-Harnstoff-Atemtest zur Verfügung. Die Eradikationstherapie wird in Abhängigkeit der lokalen Resistenzlage mit Amoxicillin und Clarithromycin sowie Protonenpumpen-Inhibitoren in doppelter Standarddosierung durchgeführt. Aufgrund zunehmender Clarithromycinresistenzen wird bei einer lokalen Rate $>15\,\%$ die Durchführung einer bismutbasierten Eradikationstherapie mit Bismut, Tetrazyclin, Metronidazol und Protonenpumpen-Inhibitoren empfohlen [49, 50]. Vier Wochen nach Abschluss der Therapie ist eine nichtinvasive Eradikationskontrolle (^{13}C-Harnstoff-Atemtest oder Stuhlantigen-Test) obligat.

9.6 Andere Bakterien als Helicobacter pylori

Das physiologische Milieu des Magens ist nicht geeignet, anderen Bakterien als *H. pylori* das Überleben zu ermöglichen. Bis heute besteht keine Evidenz für die *Adhäsion* oder *Invasion* anderer Bakterien als bei den der Familie der *Helicobacteracae* zuzuordnenden Spezies. Dennoch ist die *Existenz* anderer Bakterien im Magen schon seit längerer Zeit beschrieben. Historisch wurden der Nachweis und die Identifikation von Bakterien ausschließlich mikroskopisch und kulturell erbracht. Heute erlaubt die flächendeckend verfügbare Anwendung molekularbiologischer Nachweisverfahren auch den Nachweis vorwiegend anaerober intestinaler Bakterien. 70 % der auf diesem Wege identifizierten Keime sind aufgrund ihrer eingeschränkten Kultivierbarkeit bislang nicht detailiert charakterisiert [30]. Alle zum aktuellen Zeitpunkt vorliegenden Arbeiten eint eine ausgesprochene Heterogenität hinsichtlich der untersuchten Materialien, der Charakterisierung des gastralen Milieus und der verwendeten Nachweisverfahren. Wurden anfänglich vor allem Aspirate aus dem Magen kulturell untersucht, konnte im Verlauf das gastrale Mikrobiom durch Sequenzierung der 16sDNA charakterisiert werden. Andere bereits wieder verlassene molekularbiologische Nachweisverfahren wie MALDI-TOF, Microarray-Technologien und die Temperatur-Gradienten-Elektrophorese wurden nur in einer sehr kleinen Anzahl von Publikationen angewendet.

Der Nachweis ribosomaler DNA von *Steptococcus sp.*, *Enterococcus sp.*, *Staphylococcus sp.* und *Prevotella sp.* ließ schon früh eine Beeinflussung des gastralen Mikrobioms durch das Mikrobiom der Mundhöhle und der Atemwege vermuten. Jüngere Arbeiten zeigten überlappende bakterielle Profile in bronchoalveolären Lavagen, Abstrichen aus Mund- und Nasenhöhle und Aspiraten des Magens, was einen dominierenden Einfluss der transienten Flora auf die Zusammensetzung des gastralen Mikrobioms suggeriert [51–53].

9.7 Einfluss des gastralen Milieus auf die Zusammensetzung der bakteriellen Community

Der physiologische pH-Wert im Magen wird durch verschiedene Faktoren beeinflusst und stellt den entscheidenden Regulationsfaktor für die Keimbesiedlung dar. Neben Folgen einer Infektion mit *H. pylori* zählen hierzu medikamentöse Einflüsse, insbesondere durch eine Protonenpumpen-Inhibitoren-Therapie (PPI), hormonelle und postoperative Veränderungen.

Interventionelle Studien, die die quantitativen und qualitativen Veränderungen der gastralen Bakterien untersucht haben, konnten eine Zunahme sowohl der koloniebildenden Einheiten als auch der Diversität der nachgewiesenen Spezies nach 14-tägiger Therapie mit einem PPI zeigen. Eine Übersicht über die derzeit bekannten Veränderungen des gastralen Mikrobioms in Abhängigkeit des pH-Wertes gibt Abb. 9.4 [21, 54].

Höhere bakterielle Diversität in Abwesenheit von *H. pylori*

Bei Infektion mit *H. pylori* ist dieser der Keim mit der höchsten Abundanz.

Neben *H. pylori, Enterococcus, Pseudomonas, Streptococcus, Staphylococcus* und *Stomatococcus* im Magen nachweisbar. Mehrheit der >1800 detektierten Sequenzen gehört zu Proteobacterien, Firmicuten, Actinobacterien, Bacteroideten und Fusobacterien.

physiologischer pH-Wert
+/− *H. pylori*

Abnahme der bakteriellen Diversität im Magen im Vergleich zwischen chronischer Gastritis → intestinaler Metaplasie → Magenkarzinom.

Sechs Taxae mit abnehmender Tendenz von der chronischen Gastritis zum Magenkarzinom (2 TM7, 2 *Porphyromonas* sp., *Neisseria* sp. and *Streptococcus sinensis*), zwei Taxae mit zunehmender Tendenz (*Lactobacillus coleohominis* und Lachnospiraceae).

Unter Verwendung kultureller Techniken vermehrter Nachweis von Bifidobakterien.

***H. pylori*-induzierte Hypochlorhydrie pH ↓↓**

Atrophie
intestinael Metaplasie
Magenkarzinom vom intestinalen Typ

Zunahme von Non-*H. pylori*-Bakterien unter Verwendung kultureller Verfahren.

Unter Verwendung kultureller Techniken vermehrter Nachweis von Bifidobakterien mit höherer Dichte im Vergleich zu Patienten mit atrophischer Gastritis.

säuresuppressive Therapie
Hypochlorhydrie pH ↓↓↓

PPI- Therapie
H_2RA- Therapie

Abb. 9.4: Unterschiede in der Zusammensetzung des gastralen Mikrobioms in Abhängigkeit von Umwelteinflüssen.

9.8 Literatur

[1] Warren JR, Marshall B. Unidentified curved bacilli on gastric epithelium in active chronic gastritis. Lancet. 1983; 1: 1273–1275.

[2] Bizzozero G. Sulle ghiandole tubulari del tubo gastroenterico e sui rapporti der loro coll'epiteliodi givestimento della mucosa. Arch Mikr Anat. 1893; 42: 82.

[3] Krienitz W. Über das Auftreten von Spirochäten verschiedener Form im Mageninhalt bei Carcinoma ventriculi. Dtsch Med Wochenschr. 1906; 32: 872.

[4] Campylobacter pylori becomes Helicobacter pylori. Lancet. 1989; 2: 1019–1020.

[5] Meïrd A, Peïreï-Veïdrenne C, Haesebrouck F, Flahou B. Gastric and enterohepatic helicobacters other than Helicobacter pylori. Helicobacter. 2014; 19(1): 59–67.

[6] Atherton JC, Cao P, Peek RM, Tummuru MK, Blaser MJ, Cover TL. Mosaicism in vacuolating cytotoxin alleles of Helicobacter pylori. Association of specific vacA types with cytotoxin production and peptic ulceration. The Journal of biological chemistry. 1995; 270(30): 17771–17777.

[7] Yamaoka Y, Kodama T, Gutierrez O, Kim JG, Kashima K, Graham DY. Relationship between Helicobacter pylori iceA, cagA, and vacA status and clinical outcome: studies in four different countries. Journal of clinical microbiology. 1999; 37(7): 2274–2279.

[8] Yamaoka Y, Souchek J, Odenbreit S, Haas R, Arnqvist A, Borén T, et al. Discrimination between cases of duodenal ulcer and gastritis on the basis of putative virulence factors of Helicobacter pylori. Journal of clinical microbiology. 2002; 40(6): 2244–2246.

[9] Yamaoka Y. Virulence factors of Helicobacter pylori: up-to-date]. Nihon Shokakibyo Gakkai zasshi = The Japanese journal of gastro-enterology. 2010; 107(8): 1262–1272.

[10] Gonzales CA, Fugueiredo C, et al. Helicobacter pylori cagA and vacA genotypes as predicotrs of progression of gastric preneoplastic lesions: a long term follow-up in a high-risk area in Spain. Am J Gastroenterol.2011; 106: 867–874.

[11] Lu H, Hsu PI, et al, Duodenal ulcer promoting gene of Helicobacter pylori. Gastroenterology. 2005; 128(4): 833–848.

[12] Figueiredo C, Machado JC, et al, Helicobacter pylori and interleukin 1 genotyping: an opportunity to identify high-risk individuals for gastric carcinoma. J Natl Cancer Inst. 2002; 94: 1680–1687.

[13] Yamaoka Y, Ojo O, Fujimoto S, Odenbreit S, Haas R, Gutierrez O, et al. Helicobacter pylori outer membrane proteins and gastroduodenal disease. Gut. 2006; 55(6): 775–781.

[14] Liu J, He C, Chen M, Wang Z, Xing C, Yuan Y. Association of presence/absence and on/off patterns of Helicobacter pylori oipA gene with peptic ulcer disease and gastric cancer risks: a meta-analysis. BMC infectious diseases. 2013; 13: 555.

[15] Maixner F, Krause-Kyora B, et al. The 5300-year-old Helicbacter pylori genome ot the Iceman. Science. 2016 Jan 8; 351(6269): 162–165.

[16] Bauerfeind P, Garner R, et al, Synthesis and activity of Helicobacter pylori ureasae and catalase at low pH. Gut. 1997 Jan; 40(1): 25–30.

[17] Scott DR, Marcus EA, et al, Mechanisms of acid resistance due to the urease system of Helicobacter pylori. Gastroenterology. 2007 Jul; 123(1): 187–195.

[18] Sheh A, Fox JG. The role of the gastrointestinal microbiome in Helicobacter pylori pathogenesis. Gut Microbes. 2013 Nov-Dec; 4(6): 505–531.

[19] Atuma C, Strugala V, et al. The adherent gastrointestinal mucus gel layer: thickness and physical state in vivo. Am J Physiol Gastrointest Liver Physiol. 2001 May; 280(5): G922–929.

[20] Kusters JG, van Vliet AH, et al. Pathogenesis of Helicobacter pylori infection. Clin Microbiol Rev. 2006 Jul; 19(3): 449–490.

[21] Sanduleanu S, Jonkers D, et al. Non-Helicobacter pylori bacterial flora during acid-suppressive therapy: differential findings in gastric juice and gastric mucosa. Aliment Pharmacol Ther. 2001. Mar; 15(3): 379–388.
[22] Goh K, Chan W, Shiota S, et al. Epidemiology of Helicobacter pylori infection and public health implications. Helicobacter. 2011; 16: 011–019.
[23] Wex T, Venerito M, Kreutzer J, et al. Serological prevalence of Helicobacter pylori infection in Saxony-Anhalt, Germany, in 2010. Clin Vaccine Immunol. 2011; 18: 2109–2112.
[24] Velázquez M, Feirtag JM. Helicobacter pylori: characteristics, pathogenicity, detection methods and mode of transmission impli- cating foods and water. Int J Food Microbiol. 1999; 53: 95–104.
[25] Vale FF, Vítor JM. Transmission pathway of Helicobacter pylori: does food play a role in rural and urban areas? Int J Food Microbiol. 2010; 138: 1–12.
[26] Moreno Y, Ferrús MA, Alonso JL, Jiménez A, Hernández J. Use of fluorescent in situ hybridization to evidence the presence of Heli- cobacter pylori in water. Water Res. 2003; 37: 2251–2256.
[27] Graham DY, Opekun AR, et al. Challenge model for Helicobacter pylori infection in human volunteers. Gut. 2004; 53: 1235–1243.
[28] Aebischer T, Bumann D, et al. Correlation of T cell response 25 and bacterial clearance in human volunteers challenged with Helicobacter pylori revealed by randomised controlled vaccination with Ty21a-based Salmonella vaccines. Gut. 2008; 57: 1065–1072.
[29] Bode G, Malfertheiner P, Ditschuneit H. Invasion of Campylobacter-like organisms in the duodenal mucosa in patients with active duodenal ulcer. Klin Wochenschr. 1987; 65: 144–146.
[30] Schulz C, Koch N, et al. H. pylori and its modulation of gastrointestinal microbiota. J Dig Dis. 2015 Mar; 16(3): 109–117.
[31] van Blankenstein M, van Vuuren, Anneke J, Looman, Caspar W N, et al. The prevalence of Helicobacter pylori infection in the Netherlands. Scand. J. Gastroenterol. 2013; 48(7): 794–800. doi:10.3109/00365521.2013.799221.
[32] Leja M, Cine E, Rudzite D, et al. Prevalence of Helicobacter pylori infection and atrophic gastritis in Latvia. Eur J Gastroenterol Hepatol. 2012; 24(12): 1410–1417. doi: 10.1097/MEG.0b013e3283583ca5.
[33] Apostolopoulos P, Vafiadis-Zouboulis I, Tzivras M, et al. Helicobacter pylori(H pylori) infection in Greece: the changing prevalence during a ten-year period and its antigenic profile. BMC Gastroenterol. 2002; 2: 11.
[34] Orsini B, Ciancio G, Surrenti E, et al. Serologic detection of CagA positive Helicobacter pylori infection in a northern Italian population: its association with peptic ulcer disease. Helicobacter. 1998; 3(1): 15–20.
[35] Everhart JE, Kruszon-Moran D, Perez-Perez GI, et al. Seroprevalence and ethnic differences in Helicobacter pylori infection among adults in the USA. J. Infect. Dis. 2000; 181(4): 1359–1363. doi: 10.1086/315384.
[36] Bernstein CN, McKeown I, Embil JM, et al. Seroprevalence of Helicobacter pylori, incidence of gastric cancer, and peptic ulcer-associated hospitalizations in a Canadian Indian population. Dig. Dis. Sci. 1999; 44(4): 668–674.
[37] Ribeiro RB, Martins HS, Dos Santos, Vera Aparecida, et al. Evaluation of Helicobacter pylory colonization by serologic test (IgG) and dyspepsia in volunteers from the countryside of Monte Negro, in the Brazilian western Amazon region. Rev. Inst. Med. Trop. Sao Paulo. 2010; 52(4): 203–206.
[38] Harris PR, Godoy A, Arenillas S, et al. CagA antibodies as a marker of virulence in chilean patients with Helicobacter pylori infection. J. Pediatr. Gastroenterol. Nutr. 2003; 37(5): 596–602.

[39] Svarval' AV, Ferman RS, Zhebrun AB. [Prevalence of Helicobater pylori infection among population of Northwestern federal district of Russian Federation]. Zh. Mikrobiol. Epidemiol. Immunobiol. 2011(4): 84–88.
[40] Tsukanov VV, Butorin NN, Maady AS, et al. Helicobacter pylori Infection, Intestinal Metaplasia, and Gastric Cancer Risk in Eastern Siberia. Helicobacter. 2011; 16(2): 107–112. doi: 10.1111/j.1523-5378.2011.00827.x.
[41] Zhang M, Zhou Y, Li X, et al. Seroepidemiology of Helicobacter pylori infection in elderly people in the Beijing region, China. World J. Gastroenterol. 2014; 20(13): 3635–3639. doi: 10.3748/wjg.v20.i13.3635.
[42] Gong YH, Sun LP, Jin SG, et al. Comparative study of serology and histology based detection of Helicobacter pylori infections: a large population-based study of 7,241 subjects from China. Eur. J. Clin. Microbiol. Infect. Dis. 2010; 29(7): 907–911. doi: 10.1007/s10096-010-0944-9.
[43] Jafarzadeh A, Rezayati M, Nemati M. Specific serum immunoglobulin G to H pylori and CagA in healthy children and adults (south-east of Iran). World J. Gastroenterol. 2007; 13(22): 3117–3121.
[44] Mansour KB, Keita A, Zribi M, et al. Seroprevalence of Helicobacter pylori among Tunisian blood donors (outpatients), symptomatic patients and control subjects. Gastroenterol. Clin. Biol. 2010; 34(1): 75–82. doi: 10.1016/j.gcb.2009.06.015.
[45] Campbell DI, Warren BF, Thomas JE, et al. The African enigma: low prevalence of gastric atrophy, high prevalence of chronic inflammation in West African adults and children. Helicobacter. 2001; 6(4): 263–267.
[46] Segal I, Ally R, Mitchell H. Helicobacter pylori–an African perspective. QJM. 2001; 94(10): 561–565.
[47] Correa P. A human model of gastric carcinogenesis. Cancer Res. 1988; 48: 3554–3560.
[48] Lertpiriyapong K, Whary MT, et al. Gastric colonisation with a restricted commensal microbiota replicates the promotion of neoplastic lesions by diverse intestinal microbiota in the Helicobacter pylori INS-GAS mouse model of gastric carcinogenesis. Gut. 2014 Jan; 63(1): 54–63
[49] Malfertheiner P, Megraud F, et al. Management of Helicobacter pylori infection – the Maastricht IV/ Florence Consensus Report. Gut. 2012; 61: 646–664.
[50] Malfertheiner P, Bazzoli F, et al. Helicobacter pylori eradication with a capsule containing bismuth subcitrate potassium, metronidazole, and tetracycline given with ome-prazole versus clarithromycin-based triple therapy: a rando-mised, open-label, non-inferiority, phase 3 trial. Lancet. 2011; 377: 905–913.
[51] Sharma BK, Santana IA, et al. Intragastric bacterial activity and nitrosation before, during, and after treatment with omeprazole. Br Med J (Clin Res Ed). 1984; 289: 717–719.
[52] Monstein HJ, Tiveljung A, et al. Profiling of bacterial flora in gastric biopsies from patients with Helicobacter pylori-associated gastritis and histologically normal control individuals by temperature gradient gel electrophoresis and 16S rDNA sequence analysis. J Med Microbiol. 2000; 49: 817–822.
[53] Bik EM, Eckburg PB, Gill SR, et al. Molecular analysis of the bacterial microbiota in the human stomach. Proc Natl Acad Sci U S A. 2006; 103: 732–737.
[54] Tsuda A, Suda W, et al, Influence of Proton-Pump Inhibitors on the Luminal Microbiota in the Gastrointestinal Tract. Clin Transl Gastroenterol. 2015 Jun 11; 6: e89. Doi: 10.1038/ctg.2015.20.

Wolfgang Holtmeier

10 Zöliakie und Mikrobiom

10.1 Einleitung

Die Zöliakie ist eine Autoimmunerkrankung, bei der definierte Gliadinfragmente zu einer T-Zell-Stimulation mit konsekutiver Entzündung der Dünndarmschleimhaut führen. Hierbei besteht eine sehr hohe HLA-Assoziation mit HLA-DQ2/DQ8 von über 95 %, wie sie bei keiner anderen Autoimmunerkrankung gesehen wird [1]. Weiterhin ist ein Autoantigen, die IgA-Transglutaminase, gegen welches in über 95 % der Fälle eine B-Zell-Antwort hervorgerufen wird, bekannt. Bei keiner anderen Autoimmunerkrankung sind die immunologischen Abläufe so exakt charakterisiert, dennoch ist es nach wie vor unbekannt, was letztendlich zur Manifestation der Zöliakie führt. Nur 2–5 % der HLA-DQ2/DQ8 positiven Personen entwickeln eine Zöliakie und selbst eineiige Zwillinge sind nur in ca. 50 % konkordant für die Zöliakie. Es müssen somit noch andere, mutmaßlich externe Faktoren hinzukommen, damit es zum Ausbruch der Erkrankung kommt. Möglicherweise spielen Infektionen oder Veränderungen des Mikrobioms hierbei eine entscheidende Rolle [2–4]. Sollte dieses der Fall sein, stellt sich die Frage, inwiefern es möglich ist, den Ausbruch der Erkrankung zu verhindern bzw. den Verlauf einer manifesten Zöliakie zu beeinflussen. Die Zöliakie könnte ein Modell für andere Autoimmunerkrankungen, wie z. B. die rheumatoide Arthritis oder den Diabetes mellitus Typ1 sein, da auch hier dem Mikrobiom eine entscheidende Rolle zugeschrieben wird [5].

10.2 Pathogenese der Zöliakie

10.2.1 Aktivierung des adaptiven, spezifischen Immunsystems

Das derzeitige Modell der Entstehung einer Zöliakie beschreibt, dass Gliadinfragmente durch die Darmmukosa in die Lamina propria gelangen und dort deamidiert werden, bevor sie zusammen mit dem HLA-DQ2/DQ8-Molekül durch Antigenpräsentierende Zellen den spezifischen CD4+T-Zellen präsentiert werden [6, 7]. Dieses führt zu einer Th1-Antwort mit einer entsprechenden proinflammatorischen Reaktion, die in Folge eine Schleimhautentzündung und Zottenatrophie nach sich zieht. Weiterhin werden auch B-Zellen stimuliert, die unter anderem IgA-Transglutaminase-Antikörper produzieren. Derzeit ist es noch offen, inwiefern diese Antikörper in der Pathogenese der Entzündung eine Rolle spielen oder ob sie lediglich ein Epiphänomen darstellen.

Da nur 2–5 % der HLA-DQ2/DQ8-Träger eine Zöliakie entwickeln, müssen noch andere Faktoren hinzukommen, die für die Entstehung der Entzündung erforderlich

DOI 10.1515/9783110454352-010

sind. Eine wesentliche Hypothese lautet, dass bei Zöliakiepatienten eine gestörte Barriere der Darmmukosa vorliegt, sodass die Gliadinfragmente in die Lamina propria gelangen. Möglicherweise spielen hierbei die „Tight Junctions" eine entscheidende Rolle. Es konnte gezeigt werden, dass Bakterien die Dichtigkeit der Darmmukosa beeinflussen können. Gliadinfragmente können jedoch auch durch einen transzellulären Transport in die Lamina propria gelangen.

10.2.2 Aktivierung des angeborenen Immunsystems

Zusätzlich zum spezifischen Immunsystem kann das angeborene Immunsystem direkt durch Gliadinpeptide aktiviert werden [8]. Möglicherweise aktivieren bei der Zöliakie auch bakterielle Antigene das angeborene Immunsystem, welches zu einer Potenzierung der proinflammatorischen Wirkung der Gliadinpeptide führt [9, 10]. IL-17A scheint hierbei eine entscheidende Rolle zu spielen [11, 12]. So konnte gezeigt werden, dass Bakterien der normalen Darmflora die Immunantwort des angeborenen Immunsystems auf pathogene Keime verstärken können [13]. Das angeborene Immunsystem wird über sogenannte Pathogen-Recognition-Rezeptoren (PRRs) aktiviert. Diese Rezeptoren erkennen Antigene, die sich auf verschiedenen pathogenen Bakterien befinden. Die bekanntesten und vielleicht auch wichtigsten PRRs sind die Toll-like-Rezeptoren (TLRs).

Untersuchungen an Kindern mit Zöliakie ergaben im Vergleich zu gesunden Kontrollen eine geringere Expression von TLR2, während TLR9 erhöht war [14, 15]. Eine andere Arbeitsgruppe konnte zeigen, dass die Expression von TLR4 bei der Zöliakie doppelt so hoch wie bei gesunden Kontrollpersonen ausfiel [16] und dieses mit einer deutlichen Zunahme der proinflammatorischen Zytokinen verbunden ist. Somit ist es möglich, dass bei Zöliakiepatienten die Zusammensetzung des Mikrobioms einen Einfluss auf die Expression der TLR und damit auf die Immunantwort des angeborenen Immunsystems hat [17]. Ebenfalls ist es denkbar, dass es durch einen noch unbekannten Gendefekt bei Zöliakiepatienten zu einer veränderten Expression von TLR-Rezeptoren gekommen ist und hierdurch sekundär das Mikrobiom verändert wurde. In Tierversuchen konnte gezeigt werden, dass ein Mangel an PRRs einen Einfluss auf die Zusammensetzung des Mikrobioms ausübt [18]. Auch bei Patienten mit chronisch entzündlichen Darmerkrankungen (CDE) wird derzeit diskutiert, ob NOD2-Mutationen einen Einfluss auf die Zusammensetzung des Mikrobioms haben [19].

10.3 Mikrobiom bei Patienten mit Zöliakie

10.3.1 Problematik der Mikrobiomanalysen

Es gibt eine Reihe von Studien, die bei Patienten mit Zöliakie gegenüber gesunden Personen ein verändertes Mikrobiom bzw. eine veränderte bakterielle Zusammensetzung der Darmflora beschrieben haben [20, 21]. Diese Veränderungen werden auch als Dysbiose bezeichnet. Hierbei kommt es nicht zu einer Besiedelung der Darmflora mit neuen, pathogenen Bakterien, sondern zu einer Expansion bzw. Verminderung einzelner kommensaler Bakterien. Ehemals harmlose Bakterien können aufgrund der veränderten Mengenverhältnisse zu einer Störung des mukosalen Immunsystems und der Darmbarriere führen. Die Interpretation dieser Daten ist jedoch aus vielen Gründen sehr schwierig. Bislang handelt es sich bei den beschriebenen Veränderungen um reine Korrelationen. Die Herstellung einer Kausalität ist derzeit nicht möglich.

Die Ergebnisse sind zudem bisweilen widersprüchlich. Die Ursache hierfür liegt an den unterschiedlichen Studienbedingungen und den unterschiedlichen Untersuchungstechniken, die bei der Analyse des Mikrobioms verwendet wurden. So unterscheiden sich die Studien unter anderem durch verschiedene Altersgruppen, den Zeitpunkt der Zufuhr von Gluten, die Dauer der glutenfreien Ernährung und die Aktivität der Erkrankung. Zudem werden die Bakterien an verschiedenen Lokalisationen durch die Analyse von Dünndarmbiopsien oder der fäkalen Flora charakterisiert. Früher wurde davon ausgegangen, dass der Dünndarm kaum Bakterien beheimatet, sodass eine mögliche Rolle des Mikrobioms bei der Zöliakie unwahrscheinlich erschien. Bekanntermaßen tritt die Entzündung bei der Zöliakie ausschließlich im Dünndarm und nicht im Dickdarm auf. Aktuelle Forschungen konnten jedoch zeigen, dass auch im Dünndarm Bakterien dauerhaft beheimatet sind und es sich hierbei überwiegend um Anaerobier handelt [22]. Wenn auch in deutlich geringerer Menge (im Vergleich zum Kolon), so kommen ebenso im Dünndarm Clostridien, Streptokokken und E. coli vor [23]. Einige Forscher berichten, dass die im Dünndarm gefundenen Bakterien im Wesentlichen denen im Kolon, wenn auch in geringerer Anzahl, entsprechen [24]. Somit könnten durch die Analyse der fäkalen Flora Rückschlüsse auf entsprechende Veränderungen des Mikrobioms im Dünndarm gezogen werden. Dieses ist allerdings umstritten. Möglicherweise kommt es auch zu indirekten Mechanismen, bei denen Bakterien im Kolon Botenstoffe produzieren, die resorbiert werden und über die Blutbahn das Immunsystem des Dünndarms beeinflussen.

10.3.2 Dysbiose bei Patienten mit Zöliakie

Mehrere Arbeiten beschreiben mit unterschiedlichen Methoden eine veränderte Darmflora sowohl im Dick- als auch im Dünndarm. Eine Studie fand ein verändertes Mikrobiom auch im Speichel von Patienten mit Zöliakie [25]. Interessanterweise enthält der Speichel eine Vielzahl unterschiedlicher Bakterien, die in der Lage sind, Gluten abzubauen [26].

Nistal und Kollegen [27] untersuchten Laktobazillen und Bifidobakterien im Dickdarm und fanden heraus, dass Zöliakiepatienten, die eine glutenfreie Ernährung einhielten (n = 11), gegenüber gesunden Kontrollpersonen (n = 11) eine verminderte Diversität dieser Bakterien aufwiesen. Bei unbehandelten Zöliakiepatienten, die noch unter einer glutenhaltigen Ernährung standen (n = 10), wurde Bifidobacterium bifidum häufiger angetroffen als bei gesunden Erwachsenen. Bei einem Teil der Patienten näherte sich mit zunehmender Zeit – unter glutenfreier Ernährung – das Mikrobiom dem von gesunden Kontrollpersonen an.

Eine andere Arbeitsgruppe [28] untersuchte 19 Kinder mit Zöliakie unter glutenfreier Ernährung und verglich das Mikrobiom im Dick- und Dünndarm mit dem von 15 gesunden Kindern. Hier wurden bei den gesunden Kindern im Stuhl vermehrt Laktobazillen, Enterokokken und Bifidobakterien nachgewiesen. In den Dünndarmbiopsien beider Studiengruppen konnten Bifidobakterien allerdings nicht nachgewiesen werden, während Lactobacillus plantarum in beiden Gruppen gefunden wurde. Bacteroides, Staphylokokken, Salmonellen, Shigellen und Klebsiellen wurden dagegen häufiger in der Zöliakiegruppe angetroffen.

Collado und Kollegen [24] fanden im Stuhl und in Dünndarmbiopsien von Kindern mit Zöliakie ebenfalls vermehrt Bacteroides und Clostridien, und zwar unabhängig davon, ob eine glutenfreie Ernährung eingehalten wurde. Bifidobakterien waren im Stuhl von Zöliakiepatienten (mit und ohne Diät) erniedrigt, während die Bifidobakterien im Dünndarm nur in der Gruppe unter glutenhaltiger Ernährung mit aktiver Zöliakie vermindert waren.

Mehrere weitere Studien konnten insbesondere eine Verringerung von Bifidobakterien [29–31] und Laktobazillen [32] im Stuhl von Zöliakiepatienten nachweisen, teilweise unabhängig davon, ob bereits seit längerer Zeit eine glutenfreie Ernährung eingehalten oder die Diagnose erst vor kurzem gestellt wurde [24]. Das Verhältnis von gramnegativen zu grampositiven Bakterien der Dünndarmflora ist ebenfalls auffällig. Bei neu diagnostizierten Patienten (unter glutenhaltiger Ernährung) war der Anteil der gramnegativen Populationen erhöht [30, 33, 34]. Allerdings ist bei den gramnegativen Bacteroides eine differenzierte Betrachtung notwendig. Bacteroides distasonis, fragilis, thetaiotaomicron, uniformis und ovatus waren vermehrt bei gesunden Kontrollen anzutreffen, während Bacteroides adolescentis vermehrt bei Patienten mit aktiver Zöliakie vorkamen [35]

Der Geburtsweg scheint eine Rolle zu spielen, so führt ein Kaiserschnitt zu einer verzögerten Kolonisation mit Bifidobakterien und zu einer geringeren Diversität des Mikrobioms [36]. Zudem berichtet eine Studie, dass diese Kinder häufiger eine Zöliakie entwickeln [37].

Zusammenfassend stimmen die Studien überwiegend darin überein, dass Patienten mit Zöliakie weniger Bifidobakterien und Laktobazillen („gute Bakterien“) aufweisen, während gramnegative Bakterien wie z. B. Bacteroides, Proteobakterien und Enterobakterien (*Escherichia coli, Salmonella, Shigella, Klebsiella, Enterobacter*) vermehrt vorkommen (potenziell proinflammatorisch). Hieraus wurde geschlossen, dass durch eine Gabe von „guten“ Bakterien (Bifidobakterien und Laktobazillen) der Verlauf der Zöliakie beeinflusst werden könnte. Allerdings wurden diese Unterschiede überwiegend unter glutenfreier Diät erhoben, die per se zu einer verminderten Zahl von Bifidobakterien und Laktobazillen führt (siehe Kap. 5.3). Erwähnenswert ist auch, dass andere Forscher keine Unterschiede im Mikrobiom des Dünndarms bei Kindern mit unbehandelter Zöliakie im Vergleich zu gesunden Kontrollpersonen fanden [38].

Aus den oben erwähnten Studien (mit sehr kleinen Patientenzahlen) wird deutlich, wie komplex und teilweise widersprüchlich die Analysen und Interpretationen des Mikrobioms sind. Zudem handelt es sich ausschließlich um Korrelationen, die keine sicheren Rückschlüsse auf die Pathogenese der Zöliakie zulassen. Der geforderte Beweis wären Studien, bei denen durch Modulation der Darmflora der Ausbruch einer Zöliakie verhindert bzw. der Krankheitsverlauf beeinflusst werden könnte. Diese Studien sind am Menschen jedoch schwer durchführbar (siehe Kap. 8).

10.3.3 Einfluss der Ernährung auf das Mikrobiom

Die glutenfreie Ernährung führt per se zu einer Veränderung des Mikrobioms [39]. Deshalb ist es schwierig herauszufinden, ob die beobachteten Änderungen des Mikrobioms durch die Zöliakie oder die Diät bedingt sind. So resultiert eine glutenfreie Ernährung in einer Verminderung der Bifidobakterien [29] sowie von Laktobazillen [32] und in eine Vermehrung der Enterobakterien. Diese Beobachtungen widersprechen jedoch der Hypothese, dass die „guten" Bakterien bei der Zöliakie eine protektive Wirkung aufweisen sollen. Man hätte eher erwartet, dass bei der neu diagnostizierten Zöliakie unter glutenhaltiger Ernährung der Anteil von Bifidobakterien und Laktobazillen niedrig ist und unter glutenfreier Ernährung mit zunehmender Besserung der Entzündung ansteigt. Das Gegenteil scheint jedoch der Fall zu sein, wobei es auch hier widersprüchliche Daten gibt.

Weiterhin wurde gezeigt, dass das Stillverhalten (Brustmilch vs. Formula-Ernährung) einen großen Einfluss auf die Zusammensetzung des Mikrobioms ausübt. Stillen fördert die Kolonisation des Darmes mit Bifidobakterien, sodass diesem Bakterienstamm eine protektive Funktion in der Darmflora nachgesagt wird [40]. Gleichwohl konnte in zwei Studien gezeigt werden, dass eine spätere Zufuhr von Gluten zwar den Zeitpunkt der Krankheitsmanifestation hinauszögerte, der Ausbruch der Zöliakie letztendlich aber nicht verhindert werden konnte. Zudem machte es auch keinen Unterschied, ob das Kind gestillt wurde oder eine Formula-Ernährung erhielt [41, 42].

10.3.4 Einfluss von HLA-DQ2/DQ8 auf das Mikrobiom

Weiterhin wird das Mikrobiom auch durch die HLA-Gene beeinflusst, sodass Menschen mit HLA-DQ2/DQ8 möglicherweise ein anderes Bakterienprofil aufweisen [43]. Dieses wird auch durch Untersuchungen an Mäusen unterstützt, die zeigen konnten, dass die MHC Gene die Zusammensetzung des Mikrobioms beeinflussen [44]. Bislang fehlen Studien, die die Darmflora von gesunden HLA-DQ2/DQ8 positiven Personen mit der von Zöliakiepatienten verglichen haben. Interessanterweise ist das Mikrobiom von eineiigen Zwillingen ähnlicher als das von zweieiigen Zwillingen [45]. Somit hat der genetische Hintergrund möglicherweise einen noch größeren Einfluss auf das Mikrobiom als externe Einflüsse, wie z. B. die Art der Geburt, das Stillverhalten, die Ernährung oder eine Therapie mit Antibiotika in frühen Jahren [46]. Bezüglich des Einflusses einer Antibiotikatherapie auf die Entstehung einer Zöliakie gibt es widersprüchliche Ergebnisse [47–49].

10.4 Einfluss des Mikrobioms auf die mukosale Barriere

Eine zentrale Beobachtung bei der Zöliakie besteht darin, dass die intestinale Permeabilität gegenüber gesunden Personen erhöht ist und hierdurch vermehrt toxische Gliadinfragmente in die Lamina propria gelangen. Unklar ist jedoch, ob diese Veränderungen die Folge der Entzündung oder für die Entstehung der Zöliakie verantwortlich sind. Diskutiert wird, ob Veränderungen im Mikrobiom zu einer Erhöhung der Permeabilität geführt haben und hierdurch die Entzündung initiiert wurde [15, 21, 50] (siehe auch Abb. 10.1).

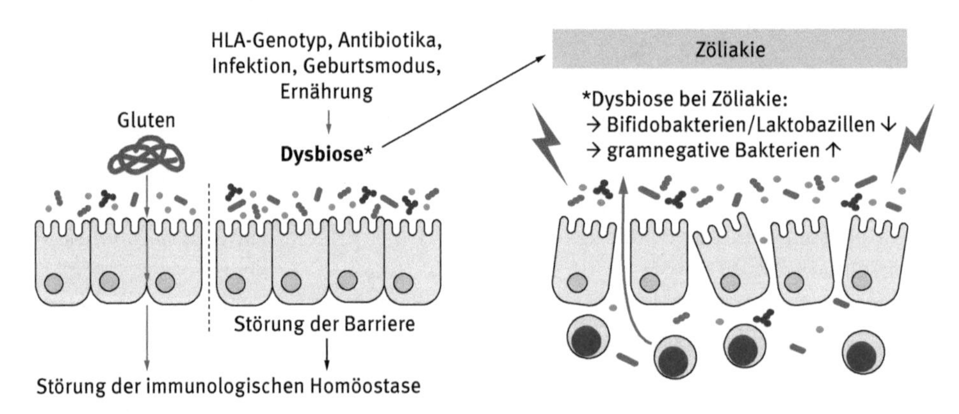

Abb. 10.1: Dysbiose als möglicher Faktor für die Manifestation einer Zöliakie. Externe und interne Faktoren modulieren das Mikrobiom und führen zur Dysbiose. Diese wiederum bewirkt eine Störung der mukosalen Barriere, sodass Gluten durch die Mukosa hindurch in die Lamina propria gelangt und eine proinflammatorische Immunreaktion mit konsekutiver Zottenatrophie auslöst. Abbildung adaptiert nach Cenit et al. [21].

Anhand von Tierversuchen und Zellkulturen wurde demonstriert, dass Bakterien die durch Gluten verursachte Immunreaktion und die Mukosabarriere modulieren können. Bei In-vitro-Versuchen konnte gezeigt werden, dass die Hinzugabe von Bifidobakterien, E. coli oder Shigellen zu PBMC und dendritischen Zellen die Zytokinproduktion nach Gliadingabe verändert [51, 52]. Weiterhin verhindert die Zugabe von Bifidobakterien die Entstehung toxischer Gliadinpeptide und vermindert die durch

Gliadinpeptide verursachte Barrierestörung [53–55]. Somit ist es möglich, dass Bifidobakterien und Antigene anderer Bakterienstämme bei Patienten mit Zöliakie einen protektiven Effekt haben.

Mehrere Untersuchungen an transgenen Mäusen, die HLA-DQ8 exprimieren und keimfrei aufgezogen wurden, zeigten, dass die Darmflora die toxischen Wirkungen von Gluten vermindern kann. Dieses bedeutet, dass eine normale Darmflora zumindest im Tiermodell benötigt wird, um die durch Gluten verursachte Entzündung zu verhindern [56, 57]. Somit ist das Fehlen der Darmflora schädlich. Erhalten diese Mäuse anstelle einer normalen Darmflora einen Mix aus sogenannten „guten" Bakterien, so bleiben ebenfalls die toxischen Wirkungen des Glutens aus [2]. Werden dagegen Proteobakterien oder bestimmte E. coli, die von Zöliakiepatienten stammen, zugeführt, kann Gluten wieder die Schleimhaut schädigen [58]. Diese Daten zeigen, dass zumindest am Tiermodell kleine Änderungen der Darmflora schon einen großen Einfluss auf die Darmentzündung haben können.

10.5 Ursachen für die Beschwerdepersistenz unter glutenfreier Ernährung

Viele Patienten mit Zöliakie berichten über intestinale Beschwerden, obwohl eine glutenfreie Ernährung streng eingehalten wird und auch die Kontrolluntersuchungen keinen Nachweis von IgA-Transglutaminase-Antikörpern oder einer flachen Schleimhaut ergaben. Am häufigsten liegen bei diesen Patienten zusätzliche Erkrankungen vor, wie sie auch bei Patienten ohne Zöliakie vorkommen können, d. h., es bestehen gleichzeitig unterschiedliche Erkrankungen [59]. In erster Linie kommen Nahrungsmittelunverträglichkeiten, ein Reizdarm oder auch eine mikroskopische Kolitis in Betracht. Es wurde bei Patienten mit Zöliakie jedoch auch unter glutenfreier Ernährung ein alteriertes Mikrobiom beschrieben, welches für die persistierenden Beschwerden verantwortlich gemacht wurde [60]. Wie oben beschrieben, kann es sich hierbei um ein verändertes Mikrobiom handeln, welches durch die HLA-Gene bzw. glutenfreie Ernährung und nicht durch die Zöliakie bedingt ist. Am ehesten liegt zusätzlich ein Reizdarm vor, bei dem ebenfalls eine Dysbiose des Mikrobioms diskutiert wird [61, 62].

10.6 Mögliche Therapie der Zöliakie durch Modulation des Mikrobioms?

Aufgrund der vielversprechenden Experimente an Tieren und der beschriebenen Veränderungen des Mikrobioms bei Patienten mit Zöliakie wurde postuliert, dass durch die Modulation des Mikrobioms der Krankheitsverlauf oder sogar die Manifestation der Erkrankung beeinflusst werden könnte [21]. Hierbei wären folgende Mechanismen durch den Transfer von Bakterien vorstellbar:

1. Verringerung der Toxizität von Gliadinpeptiden durch Proteolyse [26, 63, 64],
2. Stärkung der mukosalen Barriere z. B. durch Aufrechterhaltung der Tight Junktions,
3. Suppression der überschießenden Immunantwort auf Gliadinpeptide.

Theoretisch wäre auch ein Therapieversuch durch einen Stuhltransfer gesunder Probanden auf Patienten mit Zöliakie denkbar. Hierzu gibt es jedoch zunehmend Bedenken, da mit dem transplantierten Mikrobiom möglicherweise noch andere, unerwünschte Eigenschaften übertragen werden und die Folgen derzeit nicht absehbar sind.

Sehr viel unproblematischer ist die Zufuhr von „guten" Bakterien und Probiotika [32]. Hierzu gibt es bislang drei doppel-blind randomisierte Studien [65–67]. Smecuol und Kollegen untersuchten bei zwölf Patienten mit unbehandelter Zöliakie den Effekt von Bifidobacterium infantis NLS über einen Zeitraum von drei Wochen [65]. Gegenüber der Kontrollgruppe (n = 10) wurde kein Unterschied in der Permeabilität der Darmmukosa, jedoch Unterschiede bei gastro-intestinalen Symptomen und proinflammatorischen Immunmarkern gefunden. Diese Studie ist bemerkenswert, da eine glutenhaltige Ernährung in beiden Studiengruppen für die Dauer der Studie beibehalten wurde.

Bei einer weiteren Studie erfolgte an insgesamt 33 Kindern mit neu diagnostizierter Zöliakie über drei Monate die Gabe von Bifidobacterium longum CECT 7347 [66]. Es wurden eine Reihe unterschiedlicher Immunmarker untersucht. So zeigte sich in der Verumgruppe eine verminderte Anzahl peripherer CD3+Lymphozyten sowie des sekretorischen IgAs. Zudem wurde eine reduzierte Zahl an Bacteroides fragilis beschrieben. Erwähnenswert ist, dass diese Unterschiede in beiden Gruppen unter einer glutenfreien Diät gefunden wurden.

Die dritte Studie untersuchte an 24 Kindern mit bereits diagnostizierter Zöliakie unter bestehender glutenfreier Diät die immunologischen Effekte von Bifidobacterium breve BR03 und B632 über den Zeitraum von drei Monaten (Kontrollgruppe n = 25). Es konnte gezeigt werden, dass Bifidobacterium breve auch bei asymptomatischen Kindern zu einer Verminderung des proinflammatorischen Zytokins TNF-α im Serum führt [67].

Ein weiterer Therapieansatz, der schon seit vielen Jahren bei einer Reihe von Autoimmunerkrankungen verfolgt wird, ist, dass es durch eine Infektion mit einem Parasiten zu einer Wiederherstellung des gestörten Immunsystems kommen kann. Bei der Zöliakie gab es Fallberichte, bei denen Patienten mit dem Hakenwurm Necator americanus infiziert wurden [68]. Hierdurch soll es zu einer Unterdrückung der proinflammatorischen Zytokine und zu einer Toleranz von ansteigenden Dosen Gluten gekommen sein [69]. Parallel wurde eine Zunahme der mikrobiellen Diversität beobachtet. Es wurde spekuliert, dass dieser Effekt auf eine Wiederherstellung der gestörten Darmflora zurückzuführen ist [70]. Ähnliche Ansätze haben zu Studien bei Patienten mit chronisch-entzündlichen Darmerkrankungen (CED) geführt. Eine kürzlich durchgeführte Multizenterstudie mit Eiern vom Schweinepeitschenwurm (Trichuris suis ova) konnte jedoch keinen Effekt bei Patienten mit aktivem M. Crohn zeigen [71].

10.7 Weizensensitivität und Mikrobiom

Bei der Weizensensitivität (auch als Nicht-Zöliakie-Nicht-Weizenallergie-Weizensensitivität bezeichnet [72]) handelt es sich um eine Nahrungsmittelunverträglichkeit, bei der Patienten Weizenprodukte (wie Roggen, Gerste und Dinkel) nicht vertragen, obwohl eine Zöliakie und Weizenallergie sicher ausgeschlossen wurden [73–76]. Die typischen Symptome sind Blähungen, Bauchkrämpfe sowie Durchfälle und sie ähneln somit denen von Reizdarmpatienten. Umfangreiche Untersuchungen konnten spezifische Marker oder Veränderungen weder im Blut noch im Dünndarm dieser Patienten nachweisen, sodass es sich um eine Ausschlussdiagnose handelt. Der Auslöser im Weizen konnte bislang nicht eindeutig identifiziert werden. Diskutiert werden neben Gluten auch Proteine von Resistenzgenen (Amylase Trypsin Inhibitoren; sog. ATIs) [77, 78] und FODMAPs (fermentierbare Oligo-, Di-, Monosaccharide und Polyole) [79]. Bei letzteren handelt es sich um schwer fermentierbare Kohlenhydrate wie z. B. Laktose, Fructose und Sorbit. Weizen, Roggen und Gerste weisen einen hohen Anteil dieser Kohlenhydrate auf, welche zum Teil unverdaut in den Dickdarm gelangen, wo sie durch den osmotischen Effekt zu Durchfällen und durch bakterielle Fermentierung zu Blähungen führen können [80]. Interessanterweise bewirkt eine FODMAP-arme Ernährung bei vielen Reizdarmpatienten eine deutliche Besserung der Beschwerden [81, 82]. Vermutlich sind mehrere Auslöser bzw. Weizenbestandteile verantwortlich und führen bei unterschiedlichen Personen zu den gleichen unspezifischen Beschwerden [59].

Mit Sicherheit liegen bei der Weizensensitivität völlig andere Pathomechanismen zu Grunde als bei der Zöliakie. Gleichwohl gibt es Spekulationen, dass auch bei der Weizensensitivität eine Dysbiose der Darmflora vorliegen könnte [72, 83]. Eventuell ist bei diesen Patienten der Erfolg einer gluten- bzw. weizenfreien Ernährung durch die Induktion einer veränderten Darmflora zu erklären [75]. Sowohl eine glutenfreie als auch eine FODMAP-arme Ernährung führen zu einer Modulation des Mikrobioms [29, 39, 61, 84]. Bezeichnenderweise wurde bei beiden Diätformen eine Verminderung von Bifidobakterien beschrieben [29, 85], d. h., eine Reduzierung der „guten“ Bakterien korreliert bei der Weizensensitivität und den Reizdarmpatienten mit einer Besserung (!) der Beschwerden. Das Gegenteil wäre eigentlich zu erwarten gewesen. Es ist auch denkbar, dass es durch ein moduliertes Mikrobiom zu einer veränderten Produktion von Botenstoffen kommt, die zu einer Verringerung der Motilität oder auch Schmerzempfindung im Darm führt. Ähnliches wird bei den chronisch entzündlichen Darmerkrankungen diskutiert [86].

10.8 Zusammenfassung

Bakterien bzw. das Mikrobiom spielen sicherlich bei der Zöliakie, wie auch bei anderen Darmerkrankungen, eine wichtige Rolle [86]. Das Immunsystem der Darmmukosa steht in einer ständigen Interaktion mit Darmbakterien. Somit ist davon auszugehen, dass das intestinale Immunsystem durch Veränderungen der Darmflora moduliert wird.

Gleichwohl gibt es derzeit keine konkrete Evidenz oder gar eine Therapieempfehlung, dass durch eine Zufuhr von bestimmten Bakterien der Krankheitsverlauf der Zöliakie positiv beeinflusst werden könnte. Bislang wurden allenfalls Korrelationen mit bestimmten Bakterienstämmen beschrieben. Die glutenfreie Diät ist und bleibt aktuell die einzige Therapieoption. Die große Gefahr besteht darin, dass Patienten insbesondere über die Laienpresse und das Internet falsch informiert werden und **anstelle** der notwendigen glutenfreien Diät eine Therapie mit Stuhltransfer oder Probiotika versuchen.

Die Erforschung des Mikrobioms beim Menschen steht erst am Anfang und tiefere Einsichten in die Pathophysiologie verschiedener Erkrankungen werden aufgrund der Komplexität und der erforderlichen Studien vermutlich nur sehr zögerlich gewonnen werden. Da eine glutenfreie Ernährung zur Heilung der Zöliakie führt, werden Studien mit Stuhltransfer oder Probiotika, unter Fortführung einer glutenhaltigen Ernährung, aus ethischen Gründen nur schwer durchführbar sein. Die Ergebnisse der Tierversuche und der In-vitro-Experimente sind jedoch sehr vielversprechend, und die Erforschung des Mikrobioms wird sicherlich wertvolle Erkenntnisse im Krankheitsverständnis vieler Erkrankungen bringen.

10.9 Literatur

[1] Schuppan D, Junker Y, Barisani D. Celiac disease: from pathogenesis to novel therapies. Gastroenterology. 2009; 137: 1912–1933.
[2] Verdu EF, Galipeau HJ, Jabri B. Novel players in coeliac disease pathogenesis: role of the gut microbiota. Nat Rev Gastroenterol Hepatol. 2015; 12: 497–506.
[3] Wacklin P, Kaukinen K, Tuovinen E, Collin P, Lindfors K, Partanen J, et al. The duodenal microbiota composition of adult celiac disease patients is associated with the clinical manifestation of the disease. Inflamm Bowel Dis. 2013; 19: 934–941.
[4] Galipeau HJ, Verdu EF. Gut microbes and adverse food reactions: Focus on gluten related disorders. Gut Microbes. 2014; 5: 594–605.
[5] McLean MH, Dieguez D, Jr., Miller LM, Young HA. Does the microbiota play a role in the pathogenesis of autoimmune diseases? Gut. 2015; 64: 332–341.
[6] Kupfer SS, Jabri B. Pathophysiology of celiac disease. Gastrointest Endosc Clin N Am. 2012; 22: 639–660.
[7] Lebwohl B, Ludvigsson JF, Green PH. Celiac disease and non-celiac gluten sensitivity. BMJ 2015: 351, h4347.

[8] Kim SM, Mayassi T, Jabri B. Innate immunity: actuating the gears of celiac disease pathogenesis. Best Pract Res Clin Gastroenterol. 2015; 29: 425–435.
[9] Sanz Y. Microbiome and Gluten. Ann Nutr Metab. 2015; 67(2): 28–41.
[10] Sanz Y, De Pama G, Laparra M. Unraveling the ties between celiac disease and intestinal microbiota. Int Rev Immunol. 2011; 30: 207–218.
[11] Sjoberg V, Sandstrom O, Hedberg M, Hammarstrom S, Hernell O, Hammarstrom ML. Intestinal T-cell responses in celiac disease – impact of celiac disease associated bacteria. PLoS One. 2013; 8: e53414.
[12] Cicerone C, Nenna R, Pontone S. Th17, intestinal microbiota and the abnormal immune response in the pathogenesis of celiac disease. Gastroenterol Hepatol Bed Bench. 2015; 8: 117–122.
[13] Pagliari D, Urgesi R, Frosali S, Riccioni ME, Newton EE, Landolfi R, et al. The Interaction among Microbiota, Immunity, and Genetic and Dietary Factors Is the Condicio Sine Qua Non Celiac Disease Can Develop. J Immunol Res. 2015.
[14] Cheng J, Kalliomaki M, Heilig HG, Palva A, Lahteenoja H, de Vos WM, et al. Duodenal microbiota composition and mucosal homeostasis in pediatric celiac disease. BMC Gastroenterol. 2013; 13: 113.
[15] Kalliomaki M, Satokari R, Lahteenoja H, Vahamiko S, Gronlund J, Routi T, et al. Expression of microbiota, Toll-like receptors, and their regulators in the small intestinal mucosa in celiac disease. J Pediatr Gastroenterol Nutr. 2012, 54: 727–732.
[16] Eiro N, Gonzalez-Reyes S, Gonzalez L, Gonzalez LO, Altadill A, Andicoechea A, et al. Duodenal expression of Toll-like receptors and interleukins are increased in both children and adult celiac patients. Dig Dis Sci. 2012; 57: 2278–2285.
[17] Szebeni B, Veres G, Dezsofi A, Rusai K, Vannay A, Bokodi G, et al. Increased mucosal expression of Toll-like receptor [TLR]2 and TLR4 in coeliac disease. J Pediatr Gastroenterol Nutr. 2007; 45: 187–193.
[18] Spor A, Koren O, Ley R. Unravelling the effects of the environment and host genotype on the gut microbiome. Nat Rev Microbiol. 2011; 9: 279–290.
[19] Frank DN, Robertson CE, Hamm CM, Kpadeh Z, Zhang T, Chen H, et al. Disease phenotype and genotype are associated with shifts in intestinal-associated microbiota in inflammatory bowel diseases. Inflamm Bowel Dis. 2011; 17: 179–184.
[20] Sousa Moraes LF, Grzeskowiak LM, Sales Teixeira TF, Gouveia Peluzio MC. Intestinal microbiota and probiotics in celiac disease. Clin Microbiol Rev. 2014; 27: 482–489.
[21] Cenit MC, Olivares M, Codoner-Franch P, Sanz Y. Intestinal Microbiota and Celiac Disease: Cause, Consequence or Co-Evolution? Nutrients. 2015; 7: 6900–6923.
[22] Moran C, Sheehan D, Shanahan F. The small bowel microbiota. Curr Opin Gastroenterol. 2015; 31: 130–136.
[23] Zoetendal EG, Raes J, van den BB, Arumugam M, Booijink CC, Troost FJ, et al. The human small intestinal microbiota is driven by rapid uptake and conversion of simple carbohydrates. ISME J. 2012; 6: 1415–1426.
[24] Collado MC, Donat E, Ribes-Koninckx C, Calabuig M, Sanz Y. Specific duodenal and faecal bacterial groups associated with paediatric coeliac disease. J Clin Pathol. 2009; 62: 264–269.
[25] Francavilla R, Ercolini D, Piccolo M, Vannini L, Siragusa S, De Filippis F, et al. Salivary microbiota and metabolome associated with celiac disease. Appl Environ Microbiol. 2014; 80: 3416–3425.
[26] Fernandez-Feo M, Wei G, Blumenkranz G, Dewhirst FE, Schuppan D, Oppenheim FG, et al. The cultivable human oral gluten-degrading microbiome and its potential implications in coeliac disease and gluten sensitivity. Clin Microbiol Infect. 2013; 19: E386–E394.

[27] Nistal E, Caminero A, Vivas S, Ruiz de Morales JM, Saenz de Miera LE, Rodriguez-Aparicio LB, et al. Differences in faecal bacteria populations and faecal bacteria metabolism in healthy adults and celiac disease patients. Biochimie. 2012; 94: 1724–1729.
[28] Di Cagno R, De Angelis M, De P, I, Ndagijimana M, Vernocchi P, Ricciuti P, et al. Duodenal and faecal microbiota of celiac children: molecular, phenotype and metabolome characterization. BMC Microbiol. 2011; 11: 219.
[29] Golfetto L, de Senna FD, Hermes J, Beserra BT, Franca FS, Martinello F. Lower bifidobacteria counts in adult patients with celiac disease on a gluten-free diet. Arq Gastroenterol. 2014; 51: 139–143.
[30] De Palma G, Nadal I, Medina M, Donat E, Ribes-Koninckx C, Calabuig M, et al. Intestinal dysbiosis and reduced immunoglobulin-coated bacteria associated with coeliac disease in children. BMC Microbiol. 2010; 10: 63.
[31] Collado MC, Calabuig M, Sanz Y. Differences between the fecal microbiota of coeliac infants and healthy controls. Curr Issues Intest Microbiol. 2007; 8: 9–14.
[32] Lorenzo Pisarello MJ, Vintini EO, Gonzalez SN, Pagani F, Medina MS. Decrease in lactobacilli in the intestinal microbiota of celiac children with a gluten-free diet, and selection of potentially probiotic strains. Can J Microbiol. 2015; 61: 32–37.
[33] Schippa S, Iebba V, Barbato M, Di Nardo G, Totino V, Checchi MP, et al. A distinctive ‚microbial signature' in celiac pediatric patients. BMC Microbiol. 2010; 10: 175.
[34] Nadal I, Donat E, Ribes-Koninckx C, Calabuig M, Sanz Y. Imbalance in the composition of the duodenal microbiota of children with coeliac disease. J Med Microbiol. 2007; 56: 1669–1674.
[35] Sanchez E, Donat E, Ribes-Koninckx C, Calabuig M, Sanz Y. Intestinal Bacteroides species associated with coeliac disease. J Clin Pathol 2010. 2010; 63: 1105–1111.
[36] Dominguez-Bello MG, Costello EK, Contreras M, Magris M, Hidalgo G, Fierer N, et al. Delivery mode shapes the acquisition and structure of the initial microbiota across multiple body habitats in newborns. Proc Natl Acad Sci U S A. 2010; 107: 11971–11975.
[37] Decker E, Engelmann G, Findeisen A, Gerner P, Laass M, Ney D, et al. Cesarean delivery is associated with celiac disease but not inflammatory bowel disease in children. Pediatrics. 2010; 125: e1433–e1440.
[38] de Meij TG, Budding AE, Grasman ME, Kneepkens CM, Savelkoul PH, Mearin ML. Composition and diversity of the duodenal mucosa-associated microbiome in children with untreated coeliac disease. Scand J Gastroenterol. 2013; 48: 530–536.
[39] De Palma G, Nadal I, Collado MC, Sanz Y. Effects of a gluten-free diet on gut microbiota and immune function in healthy adult human subjects. Br J Nutr. 2009; 102: 1154–1160.
[40] Walker WA. Initial intestinal colonization in the human infant and immune homeostasis. Ann Nutr Metab. 2013; 63(2): 8–15.
[41] Vriezinga SL, Auricchio R, Bravi E, Castillejo G, Chmielewska A, Crespo EP, et al. Randomized feeding intervention in infants at high risk for celiac disease. N Engl J Med. 2014; 371: 1304–1315.
[42] Lionetti E, Castellaneta S, Francavilla R, Pulvirenti A, Tonutti E, Amarri S, et al. Introduction of gluten, HLA status, and the risk of celiac disease in children. N Engl J Med. 2014; 371: 1295–1303.
[43] Olivares M, Neef A, Castillejo G, Palma GD, Varea V, Capilla A, et al. The HLA-DQ2 genotype selects for early intestinal microbiota composition in infants at high risk of developing coeliac disease. Gut. 2015; 64: 406–417.
[44] Toivanen P, Vaahtovuo J, Eerola E. Influence of major histocompatibility complex on bacterial composition of fecal flora. Infect Immun. 2001; 69: 2372–2377.

[45] Stewart JA, Chadwick VS, Murray A. Investigations into the influence of host genetics on the predominant eubacteria in the faecal microflora of children. J Med Microbiol. 2005; 54: 1239–1242.
[46] Goodrich JK, Waters JL, Poole AC, Sutter JL, Koren O, Blekhman R, et al. Human genetics shape the gut microbiome. Cell. 2014; 159: 789–799.
[47] Marild K, Ye W, Lebwohl B, Green PH, Blaser MJ, Card T, et al. Antibiotic exposure and the development of coeliac disease: a nationwide case-control study. BMC Gastroenterol. 2013; 13: 109.
[48] Marild K, Ludvigsson J, Sanz Y, Ludvigsson JF. Antibiotic exposure in pregnancy and risk of coeliac disease in offspring: a cohort study. BMC Gastroenterol. 2014; 14: 75.
[49] Canova C, Zabeo V, Pitter G, Romor P, Baldovin T, Zanotti R, et al. Association of maternal education, early infections, and antibiotic use with celiac disease: a population-based birth cohort study in northeastern Italy. Am J Epidemiol. 2014; 180: 76–85.
[50] van Elburg RM, Uil JJ, Mulder CJ, Heymans HS. Intestinal permeability in patients with coeliac disease and relatives of patients with coeliac disease. Gut. 1993; 34: 354–357.
[51] De Palma G, Cinova J, Stepankova R, Tuckova L, Sanz Y. Pivotal Advance: Bifidobacteria and Gram-negative bacteria differentially influence immune responses in the proinflammatory milieu of celiac disease. J Leukoc Biol. 2010; 87: 765–778.
[52] De Palma G, Kamanova J, Cinova J, Olivares M, Drasarova H, Tuckova L, et al. Modulation of phenotypic and functional maturation of dendritic cells by intestinal bacteria and gliadin: relevance for celiac disease. J Leukoc Biol. 2012; 92: 1043–1054.
[53] Laparra JM, Sanz Y. Bifidobacteria inhibit the inflammatory response induced by gliadins in intestinal epithelial cells via modifications of toxic peptide generation during digestion. J Cell Biochem. 2010; 109: 801–807.
[54] Lindfors K, Blomqvist T, Juuti-Uusitalo K, Stenman S, Venalainen J, Maki M, et al. Live probiotic Bifidobacterium lactis bacteria inhibit the toxic effects induced by wheat gliadin in epithelial cell culture. Clin Exp Immunol. 2008; 152: 552–558.
[55] Cinova J, De Palma G, Stepankova R, Kofronova O, Kverka M, Sanz Y, et al. Role of intestinal bacteria in gliadin-induced changes in intestinal mucosa: study in germ-free rats. PLoS One. 2011; 6: e16169.
[56] Galipeau HJ, Rulli NE, Jury J, Huang X, Araya R, Murray JA ,et al. Sensitization to gliadin induces moderate enteropathy and insulitis in nonobese diabetic-DQ8 mice. J Immunol. 2011; 187: 4338–4346.
[57] Stepankova R, Tlaskalova-Hogenova H, Sinkora J, Jodl J, Fric P. Changes in jejunal mucosa after long-term feeding of germfree rats with gluten. Scand J Gastroenterol. 1996; 31: 551–557.
[58] Galipeau HJ, McCarville JL, Huebener S, Litwin O, Meisel M, Jabri B, et al. Intestinal Microbiota Modulates Gluten-Induced Immunopathology in Humanized Mice. Am J Pathol. 2015; 185: 2969–2982.
[59] Makharia A, Catassi C, Makharia GK. The Overlap between Irritable Bowel Syndrome and Non-Celiac Gluten Sensitivity: A Clinical Dilemma. Nutrients. 2015; 7: 10417–10426.
[60] Wacklin P, Laurikka P, Lindfors K, Collin P, Salmi T, Lahdeaho ML, et al. Altered duodenal microbiota composition in celiac disease patients suffering from persistent symptoms on a long-term gluten-free diet. Am J Gastroenterol. 2014; 109: 1933–1941.
[61] Rajilic-Stojanovic M, Jonkers DM, Salonen A, Hanevik K, Raes J, Jalanka J, et al. Intestinal microbiota and diet in IBS: causes, consequences, or epiphenomena? Am J Gastroenterol. 2015; 110: 278–287.
[62] Marasco G, Colecchia A, Festi D. Dysbiosis in Celiac disease patients with persistent symptoms on gluten-free diet: a condition similar to that present in irritable bowel syndrome patients? Am J Gastroenterol. 2015; 110: 598.

[63] Caminero A, Herran AR, Nistal E, Perez-Andres J, Vaquero L, Vivas S, et al. Diversity of the cultivable human gut microbiome involved in gluten metabolism: isolation of microorganisms with potential interest for coeliac disease. FEMS Microbiol Ecol. 2014; 88: 309–319.

[64] De Angelis M, Rizzello CG, Fasano A, Clemente MG, De Simone C, Silano M, et al. VSL#3 probiotic preparation has the capacity to hydrolyze gliadin polypeptides responsible for Celiac Sprue. Biochim Biophys Acta. 2006; 1762: 80–93.

[65] Smecuol E, Hwang HJ, Sugai E, Corso L, Chernavsky AC, Bellavite FP, et al. Exploratory, randomized, double-blind, placebo-controlled study on the effects of Bifidobacterium infantis natren life start strain super strain in active celiac disease. J Clin Gastroenterol. 2013; 47: 139–147.

[66] Olivares M, Castillejo G, Varea V, Sanz Y. Double-blind, randomised, placebo-controlled intervention trial to evaluate the effects of Bifidobacterium longum CECT 7347 in children with newly diagnosed coeliac disease. Br J Nutr. 2014; 112: 30–40.

[67] Klemenak M, Dolinsek J, Langerholc T, Di Gioia D, Micetic-Turk D. Administration of Bifidobacterium breve Decreases the Production of TNF-alpha in Children with Celiac Disease. Dig Dis Sci. 2015; 60: 3386–3392.

[68] Croese J, Giacomin P, Navarro S, Clouston A, McCann L, Dougall A, et al. Experimental hookworm infection and gluten microchallenge promote tolerance in celiac disease. J Allergy Clin Immunol. 2015; 135: 508–516.

[69] Giacomin P, Zakrzewski M, Croese J, Su X, Sotillo J, McCann L, et al. Experimental hookworm infection and escalating gluten challenges are associated with increased microbial richness in celiac subjects. Sci Rep. 2015; 5: 13797.

[70] Loke P, Lim YA. Can Helminth Infection Reverse Microbial Dysbiosis? Trends Parasitol. 2015.

[71] Scholmerich J. Trichuris suis ova, lecithin and other fancy molecules. Dig Dis. 2014; 32(1): 67–73.

[72] Zopf Y, Dieterich W. (Non-celiac disease non-wheat allergy wheat sensitivity). Dtsch Med Wochenschr. 2015; 140: 1683–1687.

[73] Catassi C, Bai JC, Bonaz B, Bouma G, Calabro A, Carroccio A, et al. Non-Celiac Gluten sensitivity: the new frontier of gluten related disorders. Nutrients. 2013; 5: 3839–3853.

[74] Catassi C, Elli L, Bonaz B, Bouma G, Carroccio A, Castillejo G, et al. Diagnosis of Non-Celiac Gluten Sensitivity (NCGS): The Salerno Experts' Criteria. Nutrients. 2015; 7: 4966–4977.

[75] De Giorgio R, Volta U, Gibson PR. Sensitivity to wheat, gluten and FODMAPs in IBS: facts or fiction? Gut. 2016; 65: 169–178.

[76] Fasano A, Sapone A, Zevallos V, Schuppan D. Nonceliac gluten sensitivity. Gastroenterology. 2015; 148: 1195–1204.

[77] Schuppan D, Zevallos V. Wheat amylase trypsin inhibitors as nutritional activators of innate immunity. Dig Dis. 2015; 33: 260–263.

[78] Junker Y, Zeissig S, Kim SJ, Barisani D, Wieser H, Leffler DA, et al. Wheat amylase trypsin inhibitors drive intestinal inflammation via activation of toll-like receptor 4. J Exp Med. 2012; 209: 2395–2408.

[79] Biesiekierski JR, Peters SL, Newnham ED, Rosella O, Muir JG, Gibson PR. No effects of gluten in patients with self-reported non-celiac gluten sensitivity after dietary reduction of fermentable, poorly absorbed, short-chain carbohydrates. Gastroenterology. 2013; 145: 320–328.

[80] Biesiekierski JR, Iven J. Non-coeliac gluten sensitivity: piecing the puzzle together. United European Gastroenterol J. 2015; 3: 160–165.

[81] Halmos EP, Power VA, Shepherd SJ, Gibson PR, Muir JG. A diet low in FODMAPs reduces symptoms of irritable bowel syndrome. Gastroenterology. 2014; 146: 67–75.

[82] El Salhy M, Gundersen D. Diet in irritable bowel syndrome. Nutr J. 2015; 14: 36.

[83] Daulatzai MA. Non-celiac gluten sensitivity triggers gut dysbiosis, neuroinflammation, gut-brain axis dysfunction, and vulnerability for dementia. CNS Neurol Disord Drug Targets. 2015; 14: 110–131.

[84] Halmos EP, Christophersen CT, Bird AR, Shepherd SJ, Gibson PR, Muir JG. Diets that differ in their FODMAP content alter the colonic luminal microenvironment. Gut. 2015; 64: 93–100.

[85] Staudacher HM, Lomer MC, Anderson JL, Barrett JS, Muir JG, Irving PM, et al. Fermentable carbohydrate restriction reduces luminal bifidobacteria and gastrointestinal symptoms in patients with irritable bowel syndrome. J Nutr. 2012; 142: 1510–1518.

[86] Marchesi JR, Adams DH, Fava F, Hermes GD, Hirschfield GM, Hold G, et al. The gut microbiota and host health: a new clinical frontier. Gut. 2015; gutjnl-309990.

Wolfgang Reindl

11 Chronisch entzündliche Darmerkrankungen und gastrointestinale Mikrobiota

Unter dem Begriff chronisch-entzündliche Darmerkrankungen (CED) werden zumeist in Schüben auftretende, mit entzündlichen Veränderungen des Gastrointestinaltraktes einhergehende Erkrankungen zusammengefasst. Die Hauptvertreter dieser Erkrankungsgruppe sind der Morbus Crohn (MC) und die Colitis ulcerosa (CU). Während sich der Morbus Crohn an allen Stellen des Verdauungstraktes manifestieren kann, in der Regel sämtliche Schichten der Darmwand erfasst und daher sowohl zur Bildung von Fisteln als auch von Stenosen führt, beginnt die entzündliche Aktivität bei der Colitis ulcerosa nahezu obligat im Rektum und beschränkt sich auf das Kolon und die luminalen Schichten der Darmwand. Extraintestinale Manifestationen (Gelenke, Haut, Augen, Leber, Gallengänge) sind bei CED-Patienten häufig und drücken den Systemcharakter der Erkrankungen aus. Von chronisch-entzündlichen Darmerkrankungen sind in Deutschland nahezu 450.000 Menschen betroffen; weltweit beträgt die Prävalenz 396/100.000 Personen [1].

Das aktuelle Konzept zur Ätiopathogenese der CED basiert auf einer defekten Darmbarriere und einer gestörten Immunantwort bei genetisch prädisponierten Menschen. Bereits in den ersten Beschreibungen der CED ist über eine familiäre Häufung berichtet worden. Systematische Untersuchungen zeigen, dass z. B. das relative Erkrankungsrisiko für Geschwister von Patienten mit Morbus Crohn um den Faktor 15–50 erhöht ist. Zweieiige Zwillinge zeigen in 4 %, eineiige Zwillinge in bis zu 50 % der Fälle eine deutlich erhöhte Konkordanz für diese Erkrankung. Auch ist das Krankheitsbild (Befallsmuster, Komplikationen, Alter bei Erstmanifestation) in Familien mit mehreren Erkrankten häufig überzufällig konkordant. Dabei haben CED-Patienten aber keinen klassischen formalen Erbgang. Es handelt sich vielmehr um polygene oder komplexe genetische Erkrankungen, d. h. betroffene Patienten weisen in unterschiedlichen Kombinationen mehr oder weniger verschiedene Risikogene auf, deren Kombination wahrscheinlich auch den Phänotyp bzw. das Krankheitsbild prägt. Bis zum heutigen Datum haben Genomweite Assoziationsstudien (GWAS) und computergestützte (in silico) Metaanalysen zur Identifikation von mehr als 163 Risikogenen geführt (zur Übersicht siehe [2]). Grundsätzlich lassen sich die, durch diese Gene kodierten, Funktionsstörungen in folgende Gruppen einteilen:

- Defekte der gastrointestinalen Barriere,
- Störungen der Autophagiesysteme,
- Defekte im angeborenen Immunsystem mit Störungen der granulozytären und phagozytären Funktionen,
- Hyper- und autoinflammatorische Reaktionen,
- gestörte T- und B-Zellreifung bzw. -aktivierung.

DOI 10.1515/9783110454352-011

Neben genetischen Faktoren sind Umweltfaktoren für die Entstehung der CED, aber auch bei der Auslösung akuter Schübe von Bedeutung. Es wird zwischen Risikofaktoren der frühen Kindheit, die die Manifestation der Erkrankung begünstigen, und lebenslangen Risikofaktoren, die akute Schübe auslösen können, unterschieden (zur Übersicht siehe [1, 3]). Die Bedeutung der Umweltfaktoren wird auch an der fehlenden 100 %igen Konkordanz bei eineiigen Zwillingen (siehe oben) als auch aus Studien an Migrantenpopulationen deutlich. Ziehen Personen aus einem Gebiet mit niedriger Inzidenz für CED in ein Gebiet mit hoher Inzidenz für CED, passt sich die Krankheitsinzidenz innerhalb der Migrantenpopulation bereits in der ersten dort geborenen Generation an die Inzidenz des neuen Wohnortes an [4, 5]. Diese rasche Veränderung der Krankheitsinzidenz ist nicht durch eine Änderung der Genetik zu erklären und weist auf einen Zusammenhang mit den veränderten Umweltfaktoren hin. Die höchste Inzidenz findet sich aktuell in Canada, Nordeuropa und Australien [6]. Die typische Diät der westlichen Welt ist reich an Zucker, Fett und Protein. Dies führt zu einer deutlichen Modulation der intestinalen Flora im Vergleich zu einer faserreichen, proteinarmen stärker pflanzlich basierten Diät [7]. Einige kleinere Studien zeigen einen Zusammenhang zwischen einer fett- und proteinbasierten Ernährung und CED. Bisher fehlen allerdings größere prospektive Studien, die einen direkten Zusammenhang zwischen Diät und chronisch entzündlichen Darmerkrankungen beweisen [8, 9]. Ein weiterer wichtiger Modulator des intestinalen Mikrobioms, welcher mit einer zunehmenden Häufigkeit chronisch-entzündlicher Darmerkrankungen assoziiert ist, ist die verstärkte Exposition gegenüber Antibiotika aus medizinischer Anwendung [10]. Auch die Zunahme der Rate an Entbindungen per Sectio [11] führt zu einer Änderung der intestinalen Flora und konnte mit einer Zunahme des Risikos für das Entstehen von CED in Verbindung gebracht werden.

11.1 Veränderungen des Mikrobioms bei chronisch-entzündlichen Darmerkrankungen

Chronisch-entzündliche Darmerkrankungen manifestieren sich in Darmabschnitten mit der höchsten Dichte von Mikroorganismen im menschlichen Körper. Auf der Suche nach der Ursache der Erkrankung wurde deshalb bereits früh eine Verbindung zur Darmflora vermutet [12]. Da bei einem Teil der Patienten mit Morbus Crohn epitheloidzellige Granulome auftreten, wurde als Ursache eine spezifische Infektion mit atypischen Mycobakterien angenommen [13]. Ein schlüssiger Beweis dieser These konnte bisher nicht erbracht werden. Im Gegensatz zu dieser Infektionshypothese ist mit klinischen als auch tierexperimentellen Daten gut belegbar, dass die intestinale Mikrobiota insgesamt einen Einfluss auf die Krankheitsentwicklung ausübt. Eine Vielzahl von Mausmodellen zeigte eine deutliche Verbesserung oder sogar Symptomfreiheit, wenn die Tiere antibiotisch behandelt oder keimfrei gehalten wurden [14–16]. Auch bei Patienten kann durch die Anlage eines Stomas, welches den Stuhl vor der entzündlich veränderten Stelle ausleitet, oder durch die Gabe von Antibiotika eine kurzfristige Verbesserung erreicht werden. Leider kommt es jedoch zu einem raschen Wiederauftreten der Entzündung, nachdem die Kontinuität des Darmes wiederhergestellt bzw. die antibiotische Therapie beendet wird [17–19].

Analysen des intestinalen Mikrobioms gesunder Erwachsener zeigten, dass sich dieses durchschnittlich aus 100 verschiedenen bakteriellen Spezies zusammensetzt und diese Zusammensetzung langfristig sehr stabil ist [20]. Die wesentlichen in der Stuhl-Mikrobiota vorhandenen Phyla sind Firmicutes, Bacteroidetes, Actinobacteriae und Proteobacteria. Mit Hilfe vergleichender Analysen von 16S rRNA im Stuhl von Patienten mit MC und CU wurde versucht, für diese Erkrankungen typische Veränderungen in der Populationszusammensetzung der intestinalen Mikrobiota zu identifizieren. Ein wesentliches Merkmal ist eine Reduktion der mikrobiellen Diversität [21, 22]. Bei dem Versuch der genaueren Analyse finden sich große Unterschiede in der angewandten Analytik und Auswahl der untersuchten Patientenkollektive. Die meisten Studien ergaben eine Reduktion der Firmicutis und Bacteroidetes bei Patienten mit MC sowohl im Stuhl [23, 24] als auch in Mukosaproben [25], während die spezifischen Veränderungen bei Patienten mit CU bei manchen Studien wesentlich geringer ausgeprägt sind [23, 25]. Allerdings zeigen Daten von Patienten mit Pouchitis, dass die Reduktion der Diversität und die Reduktion an Firmicutis und Bacteroidetes spezifisch für die Situation des entzündeten Darmes ist, da es bei Patienten mit Pouchanlage auf Grund eines gesteigerten Tumorrisikos bei familiärer adenomatöser Polyposis nicht zu einer derartigen Verschiebung des Mikrobioms kommt [26].

Bei einer genaueren Betrachtung unterhalb der Phylumebene zeigt sich neben den oben beschriebenen Veränderungen eine Anreicherung von Gammaproteobakterien [25]. Zu dieser Klasse gehören auch die Familien der Enterobacteriaceae und Pastorellaceae, die bei Patienten mit MC ebenfalls zunehmen [27]. Bei den in der Häufigkeit abnehmenden Spezies handelt es sich um Clostridien der Gruppen IV und XIVa [27, 28]. Diese sind funktionell wichtig, da sie über die Butyratproduktion unterstützend auf den Metabolismus der Epithelzellen einwirken und so die Integrität des Epithels unterstützen und die Apoptoserate der Epithelzellen verringern [29]. Auch bei Patienten mit CU wurde eine Reduktion Butyrat produzierender Bakterien nachgewiesen [30]. Aus der Gruppe dieser Clostridiales steht *Faecalibacterium prausnitzii* sehr im Fokus des Interesses, da eine Reduktion von *F. prausnitzii* mit einer Änderung des Erkrankungsverlaufes assoziiert werden konnte. So zeigte sich bei Patienten mit MC, dass eine Reduktion des Anteils an *F. prausnitzii* mit einem gesteigerten Risiko für ein postoperatives Rezidiv der Erkrankung einhergeht [31] und dass Patienten mit einem höheren Anteil dieses Bakteriums generell seltener operiert werden müssen [28]. Eine Erklärung für diese Ergebnisse könnte die Fähigkeit von *F. prausnitzii* sein, ein antientzündliches Protein zu sezernieren [32] und damit den (NF)-κB Pfad in intestinalen Epithelzellen zu hemmen.

Wie oben dargestellt sind bei Patienten mit CED eine Vielzahl genetischer Veränderungen identifiziert worden [2]. Für einige dieser Veränderungen konnte ein direkter

Effekt auf die Zusammensetzung der intestinalen Flora gezeigt werden. Adulte NOD2-defiziente Mäuse weisen z. B. eine signifikant veränderte Mikrobiota im Lumen mit deutlich höherer Bakterienlast im Ileum, aber auch Störungen in der Zusammensetzung der Mukosa-adhärenten Mikrobiota auf [33]. Auch Patienten mit Mutationen im NOD2-Gen, mit ATG16L1-Mutationen oder Veränderungen der das Enzym Fukosyltransferase 2-kodierenden Gene wiesen eine Verschiebung der kommensalen Mikrobiota auf [27, 34, 35]. Die über diese Mutationen ausgelösten Veränderungen im angeborenen und adaptiven Immunsystem führen aber nicht nur zu einer Veränderung der Zusammensetzung der intestinalen Mikrobiota, sondern auch zu einer gesteigerten Anfälligkeit für intestinale Pathogene [36, 37] und einem Verlust protektiver Funktionen [38]. Insgesamt werfen diese Beobachtungen die Frage auf, ob die Veränderungen in der Mikrobiota bei Patienten mit CED primär oder sekundär („Henne-oder-Ei-Frage“) sind.

11.2 Funktionelle Veränderungen der Mikrobiota bei CED

Wichtiger als die Veränderungen in der Zusammensetzung der intestinalen Mikrobiota bei CED erscheint ihre mikrobielle Funktion, das sogenannte Metabolom. So zeigte die Analyse der 16S rDNA und 16S rRNA von Kontrollen sowie CU- und MC-Patienten aus Litauen, Indien und Deutschland zwar populationsspezifische Unterschiede in der ruhenden, über die 16S rDNA abgebildete Population, bei einer größeren Gemeinsamkeit bezüglich der rRNA; bei einer nach Krankheit differenzierten Betrachtung zeigten sich für die verschiedenen Populationen gemeinsame, relativ distinkte Cluster [39]. Funktionelle Analysen des Metagenoms ergeben hingegen ein homogeneres Bild der Störungen bei CED mit einer Reduktion der Signale des Metabolismus kurzkettiger Fettsäuren und einem gesteigerten oxidativen Metabolismus sowie einer Degradation der Mucine [40]. Eine Abnahme von Butyrat im Fettsäuremetabolismus kann zu einer Zunahme des ER-Stress führen. Trifft dieser vermehrte Stress dann auf Paneth-Zellen, die aufgrund der in Europa häufigen Mutation des ATG16L1-Gens diesen Stress schlechter kompensieren und Pathosymbionten auch schlechter eliminieren können [34], kann dies zum Kondensationspunkt für eine aktive Entzündung werden [41]. Eine Vielzahl von Studien zeigt funktionelle immunregulatorische Effekte intestinaler Bakterien auf das mukosale Immunsystem, z. B. durch die Produktion kurzkettiger Fettsäuren und die daraus folgende Differenzierung und Expansion regulatorischer T-Zellen (Treg) [42]. Ein durch eine Reduktion von SCFA-bildenden Bakterien, oder ein diätetisch bedingter Mangel an SCFA hingegen führt zu einer reduzierten Differenzierung von Tregs und damit in Folge zu einer vermehrten Aktivierung protektiver Immunzellen.

Entzündungsvorgänge wiederum ziehen eine nachhaltige Veränderung der luminalen Lebensbedingungen und in Folge auch eine dauerhafte Veränderung des Mikrobioms nach sich, die in direkter Folge ebenfalls wieder zu einer Zunahme der

Entzündung führt. Die im Darmlumen vorhandenen Clostidiales und Bacteroidales sind anaerob wachsende Bakterien, die in enger Interaktion mit den Epithelzellen und auch dem mukosalen Immunsystem stehen. Diese Bakterien nutzen Phospholipide aus abgeschilferten Epithelzellen als Stoffwechselsubstrat und stellen Butyrat für den Stoffwechsel der Epithelzellen zur Verfügung. Durch die Produktion kurzkettiger Fettsäuren (SCFA) können sie die Ausdifferenzierung regulatorischer T-Zellen induzieren. Im Rahmen der akuten Entzündungsreaktion werden Neutrophile und Makrophagen in die Schleimhaut und in das Darmlumen rekrutiert. Diese produzieren reaktive Sauerstoff- und Stickstoffverbindungen, um unmittelbar an der luminalen Epitheloberfläche gelegene Pathogene abzutöten. Diese dann im Überschuss vorhandenen Verbindungen reagieren jedoch auch mit dem Darminhalt und bilden Abbauprodukte. So wird z. B. über die iNOS (inducible nitric oxide synthase) Stickstoffmonoxid (NO) produziert, welches nach Reaktion mit Superoxid zu Peroxynitrit und schließlich nach einer weiteren Reaktion mit Kohlendioxid zu Nitrat umgebaut wird. Die Tatsache, dass fakultativ anaerobe Enterobacteriaceae Nitrat als Elektronenakzeptor verwenden können, verschafft diesen einen deutlichen Vorteil gegenüber den obligat anaeroben Bacteroidales und Clostridiales, denen dieser Weg nicht offen steht [43]. Weiterhin können Enterobacteriaceae Stoffwechselendprodukte der obligat anaeroben Bakterien als Kohlenstoffquelle für die eigene Biosynthese nutzen. Durch diese Stoffwechselwege haben Enterobacteriaceae einen deutlichen Wachstumsvorteil im entzündeten Darm [44]. So führt die persistierende Entzündung über eine Verschiebung der Nährstoffsituation zu einer Veränderung der intestinalen Mikrobiota (Abb. 11.1). Weitgehend ungeklärt ist die Rolle von Viren, Bakteriophagen und Pilzen für das humane mukosale Immunsystem. Erste Daten zeigen jedoch auch für diese Entitäten eine Störung der normalen Speziesverteilung [45, 46].

11.3 Therapeutische Ansätze durch Modulation des Mikrobioms bei Patienten mit CED

Grundsätzlich stehen zur Modulation des gastrointestinalen Mikrobioms bei CED drei Ansätze zur Verfügung, um den Krankheitsverlauf bei CED zu beeinflussen. So kann:
1. durch die Gabe von Antibiotika,
2. die Gabe von Prä- oder Probiotika
3. oder einen fäkalen Mikrobiom-Transfer (FMT)

eine Modulation des Mikrobioms erreicht werden. Keine dieser Möglichkeiten ist ein gezielter Eingriff in die Zusammensetzung des Mikrobioms der betroffenen Patienten; problematisch ist auch, dass der zu therapierende „Defekt" nicht bekannt ist. Unklar bleibt, was ein „Gutes Mikrobiom" für den CED-Patienten ist und ob dieses vor dem Hintergrund der oben beschriebenen genetischen Veränderungen und ihrer Konsequenzen überhaupt langfristig zu erreichen ist.

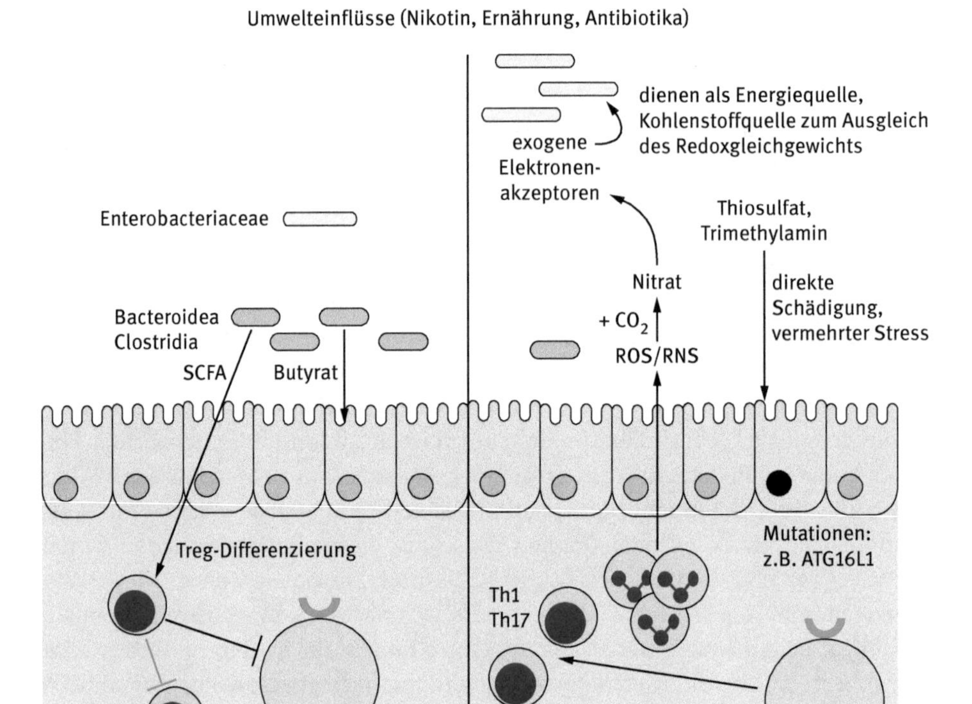

Abb. 11.1: Interaktion zwischen Mikrobiom und Wirt im ruhenden (A) und entzündeten (B) Zustand. SCFA (kurzkettige Fettsäuren); ROS (Reaktive Sauerstoffverbindungen) RNS (Reaktive Stickstoffverbindungen).

Das Potenzial einer antibiotischen Behandlung wird insbesondere in der Therapie der akuten Pouchitis nach Kolektomie bei CU deutlich. Ca. 30–50 % der Patienten entwickeln im Verlauf eine Pouchitis; diese kann bei einem Großteil der betroffenen Patienten mit Hilfe von Ciprofloxacin oder Metronidazol oder einer Kombinationstherapie wieder in Remission überführt werden [47]. Neben der kurzfristigen antibiotischen Behandlung des fistulierenden MC [48] konnte in einer Vielzahl kleinerer Studien auch ein therapeutischer Effekt für die Behandlung des luminalen MC nachgewiesen werden [49]. Ursächlich hierfür könnte neben einer allgemeinen Reduktion der Populationsdichte ein spezifischer Effekt auf enteroadhäsive E. coli sein, die einen krankheitsintensivierenden Effekt bei Patienten mit ileozökalem Befall des MC zeigen könnten [50]. Auch die postoperative Behandlung bei MC-Patienten nach Ileozökalresektion mit Metronidazol schützt vor einem Rezidiv [51]. Ein langfristiger Einsatz von Antibiotika ist durch die jeweils spezifischen Nebenwirkungen der einzelnen Antibiotika und auch durch die Entwicklung multipler Resistenzen limitiert [52].

Bezüglich der Therapie mit Prä- und Probiotika sei auf das Kapitel 9 von Harald Matthes verwiesen. Betont werden soll an dieser Stelle lediglich, dass für das Probiotikum E. coli Nissle eine randomisierten Studie zur Rezidivprophylaxe bei der CU vorliegt, die eine Äquivalenz zu Mesalazin zeigt [53]. Kleinere Studien belegen auch einen Nutzen des aus acht Laktobacillenstämmen bestehenden Präparates VSL#3 zur Behandlung der CU und Remissionserhaltung bei chronischer Pouchitis [54, 55].

Ein für viele Patienten sehr interessanter Ansatz ist die Anwendung des FMT zur Behandlung von CED. In einer kürzlich publizierten lesenswerten Meta-Analyse [56] zur FMT bei CED wurden 18 Studien mit 122 Patienten zusammengefasst. Die methodischen Ansätze waren sehr unterschiedlich; so wurde die Spender-Mikrobiota sowohl über nasojejunale Sonden, Einläufe oder endoskopisch (gastroskopisch/koloskopisch) appliziert. Die Applikationsfrequenz reichte von 1-mal bis zu 5-mal. 41 % der Patienten erhielten den FMT mehrfach. Zum Großteil wurde eine frische Spenderstuhlsuspension verwandt, teilweise wurde auf eingefrorenes Material zurückgegriffen. In der zusammenfassenden Auswertung zeigte sich bei mittlerer Heterogenität, dass insgesamt bei ca. 45 % der Patienten eine Remission zu erreichen war. Neben diesen Studien wurden in den vergangenen Monaten drei randomisierte kontrollierte Studien zur Behandlung der CU mit FMT veröffentlicht. Von den beiden ersten Studien zeigte die von Moayyedi et al. [57] einen signifikanten Nutzen der per Einlauf übertragenen Mikrobiompräparation im Vergleich zur ausschließlich mit Wasser behandelten Patientengruppe (Remission in 24 vs. 5 %; neun vs. zwei Patienten). Im Gegensatz dazu konnten Rossen et al. [58] keinen signifikanten Nutzen der per naso-duodenaler Sonde übertragenen Spender-Präparation im Vergleich zur Übertragung des patienteneigenen Mikrobioms (Remission in 30,4 vs. 20 %; sieben vs. fünf Patienten) nachweisen. Auffällig war in der Studie von Moayyedi et al., dass sieben der neun erfolgreich behandelten Patienten die Probe von einem (dem sogenannten Spender B) der insgesamt sechs verschiedenen Spender erhalten hatten. Die Besonderheiten im Mikrobiom von Spender B sind unbekannt; ihre Identifikation wäre aber von großem wissenschaftlichem Interesse. Die Problematik der Spenderabhängigkeit wurde in der aktuellsten erfolgreich abgeschlossenen Studie zur FMT adressiert. In dieser Studie erhielten die Patienten eine Mischung aus Stuhlproben von bis zu sieben nicht mit dem Patienten verwandten Spendern. Die Daten der Studie wurden auf dem Kongress der Europäischen Crohn und Colitis Organisation und der amerikanischen Digestive Diseases Week präsentiert und zeigten einen signifikanten Therapie-Erfolg. Bei elf von 41 Patienten der Therapiegruppe (27 %), jedoch nur drei von 40 Patienten der Plazebogruppe (8 %) konnte eine endoskopische und klinische Remission erreicht werden [59]. Zum Morbus Crohn gibt es eine deutliche schwächere Datenlage. Eine im Januar 2015 publizierte Studie aus China beschreibt bei 30 Patienten mit aktivem, therapierefraktärem MC die Effekte der FMT [60]. Einen Monat nach FMT wird eine Besserung bzw. Remission von 86,7 % bzw. 76,7 % angegeben. Auch noch ein Jahr nach FMT wird eine Remissionsrate von 53,3 % (8/15 Pat.) beschrieben. Hier handelte es sich um Patienten mit komplexen MC; diese sehr positiven Ergebnisse der Studie müssen aber durch eine randomisierte, kontrollierte Doppelblind-Studie bestätigt werden.

Auch bei Patienten mit chronischer Pouchitis ist die FMT als Therapieverfahren überprüft worden. Vor dem Hintergrund der guten Wirkung verschiedener Antibiotika erscheint dieser Ansatz besonders erfolgversprechend. Eine Studie bei acht Patienten zeigte allerdings keinen überzeugenden Erfolg [61]. In einer Kurzmitteilung wurde bei fünf Patienten mit Antibiotika-refraktärer Pouchitis bei drei Patienten eine langfristige Besserung beobachtet; dabei hing der Erfolg wohl auch von davon ab, ob die transferierte Mikrobiota über längere Zeit im Pouch der Patienten nachzuweisen war [62].

11.4 Welche Nebenwirkungen treten nach FMT bei CED-Patienten auf?

Diese Frage ist schwierig zu beantworten, da bei Patienten, die wegen einer aktiven CED einen FMT erhalten, das Therapieversagen klinisch nur schwer von möglichen Nebenwirkungen abzugrenzen ist. Relativ häufig nach FMT bei CED-Patienten ist in den ersten Tagen ein meist selbstlimitierendes Fieber mit Erhöhung von Entzündungsparametern, Übelkeit und Erbrechen zu beobachten. Bei CED-Patienten, die wegen einer rezidivierenden *Clostridium difficile*-Infektion (siehe auch Kapitel 20) einen FMT erhielten, konnte in über 25 % der Fälle ein akuter Schub nach FMT beobachtet werden [63]. So wurde auch das erstmalige Auftreten von extraintestinalen Manifestationen im Sinne eines Erythema nodosium bei einer Patienten mit MC und rezidivierender CDI nach FMT beschrieben [64]. Wichtiger als diese „Akutreaktionen“ erscheint der Verweis auf grundsätzlich mögliche langfristige Nebenwirkungen. Neben unerkannten Infektionen, die trotz sorgfältiger Untersuchungen des Spenders nicht auszuschließen sind, besteht die Gefahr, dass durch das Mikrobiom des Spenders Krankheitspotenziale übertragen werden. Denkbar wäre somit, dass alle Erkrankungen, die mit dem Mikrobiom in Verbindung gebracht werden, auch transferiert werden können. Da keine Sicherheit besteht, welche Erkrankungen ein Spender später entwickelt, sind gesicherte Indikationen für einen FMT zu fordern. Diese bestehen zurzeit bei Patienten mit CED nicht.

Insgesamt zeigen die Daten, dass das gastrointestinale Mikrobiom im Sinne einer Dysbiose bei Patienten mit CED verändert ist. Unklar ist, inwieweit diese Veränderungen vor dem Hintergrund der genetischen Alterationen bei CED-Patienten als kausal oder symptomatisch zu betrachten sind. Klar ist, dass die dynamischen Veränderungen im Mikrobiom in Phasen der Remission und im Schub krankheitsspezifisch auftreten. Auch gibt es überzeugende Ergebnisse, dass die Modulation der intestinalen Flora sicherlich einen Beitrag zur Therapie bei CED leisten kann. Optimistisch erscheint die Auffassung durch eine oder nur wenige Male durchgeführte FMT die chronischen Erkrankungen, auch vor dem Hintergrund der genetischen Disposition, erfolgreich zu behandeln. Die derzeit zur Verfügung stehenden Ansätze lassen noch viele Fragen bezüglich Reproduzierbarkeit, Generalisierbarkeit der Ergebnisse und Sicherheit offen. Ein FMT außerhalb kontrollierter Studien sollte deshalb bei Patienten mit CED nicht durchgeführt werden.

11.5 Literatur

[1] Lakatos PL. Recent trends in the epidemiology of inflammatory bowel diseases: up or down? World J Gastroenterol. 2006;12: 6102–6108.

[2] Jostins L. et al. Host-microbe interactions have shaped the genetic architecture of inflammatory bowel disease. Nature. 2012; 491: 119–124.

[3] Baumgart DC, Sandborn WJ. Crohn's disease. The Lancet. 2012; 380: 1590–1605.

[4] Cosnes J, Rousseau CG, Seksik P. & Cortot A. Epidemiology and Natural History of Inflammatory Bowel Diseases. Gastroenterology. 2011; 140: 1785–1794.e4.

[5] Ko Y, Butcher R & Leong RW. Epidemiological studies of migration and environmental risk factors in the inflammatory bowel diseases. World J Gastroenterol. 2014; 20: 1238–1247.

[6] Molodecky, NA, et al. Increasing Incidence and Prevalence of the Inflammatory Bowel Diseases With Time, Based on Systematic Review. Gastroenterology. 2012; 142: 46–54.e42.

[7] Wu GD, et al. Linking long-term dietary patterns with gut microbial enterotypes. Science. 2011; 334: 105–108.

[8] Ananthakrishnan,AN, et al. High School Diet and Risk of Crohn's Disease and Ulcerative Colitis. Inflamm Bowel Dis. 2015; 21: 2311–2319.

[9] Hou JK, Abraham B & El-Serag H. Dietary Intake and Risk of Developing Inflammatory Bowel Disease: A Systematic Review of the Literature. Am J Gastroenterol. 2011; 106: 563–573.

[10] Ungaro R., et al. Antibiotics associated with increased risk of new-onset Crohn's disease but not ulcerative colitis: a meta-analysis. Am J Gastroenterol. 2014; 109: 1728–1738.

[11] Bager P, Simonsen J, Nielsen NM & Frisch M. Cesarean section and offspring's risk of inflammatory bowel disease: a national cohort study. Inflamm Bowel Dis. 2012; 18: 857–862.

[12] Kirsner JB. Historical aspects of inflammatory bowel disease. J Clin Gastroenterol. 1988; 10: 286–297.

[13] Liverani E, Scaioli E, Cardamone C, Dal Monte P & Belluzzi A. Mycobacterium avium subspecies paratuberculosis in the etiology of Crohn's disease, cause or epiphenomenon? World J Gastroenterol. 2014; 2:, 13060–13070.

[14] Taurog JD, et al. The germfree state prevents development of gut and joint inflammatory disease in HLA-B27 transgenic rats. J Exp Med. 1994; 180: 2359–2364.

[15] Sellon RK, et al. Resident enteric bacteria are necessary for development of spontaneous colitis and immune system activation in interleukin-10-deficient mice. Infect Immun. 1998; 66: 5224–5231.

[16] Hoentjen F.,et al. Antibiotics with a selective aerobic or anaerobic spectrum have different therapeutic activities in various regions of the colon in interleukin 10 gene deficient mice. Gut. 2003; 52: 1721–1727.

[17] Rutgeerts P, et al. Effect of faecal stream diversion on recurrence of Crohn's disease in the neoterminal ileum. The Lancet. 1991; 338: 771–774.

[18] Harper PH, Lee EC, Kettlewell MG, Bennett MK & Jewell DP. Role of the faecal stream in the maintenance of Crohn's colitis. Gut. 1985; 26: 279–284.

[19] Prantera C., et al. Rifaximin-extended intestinal release induces remission in patients with moderately active Crohn's disease. Gastroenterology. 2012; 142: 473–481.e4.

[20] Faith JJ, et al. The long-term stability of the human gut microbiota. Science. 2013; 341: 1237439.
[21] Seksik P, et al. Alterations of the dominant faecal bacterial groups in patients with Crohn's disease of the colon. Gut. 2003; 52: 237–242.
[22] Scanlan PD. Shanahan F, O'Mahony C & Marchesi JR. Culture-independent analyses of temporal variation of the dominant fecal microbiota and targeted bacterial subgroups in Crohn's disease. J. Clin. Microbiol. 2006; 44: 3980–3988.
[23] Walters WA, Xu Z & Knight R. Meta-analyses of human gut microbes associated with obesity and IBD. FEBS Lett. 2014; 588: 4223–4233.
[24] Manichanh C, et al. Reduced diversity of faecal microbiota in Crohn's disease revealed by a metagenomic approach. Gut. 2006; 55: 205–211.
[25] Frank DN, et al. Molecular-phylogenetic characterization of microbial community imbalances in human inflammatory bowel diseases. Proc Natl Acad Sci USA. 2007; 104: 13780–13785.
[26] McLaughlin SD, et al. The bacteriology of pouchitis: a molecular phylogenetic analysis using 16S rRNA gene cloning and sequencing. Annals of Surgery. 2010; 252: 90–98.
[27] Gevers D, et al. The treatment-naive microbiome in new-onset Crohn's disease. Cell Host and Microbe. 2014; 15: 382–392.
[28] Joossens M, et al. Dysbiosis of the faecal microbiota in patients with Crohn's disease and their unaffected relatives. Gut. 2011; 60: 631–637.
[29] Mathewson ND, et al. Gut microbiome-derived metabolites modulate intestinal epithelial cell damage and mitigate graft-versus-host disease. Nat Immunol. 2016; 17: 505–513.
[30] Machiels K, et al. A decrease of the butyrate-producing species Roseburia hominis and Faecalibacterium prausnitzii defines dysbiosis in patients with ulcerative colitis. Gut. 2014; 63: 1275–1283.
[31] Sokol H, et al. Faecalibacterium prausnitzii is an anti-inflammatory commensal bacterium identified by gut microbiota analysis of Crohn disease patients. Proc Natl Acad Sci USA. 2008; 105: 16731–16736.
[32] Quévrain E, et al. Identification of an anti-inflammatory protein from Faecalibacterium prausnitzii, a commensal bacterium deficient in Crohn's disease. Gut. 2016; 65: 415–425.
[33] Rehman A et al. Nod2 is essential for temporal development of intestinal microbial communities. Gut. 2011; 10: 1354–1362
[34] Sadaghian Sadabad M, et al. The ATG16L1-T300A allele impairs clearance of pathosymbionts in the inflamed ileal mucosa of Crohn's disease patients. Gut. 2015; 64: 1546–1552.
[35] Rausch P, et al. Colonic mucosa-associated microbiota is influenced by an interaction of Crohn disease and FUT2 (Secretor) genotype. Proc Natl Acad Sci USA. 2011; 108: 19030–19035.
[36] Petnicki-Ocwieja T, et al. Nod2 is required for the regulation of commensal microbiota in the intestine. Proc Natl Acad Sci USA. 2009; 106: 15813–15818.
[37] Jiang, W, et al. Recognition of gut microbiota by NOD2 is essential for the homeostasis of intestinal intraepithelial lymphocytes. Journal of Experimental Medicine. 2013; 210: 2465–2476.
[38] Kim D, et al. Nod2-mediated recognition of the microbiota is critical for mucosal adjuvant activity of cholera toxin. Nat Med. 2016; doi:10.1038/nm.4075
[39] Rehman A.,et al. Geographical patterns of the standing and active human gut microbiome in health and IBD. Gut. 2015; doi:10.1136/gutjnl-2014-308341
[40] Morgan XC, et al. Dysfunction of the intestinal microbiome in inflammatory bowel disease and treatment. Genome Biol. 2012; 13, R79.
[41] Adolph TE, et al. Paneth cells as a site of origin for intestinal inflammation. Nature. 2013; 503: 272–276.

[42] Smith PM, et al. The microbial metabolites, short-chain fatty acids, regulate colonic Treg cell homeostasis. Science. 2013; 341: 569–573.
[43] Winter SE, et al. Host-derived nitrate boosts growth of E. coli in the inflamed gut. Science. 2013; 339: 708–711.
[44] Faber F.& Bäumler AJ. The impact of intestinal inflammation on the nutritional environment of the gut microbiota. Immunol Lett. 2014; 162: 48–53.
[45] Sokol H, et al. Fungal microbiota dysbiosis in IBD. Gut. 2016; doi:10.1136/gutjnl-2015-310746
[46] Norman JM, et al. Disease-specific alterations in the enteric virome in inflammatory bowel disease. Cell. 2015; 160: 447–460.
[47] Van Assche G, et al. Second European evidence-based consensus on the diagnosis and management of ulcerative colitis part 3: special situations. The Oxford University Press. 2013; 7: 1–33.
[48] Schwartz DA, Ghazi LJ & Regueiro M. Guidelines for Medical Treatment of Crohn's Perianal Fistulas. Inflammatory Bowel Diseases. 2015; 21: 737–752.
[49] Khan KJ, et al. Antibiotic Therapy in Inflammatory Bowel Disease: A Systematic Review and Meta-Analysis. Am J Gastroenterol. 2011;106: 661–673.
[50] Darfeuille-Michaud A, et al. High prevalence of adherent-invasive Escherichia coli associated with ileal mucosa in Crohn's disease. Gastroenterology. 2004; 127: 412–421.
[51] Rutgeerts P, et al. Controlled trial of metronidazole treatment for prevention of Crohn's recurrence after ileal resection. Gastroenterology. 1995; 108: 1617–1621.
[52] Dogan B, et al. Multidrug resistance is common in Escherichia coli associated with ileal Crohn's disease. Inflamm Bowel Dis. 2013; 19: 141–150.
[53] Kruis W, et al. Maintaining remission of ulcerative colitis with the probiotic Escherichia coli Nissle 1917 is as effective as with standard mesalazine. Gut. 2004; 53: 1617–1623.
[54] Mimura T, et al. Once daily high dose probiotic therapy (VSL#3) for maintaining remission in recurrent or refractory pouchitis. Gut. 2004; 53: 108–114.
[55] Bibiloni R, et al. VSL#3 probiotic-mixture induces remission in patients with active ulcerative colitis. Am J Gastroenterol. 2005; 100: 1539–1546.
[56] Colman RJ & Rubin DT. Fecal microbiota transplantation as therapy for inflammatory bowel disease: A systematic review and meta-analysis. Journal of Crohn's and Colitis. 2014; 8: 1569–1581.
[57] Moayyedi P, et al. Fecal Microbiota Transplantation Induces Remission in Patients With Active Ulcerative Colitis in a Randomized Controlled Trial. Gastroenterology. 2015; 149: 102–109.e6.
[58] Rossen NG, et al. Findings From a Randomized Controlled Trial of Fecal Transplantation for Patients With Ulcerative Colitis. Gastroenterology. 2015; 149: 110–118.e4.
[59] Paramsothy S, et al. 600 Multi Donor Intense Faecal Microbiota Transplantation is an Effective Treatment for Resistant Ulcerative Colitis: A Randomised Placebo-Controlled Trial. Gastroenterology. 2016; 150: S122–S123.
[60] Cui B, et al. Fecal microbiota transplantation through mid-gut for refractory Crohn's disease: safety, feasibility, and efficacy trial results. J Gastroenterol Hepatol. 2015; 30: 51–58.
[61] Landy J, et al. Variable alterations of the microbiota, without metabolic or immunological change, following faecal microbiota transplantation in patients with chronic pouchitis. Sci Rep. 2015; 5: 12955.
[62] Stallmach A, et al. Fecal Microbiota Transfer in Patients With Chronic Antibiotic-Refractory Pouchitis. Am J Gastroenterol. 2016; 111: 441–443.
[63] Khoruts A, et al. Inflammatory Bowel Disease Affects the Outcome of Fecal Microbiota Transplantation for Recurrent Clostridium-difficile-Infection. Clin Gastroenterol Hepatol. 2016.

[64] Teich N, Weber M & Stallmach A. First Occurrence of Severe Extraintestinal Manifestations of Crohn's Disease Following Faecal Microbiota Transplantation. Journal of Crohn's and Colitis. 2016; doi:10.1093/ecco-jcc/jjw081.

Oliver Bachmann und Philipp Solbach

12 *Clostridium difficile* und andere gastrointestinale Infektionen

12.1 Einleitung

Die Interaktion von Pathogen, Wirt und Mikrobiota ist komplex und kann in verschiedene Phasen unterteilt werden [1]. Zunächst führt die Exposition mit dem Pathogen häufig zu einer massiven Störung der Standortflora, die eine Überwucherung begünstigen kann [2]. Im Falle einer *Clostridium difficile*-Infektion (CDI) kommt es durch Toxinproduktion, toxinmediierte Schleimhautschädigung und Aktivierung des Inflammasoms [3, 4] zum klinischen Beschwerdebild, wobei angenommen wird, dass die auftretende Diarrhö die Mikrobiota weiter depletiert. Während der Behandlungsphase einer bakteriellen gastrointestinalen Infektion bewirkt die Gabe von Breitspektrumantibiotika nicht nur eine Eradikation des Pathogens, sondern führt auch zu Änderungen der Standortflora. Nach der Behandlung entsteht eine dynamische Bemühung hinsichtlich der Mikrobiota-Rekonstitution in Menge und Diversität, dem ein mögliches Wiederauftreten des Pathogens gegenübersteht.

12.2 *Clostridium difficile*: Epidemiologie und Pathogenitätsfaktoren

Innerhalb der letzten Jahre haben *Clostridium difficile*-Infektionen (CDI) deutlich zugenommen. Das amerikanische Center for Disease Control (CDC) hat neben Carbapenem-resistenten Enterobacteriaceae (CRE) und Cephalosporin-resistenten Gonokokken, *Clostridium difficile* als „urgent threat“ eingeordnet [5], und 12,1 % der „healthcare-associated infections“ (HAIs) in den USA werden bereits durch *Clostridium difficile* verursacht. In Deutschland liegt die Dichte für die nosokomial erworbene CDI mit 0,47/1.000 Patiententage mehr als doppelt so hoch als nosokomial erworbene Infektionen mit Methicillin-resistenten *Staphylococcus aureus* (MRSA; 0,2/1.000) [6] und verursacht exzessive Mehrkosten, insbesondere die rekurrente CDI [7]. Es wird davon ausgegangen, dass circa 0,9–1,4 % der Patienten während eines Krankenhausaufenthaltes eine CDI entwickeln [8–10]. Durch sensitivere Nachweisverfahren (z. B. nucleic acid amplification test, NAAT) konnte in den Jahren 2000–2010 eine Verdoppelung der *Clostridium difficile* assoziierten Hospitalisierungen gemessen werden [11]. Insbesondere Infektionen mit dem hochvirulenten fluorochinolonresistenten Epidemiestamm PCR Ribotyp 027 haben deutlich zugenommen [12]. Innerhalb der letzten Jahre ist nicht nur die Inzidenz der CDI angestiegen, sondern es kam auch zu einer zunehmenden Mortalität [13], wobei die Mortalität innerhalb von 30 Tagen bei einer

DOI 10.1515/9783110454352-012

ambulant erworbenen *Clostridium difficile*-Infektion 1,3 % und bei einer nosokomial erworbenen Infektion bei 9,3 % liegt [14]. Außerhalb von Gesundheitseinrichtungen können auch Haustiere wie z. B. Hunde und Katzen eine zusätzliche Infektionsquelle mit *Clostridium difficile* darstellen.

Die hohe Pathogenität wird durch Toxine vermittelt, namentlich das Enterotoxin A (TcdA kodiert von tcdA; 308 kDa) und das Zytotoxin B (TcdB kodiert von tcdB; 270 kDa) und/oder durch ein binäres Toxin (kodiert durch cdtA und cdtB), wobei eine Korrelation zwischen der fäkalen Toxinkonzentration und der Toxinbildungskapazität mit dem klinischen Schweregrad nicht nachgewiesen werden konnte [18]. Die häufigsten toxinbildenden Stämme gehören zu PCR Ribotyp 001 (RT 001), RT 012, RT 014/020, RT 017, RT 106, RT 027, RT 078 und RT 018 [19], zu den hypervirulenten Stämmen PCR RT 027, 078 und 018 [20, 21]. Durch die Produktion von binären Toxinen, Mutationen in den Toxin-Regulator-Genen oder die Ausbildung von Resistenzenmechanismen gegenüber Chinolonen kommt es zu einer erhöhten Morbidität und Mortalität. Ribotyp 027 bildet ein binäres Toxin (CDT, bestehend aus CdtA und CdtB), eine Aktin-spezifische Adenosin-Diphosphat-Ribosyltransferase, kodiert durch das cdtA und cdtB Gen [22]. Durch eine 18bp-Deletion im Repressor-Gen tcdC kommt es zu einer Überexpression von cdtA und cdtB mit einer vermehrten Toxinbildung [22–24]. Des Weiteren zeigen alle Ribotyp-027-Isolate eine Resistenz gegen Moxifloxacin auf [25].

Verschiedene Faktoren spielen beim Schweregrad der CDI eine Rolle. Insbesondere durch eine intestinale Dysbiose, hervorgerufen durch unterschiedlichste Faktoren (Antibiotika, Immunsuppressiva etc.) kommt es zu einem Verlust der Kolonisationsresistenz mit einer gesteigerten Toxinempfänglichkeit, wobei das Vorhandensein von Anti-Toxin-Antikörpern zu berücksichtigen ist (siehe Abb. 12.1).

Die primäre Diagnostik einer *Clostridium difficile*-Infektion erfolgt klinisch (drei oder mehr ungeformte Stühle innerhalb von 24 Stunden oder endoskopischer Nachweis von Pseudomembranen) [26], für Details zu Diagnostik und Therapie wird auf die entsprechende Leitlinie der Deutschen Gesellschaft für Verdauungs- und Stoffwechselerkrankungen verwiesen [27].

Nicht alle Patienten, die mit *Clostridium difficile* besiedelt sind, werden auch symptomatisch (ca. 1,4 % [28]). 29 % der Isolate von Krankenhaus-assoziierter CDI haben eine große Ähnlichkeit zu Isolaten von asymptomatischen *Clostridium difficile* kolonisierten Patienten, sodass dasselbe Isolat mit einer Infektion und Kolonisierung assoziiert sein kann [29]. Asymptomatische Träger von toxinbildenden *Clostridium difficile*-Isolaten haben ein niedrigeres Risiko, im Krankenhaus an einer CDI zu erkranken, als nichtkolonisierte Patienten [30]. Es wird davon ausgegangen, dass asymptomatische *Clostridium difficile*-Träger durch eine humorale Immunantwort gegenüber den Toxinen tcdA und tcdB geschützt werden. Eine Infizierung anderer Patienten kann dennoch erfolgen [31]. Die asymptomatische Kolonisierung mit *Clostridium difficile* beträgt 0–3 % bei gesunden Erwachsenen und 20–40 % bei hospitalisierten Patienten [5]. Andere Daten zeigen, dass 7,5–15,5 % [9] der asymptomatischen Patienten bereits

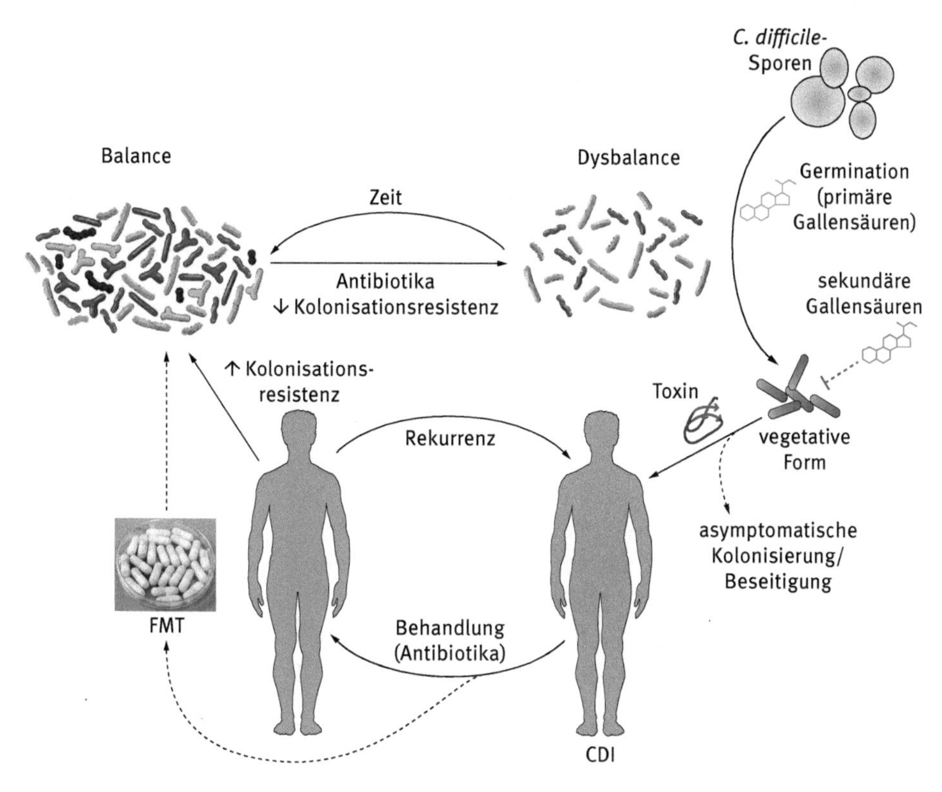

Abb. 12.1: Infektionszyklus von *Clostridium difficile* adaptiert nach [126].

bei Krankenhausaufnahme mit einem toxinbildenden *Clostridium difficile*-Stamm und nur 6 % mit einem nichttoxinbildenden *Clostridium difficile*-Stamm (NTCD) besiedelt sind. Es gibt keinen Beweis dafür, dass nichttoxinbildende Stämme eine CDI verursachen können [32], aber *in vitro* konnte gezeigt werden, dass es zu einer Übertragung von Virulenzfaktoren (Pathogenitätslocus, PaLoc (enthält die Gene tcdA-E)) kommen kann. Ob Patienten mit einem toxinbildenden oder einem nichttoxinbildenden *Clostridium difficile*-Stamm besiedelt sind, ist unabhängig von antibiotischen Vortherapien oder Krankenhausvoraufenthalten [33]. Trotz einer hohen Kolonisationsprävalenz von bis zu 80 % erkranken Kinder seltener an einer CDI, a. e. bedingt durch einen fehlenden *Clostridium difficile* toxinbindenden Rezeptor auf der Kolonozytenoberfläche. Der Höhepunkt einer *Clostridium difficile*-Kolonisierung liegt zwischen der Geburt und den ersten sechs Lebensmonaten [34]. Insgesamt stellen Kinder zwischen 0–2 Jahren somit ein mögliches Reservoir von pathogenen *Clostridium difficile*-Stämmen für Erwachsene außerhalb von Gesundheitseinrichtungen dar.

Die Sporenbildung verleiht *Clostridium difficile* eine ausgesprochene Umweltresistenz (bis zu fünf Monate auf unbelebten Flächen) [35], und *Clostridium difficile*-Sporen können bis zu sechs Monate nach Behandlung im Stuhl nachgewiesen werden [36, 37].

Hauptübertragungsweg ist die fäkal-orale Route nach Kontakt mit kontaminierten Oberflächen [38]. Eine Übertragung zwischen asymptomatisch kolonisierten Patienten wurde ebenfalls beschrieben [39]. Durch Ingestion gelangen Sporen aus der Umwelt in den Dünn- und Dickdarm. Die Magensäure bildet keine ausreichende Schutzbarriere und wird durch die zu häufige Verordnung von Protonenpumpen-Inhibitoren (PPI) weiter reduziert. Eine erhöhte Kontamination mit Sporen im Umfeld von Patienten ist bereits mehrfach beschrieben worden [40, 41]. Insbesondere im klinischen Setting spielen hierbei unzureichende Isolationsmaßnahmen und mangelnde Hygiene eine entscheidende Rolle bei der Verbreitung der Infektion.

12.3 Veränderungen der Mikrobiota bei enteralen Infektionen

Die akute infektiöse Gastroenteritis ist durch Entzündung charakterisiert, welche die kolonische Mikrobiota signifikant beeinträchtigt. Der Erfolg eines Pathogens ist von seiner Fähigkeit abhängig, die von der kommensalen Mikrobiota erzeugte Kolonisationsresistenz zu überwinden, beispielsweise durch Aktivierung einer Entzündungsantwort beim Wirt [42]. Bei der Reisediarrhö, die häufig durch enterotoxische *E. coli* oder *Noroviren* verursacht wird, kommt es zu einer deutlichen Verschiebung mit Erhöhung des Firmicutes-Bacteroidetes-Verhältnisses in Reisenden mit Diarrhö, unabhängig von dem Nachweis oder der Entität des Erregers. Interessanterweise zeigte sich dieses Verhältnis auch bei Reisenden ohne Diarrhö im Vergleich zu Probanden des Human-Mikrobiom-Projektes erhöht, was auf anderweitige Faktoren im Zusammenhang mit Reisen hindeutet [43]. In einer prospektiven humanen Studie ergab sich beispielsweise, dass eine hohe Diversität sowie eine stärkere Kolonisierung mit Lachnospiraceae mit dem geringen Risiko verknüpft waren, eine Campylobacter-Infektion zu entwickeln [44].

Aufgrund der Beobachtung, dass im Anschluss an eine Norovirus-Infektion ein postinfektiöses Reizdarmsyndrom auftreten kann und für Letzteres eine Assoziation mit einer gestörten intestinalen Mikrobiota beschrieben wurde, untersuchten Nelson et al. die Mikrobiota von Norovirus-Patienten [45]. Während die Mehrzahl der Patienten keine wesentlichen Unterschiede zu gesunden Kontrollen aufwies, zeigte sich bei ca. 20 % eine signifikante Reduktion von Bacteroidetes, verbunden mit einem Anstieg von Proteobacteria. Die Bedeutung der Mikrobiota für eine Norovirus-Infektion wird auch durch Mausexperimente unterstrichen, in denen murines Norovirus, das bei Wildtyp-Mäusen eine subklinische Infektion erzeugt, bei Interleukin-10-defizienten Tieren zu einer Barrierestörung führt, die von der enterischen Mikrobiota abhängt [46]. Humane Noroviren können nicht nur ein akutes Krankheitsbild, sondern auch eine persistierende Infektion bewirken. Im Mausmodell zeigte sich interessanterweise, dass eine antibiotische Behandlung mit Vancomycin und Ampicillin die Viruspersistenz verhindern kann und dass dieser Effekt von Interferon-lambda sowie den Transkriptionsfaktoren Stat1 und Irf3 abhängig ist [47].

Chang et al. konnten 2008 bei Patienten mit einer rezidivierenden CDI eine verminderte mikrobielle Diversität verglichen mit gesunden Probanden und Patienten mit einer Antibiotika-induzierten initialen CDI feststellen [48]. 2013 verglichen Antharam et al. die Mikrobiota von 40 gesunden Probanden mit 36 Patienten mit einer *Clostridium difficile* negativen Antibiotika-assoziierten Diarrhö und 39 Patienten mit einer CDI [49]. Es zeigte sich eine deutliche Abnahme der bakteriellen Diversität der kranken Patienten im Vergleich zur gesunden Kontrollgruppe. Insbesondere ergab sich eine Abnahme SCFA-produzierender Bakterien der Familie Ruminococcaceae und Lachnospiraceae sowie der Clostridia Cluster IV und XIVa. Patienten mit einer CDI wiesen eine höhere Prävalenz von Enterococcus, Veillonella, Lactobacillus und Bakterien der Gammaproteobacteria-Klasse auf. Zusätzlich konnte mittels eines mathematischen Ansatzes die Abnahme von Bacteroides, Lachnospiraceae und Ruminococcaceae mit einer CDI in Zusammenhang gebracht werden [50]. Nach erfolgreicher rCDI-Behandlung mittels fäkalen Mikrobiota-Transfers (FMT) ergab sich eine Veränderung hin zum Ausgangsverhältnis von Bacteroidetes und Proteobacteria.

12.4 Rolle des Mikrobioms für die Entstehung enteraler Infektionen

Risikofaktoren für enterale Infektionen beinhalten Aspekte, die von Eigenschaften des Wirtes, des Mikrobioms und auch der enteralen Pathogene selbst abhängig sind. So ist die Suszeptibilität gegenüber Enteropathogenen in verschiedenen Altersgruppen sehr unterschiedlich, was zumindest teilweise mit der Mikrobiotakomposition zusammenhängen könnte [51]. In früher Kindheit ist die Mikrobiota äußerst dynamisch, während sie sich im Erwachsenenalter stabilisiert und im Wesentlichen aus Bacteroidetes und Firmicutes (95 %) besteht; im fortgeschrittenen Alter kommt es zu einem Rückgang von Bifidobacteria und Firmicutes. In frühen und späten Lebensabschnitten koinzidiert somit eine geringere Prävalenz von Bacteroidetes und eine höhere von Gammaproteobacteria mit einer erhöhten Suszeptibilität gegenüber verschiedenen enterischen Pathogenen [51]. Weiterhin zeigte sich, dass die Mikrobiota verschiedener Spezies den pathogenen Effekt von Enteropathogenen moduliert. Mäuse mit einer humanen Mikrobiota sind für eine Salmonelleninfektion im Gegensatz zu Mäusen mit ihrer nativen Mikrobiota empfänglicher für eine Salmonelleninfektion [52]. Dies könnte damit zusammenhängen, dass die humane Mikrobiota ein geringeres antagonistisches Potenzial gegenüber einer Salmonelleninfektion im Vergleich zur murinen Mikrobiota aufweist. Eine entscheidende Rolle für bestimmte enterale Infekte spielt neben Alter und Spezies die vorbestehende medikamentöse Behandlung. So sind Hauptrisikofaktoren für eine CDI Antibiotikatherapien, hauptsächlich mit Clindamycin, Cephalosporinen, Penicillin und Fluorochinolonen [53, 54]. Antibiotika beeinflussen nicht nur kurzfristig die bakterielle Zusammensetzung im Darm, sondern können auch langanhaltend die Mikrobiota, insbesondere ihre Diversität sowie ihre Stoffwechselfunktionen (SCFAs), modulieren [55].

Das Mikrobiom hat herausragende Bedeutung für die Modulation der intestinalen mukosalen Immunität. Dies wird durch verschiedene, in keimfrei gehaltenen Mäusen auftretende Immundefekte illustriert, wie weniger darmassoziiertes Lymphgewebe, kleinere mesenteriale Lymphknoten, geringere Antikörperproduktion, neben weiteren strukturellen und funktionellen Defiziten [56]. Die Entwicklung von TH17-differenzierten T-Helferzellen als Voraussetzung für mukosale Homöostase und Integrität ist in keimfreien Mäusen beträchtlich gestört [57], und auch die Translokation von Pathogenen wird durch die Mikrobiota erst ermöglicht [58]. Die kommensale Mikrobiota wird kontinuierlich durch „pathogen-recognition-receptors" (PRRs) wie TLRs (toll-like-receptors) geprüft, wobei die an extra- und intrazelluläre PRRs eingehenden Signale (microbe-associated molecular patterns, MAMPs und danger-associated molecular paterns, DAMPs) die Differenzierung von Pathogenen und kommensaler Mikrobiota und somit eine homöostatische vs. inflammatorische Reaktion erlauben (siehe Abb. 12.2) [59].

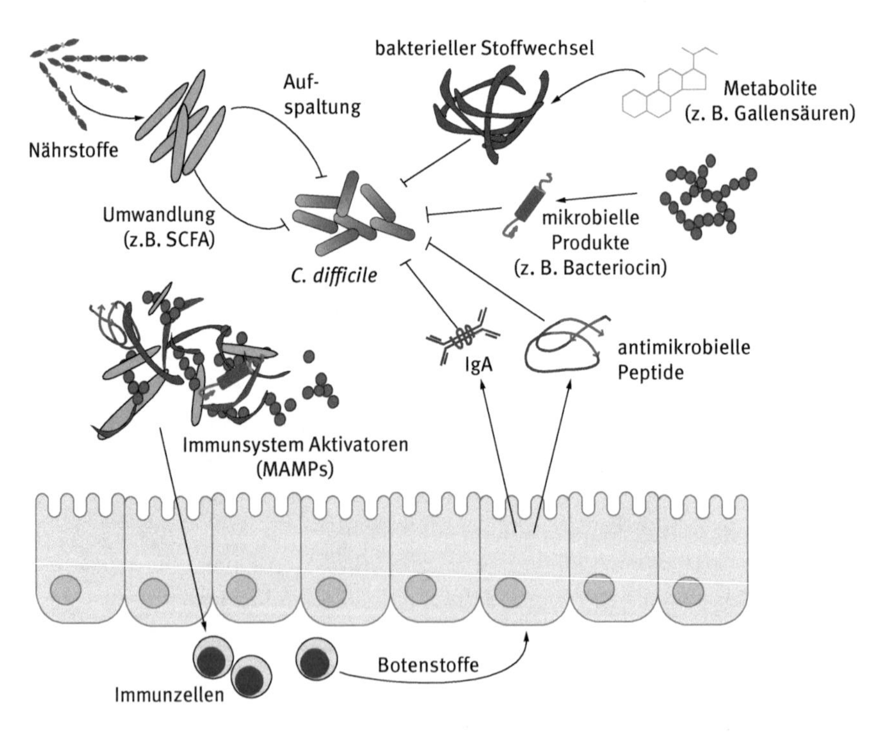

Abb. 12.2: Mikrobiota-vermittelte Mechanismen gegen *Clostridium difficile* adaptiert nach [54].

Andererseits spielen Wirtsfaktoren, wie das Immunsystem [60], aber auch das intestinale Epithel mit seiner Produktion von Mukus und antimikrobiellen Peptiden eine aktive Rolle für die Zusammensetzung der Mikrobiota [61]. Bereits 1988 konnte *in vitro* gezeigt werden, dass Bestandteile des Muzins (Sialinsäure, N-Acetylglucosamine, N-Acetylneuraminsäure) notwendig für einige Bakterien-Spezies sind, um eine Vermehrung von *Clostridium difficile* zu verhindern [62]. Zuletzt hat die intestinale Mikrobiota auch Effekte auf das systemische Immunsystem, was die komplexe Beeinflussung von Immun-, metabolischen und neoplastischen Erkrankungen widerspiegelt. Es gibt auch experimentelle Anhaltspunkte für die Translokation von MAMPs zu und Beeinflussung von entfernten Orten des Immunsystems [63]. Eine detaillierte Darstellung der komplexen Interaktion zwischen Immunsystem und Mikrobiota findet sich im Kapitel 15.

Die Virulenzfaktoren von Salmonellen wurden innerhalb der letzten Jahrzehnte zunehmend aufgeschlüsselt und beinhalten Effektorproteine, die über das Typ-II-Sekretionssystem transloziert werden und den Invasionsprozess ermöglichen, sowie ein weiteres Sekretionssystem zur Sicherstellung des intrazellulären Überlebens [64]. Weiterhin stellte sich jedoch schon in den 1980er Jahren heraus, dass die Abwesenheit der kommensalen Mikrobiota eine entscheidende Auswirkungen auf Suszeptibilität und Verlauf der murinen Salmonelleninfektion hat [65], eine Erkenntnis, die auch dem Mausmodell einer *S.-typhimurium*-Infektion nach Streptomycin-Gabe zugrunde liegt [66]. Allerdings ist die Interaktion zwischen Salmonellen und Mikrobiota vielschichtig und führt unter bestimmten Umständen nicht zu gegenseitigem Ausschluss. In einer jüngeren Studie zeigte sich, dass durch Kommensalen metabolisierte Kohlehydrate Salmonellen als Energiequelle dienen können [67]. Hier konnte *Bacteroides thetaiotaomicron*, das Sialinsäure nicht als Carbonquelle nutzen kann, dank seiner Sialidase aus Glykokonjugaten freie Sialinsäure generieren, die dann von *S. typhimurium*, das seinerseits keine Sialidase besitzt, verstoffwechselt wird. Dieser Vorgang könnte möglicherweise bei der postantibiotischen Expansion von Enteropathogenen eine Rolle spielen. Die Entwicklung von Maus- und Hamstermodellen zur pathophysiologischen Untersuchung der CDI erweiterte das Verständnis der Beziehung zwischen Mikrobiota und der Entwicklung einer CDI. Hier konnte gezeigt werden, dass sich Antibiotika negativ auf CDI-Resistenzmechanismen auswirken [55, 68–70]. Peterfreund et al. konnten im Hamstermodell eine erhöhte Suszeptibilität für eine CDI mit einer Reduktion von Firmicutes und Bacteroidetes und einer Zunahme von Proteobacteria in Zusammenhang bringen. Ähnliche Ergebnisse erzielten Reeves et al. und Buffie et al. [69, 71]. Sie konnten zeigen, dass eine antibiotische Therapie, insbesondere mit Clindamycin, eine deutliche Verschiebung von Firmicutes und Bacteroidetes zu Proteobacteria induziert. Antibiotika-behandelte Mäuse zeigten im Vergleich zu einer gesunden Kontrollgruppe eine Verschiebung der Mikrobiota hin zu Proteobacteria (hauptsächlich Enterobacteriaceae) mit einer Abnahme der Lachnospiraceae (Firmicutes) [69]. Aber nur Spezies der Lachnospiraceae waren in der Lage, eine Kolonisatzionsresistenz gegen eine CDI wiederherzustellen [72]. Lachnospiraceae-behandelte Mäuse hatten eine niedrigere *Clostridium difficile*-Kolonisationsrate, niedrigere *Clostridium difficile*-Toxin-Level im Blut und wurden insgesamt weniger symptomatisch im Vergleich zur unbehandelten Kontrollgruppe. Zusammenfassend zeigen Studien im Tiermodell, dass das Risiko für eine CDI nach Antibiotikaeinnahme durch Zunahme der Proteobacteria und Abnahme der Bacteroidetes Phylae deutlich erhöht ist.

Des Weiteren konnte gezeigt werden, dass Patienten unter einer Antibiotika-Therapie weniger Bacteroidaceae und Clostridiales hatten, dafür aber mit mehr Enterococcaceae besiedelt waren [73]. Eine Erklärung für einen vermehrten Nachweis von Enterococcaceae könnte darin liegen, dass es in Analogie zu einer *Clostridium difficile*-Infektion bei verminderter Diversität zu einer „Überwucherung" mit Enterococcaceae kommen kann. Wie bereits beschrieben konnten Antharam et al. 2013 mittels 16S-rRNA-Pyrosequenzierung eine signifikante Abnahme der SCFA-produzierenden Spezies Ruminococcaceae und Lachnospiraceae in den Diarrhö-Gruppen feststellen. Dies legt den Schluss nahe, dass diese Spezies in der Verwirklichung einer Kolonisationsresistenz-Entwicklung und in der Stabilität des intestinalen Gleichgewichts eine entscheidende Rolle spielen [49]. Eine weitere Studie konnte zeigen, dass bei Patienten, die bei einer CDI mit Breitspektrum-Antibiotika behandelt wurden, vermehrt Bakterien der Enterococcaceae und Lactobacillaceae nachgewiesen werden konnten, wohingegen auch hier weniger Spezies der Ruminococcaceae und Lachnospiraceae nachweisbar waren [74].

12.5 Klinische Risikofaktoren für eine *Clostridium difficile*-Infektion

Krankenhausaufenthalte, Pflegeeinrichtungen sowie Sporen-kontaminierte Umgebungen ermöglichen die Kolonisierung mit *Clostridium difficile* und somit die Entstehung einer CDI. Der Großteil der *Clostridium difficile*-Akquisition erfolgt nosokomial, allerdings zeigte sich innerhalb der letzten Jahre eine deutliche Zunahme der ambulant erworbenen CDI und macht aktuell 1/3 der neu erworbenen Fälle aus [75]. Risikofaktoren für eine Primärinfektion sind ein erhöhtes Alter (> 65 Jahre), schwere Komorbiditäten, eine Leukozytose (> 18.000 Leukozyten/mm^3), eine eingeschränkte Nierenfunktion, eine Hypoalbuminämie sowie die Infektion mit einem hypervirulenten *Clostridium difficile*-Stamm [76–79]. Zusätzliche Risikofaktoren sind Operationen am Gastrointestinaltrakt, Mangelernährung sowie lange Krankenhausaufenthalte [80]. Die Schwere der Erkrankung nimmt mit zunehmendem Alter im Hinblick auch auf eine Zunahme der Komorbiditäten zu [81, 82]. Zusätzlich wurde innerhalb der letzten Jahre eine sich erhöhende Suszeptibilität für Kinder, Schwangere sowie postpartale Frauen und Patienten mit einer chronisch entzündlichen Darmerkrankung beschrieben [83].

Hauptrisikofaktoren für die Entwicklung einer *Clostridium difficile*-Infektion stellen Antibiotika dar. Die am häufigsten in der Literatur beschriebenen CDI-assoziierten Antibiotika sind Ampicillin, Amoxicillin, Cephalosporine, Clindamycin und Chinolone, aber nahezu auch alle anderen Antibiotika können mit einer CDI assoziiert sein. Paradoxerweise begünstigt Metronidazol, das Erstlinien-Antibiotikum bei der Behandlung der CDI, eine CDI [84]. Im Mausmodell konnte ein deutlicher Antibiotika-induzierter Abfall protektiver SCFAs gezeigt werden. Nach Absetzen der Antibiotika normalisierten sich die SCFA-Level wieder [85]. Unter anderem kann durch Abnahme protektiver Faktoren die begünstigende Wirkung für eine CDI durch Antibiotika erklärt werden. Häufungen von ambulant erworbenen *Clostridium difficile*-Infektionen ohne eine antibiotische Vortherapie scheinen mit der Aufnahme über die Nahrung (kontaminiertes Fleisch) und dem Kontakt zu Haus- und Nutztieren assoziiert zu sein [86].

Protonenpumpen-Inhibitoren (PPI) können eine Verbreitung sowohl der vegetativen Form als auch der säureresistenten Sporen-bildenden Form begünstigen [87, 88]. Weiterhin scheinen Gallensäuren die Sporulation um den Faktor 1000 zu begünstigen [89]. Darüber hinaus werden den PPIs auch immunmodulatorische Effekte zugeschrieben. In einer Studie mit 4000 Patienten war die PPI-Einnahme einer der Risikofaktoren für sowohl eine Infektion als auch für eine Kolonisierung mit *Clostridium difficile* [90] und wurde auch von der FDA als möglicher Risikofaktor für eine CDI in einer Mitteilung (*FDA Drug Safety Communication*) veröffentlicht [91]. Zusätzlich sind PPIs mit einer erhöhten Rekurrenzrate assoziiert [92, 93]. Ursächlich hierfür kann ein Mikrobiota-Shift mit einem Abfall der Resistenzbarriere für die vegetative Besiedlung mit *Clostridium difficile* sein [94].

12.6 Mechanismen der „Kolonisationsresistenz“

Aufgrund der starken Assoziation zwischen antibiotischer Behandlung und CDI wurde bereits früh die Rolle der kommensalen Mikrobiota für die Kontrolle von Pathogenen untersucht, wobei als prinzipielle Mechanismen die Kompetition um Nährstoffe, Nischenexklusion, die Produktion von Bakteriotoxinen und die Wirtsantwort beleuchtet wurden.

Bakterien, die eine Rolle bei der Entwicklung einer Kolonisationsresistenz gegen eine *Clostridium difficile*-Infektion spielen, sind unter anderem *small chain fatty acid* (SCFA) produzierende Spezies (z. B. Lachnospiraceae und Ruminococcaceae) im proximalen Kolon [95]. Neben ihrer Rolle als Energiesubstrat stimulieren SCFAs endoluminale Zellen durch die Produktion antimikrobiell wirksamer Peptide und Muzine (z. B. LL-37 [96]) sowie die Aktivierung regulatorischer T-Zellen [14, 97]. Außerdem wird die intestinale Barrierefunktion durch IgA-produzierende B-Zellen und antimikrobielle Substanzen wie z. B. α-Defensine, Cathelicidine (z. B. LL-37), Lysozyme und Lektine wie RegIIIα und RegIIIγ aufrechterhalten [98–101]. Bisher konnte allerdings noch nicht schlüssig gezeigt werden, ob SCFAs eine entscheidende Rolle in der Kolonisationsresistenz gegenüber einer CDI spielen. Im Mausmodell konnten SCFAs eine CDI nicht reduzieren [72, 102], dennoch ist klar, dass SCFA wichtig für die

Aufrechterhaltung der endoluminalen Resistenzbarriere und der Immunstimulation sind (s. o.).

Ein Schutz des Wirts gegen Pathogenitätsfaktoren stellen sog. antimikrobielle Proteine und Peptide (AMPs) dar [103], von denen die Defensine die größte Gruppe ergeben. α-Defensine (HD5 und HD6) werden im Dünndarm durch Paneth-Zellen gebildet und zeigen eine antimikrobielle Aktivität gegen Bakterien, Pilze und Viren [104, 105]. Um eine intestinale Homöostase zu gewährleisten, erfolgt die Neutralisierung von Pathogenen u. a. durch Toll-like-Rezeptor (TLR)-MyD88 vermittelte HD5-Produktion [106–108]. Die Abwesenheit von HD5 in der intestinalen Mukosa konnte mit einer Dysblance der intestinalen Immunität u. a. mit M. Crohn assoziiert werden [109]. Hingegen konnte bei einer mukosalen Akkumulation von HD5 eine protektive Wirkung gegenüber einer CDI durch Neutralisierung von Toxin B oder durch eine direkte antimikrobielle Wirkung nachgewiesen werden [110–112]. Durch die Ausbildung bestimmter Resistenzmechanismen, u. a. durch die Änderung von Oberflächenstruktur-Molekülen und die Ausbildung *Clostridium difficile* spezifischer Proteasen, konnte die Wirkung der AMPs wie z. B. Bacitracin, Nisin, Gallidermin, Vancomycin und Polymyxin B abgeschwächt werden [113–115]. Als weitere Faktoren der Kolonisationsresistenz werden körpereigene Bakteriozine (z. B. Colicine von *E. coli* oder Pyocine von *Pseudomonas aeruginosa*) diskutiert. Aus *Bacillus thuringiensis* konnte Thuricin CD (*Clostridium difficile*) isoliert werden [116, 117], das eine vergleichbare Effektivität wie Metronidazol gegen grampositive Erreger aufweist.

Die ausbalancierte Symbiose unterschiedlichster Spezies, bei der Stoffwechselprodukte der einen Spezies Substrate für andere Spezies sind, ist eine entscheidende Resistenzbarriere vor Pathogenen [54, 95]. Zum Beispiel konnte in einer Studie nachgewiesen werden, dass pathogene *E. coli* mit kommensalen *E. coli* um Substrate (z. B. Monosaccharide) konkurrieren und dass die kommensalen *E. coli* im Mausmodell vor einer Ausbreitung mit pathogenen *E.-coli*-Stämmen schützen [118, 119]. Ähnliche Ressourcen-Wettbewerbe um Nährstoffe konnten einige Studien als Faktoren der Kolonisationsresistenz im Fall von *Clostridium difficile* nachweisen [62, 67, 120, 121]. Was den Mechanismus der Kolonisationsinhibition durch andere Spezies angeht, so könnte der Toll-like-Rezeptor-(TLR-)Signalweg eine Rolle spielen. Bei einem vorliegenden MyD88-Defekt, einem Schlüsselenzym im TLR-Signalweg, konnte eine erhöhte Anfälligkeit für eine CDI im Mausmodell gezeigt werden [122], wohingegen eine TLR5-Stimulation mittels Flagellin eine CDI verhindern konnte [123]. Es konnte im Patienten gezeigt werden, dass eine asymptomatische gastrointestinale Besiedlung mit NTCD vor einer Infektion mit toxinbildenden *Clostridium difficile*-Stämmen schützen kann [14]. Der genaue Pathomechanismus ist noch unklar, es wird aber davon ausgegangen, dass Toxin-Bildner und NTCD um dieselben Metabolite (s. u.) konkurrieren und das Wachstum so gegenseitig beeinflussen.

Ein weiterer entscheidender Faktor für die Kolonisationsresistenz gegenüber einer CDI ist die Fähigkeit einiger Genera und Spezies (z. B. Bacteroides, Clostridia, E. coli, Ruminococcus), primäre in sekundäre Gallensäuren umzuwandeln. *In-vitro-*

Studien konnten zeigen, dass primäre Gallensäuren die Entwicklung von *Clostridium difficile*-Sporen fördert [89, 124]. Durch die Identifizierung des Gallensäure-Rezeptors CspC bei *Clostridium difficile*, der die Sporenbildung begünstigt, wird der Einfluss von Gallensäuren auf die Entwicklung einer CDI deutlich [125]. Bestimmte Spezies können mittels einer 7-α-Dehydroxylase primäre Gallensäuren in Deoxycholat (sekundäre Gallensäure) umwandeln [89, 126, 127]. Sekundäre Gallensäuren (z. B. Deoxycholsäure) inhibieren das vegetative Wachstum von *Clostridium difficile* und reduzieren somit die Darmkolonisierung [54, 128–130]. Durch Antibiotika kommt es zur Verschiebung zu primären Gallensäuren mit einem vermehrten Wachstum von *Clostridium difficile* [55, 128, 131]. Im Mausmodell konnte gezeigt werden, dass Mäuse infektanfälliger sind, wenn vermehrt primäre Gallensäuren und weniger sekundäre Gallensäuren vorliegen [85]. Naheliegend ist somit, dass Spezies mit 7-α-Dehydroxylase-Aktivität als Probiotikum eine protektive Wirkung vor einer *Clostridium difficile*-Infektion aufweisen könnten. Hauptsächlich liegt die Aktivität bei Spezies der Familien der Clostridiales und Eubacteria vor [132, 133]. *Clostridium scindens* konnte als protektive Spezies für eine CDI im Mausmodell nachgewiesen werden [134].

12.7 Verlauf

Infektiöse Gastroenteritiden führen in 3–36 % zu neu auftretenden Symptomen eines Reizdarmsyndroms (postinfektiöses „irritable bowel syndrome", PI-IBS). Veränderungen der Mikrobiota sind für andere IBS-Subtypen bekannt [135] und wurden in einer Studie für PI-IBS gezielt untersucht [136]. Bei 57 Patienten mit und ohne PI-IBS sowie IBS-D und gesunden Kontrollen zeigten sich 27 diskriminierende Gruppen zwischen postinfektiösen und Kontrollpatienten, darunter Bacteroidetes mit 12-facher Erhöhung bei Patienten und Clostridien mit 35-facher Erhöhung in Kontrollen.

Innerhalb von zwei Wochen nach einer erfolgreichen Therapie einer *Clostridium difficile*-Infektion erkranken 20–30 % der Patienten erneut an einer CDI [137]. Eine nicht-CDI-spezifische Antibiotika-Einnahme erhöhte im Gegensatz zur CDI-spezifischen Antibiotika-Therapie signifikant das Risiko, eine rekurrente CDI (rCDI) zu entwickeln, aber auch Patienten, die bereits mit Fluorochinolonen vortherapiert waren, wiesen ein erhöhtes Risiko für eine rCDI auf. Patienten, die nach einem Krankenhausaufenthalt eine Therapie mit Protonenpumpen-Inhibitoren erhielten, hatten ein signifikant höheres Risiko, an einer rCDI zu erkranken als Patienten ohne PPI. Patienten mit einer chronischen Niereninsuffizienz (CKI) sowie Dialyse-Patienten zeigen ebenso ein erhöhtes Risiko, an einer rCDI zu erkranken. Es wird davon ausgegangen, dass Patienten mit einer CKI oder Dialyse eine verminderte Magensäure-Produktion haben, wodurch eine Re-Infektion ähnlich wie bei PPIs als Risikofaktor begünstigt wird [138]. Erstaunlicherweise zeigte eine Ernährung über eine nasogastrale Sonde kein erhöhtes rCDI-Risiko im Gegensatz zu Patienten ohne nasogastrale Sonde [139].

12.8 Therapie gastrointestinaler Infektionen und die Mikrobiota

Der Effekt einer antibiotischen Therapie auf die physiologische Standortflora wird im Kapitel 7.2 im Detail dargestellt, sodass hier fokussiert auf die Änderungen in der Mikrobiotakomposition eingegangen werden soll, die im Rahmen einer antimikrobiellen Therapie gastrointestinaler Infektionen entsteht.

Zu den am häufigsten für gastrointestinale Infekte eingesetzten Antibiotika gehören Chinolone der Gruppe 2. Ein 5-tägiger Therapiekurs mit Ciprofloxacin reduzierte signifikant Zahl und Diversität kommensaler Mikroorganismen bei drei Patienten [140]. Eine Erholung der Mikrobiotastruktur auf prä-antibiotisches Niveau erfolgte nur in einem Patienten vier Wochen nach Therapieende, bei den anderen fand erst nach sechs Monaten eine Erholung statt. Auch in Mausmodellen wurden ähnliche Langzeitfolgen nach Antibiotika beobachtet: Eine Kombination aus Amoxicillin, Metronidazol und Bismuth (AMB), die bei der humanen *Helicobacter pylori*-Therapie zur Anwendung kommt, führte zu einer Erhöhung der Proteobacteriaceae und einer Verringerung von Bacteroidetes und Firmicutes [141]. Die Zeit bis zur vollständigen Erholung der Mikrobiota war vom verabreichten Regime abhängig und lag zwischen zwei Wochen für AMB und sechs Monaten für das Breitspektrumantibiotikum Cefoperazon. In einer randomisierten, Placebo-kontrollierten Studie mit 66 Probanden konnte unter anderem für Clindamycin und Ciprofloxacin ein langanhaltender Verlust (zwölf Monate) insbesondere von protektiven SCFA-bildenden Spezies nachgewiesen werden [142]. Zudem zeigte sich eine Zunahme von Antibiotika-Resistenzgenen.

Die Auswirkung der Erstlinienantibiotika bei CDI, Metronidazol und Vancomycin wurde mittels Pyrosequenzierung an fäkalem Medium *in vitro* untersucht [143]. Beide Antibiotika verursachten eine erhebliche Verschiebung der dominanten Phyla, insbesondere von Firmicutes hin zu Proteobacteria. Dies führte auch zu einer Reduktion sekundärer Gallensäuren im Stuhl [144]. Mikrobiota-Analysen aus CDI-Therapiestudien ergaben höhere *Clostridium difficile*-Zahlen bei Behandlungsende, die mit niedrigeren Ansprechraten und früher Rekurrenz zusammenhängen können [1]. Vancomycin hingegen führte zu einer schnellen und ausgeprägten Keimreduktion, ist aber auch mit einem stärkeren Effekt auf die Mikrobiota verbunden [145]. Hierbei erschien die Schwere der mikrobiellen Depletion bei CDI-Patienten hochgradig variabel. In quantitativen Kulturen mit Bacteroides Spezies als Marker wurde eine Reduktion um vier bis fünf Logstufen beobachtet, mit einer Varianz von zwei bis drei Logstufen. Die relative Bedeutung von Bacteroidetes vs. Firmicutes für die Entstehung der Kolonisationsresistenz ist jedoch nicht etabliert [146]. Nach antibiotischer Therapie weisen die meisten Patienten eine hohe Stabilität mit schnellem Ansteigen auf eine quantitativ normale Mikrobiota auf [145].

Fidaxomicin ist ein Antibiotikum aus der Familie der Makrozykline, das eine gute Aktivität gegenüber *Clostridium difficile* bei fehlender Inhibition üblicherweise kulturierter Kommensalen aufweist [147]. In Phase 3 klinischen Studien zeigte sich eine ähnliche Heilungsrate wie bei Metronidazol und Vancomycin, jedoch eine signifikant reduzierte Rezidivrate [148]. Kultivierungsstudien haben gezeigt, dass die *Bacteroides-fragilis*-Gruppe im Stuhl durch Fidaxomicin nicht beeinträchtigt war und dass das Antibiotikum eine vergleichbare Wirksamkeit auf die *Clostridium difficile*-Zahlen ergab [147]. Weiterhin stellte sich heraus, dass Fidaxomicin kaum Auswirkung auf die Zusammensetzung der Mikrobiota in Bezug auf die hauptsächlichen phylogenetischen Cluster hat [149]. Insbesondere die Clostridien-Cluster XIVa und IV sowie Bifidobacterium wurden im Vergleich zu Vancomycin wesentlich weniger verändert.

Während Probiotika nach den vorliegenden Daten nicht effektiv in der Sekundärprävention einer CDI sind, erscheint eine Effektivität von Lactobacillus- und Bifidobacterium-Spezies für die Primärprävention bei Patienten unter Antibiotikatherapie möglich [150–153]. Im Mausmodell genügt die Verabreichung von nur sechs phylogenetisch unterschiedlichen Spezies der physiologischen Mikrobiota, um eine Kolonisationsresistenz wiederherzustellen und die Mäuse vor einer chronischen *Clostridium difficile*-Kolonisation zu schützen [154]. In einer Auswertung verschiedener CDI-Studien zeigten sich die Lactobacillus- und Bifidobacterium-Zahlen unbeeinträchtigt während und nach einer Therapie mit Vancomycin und Fidaxomicin [1]. Die Persistenz verschiedener Komponenten der Mikrobiota während und nach einer intestinalen Infektion könnte ein unspezifisches Attribut der Wirtsabwehrfunktion sein, das mit der zusätzlichen Gabe dieser Spezies gestärkt werden könnte. In einer klinischen Studie konnte die Verabreichung von NTCD vor einer Infektion mit toxinbildenden *Clostridium difficile*-Stämmen schützen [155]. Der genaue Pathomechanismus ist noch unklar, es wird aber davon ausgegangen, dass Toxin-Bildner und NTCD um dieselben Metabolite (s. u.) konkurrieren und das Wachstum so gegenseitig beeinflussen. Dass NTCD mittels Pathogenitätslocus-(PaLoc-)Transfer zu Toxinbildnern werden, konnte anhand von Toxin B *in vitro* gezeigt werden [156]. Die Sporenmischung Ser-109 befindet sich in klinischer Erprobung und hat von der FDA die „Orphan Drug Designation" erhalten. Ein inzwischen etabliertes Verfahren zur Behandlung der wiederholt rekurrenten CDI ist der fäkale Mikrobiota-Transfer, der in Kapitel 20 behandelt wird.

Tolevamer ist ein toxinbindendes Polymer ohne antibiotische Aktivität, das in Studien mit den Standardtherapien verglichen wurde. Wenngleich die Neutralisierung des Toxins mit klinischem Ansprechen assoziiert war, so fiel doch die klinische Erfolgsrate signifikant geringer aus als bei der Standardtherapie [157], sodass ein Abtöten des Pathogens ein bedeutsamer Faktor zu sein scheint; die Substanz wird nicht weiterentwickelt. Weder Bacteroidetes noch Firmicutes waren in der qPCR-Analyse signifikant beeinträchtigt, und die Rekurrenzrate bei Ansprechern lag mit 4,5 % sehr niedrig, was den Ansatz der Toxinneutralisierung prinzipiell unterstützt; möglicherweise stellt eine Kombination aus Pathogendezimierung und Toxinneutralisation einen zukünftigen Ansatz dar. Actoxumab und Bezlotoxumab binden die *Clostridium difficile*-Toxine TcdA und TcdB, die Kombination wird gerade in klinischen Phase-II-Studien getestet [158]

12.9 Literatur

[1] Louie TJ, Byrne B, Emery J, Ward L, Krulicki W, Nguyen D, et al. Differences of the Fecal Microflora With Clostridium difficile Therapies. Clinical infectious diseases: an official publication of the Infectious Diseases Society of America. 2015; 60(2): S91–97.

[2] Stecher B, Maier L, Hardt WD. ‚Blooming' in the gut: how dysbiosis might contribute to pathogen evolution. Nature reviews Microbiology. 2013; 11(4): 277–284.

[3] El Feghaly RE, Stauber JL, Deych E, Gonzalez C, Tarr PI, Haslam DB. Markers of intestinal inflammation, not bacterial burden, correlate with clinical outcomes in Clostridium difficile infection. Clinical infectious diseases: an official publication of the Infectious Diseases Society of America. 2013; 56(12): 1713–1721.

[4] Sun X, Hirota SA. The roles of host and pathogen factors and the innate immune response in the pathogenesis of Clostridium difficile infection. Molecular immunology. 2015; 63(2): 193–202.

[5] Centers for Disease Control and Prevention. 2015. Available from: http://www.cdc.gov/drugresistance/biggest_threats.html.

[6] Meyer E, Gastmeier P, Weizel-Kage D, Schwab F. Associations between nosocomial meticillin-resistant Staphylococcus aureus and nosocomial Clostridium difficile-associated diarrhoea in 89 German hospitals. The Journal of hospital infection. 2012; 82(3): 181–186.

[7] Heimann SM, Vehreschild JJ, Cornely OA, Wisplinghoff H, Hallek M, Goldbrunner R, et al. Economic burden of Clostridium difficile associated diarrhoea: a cost-of-illness study from a German tertiary care hospital. Infection. 2015; 43(6): 707–714.

[8] Magill SS, Edwards JR, Bamberg W, Beldavs ZG, Dumyati G, Kainer MA, et al. Multistate point-prevalence survey of health care-associated infections. The New England journal of medicine. 2014; 370(13): 1198–1208.

[9] Zacharioudakis IM, Zervou FN, Pliakos EE, Ziakas PD, Mylonakis E. Colonization with toxinogenic C. difficile upon hospital admission, and risk of infection a systematic review and meta-analysis. The American journal of gastroenterology. 2015; 110(3): 381–390; quiz 91.

[10] Lucado J, Gould C, Elixhauser A. Clostridium Difficile Infections (CDI) in Hospital Stays, 2009: Statistical Brief #124. Healthcare Cost and Utilization Project (HCUP) Statistical Briefs. Rockville (MD). 2006.

[11] Gould CV, Edwards JR, Cohen J, Bamberg WM, Clark LA, Farley MM, et al. Effect of nucleic acid amplification testing on population-based incidence rates of Clostridium difficile infection. Clinical infectious diseases: an official publication of the Infectious Diseases Society of America. 2013; 57(9): 1304–1307.

[12] Zaiss NH, Weile J, Ackermann G, Kuijper E, Witte W, Nuebel U. A case of Clostridium difficile-associated disease due to the highly virulent clone of Clostridium difficile PCR ribotype 027, March 2007 in Germany. Euro surveillance bulletin Europeen sur les maladies transmissibles = European communicable disease bulletin. 2007; 12(11): E071115 1.

[13] Tabak YP, Zilberberg MD, Johannes RS, Sun X, McDonald LC. Attributable Burden of Hospital-Onset Clostridium difficile Infection: A Propensity Score Matching Study. Infection Control & Hospital Epidemiology. 2013; 34(06): 588–596.

[14] Lessa FC, Mu Y, Bamberg WM, Beldavs ZG, Dumyati GK, Dunn JR, et al. Burden of Clostridium difficile Infection in the USA. New England Journal of Medicine. 2015; 372(9): 825–834.

[15] Bauer MP, Veenendaal D, Verhoef L, Bloembergen P, van Dissel JT, Kuijper EJ. Clinical and microbiological characteristics of community-onset Clostridium difficile infection in The Netherlands. Clinical microbiology and infection: the official publication of the European Society of Clinical Microbiology and Infectious Diseases. 2009; 15(12): 1087–1092.

[16] Rupnik M, Widmer A, Zimmermann O, Eckert C, Barbut F. Clostridium difficile toxinotype V, ribotype 078, in animals and humans. Journal of clinical microbiology. 2008; 46(6): 2146.

[17] Songer JG, Jones R, Anderson MA, Barbara AJ, Post KW, Trinh HT. Prevention of porcine Clostridium difficile-associated disease by competitive exclusion with nontoxigenic organisms. Veterinary microbiology. 2007; 124(3–4): 358–361.

[18] Akerlund T, Svenungsson B, Lagergren A, Burman LG. Correlation of disease severity with fecal toxin levels in patients with Clostridium difficile-associated diarrhea and distribution of PCR ribotypes and toxin yields in vitro of corresponding isolates. Journal of clinical microbiology. 2006; 44(2): 353–358.

[19] Bauer MP, Notermans DW, van Benthem BH, Brazier JS, Wilcox MH, Rupnik M, et al. Clostridium difficile infection in Europe: a hospital-based survey. Lancet. 2011; 377(9759): 63–73.

[20] Spigaglia P, Barbanti F, Dionisi AM, Mastrantonio P. Clostridium difficile isolates resistant to fluoroquinolones in Italy: emergence of PCR ribotype 018. Journal of clinical microbiology. 2010; 48(8): 2892–2896.

[21] Baldan R, Cavallerio P, Tuscano A, Parlato C, Fossati L, Moro M, et al. First report of hypervirulent strains polymerase chain reaction ribotypes 027 and 078 causing severe Clostridium difficile infection in Italy. Clinical infectious diseases: an official publication of the Infectious Diseases Society of America. 2010; 50(1): 126–127.

[22] Popoff MR, Rubin EJ, Gill DM, Boquet P. Actin-specific ADP-ribosyltransferase produced by a Clostridium difficile strain. Infection and immunity. 1988; 56(9): 2299–2306.

[23] Goncalves C, Decre D, Barbut F, Burghoffer B, Petit JC. Prevalence and characterization of a binary toxin (actin-specific ADP-ribosyltransferase) from Clostridium difficile. Journal of clinical microbiology. 2004; 42(5): 1933–1939.

[24] Warny M, Pepin J, Fang A, Killgore G, Thompson A, Brazier J, et al. Toxin production by an emerging strain of Clostridium difficile associated with outbreaks of severe disease in North America and Europe. Lancet. 2005; 366(9491): 1079–1084.

[25] McDonald LC, Killgore GE, Thompson A, Owens RC, Jr., Kazakova SV, Sambol SP, et al. An epidemic, toxin gene-variant strain of Clostridium difficile. The New England journal of medicine. 2005; 353(23): 2433–2441.

[26] Cohen SH, Gerding DN, Johnson S, Kelly CP, Loo VG, McDonald LC, et al. Clinical practice guidelines for Clostridium difficile infection in adults: 2010 update by the society for healthcare epidemiology of America (SHEA) and the infectious diseases society of America (IDSA). Infection control and hospital epidemiology. 2010; 31(5): 431–455.

[27] Hagel S, Epple HJ, Feurle GE, Kern WV, Lynen Jansen P, Malfertheiner P, et al. [S2k-guideline gastrointestinal infectious diseases and Whipple's disease]. Zeitschrift fur Gastroenterologie. 2015; 53(5): 418–459.

[28] Morgan DJ, Leekha S, Croft L, Burnham CA, Johnson JK, Pineles L, et al. The Importance of Colonization with Clostridium difficile on Infection and Transmission. Current infectious disease reports. 2015; 17(9): 499.

[29] Curry SR, Muto CA, Schlackman JL, Pasculle AW, Shutt KA, Marsh JW, et al. Use of multilocus variable number of tandem repeats analysis genotyping to determine the role of asymptomatic carriers in Clostridium difficile transmission. Clinical infectious diseases: an official publication of the Infectious Diseases Society of America. 2013; 57(8): 1094–1102.

[30] Kyne L, Warny M, Qamar A, Kelly CP. Asymptomatic carriage of Clostridium difficile and serum levels of IgG antibody against toxin A. The New England journal of medicine. 2000; 342(6): 390–397.

[31] Shim JK, Johnson S, Samore MH, Bliss DZ, Gerding DN. Primary symptomless colonisation by Clostridium difficile and decreased risk of subsequent diarrhoea. Lancet. 1998; 351(9103): 633–636.

[32] Geric B, Carman RJ, Rupnik M, Genheimer CW, Sambol SP, Lyerly DM, et al. Binary toxin-producing, large clostridial toxin-negative Clostridium difficile strains are enterotoxic but do not cause disease in hamsters. The Journal of infectious diseases. 2006; 193(8): 1143–1150.

[33] Alasmari F, Seiler SM, Hink T, Burnham CA, Dubberke ER. Prevalence and risk factors for asymptomatic Clostridium difficile carriage. Clinical infectious diseases: an official publication of the Infectious Diseases Society of America. 2014; 59(2): 216–222.

[34] Rousseau C, Poilane I, De Pontual L, Maherault AC, Le Monnier A, Collignon A. Clostridium difficile carriage in healthy infants in the community: a potential reservoir for pathogenic strains. Clinical infectious diseases: an official publication of the Infectious Diseases Society of America. 2012; 55(9): 1209–1215.

[35] Hota B. Contamination, disinfection, and cross-colonization: are hospital surfaces reservoirs for nosocomial infection? Clinical infectious diseases: an official publication of the Infectious Diseases Society of America. 2004; 39(8): 1182–1189.

[36] Jinno S, Kundrapu S, Guerrero DM, Jury LA, Nerandzic MM, Donskey CJ. Potential for transmission of Clostridium difficile by asymptomatic acute care patients and long-term care facility residents with prior C. difficile infection. Infection control and hospital epidemiology. 2012; 33(6): 638–639.

[37] Sethi AK, Al-Nassir WN, Nerandzic MM, Bobulsky GS, Donskey CJ. Persistence of skin contamination and environmental shedding of Clostridium difficile during and after treatment of C. difficile infection. Infection control and hospital epidemiology. 2010; 31(1): 21–27.

[38] Barbut F, Petit JC. Epidemiology of Clostridium difficile-associated infections. Clinical microbiology and infection the official publication of the European Society of Clinical Microbiology and Infectious Diseases. 2001; 7(8): 405–410.

[39] Kato H, Kita H, Karasawa T, Maegawa T, Koino Y, Takakuwa H, et al. Colonisation and transmission of Clostridium difficile in healthy individuals examined by PCR ribotyping and pulsed-field gel electrophoresis. Journal of medical microbiology. 2001; 50(8): 720–727.

[40] Hanna H, Raad I, Gonzalez V, Umphrey J, Tarrand J, Neumann J, et al. Control of nosocomial Clostridium difficile transmission in bone marrow transplant patients. Infection control and hospital epidemiology. 2000; 21(3): 226–228.

[41] Wilcox MH, Fawley WN, Wigglesworth N, Parnell P, Verity P, Freeman J. Comparison of the effect of detergent versus hypochlorite cleaning on environmental contamination and incidence of Clostridium difficile infection. The Journal of hospital infection. 2003; 54(2): 109–114.

[42] Lupp C, Robertson ML, Wickham ME, Sekirov I, Champion OL, Gaynor EC, et al. Host-mediated inflammation disrupts the intestinal microbiota and promotes the overgrowth of Enterobacteriaceae. Cell Host Microbe. 2007; 2(3): 204.

[43] Youmans BP, Ajami NJ, Jiang ZD, Campbell F, Wadsworth WD, Petrosino JF, et al. Characterization of the human gut microbiome during travelers' diarrhea. Gut microbes. 2015; 6(2): 110–119.

[44] Kampmann C, Dicksved J, Engstrand L, Rautelin H. Composition of human faecal microbiota in resistance to Campylobacter infection. Clinical microbiology and infection: the official publication of the European Society of Clinical Microbiology and Infectious Diseases. 2015.

[45] Nelson AM, Walk ST, Taube S, Taniuchi M, Houpt ER, Wobus CE, et al. Disruption of the human gut microbiota following Norovirus infection. PloS one. 2012; 7(10): e48224.

[46] Basic M, Keubler LM, Buettner M, Achard M, Breves G, Schroder B, et al. Norovirus triggered microbiota-driven mucosal inflammation in interleukin 10-deficient mice. Inflammatory bowel diseases. 2014; 20(3): 431–443.

[47] Baldridge MT, Nice TJ, McCune BT, Yokoyama CC, Kambal A, Wheadon M, et al. Commensal microbes and interferon-lambda determine persistence of enteric murine norovirus infection. Science. 2015; 347(6219): 266–269.

[48] Chang JY, Antonopoulos DA, Kalra A, Tonelli A, Khalife WT, Schmidt TM, et al. Decreased diversity of the fecal Microbiome in recurrent Clostridium difficile-associated diarrhea. The Journal of infectious diseases. 2008; 197(3): 435–438.
[49] Antharam VC, Li EC, Ishmael A, Sharma A, Mai V, Rand KH, et al. Intestinal dysbiosis and depletion of butyrogenic bacteria in Clostridium difficile infection and nosocomial diarrhea. Journal of clinical microbiology. 2013; 51(9): 2884–2892.
[50] Schubert AM, Rogers MA, Ring C, Mogle J, Petrosino JP, Young VB, et al. Microbiome data distinguish patients with Clostridium difficile infection and non-C. difficile-associated diarrhea from healthy controls. MBio. 2014; 5(3): e01021-14.
[51] Kolling G, Wu M, Guerrant RL. Enteric pathogens through life stages. Front Cell Infect Microbiol. 2012; 2: 114.
[52] Chung H, Pamp SJ, Hill JA, Surana NK, Edelman SM, Troy EB, et al. Gut immune maturation depends on colonization with a host-specific microbiota. Cell. 2012; 149(7): 1578–1593.
[53] Bartlett JG. Clostridium difficile: progress and challenges. Annals of the New York Academy of Sciences. 2010; 1213: 62–69.
[54] Britton RA, Young VB. Interaction between the intestinal microbiota and host in Clostridium difficile colonization resistance. Trends in microbiology. 2012; 20(7): 313–319.
[55] Perez-Cobas AE, Artacho A, Knecht H, Ferrus ML, Friedrichs A, Ott SJ, et al. Differential effects of antibiotic therapy on the structure and function of human gut microbiota. PloS one. 2013; 8(11): e80201.
[56] Round JL, Mazmanian SK. The gut microbiota shapes intestinal immune responses during health and disease. Nat Rev Immunol. 2009; 9(5): 313–323.
[57] Ivanov, II, Frutos Rde L, Manel N, Yoshinaga K, Rifkin DB, Sartor RB, et al. Specific microbiota direct the differentiation of IL-17-producing T-helper cells in the mucosa of the small intestine. Cell Host Microbe. 2008; 4(4): 337–349.
[58] Diehl GE, Longman RS, Zhang JX, Breart B, Galan C, Cuesta A, et al. Microbiota restricts trafficking of bacteria to mesenteric lymph nodes by CX(3)CR1(hi) cells. Nature. 2013; 494(7435): 116–120.
[59] Vance RE, Isberg RR, Portnoy DA. Patterns of pathogenesis: discrimination of pathogenic and nonpathogenic microbes by the innate immune system. Cell Host Microbe. 2009; 6(1): 10–21.
[60] Maynard CL, Elson CO, Hatton RD, Weaver CT. Reciprocal interactions of the intestinal microbiota and immune system. Nature. 2012; 489(7415): 231–241.
[61] Kurashima Y, Goto Y, Kiyono H. Mucosal innate immune cells regulate both gut homeostasis and intestinal inflammation. Eur J Immunol. 2013; 43(12): 3108–3115.
[62] Wilson KH, Perini F. Role of competition for nutrients in suppression of Clostridium difficile by the colonic microflora. Infection and immunity. 1988; 56(10): 2610–2614.
[63] Clarke TB, Davis KM, Lysenko ES, Zhou AY, Yu Y, Weiser JN. Recognition of peptidoglycan from the microbiota by Nod1 enhances systemic innate immunity. Nat Med. 2010; 16(2): 228–231.
[64] Santos RL. Pathobiology of salmonella, intestinal microbiota, and the host innate immune response. Front Immunol. 2014; 5: 252.
[65] Nardi RM, Silva ME, Vieira EC, Bambirra EA, Nicoli JR. Intragastric infection of germfree and conventional mice with Salmonella typhimurium. Braz J Med Biol Res. 1989; 22(11): 1389–1392.
[66] Barthel M, Hapfelmeier S, Quintanilla-Martinez L, Kremer M, Rohde M, Hogardt M, et al. Pretreatment of mice with streptomycin provides a Salmonella enterica serovar Typhimurium colitis model that allows analysis of both pathogen and host. Infection and immunity. 2003; 71(5): 2839–2858.

[67] Ng KM, Ferreyra JA, Higginbottom SK, Lynch JB, Kashyap PC, Gopinath S, et al. Microbiota-liberated host sugars facilitate post-antibiotic expansion of enteric pathogens. Nature. 2013; 502(7469): 96–99.
[68] Chen X, Katchar K, Goldsmith JD, Nanthakumar N, Cheknis A, Gerding DN, et al. A mouse model of Clostridium difficile-associated disease. Gastroenterology. 2008; 135(6): 1984–1992.
[69] Reeves AE, Theriot CM, Bergin IL, Huffnagle GB, Schloss PD, Young VB. The interplay between microbiome dynamics and pathogen dynamics in a murine model of Clostridium difficile Infection. Gut microbes. 2011; 2(3): 145–158.
[70] Theriot CM, Koumpouras CC, Carlson PE, Bergin, II, Aronoff DM, Young VB. Cefoperazone-treated mice as an experimental platform to assess differential virulence of Clostridium difficile strains. Gut microbes. 2011; 2(6): 326–334.
[71] Buffie CG, Pamer EG. Microbiota-mediated colonization resistance against intestinal pathogens. Nat Rev Immunol. 2013; 13(11): 790–801.
[72] Reeves AE, Koenigsknecht MJ, Bergin IL, Young VB. Suppression of Clostridium difficile in the gastrointestinal tracts of germfree mice inoculated with a murine isolate from the family Lachnospiraceae. Infection and immunity. 2012; 80(11): 3786–3794.
[73] Vincent C, Stephens DA, Loo VG, Edens TJ, Behr MA, Dewar K, et al. Reductions in intestinal Clostridiales precede the development of nosocomial Clostridium difficile infection. Microbiome. 2013; 1(1): 18.
[74] Perez-Cobas AE, Artacho A, Ott SJ, Moya A, Gosalbes MJ, Latorre A. Structural and functional changes in the gut microbiota associated to Clostridium difficile infection. Frontiers in microbiology. 2014; 5: 335.
[75] Khanna S, Pardi DS, Aronson SL, Kammer PP, Orenstein R, St Sauver JL, et al. The epidemiology of community-acquired Clostridium difficile infection: a population-based study. The American journal of gastroenterology. 2012; 107(1): 89–95.
[76] Abou Chakra CN, Pepin J, Valiquette L. Prediction tools for unfavourable outcomes in Clostridium difficile infection: a systematic review. PloS one. 2012; 7(1): e30258.
[77] Bloomfield MG, Sherwin JC, Gkrania-Klotsas E. Risk factors for mortality in Clostridium difficile infection in the general hospital population: a systematic review. The Journal of hospital infection. 2012; 82(1): 1–12.
[78] Girotra M, Kumar V, Khan JM, Damisse P, Abraham RR, Aggarwal V, et al. Clinical predictors of fulminant colitis in patients with Clostridium difficile infection. Saudi journal of gastroenterology: official journal of the Saudi Gastroenterology Association. 2012; 18(2): 133–139.
[79] Morrison DS, Batty GD, Kivimaki M, Davey Smith G, Marmot M, Shipley M. Risk factors for colonic and rectal cancer mortality: evidence from 40 years' follow-up in the Whitehall I study. Journal of epidemiology and community health. 2011; 65(11): 1053–1058.
[80] Lo Vecchio A, Zacur GM. Clostridium difficile infection: an update on epidemiology, risk factors, and therapeutic options. Current opinion in gastroenterology. 2012; 28(1): 1–9.
[81] Carignan A, Allard C, Pepin J, Cossette B, Nault V, Valiquette L. Risk of Clostridium difficile infection after perioperative antibacterial prophylaxis before and during an outbreak of infection due to a hypervirulent strain. Clinical infectious diseases: an official publication of the Infectious Diseases Society of America. 2008; 46(12): 1838–1843.
[82] Lessa FC, Gould CV, McDonald LC. Current status of Clostridium difficile infection epidemiology. Clinical infectious diseases: an official publication of the Infectious Diseases Society of America. 2012; 55(2): S65–70.
[83] Tschudin-Sutter S, Widmer AF, Perl TM. Clostridium difficile: novel insights on an incessantly challenging disease. Current opinion in infectious diseases. 2012; 25(4): 405–411.

[84] Bingley PJ, Harding GM. Clostridium difficile colitis following treatment with metronidazole and vancomycin. Postgraduate medical journal. 1987; 63(745): 993–994.
[85] Theriot CM, Koenigsknecht MJ, Carlson PE, Jr., Hatton GE, Nelson AM, Li B, et al. Antibiotic-induced shifts in the mouse gut microbiome and metabolome increase susceptibility to Clostridium difficile infection. Nature communications. 2014; 5: 3114.
[86] Gould LH, Limbago B. Clostridium difficile in food and domestic animals: a new foodborne pathogen? Clinical infectious diseases: an official publication of the Infectious Diseases Society of America. 2010; 51(5): 577–582.
[87] Dial S, Delaney JA, Barkun AN, Suissa S. Use of gastric acid-suppressive agents and the risk of community-acquired Clostridium difficile-associated disease. Jama. 2005; 294(23): 2989–2995.
[88] Bavishi C, Dupont HL. Systematic review: the use of proton pump inhibitors and increased susceptibility to enteric infection. Alimentary pharmacology & therapeutics. 2011; 34(11–12): 1269–1281.
[89] Sorg JA, Sonenshein AL. Bile salts and glycine as cogerminants for Clostridium difficile spores. Journal of bacteriology. 2008; 190(7): 2505–2512.
[90] Loo VG, Bourgault AM, Poirier L, Lamothe F, Michaud S, Turgeon N, et al. Host and pathogen factors for Clostridium difficile infection and colonization. The New England journal of medicine. 2011; 365(18): 1693–1703.
[91] Administration FaD. FDA Drug Safety Communication: Clostridium difficile-associated diarrhea can be associated with stomach acid drugs known as proton pump inhibitors (PPIs) 2012.
[92] Linsky A, Gupta K, Lawler EV, Fonda JR, Hermos JA. Proton pump inhibitors and risk for recurrent Clostridium difficile infection. Archives of internal medicine. 2010; 170(9): 772–778.
[93] McDonald EG, Milligan J, Frenette C, Lee TC. Continuous Proton Pump Inhibitor Therapy and the Associated Risk of Recurrent Clostridium difficile Infection. JAMA internal medicine. 2015; 175(5): 784–791.
[94] Seto CT, Jeraldo P, Orenstein R, Chia N, DiBaise JK. Prolonged use of a proton pump inhibitor reduces microbial diversity: implications for Clostridium difficile susceptibility. Microbiome. 2014; 2: 42.
[95] Lawley TD, Walker AW. Intestinal colonization resistance. Immunology. 2013; 138(1): 1–11.
[96] Finnie IA, Dwarakanath AD, Taylor BA, Rhodes JM. Colonic mucin synthesis is increased by sodium butyrate. Gut. 1995; 36(1): 93–99.
[97] Wong JM, de Souza R, Kendall CW, Emam A, Jenkins DJ. Colonic health: fermentation and short chain fatty acids. Journal of clinical gastroenterology. 2006; 40(3): 235–243.
[98] Macpherson AJ, McCoy KD, Johansen FE, Brandtzaeg P. The immune geography of IgA induction and function. Mucosal immunology. 2008; 1(1): 11–22.
[99] McGuckin MA, Linden SK, Sutton P, Florin TH. Mucin dynamics and enteric pathogens. Nature reviews Microbiology. 2011; 9(4): 265–278.
[100] Salzman NH, Hung K, Haribhai D, Chu H, Karlsson-Sjoberg J, Amir E, et al. Enteric defensins are essential regulators of intestinal microbial ecology. Nature immunology. 2010; 11(1): 76–83.
[101] Vaishnava S, Yamamoto M, Severson KM, Ruhn KA, Yu X, Koren O, et al. The antibacterial lectin RegIIIgamma promotes the spatial segregation of microbiota and host in the intestine. Science. 2011; 334(6053): 255–258.
[102] Su WJ, Waechter MJ, Bourlioux P, Dolegeal M, Fourniat J, Mahuzier G. Role of volatile fatty acids in colonization resistance to Clostridium difficile in gnotobiotic mice. Infection and immunity. 1987; 55(7): 1686–1691.
[103] Hiemstra PS ZS. Antimicrobial peptides and innate immunity: Springer; 2013.

[104] Lehrer RI, Lu W. alpha-Defensins in human innate immunity. Immunological reviews. 2012; 245(1): 84–112.

[105] Furci L, Sironi F, Tolazzi M, Vassena L, Lusso P. Alpha-defensins block the early steps of HIV-1 infection: interference with the binding of gp120 to CD4. Blood. 2007; 109(7): 2928–2935.

[106] Vaishnava S, Behrendt CL, Ismail AS, Eckmann L, Hooper LV. Paneth cells directly sense gut commensals and maintain homeostasis at the intestinal host-microbial interface. Proceedings of the National Academy of Sciences of the USA. 2008; 105(52): 20858–20863.

[107] Eriguchi Y, Takashima S, Oka H, Shimoji S, Nakamura K, Uryu H, et al. Graft-versus-host disease disrupts intestinal microbial ecology by inhibiting Paneth cell production of alpha-defensins. Blood. 2012; 120(1): 223–231.

[108] Bevins CL, Salzman NH. Paneth cells, antimicrobial peptides and maintenance of intestinal homeostasis. Nature reviews Microbiology. 2011; 9(5): 356–368.

[109] Wehkamp J, Salzman NH, Porter E, Nuding S, Weichenthal M, Petras RE, et al. Reduced Paneth cell alpha-defensins in ileal Crohn's disease. Proceedings of the National Academy of Sciences of the USA. 2005; 102(50): 18129–18134.

[110] Giesemann T, Guttenberg G, Aktories K. Human alpha-defensins inhibit Clostridium difficile toxin B. Gastroenterology. 2008; 134(7): 2049–2058.

[111] Welkon CJ, Long SS, Thompson CM, Jr., Gilligan PH. Clostridium difficile in patients with cystic fibrosis. American journal of diseases of children. 1985; 139(8): 805–808.

[112] Furci L, Baldan R, Bianchini V, Trovato A, Ossi C, Cichero P, et al. New role for human alpha-defensin 5 in the fight against hypervirulent Clostridium difficile strains. Infection and immunity. 2015; 83(3): 986–995.

[113] Ho TD, Ellermeier CD. PrsW is required for colonization, resistance to antimicrobial peptides, and expression of extracytoplasmic function sigma factors in Clostridium difficile. Infection and immunity. 2011; 79(8): 3229–3238.

[114] McBride SM, Sonenshein AL. The dlt operon confers resistance to cationic antimicrobial peptides in Clostridium difficile. Microbiology (Reading, England). 2011; 157(Pt 5): 1457–1465.

[115] McQuade R, Roxas B, Viswanathan VK, Vedantam G. Clostridium difficile clinical isolates exhibit variable susceptibility and proteome alterations upon exposure to mammalian cationic antimicrobial peptides. Anaerobe. 2012; 18(6): 614–620.

[116] Hill C, Rea M, Ross P. Thuricin CD, an antimicrobial for specifically targeting Clostridium difficile. Google Patents; 2014.

[117] Rea MC, Sit CS, Clayton E, O'Connor PM, Whittal RM, Zheng J, et al. Thuricin CD, a posttranslationally modified bacteriocin with a narrow spectrum of activity against Clostridium difficile. Proceedings of the National Academy of Sciences of the USA. 2010; 107(20): 9352–9357.

[118] Leatham MP, Banerjee S, Autieri SM, Mercado-Lubo R, Conway T, Cohen PS. Precolonized human commensal Escherichia coli strains serve as a barrier to E. coli O157: H7 growth in the streptomycin-treated mouse intestine. Infection and immunity. 2009; 77(7): 2876–2886.

[119] Maltby R, Leatham-Jensen MP, Gibson T, Cohen PS, Conway T. Nutritional basis for colonization resistance by human commensal Escherichia coli strains HS and Nissle 1917 against E. coli O157: H7 in the mouse intestine. PloS one. 2013; 8(1): e53957.

[120] Merrigan M, Sambol S, Johnson S, Gerding DN. Susceptibility of hamsters to human pathogenic Clostridium difficile strain B1 following clindamycin, ampicillin or ceftriaxone administration. Anaerobe. 2003; 9(2): 91–95.

[121] Sambol SP, Merrigan MM, Tang JK, Johnson S, Gerding DN. Colonization for the prevention of Clostridium difficile disease in hamsters. The Journal of infectious diseases. 2002; 186(12): 1781–1789.

[122] Lawley TD, Clare S, Walker AW, Goulding D, Stabler RA, Croucher N, et al. Antibiotic treatment of clostridium difficile carrier mice triggers a supershedder state, spore-mediated transmis-

sion, and severe disease in immunocompromised hosts. Infection and immunity. 2009; 77(9): 3661–3669.
[123] Jarchum I, Liu M, Lipuma L, Pamer EG. Toll-like receptor 5 stimulation protects mice from acute Clostridium difficile colitis. Infection and immunity. 2011; 79(4): 1498–1503.
[124] Wilson KH. Efficiency of various bile salt preparations for stimulation of Clostridium difficile spore germination. Journal of clinical microbiology. 1983; 18(4): 1017–1019.
[125] Francis MB, Allen CA, Shrestha R, Sorg JA. Bile acid recognition by the Clostridium difficile germinant receptor, CspC, is important for establishing infection. PLoS pathogens. 2013; 9(5): 1548.
[126] Britton RA, Young VB. Role of the intestinal microbiota in resistance to colonization by Clostridium difficile. Gastroenterology. 2014; 146(6): 1547–1553.
[127] Ridlon JM, Kang DJ, Hylemon PB. Bile salt biotransformations by human intestinal bacteria. Journal of lipid research. 2006; 47(2): 241–259.
[128] Giel JL, Sorg JA, Sonenshein AL, Zhu J. Metabolism of bile salts in mice influences spore germination in Clostridium difficile. PloS one. 2010; 5(1): e8740.
[129] Howerton A, Patra M, Abel-Santos E. A new strategy for the prevention of Clostridium difficile infection. The Journal of infectious diseases. 2013; 207(10): 1498–1504.
[130] Sorg JA, Sonenshein AL. Inhibiting the initiation of Clostridium difficile spore germination using analogs of chenodeoxycholic acid, a bile acid. Journal of bacteriology. 2010; 192(19): 4983–4990.
[131] Antunes LC, Han J, Ferreira RB, Lolic P, Borchers CH, Finlay BB. Effect of antibiotic treatment on the intestinal metabolome. Antimicrobial agents and chemotherapy. 2011; 55(4): 1494–1503.
[132] Begley M, Hill C, Gahan CG. Bile salt hydrolase activity in probiotics. Applied and environmental microbiology. 2006; 72(3): 1729–1738.
[133] Ridlon JM, Kang DJ, Hylemon PB. Isolation and characterization of a bile acid inducible 7alpha-dehydroxylating operon in Clostridium hylemonae TN271. Anaerobe. 2010; 16(2): 137–146.
[134] Buffie CG, Bucci V, Stein RR, McKenney PT, Ling L, Gobourne A, et al. Precision microbiome reconstitution restores bile acid mediated resistance to Clostridium difficile. Nature. 2015; 517: 205–8.
[135] Salonen A, de Vos WM, Palva A. Gastrointestinal microbiota in irritable bowel syndrome: present state and perspectives. Microbiology (Reading, England). 2010; 156(11): 3205–3215.
[136] Jalanka-Tuovinen J, Salojarvi J, Salonen A, Immonen O, Garsed K, Kelly FM, et al. Faecal microbiota composition and host-microbe cross-talk following gastroenteritis and in postinfectious irritable bowel syndrome. Gut. 2014; 63(11): 1737–1745.
[137] Louie TJ, Miller MA, Mullane KM, Weiss K, Lentnek A, Golan Y, et al. Fidaxomicin versus vancomycin for Clostridium difficile infection. The New England journal of medicine. 2011; 364(5): 422–431.
[138] Muto CA, Pokrywka M, Shutt K, Mendelsohn AB, Nouri K, Posey K, et al. A large outbreak of Clostridium difficile-associated disease with an unexpected proportion of deaths and colectomies at a teaching hospital following increased fluoroquinolone use. Infection control and hospital epidemiology. 2005; 26(3): 273–280.
[139] Deshpande A, Pasupuleti V, Thota P, Pant C, Rolston DD, Hernandez AV, et al. Risk factors for recurrent Clostridium difficile infection: a systematic review and meta-analysis. Infection control and hospital epidemiology. 2015; 36(4): 452–460.
[140] Dethlefsen L, Relman DA. Incomplete recovery and individualized responses of the human distal gut microbiota to repeated antibiotic perturbation. Proceedings of the National Academy of Sciences of the USA. 2011; 108(1): 455–461.

[141] Antonopoulos DA, Huse SM, Morrison HG, Schmidt TM, Sogin ML, Young VB. Reproducible community dynamics of the gastrointestinal microbiota following antibiotic perturbation. Infection and immunity. 2009; 77(6): 2367–2375.

[142] Zaura E, Brandt BW, Teixeira de Mattos MJ, Buijs MJ, Caspers MP, Rashid MU, et al. Same Exposure but Two Radically Different Responses to Antibiotics Resilience of the Salivary Microbiome versus Long-Term Microbial Shifts in Feces. MBio. 2015; 6(6).

[143] Rea MC, Dobson A, O'Sullivan O, Crispie F, Fouhy F, Cotter PD, et al. Effect of broad- and narrow-spectrum antimicrobials on Clostridium difficile and microbial diversity in a model of the distal colon. Proceedings of the National Academy of Sciences of the USA. 2011; 108(1): 4639–4644.

[144] Vrieze A, Out C, Fuentes S, Jonker L, Reuling I, Kootte RS, et al. Impact of oral vancomycin on gut microbiota, bile acid metabolism, and insulin sensitivity. Journal of hepatology. 2014; 60(4): 824–831.

[145] Louie TJ, Cannon K, Byrne B, Emery J, Ward L, Eyben M, et al. Fidaxomicin preserves the intestinal microbiome during and after treatment of Clostridium difficile infection (CDI) and reduces both toxin reexpression and recurrence of CDI. Clinical infectious diseases: an official publication of the Infectious Diseases Society of America. 2012; 55(2): S132–142.

[146] Surawicz CM, Brandt LJ, Binion DG, Ananthakrishnan AN, Curry SR, Gilligan PH, et al. Guidelines for diagnosis, treatment, and prevention of Clostridium difficile infections. The American journal of gastroenterology. 2013; 108(4): 478–498; quiz 99.

[147] Louie TJ, Emery J, Krulicki W, Byrne B, Mah M. OPT-80 eliminates Clostridium difficile and is sparing of bacteroides species during treatment of C. difficile infection. Antimicrobial agents and chemotherapy. 2009; 53(1): 261–263.

[148] Cornely OA, Crook DW, Esposito R, Poirier A, Somero MS, Weiss K, et al. Fidaxomicin versus vancomycin for infection with Clostridium difficile in Europe, Canada, and the USA: a double-blind, non-inferiority, randomised controlled trial. The Lancet Infectious diseases. 2012; 12(4): 281–289.

[149] Tannock GW, Munro K, Taylor C, Lawley B, Young W, Byrne B, et al. A new macrocyclic antibiotic, fidaxomicin (OPT-80), causes less alteration to the bowel microbiota of Clostridium difficile-infected patients than does vancomycin. Microbiology (Reading, England). 2010; 156(Pt 11): 3354–3359.

[150] Boonma P, Spinler JK, Venable SF, Versalovic J, Tumwasorn S. Lactobacillus rhamnosus L34 and Lactobacillus casei L39 suppress Clostridium difficile-induced IL-8 production by colonic epithelial cells. BMC microbiology. 2014; 14: 177.

[151] Friedman G. The role of probiotics in the prevention and treatment of antibiotic-associated diarrhea and Clostridium difficile colitis. Gastroenterology clinics of North America. 2012; 41(4): 763–779.

[152] Goldenberg JZ, Ma SS, Saxton JD, Martzen MR, Vandvik PO, Thorlund K, et al. Probiotics for the prevention of Clostridium difficile-associated diarrhea in adults and children. The Cochrane database of systematic reviews. 2013; 5: Cd006095.

[153] Johnson S, Maziade PJ, McFarland LV, Trick W, Donskey C, Currie B, et al. Is primary prevention of Clostridium difficile infection possible with specific probiotics? International journal of infectious diseases: IJID: official publication of the International Society for Infectious Diseases. 2012; 16(11): e786–792.

[154] Lawley TD, Clare S, Walker AW, Stares MD, Connor TR, Raisen C, et al. Targeted restoration of the intestinal microbiota with a simple, defined bacteriotherapy resolves relapsing Clostridium difficile disease in mice. PLoS pathogens. 2012; 8(10): e1002995.

[155] Gerding DN, Meyer T, Lee C, Cohen SH, Murthy UK, Poirier A, et al. Administration of spores of nontoxigenic Clostridium difficile strain M3 for prevention of recurrent C. difficile infection: a randomized clinical trial. Jama. 2015; 313(17): 1719–1727.

[156] Brouwer MS, Roberts AP, Hussain H, Williams RJ, Allan E, Mullany P. Horizontal gene transfer converts non-toxigenic Clostridium difficile strains into toxin producers. Nature communications. 2013; 4: 2601.

[157] Johnson S, Louie TJ, Gerding DN, Cornely OA, Chasan-Taber S, Fitts D, et al. Vancomycin, metronidazole, or tolevamer for Clostridium difficile infection: results from two multinational, randomized, controlled trials. Clinical infectious diseases: an official publication of the Infectious Diseases Society of America. 2014; 59(3): 345–354.

[158] Yang Z, Ramsey J, Hamza T, Zhang Y, Li S, Yfantis HG, et al. Mechanisms of protection against Clostridium difficile infection by the monoclonal antitoxin antibodies actoxumab and bezlotoxumab. Infection and immunity. 2015; 83(2): 822–831.

Carsten Schmidt

13 Bakterielle Translokation – Sepsis

13.1 Einleitung

Die intestinale Mikrobiota verändert sich in ihrer Zusammensetzung bei einer kritischen Erkrankung und den damit verbundenen therapeutischen Interventionen erheblich. Umgekehrt verändern intestinale Bakterien nachhaltig die Suszeptibilität eines Individuums für eine kritische Erkrankung und modulieren den Verlauf der Erkrankung: Die Mikrobiota determiniert beim septischen Schock z. B. die Schwere des Multiorganversagens und sogar das Mortalitätsrisiko. Die Mechanismen, durch die eine darmbasierte Sepsis hervorgerufen wird, sind hingegen noch unvollständig verstanden und vermutlich multifaktoriell, womit sich grundsätzlich zahlreiche potenzielle therapeutische Ansätze eröffnen [1, 2]. Obwohl eine Vielzahl klinischer und experimenteller Studien auf die zentrale Rolle der Mikrobiota in der Pathogenese kritischer Erkrankungen hinweisen, existieren nur erstaunlich wenige moderne Mikrobiota-fokussierte Studien zur Evaluation der gegenseitigen Abhängigkeiten.

13.2 Beeinflussung der intestinalen Mikrobiota durch die Sepsis

Die Beobachtung, dass durch die Sepsis die intestinale Mikrobiota verändert wird, wurde bereits Ende der 1960er Jahre gemacht. Die Sepsis ändert substanziell die Physiologie des Wirts, der wiederum die Umgebungsbedingungen der residenten Mikroflora beeinflusst. Die Veränderungen der Mikrobiota, die bei Patienten im Krankenhaus beobachtet wurden, hängen dabei entscheidend von der Schwere der Erkrankung ab [3].

Die primäre Route der Immigration mikrobieller Keime in die intestinale Mikrobiota erfolgt über den Oropharynx. Bei kritisch kranken Patienten wird die gesunde orale Mikroflora durch vornehmlich gramnegative anaerobe Keime inklusive verschiedener Mitglieder der *Proteobacteria* ersetzt. Im Rahmen des katabolen Zustandes der Erkrankung kommt es zu einer verminderten Migration nahrungsassoziierter Bakterien in die intestinale Mikrobiota und zu einer verminderten Nährstoffversorgung der kommensalen Bakterien [4]. Umgekehrt ist bei gesunden Individuen der primäre Weg der mikrobiellen Elimination der Darmmikrobiota die normalerweise rasche Defäkation. Über diese scheiden gesunde Erwachsene etwa 10^{14} Bakterien pro Tag aus [5]. Bei kritisch kranken Patienten ist die Transitzeit durch pathophysiologische Mechanismen der Erkrankung selbst (z. B. Glukose- und Elektrolytstörungen, endogene Opioide) [6, 7] und therapeutische Interventionen (wie systemische Katecholamine, Sedativa und Opioide) [8] verlängert. Im Magen, der physiologischerweise rasch entleert wird und ein saures Milieu aufweist, ist die Transitzeit ebenso verlangsamt

DOI 10.1515/9783110454352-013

[9] und der pH-Wert häufig durch säurehemmende Therapien neutralisiert [10, 11]. Andere Mechanismen vermindern zusätzlich die mikrobielle Elimination: die Reduktion der Gallensäure-Produktion [12], die Verminderung der IgA-Synthese [13] und die Reduktion der ansonsten dichten mukosalen Barriere unter dem Einschluss sekretorischer antimikrobieller Peptide [14–16]. Zusammengefasst ist die Elimination von Bakterien insbesondere im oberen Gastrointestinaltrakt reduziert, der in eine pH-neutrale Umgebung transformiert wird, die sehr rasch durch gramnegative Bakterien überwachsen werden kann [1, 17].

Bei der Sepsis sind die Umweltbedingungen der mikrobiellen Flora verändert, was die relativen Reproduktionsraten der Mikrobiota beeinflusst. [18] Hypo- und Reperfusion führen zu einer ausgeprägten mukosalen Entzündung, die eine Vielzahl von Veränderungen des mikrobiellen Umfeldes nach sich zieht. Steigende Nitratkonzentrationen [19] und ein veränderter mukosaler Sauerstoffgradient [20] fördern das Wachstum von *Proteobacteria*, die viele gramnegative Keime wie *Pseudomonas aeruginosa* und *Escherichia coli* beinhalten, und einige Mitglieder der Firmicuten wie *Staphylococcus aureus* und *Enterococcus spp.* [21–23] Hinzu kommt, dass nahezu jede klinische Intervention, die auf der Intensivstation angewendet wird (enterale/parenterale Ernährung [24], Protonenpumpen-Inhibitoren [10, 11], systemische Katecholamine [25, 26], Opioide [27] oder Antibiotika [28, 29]), die Umwelt- und Wachstumsbedingungen intestinaler Bakterien verändert. Zusammenfassend resultiert eine instabile Mikrobiota mit erheblich reduzierter Diversität. Der normalerweise gering kolonisierte Magen, das Duodenum und proximale Jejunum erfahren einen Überwuchs durch eine geringe Zahl von Spezies, wie zum Beispiel *Escherichia coli*, *Pseudomonas aeruginosa* und *Enterococcus spp.* [30, 31]. Der obere Gastrointestinaltrakt wird damit auch zu einem Reservoir potenzieller Pathogene, die zu extraabdominellen oder systemischen Infektionen führen können (s. u.) [1, 17, 31].

Der untere Gastrointestinaltrakt beinhaltet bei gesunden Individuen eine Vielzahl mikrobieller Spezies. Die residente Mikroflora des unteren Gastrointestinaltrakts dient normalerweise essenziellen metabolischen und immunologischen Funktionen. Die beschriebene Abwesenheit verschiedener Bakterien im Darm ist daher mindestens ebenso bedeutsam wie die Präsenz anderer [1]. Zum Beispiel stellt Butyrat die primäre Energiequelle epithelialer Zellen des Colons dar. Ohne Butyrat kommt es zu einer Verminderung der oxidativen Energieversorung mit verminderten ATP-Konzentrationen und letztlich zur Autophagie der Zelle [32]. Butyrat vermindert zudem die intestinale und systemische Immunantwort durch eine Stimulation der Entwicklung regulatorischer T-Zellen [33]. Bei der Sepsis verliert die Mikrobiota ihre Diversität, die bakterielle Gemeinschaft wird durch einige wenige, manchmal nur eine einzige bakterielle Spezies überwachsen [34–36]. Dominante Spezies beinhalten *Staphylococcus aureus*, *Enterococcus spp.* und Mitglieder der *Enterobacteriaceae* (einschließlich *Escherichia coli* und *Klebsiella spp.*). *Pseudomonas aeruginosa*, der normalerweise in geringen Zahlen vorkommt, kann sich erheblich vermehren [35–37]. Zusätzlich wachsen und gedeihen normalerweise seltene Pilze wie zum Beispiel *Candida spp.* [36], die bei bis zu 75 %

der Patienten nachgewiesen werden können und letztlich eine Candidaemie mit ungünstigem Erkrankungsverlauf bedingen können [36, 38]. In Studien zur Mikrobiota kritisch kranker Patienten zeigte sich eine Verminderung Butyrat-produzierender Bakterien, die zum Teil gar nicht mehr nachweisbar waren [34–37], die Butyratproduktion selbst war ebenfalls erheblich vermindert [37]. Die pathophysiologischen Konsequenzen dieser Bedingungen sind somit zusammenfassend die Autophagie epithelialer Zellen und eine dysregulierte Immunantwort. Die klinischen Konsequenzen dieser experimentellen Beobachtungen bleiben hingegen bisher unklar.

Viren, Archebakterien und Eukaryoten stellen normalerweise weniger als 10 % der Darmmikrobiota gesunder Individuen dar [39]. Die Effekte einer kritischen Erkrankung auf die Keimzahl und das Verhalten dieser Organismen sind unbekannt.

13.3 Sepsis als Folge der bakteriellen Translokation

13.3.1 Klinische Beobachtungen

In der täglichen klinischen Praxis kann bei einer beträchtlichen Anzahl von Patienten mit einem Multiorganversagen oder einer Sepsis kein klinischer Fokus identifiziert werden. Diese Beobachtung wurde durch Autopsiestudien bestätigt, in denen bei über 30 % dieser Patienten ebenfalls kein infektiöser Fokus hat gesichert werden können. Aus derartigen Erkenntnissen wurde die Theorie der „gut origin of sepsis“ abgeleitet [40–42]. Die Überlegung, dass die intestinale Mikrobiota eine systemische Infektion auslösen könnte, ist jedoch ebenso alt wie die ersten Erkenntnisse über Bakterien selbst. 1868, zeitgleich mit Pasteur, spekulierte Herman Senator bereits, dass die Selbstinfektion durch den Gastrointestinaltrakt systemische Faktoren freisetzen könnte, die Fieber, Tachykardie und Somnolenz hervorbringen [43]. 1952 berichteten Fine und Kollegen [44], dass in einem Tiermodell des hämorrhagischen Schocks die Vorbehandlung des Darms mit Antibiotika signifikant die Mortalität senkt. 1966 schließlich prägte Wolochow den Begriff der bakteriellen Translokation als eine Störung der intestinalen Barriere, die zu einer Translokation luminaler Bakterien und Antigene führt. [45] 1972 zeigten Cuevas und Kollegen, dass in Tiermodellen des Schocks durch die Vorbehandlung mit darmwirksamen Antibiotika auch ein ARDS verhindert werden konnte. [46]

Die Prognose von Patienten mit schweren systemischen Erkrankungen wird durch den bakteriellen Inhalt des Darmes wesentlich beeinflusst. [47–49] Wenn die bakterielle Kolonisation des Darmes minimiert wird, etwa durch eine Vorbehandlung mit darmwirksamen Antibiotika (oder auch unter Verwendung keimfreier Tiermodelle), werden die Inflammation und die Schädigungen peripherer Organe während des Schocks reduziert. Dieser Zusammenhang wurde konsistent in verschiedenen Spezies [44, 46, 47, 50, 51] sowie in verschiedenen Formen des Schocks (hämorrhagischer Schock [44], Sepsis [46] und Ischämie-Reperfusion [47]) beschrieben. Die intestinale

Mikrobiota ist daher von hoher Relevanz für eine gezielte intensivmedizinische Therapie.

In den 1980er Jahren führten die zunächst experimentellen Beobachtungen zu klinischen Studien, in denen eine Suppression der Darmbakterien bei Patienten mit dem Risiko einer schweren Erkrankung vorgenommen wurde. Die selektive Dekontamination des Gastrointestinaltraktes (SDD) wurde durch die prophylaktische Gabe von Antibiotika erreicht, die ein Überwachsen durch potenzielle Pathogene auf ein Minimum reduzieren sollten. Seit der ersten randomisierten klinischen Studie 1987 [52] wurde die SDD in mehr als 65 randomisierten kontrollierten Studien untersucht, an denen mehr als 15.000 Patienten teilgenommen haben [53]. Diese Studien zeigten konsistent, dass Patienten, die eine SDD erhalten, seltener ein Multiorganversagen erleiden [48] oder versterben [53] als Patienten, die diese Therapie nicht bekommen. Nichtsdestotrotz ist die Verwendung der SDD weiterhin wenig verbreitet, insbesondere in Nordamerika, vornehmlich wegen der Befürchtungen vor einer antimikrobiellen Resistenzentwicklung, auch wenn diese Befürchtungen durch große klinische Untersuchungen und Metaanalysen nicht nachhaltig objektiviert wurden [54]. Wenn auch die Effekte einer SDD bzgl. der Entwicklung Antibiotika-resistenter Keime auf einer Intensivstation kontrovers diskutiert werden [55], ist der Nutzen für die Patienten unzweifelhaft. Diese Verbindung zwischen der Mikrobiota von Patienten und ihrer Empfänglichkeit für eine kritische Erkrankung wurde auch durch neuere Studien bestätigt. So wurde bei mehr als 43.000 Krankenhaus-Patienten, die bezüglich ihrer intestinalen Dysbiose klassifiziert wurden, eine deutliche „Dosis-Wirkungs-Beziehung“ zwischen der Veränderung des Mikrobioms einerseits und der nachfolgenden stationären Aufnahme wegen einer schweren Sepsis andererseits gezeigt [56]. Trotz der Eindeutigkeit dieser klinischen Beobachtungen sind die Mechanismen dahinter jedoch kontrovers und unvollständig verstanden.

13.3.2 Pathogenese der bakteriellen Translokation

Die mukosalen Strukturen, die eine intakte intestinale Barriere konstituieren, sind der den Enterozyten aufgelagerte Mukus, die epitheliale Zellschicht des Darmes sowie das subepitheliale Gewebe [57]. Der intakte Mukusfilm des Colons, der von Becherzellen ständig erneuert wird, besteht aus zwei bis zu 830 µm dicken Schichten, von denen die innere Schicht dicht gepackt, fest an das Epithel der Enterozyten gebunden und frei von Bakterien ist. Im Gegensatz dazu ist die äußere Schicht beweglich, ihr Volumen ist durch proteolytische Degradation des Mukus expandiert und mit Bakterien kolonisiert [58–60]. Die epitheliale Zellschicht besteht aus verschiedenen Zelltypen (Enterozyten, Becherzellen, M-Zellen u. a.), die durch tight-junctions miteinander verbunden sind, die die rasche Aufnahme von Wasser und Nährstoffen erlauben. Der subepitheliale Raum beherbergt schließlich das Darm-assoziierte lymphatische Gewebe (GALT) einschließlich vaskulärer und lymphatischer Strukturen. Darüber hinaus tragen sekretorisches IgA, antimikrobielle Peptide, Magensäure und Verdauungsenzyme zur Abwehr intestinaler Pathogene bei [61–64].

Grundsätzlich werden drei Hypothesen zur Pathogenese der bakteriellen Translokation diskutiert (siehe auch Abb. 13.1): die systemische (portalvenöse) Translokation, die Darm-Lymphe-Translokation und eine *In-situ*-Steigerung der bakteriellen Virulenz.

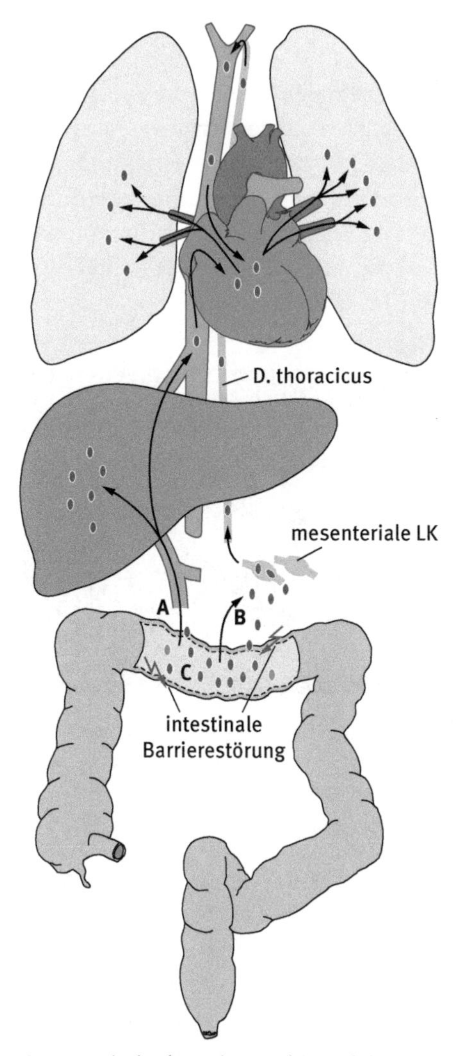

A systemische (portalvenöse) Translokation
B Darm-Lymphe-Translokation
C *in-situ*-Steigerung der bakteriellen Virulenz

Abb. 13.1: Potenzielle Mechanismen der bakteriellen Translokation.

Die älteste und naheliegendste Erklärung für die sogenannte „Gut-derived"-Sepsis liegt darin, dass im Stadium einer kritischen Erkrankung Bakterien und bakterielle Produkte den Darm verlassen und über die systemische Zirkulation in distale Organe translozieren, wo sie wiederum eine Infektion und Gewebeschädigung hervorrufen. Bei vielen kritischen Erkrankungen wird der dichte intestinale Mukusfilm ausgedünnt oder gar zerstört [14, 15]. Sowohl im Tiermodell als auch bei septischen Patienten konnten mittels konfokaler Laserendoskopie Störungen der intestinalen Mikrozirkulation, die als eine frühes Ereignis im Prozess der bakteriellen Translokation aufgefasst wird, quantitativ erfasst werden (siehe Abb. 13.2) [65]. Ischämie und Reperfusion führen schließlich zu einer Ablösung des intestinalen Mukus vom Epithelium, wodurch das Eindringen von Bakterien in die ansonsten sterilen Krypten ermöglicht wird [21]. Während eine nachfolgende transzelluläre Passage von Bakterien und Partikeln wegen ihrer Größe unwahrscheinlich ist, erscheint ein passiver Einstrom durch parazelluläre „gaps", die durch eine Abstoßung von Enterozyten in das Darmlumen entstehen, wahrscheinlicher [66]. Dabei korreliert das Ausmaß der Permeabilitätssteigerung mit dem Risiko eines Organschadens und Todes [67].

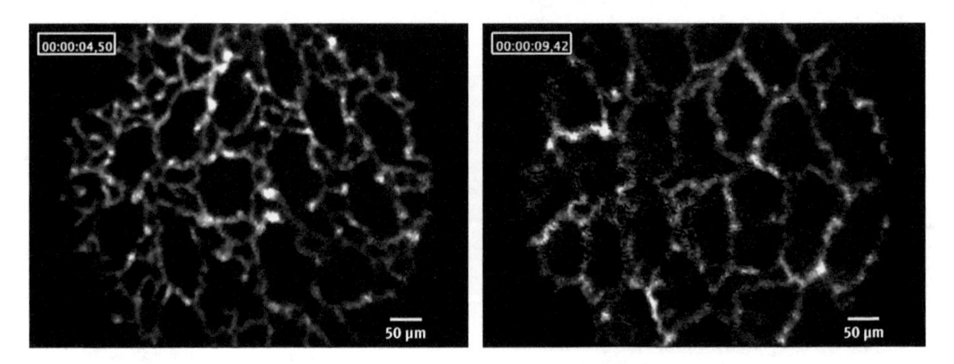

Abb. 13.2: Konfokale Laserendoskopie mit Darstellung rektaler Gefäße beim gesunden (a) und septischen (b) Schwein. Unter den Bedingungen der Sepsis zeigt sich eine Verminderung der Kapillardichte mit stärker fragmentiert erscheinenden, weniger scharf demarkierten Gefäßen.

In einer Studie an Traumapatienten mit einem hohes Risiko für ein Multiorganversagens zeigte sich jedoch anhand der Entnahme serieller Blutkulturen aus einem in der Vena portae einliegenden Katheter nur ein geringes Signal für eine bakterielle Translokation und keine Assoziation zwischen einer Bakteriämie der Portalvene und der nachfolgenden Erkrankungsschwere [68]. Die Erklärung einer bakteriellen Translokation über die hämatogene/portalvenöse Route ist durch diese Studie nachhaltig in Frage gestellt worden. Das Erklärungsmodell ist nachfolgend unter Beachtung der intestinalen Anatomie modifiziert worden [2, 69].

Der untere Gastrointestinaltrakt drainiert lymphatisch in mesenteriale Lymphknoten, die ihrerseits in den Ductus thoracicus drainieren. Dieser entleert sich schließlich in die linke Vena subclavia. Unter dieser Betrachtung stellen die Lungen das erste kapilläre Bett des Körpers dar, welches 1–4 L Lymphe/Tag filtriert. Diese anatomischen Betrachtungen haben zu der sogenannten Darm-Lymphe-Hypothese geführt [2], die durch experimentelle wie auch klinische Beobachtungen unterstützt wird. In klinischen Studien kritisch erkrankter Hochrisikopatienten eines chirurgischen Patientenkollektivs konnten Bakterien aus mesenterialen Lymphknoten kultiviert werden. Diese Kultivierung gelang auch im Tiermodell des Schocks [69, 70]. Zudem ist die Detektion von Bakterien in mesenterialen Lymphknoten prädiktiv für eine nachfolgende Sepsis und septische Komplikationen [70, 71]. In Tiermodellen von Trauma/hämorrhagischem Schocks schützt die Ligatur des mesenterialen Ductus wiederum vor einer Lungenerkrankung und die untersuchten mesenterialen Lymphknoten kritisch kranker Tiere können in einem TLR4-abhängigen Mechanismus umgekehrt pulmonale Läsionen in ansonsten gesunden Tieren verursachen [72].

Ein weiterer Erklärungsansatz für die darmassoziierte Sepsis postuliert, dass die Translokation von Mikrobiota und mikrobiellen Produkten für die systemische Inflammation und Schädigung gar nicht erforderlich ist [25, 73, 74]. So, wie die Zusammensetzung der intestinalen Mikrobiota durch die intestinale Umgebung kritisch kranker Patienten verändert wird, werden auch das Verhalten und die Virulenz der individuellen Mitglieder der Mikrobiota verändert [25]. Ein bakterieller Stamm, der normalerweise inert ist und vom Immunsystem des Wirts nicht als pathogen klassifiziert wird, kann unter den Bedingungen einer kritischen Erkrankung transformiert werden und Virulenz erlangen, die eine systemische Inflammation und Sepsis verursacht. Die Virulenz von Pathogenen auf einer Intensivstation wird durch Bedingungen einer verminderten Ernährung des Wirts, die Kompetition mit benachbarten Keimen, die Zerstörung der Homöostase mit stabilisierenden Kommensalen [36] und die Exposition gegenüber Mediatoren der Stressantwort des Wirtes (z. B. Katecholamine, inflammatorische Zytokine und endogene Opioide) gefördert [1, 10, 36, 75, 76].

Vermutlich ist die Pathogenese der darmassoziierten Sepsis wie viele Prozesse bei kritischen Erkrankungen multifaktoriell und mit einer hohen biologischen Redundanz ausgestattet [1, 74, 77]. Alle drei diskutierten Hypothesen erklären vermutlich einander ergänzend die Merkmale der komplexen Pathogenese des Multiorganversagens und der Sepsis. Zudem werden diese Mechanismen durch therapeutische Interventionen verstärkt: So wird die intestinale Permeabilität durch NSAR [78] und die parenterale Ernährung [79, 80] erhöht, die bakterielle Translokation durch Antibiotika [29], Kortikosteroide [81] und Opiate [82] vermehrt und die bakterielle Virulenz von z. B. *Pseudomonas aeruginosa* durch Opiate [83] und Katecholamine [8, 84] gesteigert.

13.4 Therapeutische Manipulation des Mikrobioms

Die Effekte von therapeutischen Interventionen, die sich nahezu immer auf die Mikrobiota auswirken, müssen systematisch untersucht werden. Aber auch die bisherigen Untersuchungen zur therapeutischen Beeinflussung der Mikrobiota bei kritischen Erkrankungen sind vielversprechend [18, 74]. Die SDD stellt dabei die am besten untersuchte Maßnahme dar [48, 53]. Frühe intensivmedizinische Studien zum Einsatz von Probiotika weisen darauf hin, dass ihr Einsatz das Risiko einer Pneumonie vermindern, die Länge des Aufenthaltes auf der Intensivstation für beatmete Patienten vermindern [85] und systemische Infektionen bei Hochrisiko-Patienten postoperativ reduzieren kann [86]. In einem Mausmodell der Sepsis hat gar ein Überlebensvorteil dargestellt werden können [87]. Hingegen sollte auch bedacht werden, dass in einzelnen Studien durch eine Manipulation der Mikrobiota (z. B. Gabe von Probiotika bei der akuten schweren Pankreatitis) negative Effekte selbst auf die Mortalität der behandelten Patienten beobachtet wurden, was die systematische Erforschung einer Modifikation der Mikrobiota umso dringlicher macht [88]. Historisch wurde die Komposition der enteralen Ernährung so gestaltet, dass sie den vermuteten metabolischen Anforderungen des Wirts genügt, ohne jedoch deren Effekte auf die Mikrobiota zu betrachten. Dieser Ansatz hingegen übersieht möglicherweise die ganz direkte Bedeutung einer Veränderung der Wachstumsbedingungen der intestinalen Mikrobiota [89].

In zukünftigen Studien müssen spezifische Eigenschaften der Mikrobiota, die die Homöostase bei kritisch kranken Patienten spezifisch fördern oder im Gegenteil nachteilig beeinflussen können, identifiziert werden. Auch sind die Mechanismen, die dem sogenannten „postintensive-care syndrom“ zugrunde liegen, unzureichend verstanden, aber die Beteiligung einer möglicherweise persistierend veränderten Mikrobiota sollte auch diesbezüglich evaluiert werden. Es ist bisher unbekannt, wie schnell oder vollständig sich das Mikrobiom nach der Dysbiose im Rahmen einer Sepsis normalisiert. Bevor eine maßgeschneiderte Therapie für Patienten angeboten werden kann, die eine „gesunde Mikrobiota“ wiederherstellt und erhält, muss verstanden werden, wie die Mikrobiota den Verlauf der Erkrankung und letztlich die Prognose beeinflusst. Klinische Untersuchungen bei Patienten mit kritischer Erkrankung sollten daher immer auch die Evaluation der Mikrobiota als einen bedeutenden sekudären Outcome-Parameter berücksichtigen, sowohl als Mediator der Erkrankung als auch als ein Faktor, der die Therapie modifiziert. [1]

Die Detektion und Charakterisierung translozierender Bakterien, die Identifikation der Veränderungen der intestinalen Mikrobiota und auch die metabolischen Folgen dieser Veränderungen werden durch neue, insbesondere molekularbiologisch basierte Techniken wesentlich verbessert [90]. Die Mechanismen, die unter Beteiligung der Mikrobiota von einer akuten Läsion zu einer systemischen Inflammation/Sepsis, zum Multiorganversagen oder Tod des Patienten führen, werden mittels dieser Ansätze weitaus besser charakterisiert werden können.

13.5 Literatur

[1] Dickson RP. The microbiome and critical illness. Lancet Respir Med. 2016; 4(1): 59–72.
[2] Mittal R, Coopersmith CM. Redefining the gut as the motor of critical illness. Trends Mol Med. 2014; 20(4): 214–223.
[3] Johanson WG, Pierce AK, Sanford JP. Changing pharyngeal bacterial flora of hospitalized patients. Emergence of gram-negative bacilli. N Engl J Med. 1969; 281(21): 1137–1140.
[4] David LA, Maurice CF, Carmody RN, Gootenberg DB, Button JE, Wolfe BE, et al. Diet rapidly and reproducibly alters the human gut microbiome. Nature. 2014; 505(7484): 559–563.
[5] Simon GL, Gorbach SL. Intestinal flora in health and disease. Gastroenterology. 1984; 86(1): 174–193.
[6] Bjornsson ES, Urbanavicius V, Eliasson B, Attvall S, Smith U, Abrahamsson H. Effects of hyperglycemia on interdigestive gastrointestinal motility in humans. Scand J Gastroenterol. 1994; 29(12): 1096–1104.
[7] Lowman RM. The potassium depletion states and postoperative ileus. The role of the potassium ion. Radiology. 1971; 98(3): 691–694.
[8] Dive A, Foret F, Jamart J, Bulpa P, Installe E. Effect of dopamine on gastrointestinal motility during critical illness. Intensive Care Med. 2000; 26(7): 901–907.
[9] Moore JG, Datz FL, Christian PE, Greenberg E, Alazraki N. Effect of body posture on radionuclide measurements of gastric emptying. Dig Dis Sci. 1988; 33(12): 1592–1595.
[10] du Moulin GC, Paterson DG, Hedley-Whyte J, Lisbon A Aspiration of gastric bacteria in antacid-treated patients: a frequent cause of postoperative colonisation of the airway. Lancet. 1982; 1(8266): 242–245.
[11] Lombardo L, Foti M, Ruggia O, Chiecchio A. Increased incidence of small intestinal bacterial overgrowth during proton pump inhibitor therapy. Clin Gastroenterol Hepatol. 2010; 8(6): 504–508.
[12] de Vree JM, Romijn JA, Mok KS, Mathus-Vliegen LM, Stoutenbeek CP, Ostrow JD, et al. Lack of enteral nutrition during critical illness is associated with profound decrements in biliary lipid concentrations. Am J Clin Nutr. 1999; 70(1): 70–77.
[13] Coutinho HB, Robalinho TI, Coutinho VB, Amorim AM, Furtado AF, Ferraz A, et al. Intra-abdominal sepsis: an immunocytochemical study of the small intestine mucosa. J Clin Pathol. 1997; 50(4): 294–298.
[14] Lu Q, Xu DZ, Sharpe S, Doucet D, Pisarenko V, Lee M, et al. The anatomic sites of disruption of the mucus layer directly correlate with areas of trauma/hemorrhagic shock-induced gut injury. J Trauma. 2011; 70(3): 630–635.
[15] Rupani B, Caputo FJ, Watkins AC, Vega D, Magnotti LJ, Lu Q, et al. Relationship between disruption of the unstirred mucus layer and intestinal restitution in loss of gut barrier function after trauma hemorrhagic shock. Surgery. 2007; 141(4): 481–489.
[16] Book M, Chen Q, Lehmann LE, Klaschik S, Weber S, Schewe JC, et al. Inducibility of the endogenous antibiotic peptide beta-defensin 2 is impaired in patients with severe sepsis. Crit Care. 2007; 11(1): R19.
[17] Marshall JC, Christou NV, Meakins JL. The gastrointestinal tract. The „undrained abscess“ of multiple organ failure. Ann Surg. 1993; 218(2): 111–119.
[18] Shimizu K, Ogura H, Asahara T, Nomoto K, Morotomi M, Tasaki O, et al. Probiotic/synbiotic therapy for treating critically ill patients from a gut microbiota perspective. Dig Dis Sci. 2013; 58(1): 23–32.
[19] Winter SE, Winter MG, Xavier MN, Thiennimitr P, Poon V, Keestra AM et al. Host-derived nitrate boosts growth of E. coli in the inflamed gut. Science. 2013; 339(6120): 708–711.

[20] Albenberg L, Esipova TV, Judge CP, Bittinger K, Chen J, Laughlin A, et al. Correlation between intraluminal oxygen gradient and radial partitioning of intestinal microbiota. Gastroenterology. 2014; 147(5): 1055–1063 e1058.

[21] Grootjans J, Lenaerts K, Derikx JP, Matthijsen RA, de Bruine AP, van Bijnen AA, et al. Human intestinal ischemia-reperfusion-induced inflammation characterized: experiences from a new translational model. Am J Pathol. 2010; 176(5): 2283–2291.

[22] Honda K, Littman DR. The microbiome in infectious disease and inflammation. Annu Rev Immunol. 2012; 30: 759795.

[23] Lupp C, Robertson ML, Wickham ME, Sekirov I, Champion OL, Gaynor EC, et al. Host-mediated inflammation disrupts the intestinal microbiota and promotes the overgrowth of Enterobacteriaceae. Cell Host Microbe. 2007; 2(3): 204.

[24] Alverdy J, Chi HS, Sheldon GF. The effect of parenteral nutrition on gastrointestinal immunity. The importance of enteral stimulation. Ann Surg. 1985; 202(6): 681–684.

[25] Alverdy J, Holbrook C, Rocha F, Seiden L, Wu RL, Musch M, et al. Gut-derived sepsis occurs when the right pathogen with the right virulence genes meets the right host: evidence for in vivo virulence expression in Pseudomonas aeruginosa. Ann Surg. 2000; 232(4): 480–489.

[26] Meduri GU, Kanangat S, Stefan J, Tolley E, Schaberg D. Cytokines IL-1beta, IL-6, and TNF-alpha enhance in vitro growth of bacteria. Am J Respir Crit Care Med. 1999; 160(3): 961–967.

[27] Meng J, Banerjee S, Li D, Sindberg GM, Wang F, Ma J, et al. Opioid Exacerbation of Gram-positive sepsis, induced by Gut Microbial Modulation, is Rescued by IL-17A Neutralization. Sci Rep. 2015; 5: 10918.

[28] Dethlefsen L, Relman DA. Incomplete recovery and individualized responses of the human distal gut microbiota to repeated antibiotic perturbation. Proc Natl Acad Sci U S A. 2011; 108(1): 4554–4561.

[29] Knoop KA, McDonald KG, Kulkarni DH, Newberry RD. Antibiotics promote inflammation through the translocation of native commensal colonic bacteria. Gut. 2015.

[30] de la Cal MA, Rommes JH, van Saene HK, Silvestri L, Zandstra DF. Selective digestive decontamination and bacterial resistance. Lancet Infect Dis. 2013; 13(9): 738.

[31] Marshall JC, Christou NV, Horn R, Meakins JL. The microbiology of multiple organ failure. The proximal gastrointestinal tract as an occult reservoir of pathogens. Arch Surg. 1988; 123(3): 309–315.

[32] Donohoe DR, Garge N, Zhang X, Sun W, O'Connell TM, Bunger MK, et al. The microbiome and butyrate regulate energy metabolism and autophagy in the mammalian colon. Cell Metab. 2011; 13(5): 517–526.

[33] Furusawa Y, Obata Y, Fukuda S, Endo TA, Nakato G, Takahashi D, et al. Commensal microbe-derived butyrate induces the differentiation of colonic regulatory T cells. Nature. 2013; 504(7480): 446–450.

[34] Madan JC, Salari RC, Saxena D, Davidson L, O'Toole GA, Moore JH, et al. Gut microbial colonisation in premature neonates predicts neonatal sepsis. Arch Dis Child Fetal Neonatal Ed. 2012; 97(6): F456–462.

[35] Shimizu K, Ogura H, Hamasaki T, Goto M, Tasaki O, Asahara T, et al. Altered gut flora are associated with septic complications and death in critically ill patients with systemic inflammatory response syndrome. Dig Dis Sci. 2011, 56(4): 1171–1177.

[36] Zaborin A, Smith D, Garfield K, Quensen J, Shakhsheer B, Kade M, et al. Membership and behavior of ultra-low-diversity pathogen communities present in the gut of humans during prolonged critical illness. MBio. 2014, 5(5): e01361–01314.

[37] Shimizu K, Ogura H, Goto M, Asahara T, Nomoto K, Morotomi M, et al. Altered gut flora and environment in patients with severe SIRS. J Trauma. 2006; 60(1): 126–133.

[38] Wey SB, Mori M, Pfaller MA, Woolson RF, Wenzel RP. Hospital-acquired candidemia. The attributable mortality and excess length of stay. Arch Intern Med. 1988; 148(12): 2642–2645.
[39] Arumugam M, Raes J, Pelletier E, Le Paslier D, Yamada T, Mende DR, et al. Enterotypes of the human gut microbiome. Nature. 2011; 473(7346): 174–180.
[40] Border JR, Hassett J, LaDuca J, Seibel R, Steinberg S, Mills B, et al. The gut origin septic states in blunt multiple trauma (ISS = 40) in the ICU. Ann Surg. 1987; 206(4): 427–448.
[41] Marshall JC, Christou NV, Meakins JL. Immunomodulation by altered gastrointestinal tract flora. The effects of orally administered, killed Staphylococcus epidermidis, Candida, and Pseudomonas on systemic immune responses. Arch Surg. 1988; 123(12): 1465–1469.
[42] Swank GM, Deitch EA. Role of the gut in multiple organ failure: bacterial translocation and permeability changes. World J Surg. 1996, 20(4): 411–417.
[43] Senator H. Über einen Fall von Hydrothionämie und über Selbstinfection durch abnorme Verdauungsvorgänge. Berliner Klinische Wochenschrift, 1868: 254–256.
[44] Fine J, Frank H, Schweinburg F, Jacob S, Gordon T. The bacterial factor in traumatic shock. Ann N Y Acad Sci. 1952; 55(3): 429–445.
[45] Wolochow H, Hildebrand GJ, Lamanna C. Translocation of microorganisms across the intestinal wall of the rat: effect of microbial size and concentration. J Infect Dis. 1966; 116(4): 523–528.
[46] Cuevas P, De la Maza LM, Gilbert J, Fine J. The lung lesion in four different types of shock in rabbits. Arch Surg. 1972; 104(3): 319–322.
[47] Souza DG, Vieira AT, Soares AC, Pinho V, Nicoli JR, Vieira LQ, et al. The essential role of the intestinal microbiota in facilitating acute inflammatory responses. J Immunol. 2004; 173(6): 4137–4146.
[48] Silvestri L, van Saene HK, Zandstra DF, Marshall JC, Gregori D, Gullo A. Impact of selective decontamination of the digestive tract on multiple organ dysfunction syndrome: systematic review of randomized controlled trials. Crit Care Med. 2010; 38(5): 1370–1376.
[49] Liberati A, D'Amico R, Pifferi S, Torri V, Brazzi L, Parmelli E. Antibiotic prophylaxis to reduce respiratory tract infections and mortality in adults receiving intensive care. Cochrane Database Syst Rev. 2009(4); CD000022.
[50] Zhang D, Chen G, Manwani D, Mortha A, Xu C, Faith JJ, et al. Neutrophil ageing is regulated by the microbiome. Nature. 2015; 525(7570): 528–532.
[51] Rush BF, Jr., Redan JA, Flanagan JJ, Jr., Heneghan JB, Hsieh J, Murphy TF, et al. Does the bacteremia observed in hemorrhagic shock have clinical significance? A study in germ-free animals. Ann Surg. 1989; 210(3): 342–345; discussion 346–347.
[52] Unertl K, Ruckdeschel G, Selbmann HK, Jensen U, Forst H, Lenhart FP, et al. Prevention of colonization and respiratory infections in long-term ventilated patients by local antimicrobial prophylaxis. Intensive Care Med. 1987; 13(2): 106–113.
[53] Silvestri L, de la Cal MA, van Saene HK. Selective decontamination of the digestive tract: the mechanism of action is control of gut overgrowth. Intensive Care Med. 2012; 38(11): 1738–1750.
[54] Daneman N, Sarwar S, Fowler RA, Cuthbertson BH. Effect of selective decontamination on antimicrobial resistance in intensive care units: a systematic review and meta-analysis. Lancet Infect Dis. 2013; 13(4): 328–341.
[55] Oostdijk EA, de Smet AM, Blok HE, Thieme Groen ES, van Asselt GJ, Benus RF, et al. Ecological effects of selective decontamination on resistant gram-negative bacterial colonization. Am J Respir Crit Care Med. 2010; 181(5): 452–457.
[56] Prescott HC, Dickson RP, Rogers MA, Langa KM, Iwashyna TJ. Hospitalization Type and Subsequent Severe Sepsis. Am J Respir Crit Care Med. 2015; 192(5): 581–588.
[57] Li Q, Zhang Q, Wang C, Liu X, Li N, Li J. Disruption of tight junctions during polymicrobial sepsis in vivo. J Pathol. 2009; 218(2): 210–221.

[58] Linden SK, Sutton P, Karlsson NG, Korolik V, McGuckin MA. Mucins in the mucosal barrier to infection. Mucosal Immunol. 2008; 1(3): 183–197.
[59] Hansson GC. Role of mucus layers in gut infection and inflammation. Current opinion in microbiology. 2012; 15(1): 57–62.
[60] Johansson ME, Phillipson M, Petersson J, Velcich A, Holm L, Hansson GC. The inner of the two Muc2 mucin-dependent mucus layers in colon is devoid of bacteria. Proc Natl Acad Sci U S A. 2008; 105(39): 15064–15069.
[61] Otte JM, Kiehne K, Herzig KH. Antimicrobial peptides in innate immunity of the human intestine. J Gastroenterol. 2003; 38(8): 717–726.
[62] Phalipon A, Cardona A, Kraehenbuhl JP, Edelman L, Sansonetti PJ, Corthesy B. Secretory component: a new role in secretory IgA-mediated immune exclusion in vivo. Immunity. 2002; 17(1): 107–115.
[63] Stremmel W, Hanemann A, Braun A, Stoffels S, Karner M, Fazeli S, et al. Delayed release phosphatidylcholine as new therapeutic drug for ulcerative colitis–a review of three clinical trials. Expert Opin Investig Drugs. 2010; 19(12): 1623–1630.
[64] Whitcomb DC, Lowe ME. Human pancreatic digestive enzymes. Dig Dis Sci. 2007; 52(1): 1–17.
[65] Schmidt C, Lautenschlager C, Petzold B, Sakr Y, Marx G, Stallmach A. Confocal laser endomicroscopy reliably detects sepsis-related and treatment-associated changes in intestinal mucosal microcirculation. Br J Anaesth. 2013; 111(6): 996–1003.
[66] Watson AJ, Chu S, Sieck L, Gerasimenko O, Bullen T, Campbell F, et al. Epithelial barrier function in vivo is sustained despite gaps in epithelial layers. Gastroenterology. 2005; 129(3): 902–912.
[67] Doig CJ, Sutherland LR, Sandham JD, Fick GH, Verhoef M, Meddings JB. Increased intestinal permeability is associated with the development of multiple organ dysfunction syndrome in critically ill ICU patients. Am J Respir Crit Care Med. 1998; 158(2): 444–451.
[68] Moore FA, Moore EE, Poggetti R, McAnena OJ, Peterson VM, Abernathy CM, et al. Gut bacterial translocation via the portal vein: a clinical perspective with major torso trauma. J Trauma. 1991; 31(5): 629–636; discussion 636–628.
[69] Deitch EA. Gut-origin sepsis: evolution of a concept. Surgeon. 2012; 10(6): 350–356.
[70] O'Boyle CJ, MacFie J, Mitchell CJ, Johnstone D, Sagar PM, Sedman PC. Microbiology of bacterial translocation in humans. Gut. 1998; 42(1): 29–35.
[71] Sedman PC, Macfie J, Sagar P, Mitchell CJ, May J, Mancey-Jones B, et al. The prevalence of gut translocation in humans. Gastroenterology. 1994; 107(3): 643–649.
[72] Reino DC, Pisarenko V, Palange D, Doucet D, Bonitz RP, Lu Q, et al. Trauma hemorrhagic shock-induced lung injury involves a gut-lymph-induced TLR4 pathway in mice. PLoS One. 2011; 6(8): e14829.
[73] Alverdy JC, Laughlin RS, Wu L. Influence of the critically ill state on host-pathogen interactions within the intestine: gut-derived sepsis redefined. Crit Care Med. 2003; 31(2): 598–607.
[74] Schuijt TJ, van der Poll T, de Vos WM, Wiersinga WJ. The intestinal microbiota and host immune interactions in the critically ill. Trends Microbiol. 2013; 21(5): 221–229.
[75] Nakagawa NK, Franchini ML, Driusso P, de Oliveira LR, Saldiva PH, Lorenzi-Filho G. Mucociliary clearance is impaired in acutely ill patients. Chest. 2005; 128(4): 2772–2777.
[76] Worlitzsch D, Tarran R, Ulrich M, Schwab U, Cekici A, Meyer KC, et al. Effects of reduced mucus oxygen concentration in airway Pseudomonas infections of cystic fibrosis patients. J Clin Invest. 2002; 109(3): 317–325.
[77] Seely AJ, Christou NV. Multiple organ dysfunction syndrome: exploring the paradigm of complex nonlinear systems. Crit Care Med. 2000; 28(7): 2193–2200.

[78] Bjarnason I, Williams P, Smethurst P, Peters TJ, Levi AJ. Effect of non-steroidal anti-inflammatory drugs and prostaglandins on the permeability of the human small intestine. Gut. 1986; 27(11): 1292–1297.
[79] Bousbia S, Papazian L, Saux P, Forel JM, Auffray JP, Martin C, et al. Repertoire of intensive care unit pneumonia microbiota. PLoS One. 2012; 7(2): e32486.
[80] Gunther A, Siebert C, Schmidt R, Ziegler S, Grimminger F, Yabut M, et al. Surfactant alterations in severe pneumonia, acute respiratory distress syndrome, and cardiogenic lung edema. Am J Respir Crit Care Med. 1996: 153(1): 176–184.
[81] Alverdy J, Aoys E. The effect of glucocorticoid administration on bacterial translocation. Evidence for an acquired mucosal immunodeficient state. Ann Surg. 1991; 214(6): 719–723.
[82] Meng J, Yu H, Ma J, Wang J, Banerjee S, Charboneau R, et al. Morphine induces bacterial translocation in mice by compromising intestinal barrier function in a TLR-dependent manner. PLoS One. 2013; 8(1): e54040.
[83] Zaborina O, Lepine F, Xiao G, Valuckaite V, Chen Y, Li T, et al. Dynorphin activates quorum sensing quinolone signaling in Pseudomonas aeruginosa. PLoS Pathog. 2007; 3(3): e35.
[84] Freestone PP, Hirst RA, Sandrini SM, Sharaff F, Fry H, Hyman S, et al. Pseudomonas aeruginosa-catecholamine inotrope interactions: a contributory factor in the development of ventilator-associated pneumonia? Chest. 2012; 142(5): 1200–1210.
[85] Siempos, II, Ntaidou TK, Falagas ME. Impact of the administration of probiotics on the incidence of ventilator-associated pneumonia: a meta-analysis of randomized controlled trials. Crit Care Med. 2010; 38(3): 954–962.
[86] Pitsouni E, Alexiou V, Saridakis V, Peppas G, Falagas ME. Does the use of probiotics/synbiotics prevent postoperative infections in patients undergoing abdominal surgery? A meta-analysis of randomized controlled trials. Eur J Clin Pharmacol. 2009; 65(6): 561–570.
[87] Khailova L, Frank DN, Dominguez JA, Wischmeyer PE. Probiotic administration reduces mortality and improves intestinal epithelial homeostasis in experimental sepsis. Anesthesiology. 2013; 119(1): 166–177.
[88] Besselink MG, van Santvoort HC, Buskens E, Boermeester MA, van Goor H, Timmerman HM, et al. Probiotic prophylaxis in predicted severe acute pancreatitis: a randomised, double-blind, placebo-controlled trial. Lancet. 2008; 371(9613): 651–659.
[89] Schneider SM, Le Gall P, Girard-Pipau F, Piche T, Pompei A, Nano JL, et al. Total artificial nutrition is associated with major changes in the fecal flora. Eur J Nutr, 2000; 39(6): 248–255.
[90] Suau A, Bonnet R, Sutren M, Godon JJ, Gibson GR, Collins MD, et al. Direct analysis of genes encoding 16S rRNA from complex communities reveals many novel molecular species within the human gut. Appl Environ Microbiol. 1999; 65(11): 4799–4807.

Jutta Keller

14 Funktionelle Erkrankungen

14.1 Einleitung

Funktionelle gastrointestinale Erkrankungen (functional gastrointestinal diseases, FGID) gehören zu den häufigsten gastroenterologischen Krankheitsbildern überhaupt und können sich an sämtlichen Abschnitten des Gastrointestinaltrakts manifestieren. International werden sie aktuell nach der Rom-III-Klassifikation eingeteilt, die Rom IV-Klassifikation wird gerade publiziert und kann mit Anpassungen mancher Diagnosekriterien einhergehen. Rom III unterscheidet systematisch in Erkrankungen des Ösophagus, des Gastroduodenums, des Darms, in funktionelle abdominelle Schmerzen, funktionelle Störungen der Gallenwege und des Anorektums. FGID bei Kindern werden gesondert beschrieben. Für alle FGID wird nach Rom III einheitlich gefordert, dass passende Symptomkriterien innerhalb der letzten drei Monate erfüllt sein müssen, mit Beschwerdebeginn vor nicht weniger als sechs Monaten, und dass organische Erkrankungen, die die Symptome erklären könnten, weitestgehend ausgeschlossen sind. Die Unterscheidung in manche Unterformen ist aber eher artifiziell und wenig praxisnah. Die mit Abstand wichtigsten Krankheitsbilder stellen die funktionelle Dyspepsie (FD, Tab. 14.1) mit Oberbauchbeschwerden [1] und das Reizdarmsyndrom (RDS) mit auf den Darm bezogenen Beschwerden [2] dar. In Deutschland sind jeweils etwa 5 bis 15 % der Bevölkerung von einem der beiden Krankheitsbilder betroffen. Auch wenn nicht alle Betroffenen wegen ihrer Beschwerden einen Arzt aufsuchen, kommen etwa 30 % bis 50 % der Patienten, die in gastroenterologischen Praxen betreut werden, wegen funktioneller Beschwerden, woraus die enorme medizinische Bedeutung dieser Krankheitsbilder deutlich wird.

Tab. 14.1: Rom-III-Diagnosekriterien* der funktionellen Dyspepsie [1]

1. Eines oder mehrere der folgenden Symptome
(a) Unangenehmes postprandiales Völlegefühl
(b) Frühes Sättigungsgefühl
(c) Epigastrischer Schmerz
(d) Epigastrisches Brennen
UND
2. Keine Hinweise auf eine organische Erkrankung (auch nicht bei gastroösophagealer Endoskopie), die die Symptome wahrscheinlich erklären können

*Kriterien müssen für mindestens drei Monate erfüllt und mindestens sechs Monate vor Diagnose aufgetreten sein.

DOI 10.1515/9783110454352-014

Für die funktionelle Dyspepsie wird auch in Deutschland die Rom-III-Klassifikation verwandt (Tab. 14.1), für das RDS besteht demgegenüber eine eigene, praxisnähere Definition der DGVS [3], die in Tab. 14.2 wiedergegeben wird. Auch die Leitlinie der DGVS zum RDS werden aktuell überarbeitet, sodass sich in näherer Zukunft Anpassungen der Diagnosekriterien ergeben können.

Tab. 14.2: DGVS-Definition des Reizdarmsyndroms [3]

Die Krankheit des Reizdarmsyndroms liegt vor, wenn alle drei Punkte erfüllt sind:
1. Es bestehen chronische, d. h. länger als drei Monate anhaltende Beschwerden (z. B. Bauchschmerzen, Blähungen), die von Patient und Arzt auf den Darm bezogen werden und in der Regel mit Stuhlgangveränderungen einhergehen.
2. Die Beschwerden sollen begründen, dass der Patient deswegen Hilfe sucht und/oder sich sorgt, und so stark sein, dass die Lebensqualität hierdurch relevant beeinträchtigt wird.
3. Voraussetzung ist, dass keine für andere Krankheitsbilder charakteristischen Veränderungen vorliegen, welche wahrscheinlich für diese Symptome verantwortlich sind.

Funktionelle gastrointestinale Erkrankungen schränken die Lebenserwartung zwar nicht ein, können aber zu einer relevanten Beeinträchtigung der Lebensqualität führen, zumal ihre Behandlung oft nicht zufriedenstellend möglich ist [3]. Dies wird wesentlich dadurch bedingt, dass Pathogenese und Pathophysiologie trotz relevanter Fortschritte unzureichend geklärt sind. Was jedoch in den letzten Jahren zunehmend deutlich wird, ist, dass das Darmmikrobiom die Entstehung und Unterhaltung von Symptomen beeinflussen kann. Die Verteilung der mikrobiellen Besiedlung des Gastrointestinaltrakts mit Zunahme der Keimdichte um viele Zehnerpotenzen von oral nach anal erklärt, weshalb dem Mikrobiom im Zusammenhang mit funktionellen Erkrankungen des oberen Gastrointestinaltrakts weniger Bedeutung beigemessen wird. Es gibt hierzu bislang entsprechend wenige und kleine Studien, die keine klare Aussage zulassen. Demgegenüber werden für die letzten fünf Jahre mehr als 250 Artikel mit den Stichworten Mikrobiom („microbiome") und Reizdarmsyndrom („IBS") in PubMed aufgeführt. Von diesen stammt wiederum etwa ein Drittel aus dem letzten Jahr, und die bedeutende Rolle des Darmmikrobioms für die Entstehung und Unterhaltung von RDS-Beschwerden wird zunehmend evident [4].

14.2 Funktionelle Dyspepsie (FD)

Bei Patienten mit FD wurden Störungen der gastroduodenalen Motilität mit veränderter myoelektrischer Aktivität, verminderter Fundusrelaxation, antraler Hypomotilität und verzögerter oder auch beschleunigter Magenentleerung gezeigt [5]. Außerdem finden sich Störungen der gastroduodenalen Sensitivität gegenüber Säure und intraduodenalen Nährstoffen [6]. Teils werden diese über eine veränderte Freisetzung von gastrointestinalen Peptidhormonen wie Cholecystokinin oder Glucagon-like peptide-1 (GLP-1) vermittelt [6]. Entsprechend kann eine mechanische Stimulation, z. B. die Erhöhung des intragastralen Drucks und/oder eine chemische Stimulation, z. B. durch duodenale Lipide, zu dyspeptischen Symptomen führen. Zusätzlich ist bei Patienten mit FD die zentrale Verarbeitung viszeraler Afferenzen gestört, und Krankheitsverlauf und -erleben können wesentlich durch psychosoziale Faktoren beeinflusst werden. Präliminäre Daten weisen auf eine mögliche genetische Prädisposition [7] für die Entwicklung einer FD. Inwieweit Veränderungen des Mikrobioms ätiologisch von Bedeutung sind, ist demgegenüber anders als beim RDS nur sehr wenig untersucht. Dies erklärt sich unter anderem durch die starken Veränderungen der mikrobiellen Besiedlung des Gastrointestinaltrakts in quantitativer und qualitativer Hinsicht von oral nach anal [4]: Die Bakteriendichte ist in Magen und Duodenum um viele Zehnerpotenzen niedriger als in den distalen Darmabschnitten. Somit wird dem Mikrobiom im Zusammenhang mit der FD auch weniger Bedeutung beigemessen, und es gibt hierzu bislang nur sehr wenige und kleine Studien ohne klare Aussage.

Andererseits zeigen neuere Studien, dass das Risiko für eine FD nach infektiöser Gastroenteritis signifikant um den Faktor 2–5 erhöht ist [8, 9]. Dies kann analog zum RDS mit postinflammatorischen Mechanismen erklärt werden [10], könnte aber auch darauf hindeuten, dass Veränderungen des gastroduodenalen Mikrobioms eine pathogenetische Rolle spielen. Zudem hatte die Beeinflussung des Mikrobioms mittels probiotischer Therapie in kleinen Patientenkollektiven positive Effekte [11].

14.3 Reizdarmsyndrom (RDS)

Bei Patienten mit RDS findet sich eine variable Kombination von Störungen der intestinalen Motilität, Sekretion und Sensitivität. Zahlreiche Untersuchungen belegen mittlerweile auch strukturell-biochemische Alterationen, die diese Störungen und das Auftreten von Beschwerden erklären. Allerdings lassen sich diese Veränderungen zumeist nur mit Hilfe wissenschaftlicher Verfahren, nicht durch klinische Diagnoseverfahren, detektieren. Bekannte Störungen betreffen das mukosale Immunsystem und den Serotoninmetabolismus, aber auch übergeordnete Regulationssysteme mit veränderter Funktion des autonomen Nervensystems und veränderter zerebraler Verarbeitung viszeraler Stimuli [3]. Bei einem Teil der Patienten lösen Antibiotika [12] oder Gastroenteritiden das Krankheitsbild aus [13–15]. Das Risiko für ein sog. postinflammatorisches oder postinfektiöses RDS steigt mit der Schwere der akuten Erkrankung. Zudem können genetische Prädisposition, traumatische Lebensereignisse und psychische Komorbiditäten eine kausale oder exazerbierende Rolle spielen [3]. Zumindest für die Entstehung des postinfektiösen RDS ist die Bedeutung psychischer Mechanismen aber wesentlich geringer als die der Auslöser auf intestinaler Ebene [16].

Ein ganz wesentlicher peripher-intestinaler Faktor scheint das Darmmikrobiom zu sein: Es gibt jetzt bereits eine große und zudem ständig wachsende Zahl an Untersuchungen, die Assoziationen zwischen der mikrobiellen Besiedlung des Darmes und dem RDS aufzeigen [17]. Während aber die Untersuchungen zum postinfektösen RDS auf eine kausale Bedeutung von Veränderungen des Darmmikrobioms für die Entstehung eines RDS weisen, bleibt sonst oft unklar, ob kausale Zusammenhänge bestehen und was Ursache bzw. Folge ist.

Bereits in 2013 hat die Rome Foundation, die sich der Erforschung der FGID widmet, einen Bericht publiziert, der die Rolle des intestinalen Mikrobioms bei funktionellen gastrointestinalen Erkrankungen auf der Basis der bis dahin publizierten Studien beschreibt [4]. Demnach sprechen die folgenden prinzipiellen Beobachtungen für einen Zusammenhang zwischen dem intestinalen Mikrobiom und dem RDS: 1. die bereits beschriebene Existenz eines postinfektiösen RDS, 2. das Vorkommen einer bakteriellen Fehlbesiedlung des Dünndarms bei einer Subgruppe von Patienten, 3. die bei RDS-Patienten beobachteten Veränderungen des kolonischen Mikrobioms und 4. die Erzielung günstiger Effekte mit Therapien, die auf eine Beeinflussung des Darmmikrobioms gerichtet sind. Die diesen Beobachtungen zugrunde liegenden Daten werden unter Berücksichtigung der neu hinzugekommenen Literatur im Weiteren dargestellt.

14.3.1 Das postinfektiöse RDS

Bei ca. 5 % bis 20 % der RDS-Patienten tritt die Erkrankung im Anschluss an einen Darminfekt auf [18]. Umgekehrt erhöht eine bakterielle Gastroenteritis laut Meta-Analysen die Wahrscheinlichkeit, ein RDS zu entwickeln, um den Faktor 5 bis 10 [13, 14]. Schwere bzw. Dauer der Erkrankung und bakterielle Toxizität haben hierbei den größten Einfluss. Zusätzliche, aber weniger bedeutsame Risikofaktoren sind Rauchen, weibliches Geschlecht und psychische Faktoren wie Depression, Hypochondrie und kürzlich stattgefundene Traumata [16]. Auch nach viralen Infekten ist das Risiko für ein RDS erhöht. Es existieren jedoch widersprüchliche Daten zu der Frage, ob nach viralen Infekten nur transiente Beschwerden auftreten oder ob virale Gastroenteritiden mit gleicher Wahrscheinlichkeit wie bakterielle Infektionen RDS-Symptome induzieren, die über einen langen Zeitraum anhalten [19–21].

Neben der Schädigung der Mukosa durch den pathogenen Keim kann auch die starke Depletion der kommensalen Mikrobiota, die im Rahmen eines Darminfektes auftritt, von pathogenetischer Bedeutung sein. Diese führt unter anderem zu einer reduzierten Bildung antimikrobieller Substanzen und kurzkettiger Fettsäuren und dadurch zu einer geringeren Resistenz gegenüber der Kolonisation durch pathogene Keime [4]. Passend hierzu zeigt eine ältere Studie an Kindern eine Alkalisierung des Stuhl-pH-Wertes, vermutlich durch reduzierte Bildung kurzkettiger Fettsäuren nach Depletion von Anaerobiern [22]. Auch neuere Studien verdeutlichen tendenziell einen vorrangigen Verlust anaerober Bakterien während eines gastrointestinalen Infektes [4]. Hinzu kommt eine reduzierte Diversität des Darmmikrobioms, die bei RDS wie bei anderen Darmmikrobiom-assoziierten Erkrankungen von vielen Studien beschrieben wird [4].

Antibiotika bewirken in ähnlicher Form eine Depletion von Anaerobiern, reduzieren die Resistenz gegenüber der Kolonisation durch pathogene Keime und können ebenfalls RDS-Beschwerden auslösen [3, 12]. Im Tierversuch wurden dementsprechend nach 2-wöchiger Antibiose Störungen der kolonischen Motilität und Sensitivität in Assoziation zur induzierten Dysbiose beobachtet [23].

14.3.2 RDS und bakterielle Fehlbesiedlung

Unter dem Begriff bakterielle Fehlbesiedlung des Dünndarms (small intestinal bacterial overgrowth, SIBO) wird eine Erhöhung der Keimzahl im Dünndarmlumen über das physiologische Maß hinaus verstanden, ohne dass Aussagen zum Keimspektrum getroffen werden. Ob eine bakterielle Fehlbesiedlung für die Pathogenese und Pathophysiologie des RDS bedeutsam ist, bleibt umstritten. Mit Hilfe des Lactulose-H2-Atemtests haben einige Autoren bei bis zu ca. 80 % der RDS-Patienten eine bakterielle Fehlbesiedlung diagnostiziert, die sie für einen wesentlichen pathogenetischen Faktor halten [24]. Diese Interpretation ist allerdings kaum haltbar, zumal Studien zeigen, dass der Lactulose-H2-Atemtest zur Diagnose der bakteriellen Fehlbesiedlung ungeeignet ist, weil ein Anstieg der H2-Exhalation nach Lactulosegabe unabhängig vom Vorhandensein eines RDS in aller Regel die orozökale Transitzeit reflektiert [25]. Studien, die den Glucose-H2-Atemtest verwendet haben, zeigen eine bakterielle Fehlbesiedlung bei 5–20 % der RDS-Patienten gegenüber ca. 5 % der Gesunden [26, 27]. Allerdings ist dieser Test zwar deutlich besser geeignet, aber immer noch suboptimal für die Diagnosestellung [28]. Als Referenzverfahren gilt die aufwendige Gewinnung von Jejunalsekret. Unter Einsatz dieses Verfahrens haben Posserud et al. eine große Zahl an RDS-Patienten untersucht. Bei Verwendung klassischer Diagnosekriterien, d. h. Nachweis von mehr als 10^5 Bakterien pro ml Jejunalsekret, fand sich bei diesen keine Häufung einer bakteriellen Fehlbesiedlung im Vergleich zu Gesunden (jeweils nur ca. 4 %) [27]. Es gab aber signifikant mehr RDS-Patienten als Gesunde mit einer leichten bakteriellen Überwucherung des Dünndarms ($\geq 5 \times 10^3$ Keime/ml). Unklar bleibt, ob eine (milde) bakterielle Überwucherung des Dünndarms zumindest bei einem Teil der RDS-Patienten eine pathophysiologische Rolle spielt, oder ob es sich beim RDS und bei der bakteriellen Fehlbesiedlung prinzipiell um Differenzialdiagnosen handelt. Eine pragmatische, auf den einzelnen Patienten bezogene Lösung besteht darin, bei Patienten mit RDS-artigen Beschwerden und positivem Glucose-H2-Atemtest zunächst eine bakterielle Fehlbesiedlung zu diagnostizieren und die Diagnose nur dann zu ändern, wenn bei adäquater Therapie der Atemtest zwar negativ wird, die Beschwerden sich aber nicht oder nur unzureichend bessern.

14.3.3 Änderungen des kolonischen Mikrobioms bei RDS

Wie bei anderen Erkrankungen auch wurden die meisten Studien zu Störungen des intestinalen Mikrobioms bei RDS-Patienten anhand von Stuhlproben durchgeführt und reflektieren somit am ehesten das luminale kolonische Mikrobiom. Ältere, kulturbasierte Studien haben im Stuhl von RDS-Patienten eine Zunahme von fakultativ anaeroben Bakterien wie Streptokokken und E. coli sowie bestimmter Anaerobier, z. B. Clostridien, gezeigt bei Reduktion von Lactobacillen und Bifidobakterien [4]. Moderne Untersuchungen unter Verwendung molekularbiologischer Techniken ergeben ebenfalls deutliche Veränderungen des fäkalen Mikrobioms bei RDS-Patienten im Vergleich zu Gesunden. Die Ergebnisse sind aber keineswegs immer konsistent und teils auch widersprüchlich [4]. Beispielsweise belegen mehrere Studien an RDS-Patienten die auch bei anderen gastrointestinalen Krankheitsbildern beschriebene Verringerung der mikrobiellen Diversität [29, 30], es gibt aber auch Untersuchungen mit gegenteiligen Befunden [31]. Ursache der uneinheitlichen Daten dürfte sein, dass RDS-Typ, fluktuierender Verlauf der Erkrankung, Diät, Unterschiede in Bezug auf die Analysemethoden und zahlreiche andere Faktoren die Ergebnisse in bislang nicht eindeutig geklärter Weise beeinflussen.

Speziell zur Wechselbeziehung zwischen Nährstoffzufuhr, Mikrobiom und intestinalen Symptomen wurden in letzter Zeit aufwendige Studien durchgeführt [32, 33]. Diese legen nahe, dass einerseits die Zusammensetzung des Mikrobioms Qualität und Quantität mikrobieller Abbauprodukte aus Nährstoffen bestimmt, welche wiederum Beschwerden auslösen können. Dies gilt beispielsweise für die Produktion von Gasen aus schwer verdaulichen Kohlenhydraten, die Blähungen auslösen. Umgekehrt wird das intestinale Mikrobiom allgemein durch diätetische Eingriffe stark und rasch, d. h. innerhalb von Tagen, beeinflusst [34]. In Bezug auf das RDS wurde dies am besten für eine sog. low-FODMAP-Diät untersucht, bei der schwer fermentierbare Kohlenhydrate weitgehend gemieden werden, und die bei einer hohen Prozentzahl von RDS-Patienten therapeutische Effekte zeigt [32, 35]. Unter dieser Diät kommt es zu deutlichen Veränderungen des Mikrobioms, teils wurde eine absolute und relative Verminderung der bakteriellen Besiedlung beschrieben [32, 36]. Allerdings waren auch Bifidobakterien vermindert nachweisbar, was bei RDS eigentlich als ungünstig gilt [32]. Dieses Beispiel soll verdeutlichen, dass die exakten Zusammenhänge zwischen (bestimmten) Diäten bzw. Ernährungsformen, dem intestinalen Mikrobiom und der Entstehung von Beschwerden noch weitgehend unverstanden sind. Zudem ist für die low-FODMAP und andere Diäten unklar, welche langfristigen Implikationen bestehen, und es gibt noch keine aussagekräftigen Untersuchungen zu der Fragestellung, ob das Ansprechen auf die Diät ursächlich mit bestimmten Veränderungen des Mikrobioms assoziiert ist.

Was neuere Clusteranalysen aber zeigen konnten, ist, dass eine eindeutige Differenzierung des fäkalen Mikrobioms von RDS-Patienten von dem Gesunder gelingen kann [37]. Es wurden zudem einerseits Unterschiede zwischen den einzelnen RDS-

Subtypen beschrieben [38], andererseits fanden Jalanka-Tuovinen et al. Ähnlichkeiten zwischen dem fäkalen Mikrobiom von Patienten mit Diarrhö-prädominantem und postinfektiösem RDS, die auf gemeinsame pathophysiologische Mechanismen deuten [39].

Das mukosale Mikrobiom wurde anhand von Kolonschleimhautbiopsien ebenfalls untersucht und könnte wegen seiner engen Beziehung zum Wirtsorganismus von ganz besonderer Bedeutung sein. Es gibt hierzu aber noch deutlich weniger und ebenfalls mehrdeutige Befunde [4].

In einer aktuellen Übersichtsarbeit fassen Rajilić-Stojanović et al. die bislang publizierten Studien zu Veränderungen des intestinalen Mikrobioms bei RDS-Patienten zusammen. Tabelle 14.3 zeigt diejenigen mikrobiellen Gruppen, für die gleiche Veränderungen in mindestens zwei unabhängigen Studien gezeigt wurden [40].

Tab. 14.3: Durch mindestens zwei unabhängige Studien belegte Veränderungen des Mikrobioms bei RDS-Patienten im Vergleich zu Gesunden [40].

Mikrobielle Gruppe
Bacteroidetes ↓ (↑D)
Firmicutes ↑
Veillonella ↓
Streptococcus ↑D ↓C
Christiensenellaceae ↓
Dorea ↑
Blautia ↑
„Ruminococcus“ ↑
Roseburia ↑
Faecalibacterium ↓
Bifidobacterium ↓
Collinsella ↓
Methanobrevibacter ↓ ↑C
Enterobacteriacea ↑
Enterobacter ↑

Die Pfeile geben an, ob es sich um eine Vermehrung oder Verminderung im Vergleich zu Gesunden handelt. Bei unterschiedlichen Befunden in RDS-Subgruppen, ist dies durch D (= Diarrhö) oder C (= Constipation) gekennzeichnet.

14.3.4 Mikrobiom-Darm-Hirn-Achse

Störungen der Interaktionen zwischen Darm und zentralem Nervensystem spielen bekanntermaßen eine wichtige pathophysiologische Rolle beim RDS. Das Konzept der sog. „gut-brain-axis" wird aufgrund der oben geschilderten Erkenntnisse aktuell jedoch von vielen Experten um die Dimension des Mikrobioms zur „microbiome-gut-brain-axis" erweitert [41]. Die Entschlüsselung der extrem komplexen Zusammenhänge liegt allerdings noch in weiter Ferne, auch wenn bereits gezeigt wurde, dass die Beeinflussung bidirektional verläuft, dass also sowohl das zentrale Nervensystem (ZNS) Einfluss auf das Darmmikrobiom nimmt, als auch eine Beeinflussung von Hirnfunktionen durch Veränderungen des Darmmikrobioms möglich ist. Zu Letzterem gibt es bislang überwiegend tierexperimentelle Studien und nur einzelne Untersuchungen am Menschen [42], die einen solchen Zusammenhang nahelegen.

Das ZNS beeinflusst den Gastrointestinaltrakt über das autonome Nervensystem und die Hypothalamus-Hypophysen-Nebennierenachse. Beide können das Mikrobiom direkt über Signalmoleküle und indirekt durch Veränderungen des Milieus modulieren [41], wobei das enterische Nervensystem (ENS) meist als Mediator zwischengeschaltet ist. Indirekte Wirkungen kommen beispielsweise durch Veränderungen der regionalen Motilität und des Transits, der Säure-, Bikarbonat- und Mukussekretion, der Schleimhautpermeabilität und der mukosalen Immunfunktionen zustande (Abb. 14.1). Transitbeschleunigungen oder -verzögerungen beinflussen wiederum das lokale Nährstoffangebot und dadurch die Ausprägung und Zusammensetzung des Mikrobioms. Primär zentralnervöse Vorgänge wie Stress können auch durch eine Erhöhung der intestinalen Permeabilität die Translokation luminaler Bakterien oder ihrer Bestandteile erleichtern und dadurch eine mukosale Immunaktivierung bewirken, wie sie bei einem Teil der RDS-Patienten gefunden wurde [3]. Andererseits könnte eine Stress-assoziierte Transitbeschleunigung ebenfalls die oben beschriebene Reduktion von Lactobacillen und Bifidobakterien im Stuhl von RDS-Patienten bewirken [4]. Neurohumorale Mediatoren wie Katecholamine oder Serotonin werden aber auch direkt in das Darmlumen freigesetzt. Dies ist zumindest *in vitro* mit einer gesteigerten Proliferation und Virulenz enterischer Pathogene assoziiert [41].

Umgekehrt kann das Mikrobiom das zentrale Nervensystem in vielfältiger Weise beeinflussen (Abb. 14.1). Studien an keimfrei aufgezogenen Mäusen implizieren, dass das Mikrobiom Einfluss auf die Entwicklung zerebraler Funktionen nehmen kann, die z. B. für die Ausprägung von Hyperalgesie und affektivem und sozialem Verhalten relevant sind [43]. Hierbei handelt es sich um Eigenschaften bzw. Verhaltensweisen, die auch für die Entwicklung eines RDS von Bedeutung sind. Veränderungen des Mikrobioms durch Pro- und Antibiotika können ebenfalls bei erwachsenen Tieren einige dieser Parameter verändern [43]. Zwar ist die Übertragbarkeit solcher Befunde auf den Menschen unklar [41], aktuelle Daten zeigen aber, dass sogar bei Erwachsenen Hirnfunktionen, die in die Beschwerdeentstehung bei RDS-Patienten involviert sein können, durch die zeitlich begrenzte Einnahme eines Probiotikums verändert werden [42].

Darüber hinaus bildet das Darmmikrobiom Metabolite, die nicht nur der Kommunikation mit anderen Mikroorganismen dienen, sondern auch auf den Wirtsorganismus einwirken. Hierzu gehören kurzkettige Fettsäuren (Acetat, Propionat, Butyrat),

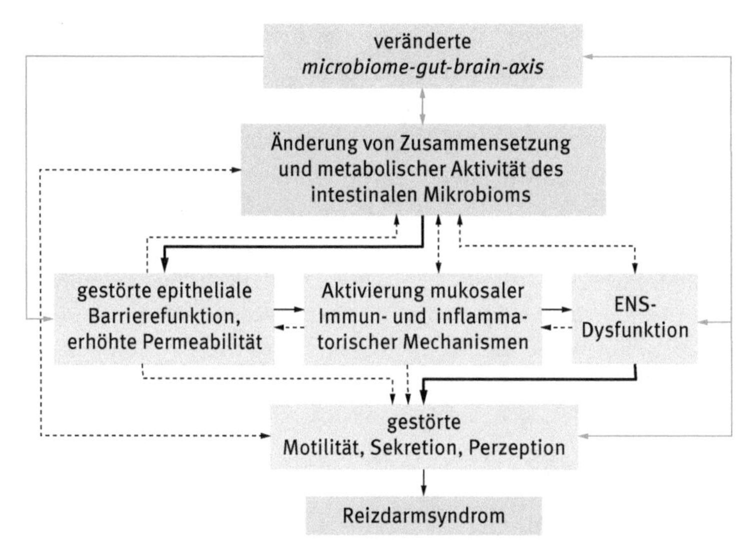

Abb. 14.1: Wahrscheinliche Bedeutung des Darmmikrobioms für die Entstehung des RDS: Veränderungen der Zusammensetzung und/oder metabolischen Aktivität des Darmmikrobioms können die intestinalen Funktionen direkt beeinflussen, z. B. durch Produktion neurohumoraler Mediatoren, und dadurch RDS-Symptome verursachen (gestrichelter Pfeil links). Wahrscheinlicher sind aber indirekte Mechanismen (schwarze Pfeile), nämlich zunächst die Störung der epithelialen Barrierefunktion mit erhöhter Permeabilität, Aktivierung mukosaler inflammatorischer Mechanismen und dadurch Dysfunktion des enterischen Nervensystems (ENS). Diese bewirkt wiederum Alterationen von Motilität, Sekretion und Perzeption als Ursache von RDS-Symptomen. Über die „microbiome-gut-brain-axis" können zentralnervöse Einflüsse auf allen Ebenen wirksam werden (blaue Pfeile). Dieses pathophysiologische Modell ist allerdings nicht in allen Aspekten belegt und es bestehen häufig bidirektionale Zusammenhänge (modifiziert nach [17]).

die über die Bindung an G-Protein-gekoppelte Rezeptoren lokale Mechanismen wie die Signaltransduktion in Epithelzellen und Immunfunktionen beeinflussen können. Zudem wurden auch systemische Effekte auf Glucosetoleranz und Nahrungsaufnahme gezeigt [41]. Von Mikroben gebildete Proteasen können des Weiteren durch Bindung an sog. PAR (protease activated receptors) auf Epithel- und Nervenzellen gastrointestinale Motilität, Sekretion und inflammatorische Mechanismen beeinflussen. Bakterien bilden auch gut bekannte Mediatoren und Neurotransmitter wie Histamin, GABA, Serotonin und Katecholamine, die Einfluss auf die Darmfunktionen, aber auch übergeordnete Funktionen des menschlichen Organismus nehmen können [41].

14.3.5 Therapeutische Modulation des Mikrobioms

Die therapeutische Wirksamkeit einer FODMAP-reduzierten Diät wird, wie oben bereits diskutiert, wahrscheinlich teilweise durch eine Modulation des Mikrobioms vermittelt. Die Studienlage hierzu ist aber noch gering [35, 36].

Es gibt deutlich mehr Studien, die die Effekte der direkten Mikrobiommodulation bei RDS durch Gabe von Probiotika und Antibiotika untersuchen. Mehrere einschlägige Meta-Analysen zeigen, dass Probiotika moderate positive Effekte auf die vielfältigen Symptome haben können [44–46]. Die Aussagekraft der Analysen wird aber durch die geringe Qualität der meisten Studien beeinträchtigt. Darüber hinaus kommen sämtliche Analysen zu dem Schluss, dass nach wie vor unklar ist, welches Präparat bei welchem Patienten den größten Erfolg verspricht. In den letzten Jahren publizierte randomisierte, Placebo-kontrollierte Studien an relativ großen Patientenkollektiven zeigen positive Effekte von Saccharomyces cerevisae auf Schmerzen [47] und von Probiotikapräparationen, die aus verschiedenen Bakterienstämmen zusammengesetzt sind, auf die Gesamt-Symptomschwere bei RDS [48]. Es gab aber auch in aktuellen Studien negative Befunde zu solchen „multistrain“ Präparaten [49] und Präparaten, die nur einzelne Bakterienstämme enthalten [50]. Bei einem Teil der positiven Studien wurden Veränderungen des fäkalen Mikrobioms mit Zunahme der applizierten Keime dokumentiert [48, 51].

Antibiotika können nicht nur Auslöser eines RDS sein, sondern teilweise auch zur Behandlung von RDS-Symptomen eingesetzt werden. Die besten Daten hierzu liegen für das topische Antibiotikum Rifaximin vor. Sie zeigen einen signifikanten, aber eher geringen therapeutischen Effekt mit einer „number needed to treat“ von etwa 10 [52]. Eine aktuelle Meta-Analyse bestätigt die (mäßige) Wirksamkeit auf die Gesamtsymptomatik und abdominelle Distension, während andere abdominelle Symptome wie Schmerzen, Übelkeit und Erbrechen nicht signifikant gebessert wurden [53]. Obwohl Rifaximin gegen ein breites Spektrum enteraler Pathogene wirkt, führte eine zweiwöchige Therapie zu keiner Veränderung der Zahl coliformer Bakterien im Stuhl [54]. Rifaximin könnte nach Daten, die im Tierversuch erhoben wurden, aber in Assoziation mit dem Überwiegen von Lactobazillen im Ileum unter Therapie eine Stress-induzierte mukosale Inflammation und viscerale Hyperalgesie verhindern [55] und somit zusätzliche günstige therapeutische Effekte bewirken. Eine andere Studie beobachtete bei RDS-Patienten nach 14-tägiger Therapie mit 3 × 550 mg Rifaximin keine ausgeprägten Veränderungen des fäkalen Mikrobioms, sondern nur die Reorganisation bestimmter Bakterienpopulationen mit Tendenz zu einer höheren Diversität. Es fanden sich zudem keine Assoziationen zwischen bestimmten Modifikationen der Mikrobiota und Therapieansprechen [56].

Der fäkale Mikrobiomtransfer (FMT) stellt eine besonders drastische Option zur Mikrobiommodulation dar und kommt zukünftig möglicherweise auch bei RDS in Frage. Theoretisch könnten Patienten, bei denen das RDS mit hoher Wahrscheinlichkeit im Rahmen einer Störung der mikrobiellen Flora entstanden ist, also solche mit postinfektiösem RDS oder RDS nach Antibiotikatherapie, besonders profitieren. Bislang wurden allerdings keine randomisierten, kontrollierten Studien zu dieser Fragestellung publiziert, sodass der klinische Einsatz der FMT bei RDS-Patienten aktuell sehr kritisch hinterfragt werden muss. Die allgemeinen Indikationen und die Durchführung eines FMT werden in Kapitel 20 ausführlich dargestellt.

14.4 Literatur

[1] Tack J, Talley NJ, Camilleri M, Holtmann G, Hu P, Malagelada JR, et al. Functional gastroduodenal disorders. Gastroenterology. 2006; 130(5): 1466–1479.

[2] Longstreth GF, Thompson WG, Chey WD, Houghton LA, Mearin F, Spiller RC. Functional bowel disorders. Gastroenterology. 2006; 130(5): 1480–1491.

[3] Layer P, Andresen V, Pehl C, Allescher H, Bischoff SC, Classen M, et al. S3-Leitlinie Reizdarmsyndrom: Definition, Pathophysiologie, Diagnostik und Therapie. Gemeinsame Leitlinie der Deutschen Gesellschaft für Verdauungsund Stoffwechselkrankheiten (DGVS) und der Deutschen Gesellschaft für Neurogastroenterologie und Motilität (DGNM). Z Gastroenterol. 2011; 49(2): 237–293.

[4] Simren M, Barbara G, Flint HJ, Spiegel BM, Spiller RC, Vanner S, et al. Intestinal microbiota in functional bowel disorders: a Rome foundation report. Gut. 2013; 62(1): 159–176.

[5] Keller J, Layer P. Funktionelle Dyspepsie. In: Riemann JF, Fischbach W, Galle PR, Mössner A, editors. Gastroenterologie Das Referenzwerk für Klinik und Praxis. Stuttgart, New York Thieme; 2008; 1781–190.

[6] Bharucha AE, Camilleri M, Burton DD, Thieke SL, Feuerhak KJ, Basu A, et al. Increased nutrient sensitivity and plasma concentrations of enteral hormones during duodenal nutrient infusion in functional dyspepsia. Am J Gastroenterol. 2014; 109(12): 1910–1920; quiz 09, 21.

[7] Dai F, Liu Y, Shi H, Ge S, Song J, Dong L, et al. Association of genetic variants in GNbeta3 with functional dyspepsia: a meta-analysis. Dig Dis Sci. 2014; 59(8): 1823–1830.

[8] Pike BL, Porter CK, Sorrell TJ, Riddle MS. Acute gastroenteritis and the risk of functional dyspepsia: a systematic review and meta-analysis. Am J Gastroenterol. 2013; 108(10): 1558–1563; quiz 64.

[9] Futagami S, Itoh T, Sakamoto C. Systematic review with meta-analysis: post-infectious functional dyspepsia. Aliment Pharmacol Ther. 2015; 41(2): 177–188.

[10] Gwee KA. Post-Infectious Irritable Bowel Syndrome, an Inflammation-Immunological Model with Relevance for Other IBS and Functional Dyspepsia. Journal of neurogastroenterology and motility. 2010; 16(1): 30–34.

[11] Urita Y, Goto M, Watanabe T, Matsuzaki M, Gomi A, Kano M, et al. Continuous consumption of fermented milk containing Bifidobacterium bifidum YIT 10347 improves gastrointestinal and psychological symptoms in patients with functional gastrointestinal disorders. Biosci Microbiota Food Health. 2015; 34(2): 37–44.

[12] Barbara G, Stanghellini V, Berti-Ceroni C, De Giorgio R, Salvioli B, Corradi F, et al. Role of antibiotic therapy on long-term germ excretion in faeces and digestive symptoms after Salmonella infection. Aliment Pharmacol Ther. 2000; 14(9): 1127–1131.

[13] Dai C, Jiang M. The incidence and risk factors of post-infectious irritable bowel syndrome: a meta-analysis. Hepatogastroenterology. 2012; 59(113): 67–72.

[14] Thabane M, Kottachchi DT, Marshall JK. Systematic review and meta-analysis: The incidence and prognosis of post-infectious irritable bowel syndrome. Aliment Pharmacol Ther. 2007; 26(4): 535–544.

[15] Halvorson HA, Schlett CD, Riddle MS. Postinfectious irritable bowel syndrome–a meta-analysis. Am J Gastroenterol. 2006; 101(8): 1894–1899; quiz 942.

[16] Spiller R, Garsed K. Postinfectious irritable bowel syndrome. Gastroenterology. 2009; 136(6): 1979–1988.

[17] Keller J, Andresen V. Darmmikrobiom und funktionelle gastrointestinale Erkrankungen. Der Gastroenterologe. 2015; 10: 9.

[18] Longstreth GF, Hawkey CJ, Mayer EA, Jones RH, Naesdal J, Wilson IK, et al. Characteristics of patients with irritable bowel syndrome recruited from three sources: implications for clinical trials. Aliment Pharmacol Ther. 2001; 15(7): 959–964.
[19] Marshall JK, Thabane M, Borgaonkar MR, James C. Postinfectious irritable bowel syndrome after a food-borne outbreak of acute gastroenteritis attributed to a viral pathogen. Clin Gastroenterol Hepatol. 2007; 5(4): 457–460.
[20] Porter CK, Gormley R, Tribble DR, Cash BD, Riddle MS. The Incidence and gastrointestinal infectious risk of functional gastrointestinal disorders in a healthy US adult population. Am J Gastroenterol. 2011; 106(1): 130–138.
[21] Zanini B, Ricci C, Bandera F, Caselani F, Magni A, Laronga AM, et al. Incidence of post-infectious irritable bowel syndrome and functional intestinal disorders following a water-borne viral gastroenteritis outbreak. Am J Gastroenterol. 2012; 107(6): 891–899.
[22] Fujita K, Kaku M, Yanagase Y, Ezaki T, Furuse K, Ozawa A, et al. Physicochemical characteristics and flora of diarrhoeal and recovery faeces in children with acute gastro-enteritis in Kenya. Annals of tropical paediatrics. 1990; 10(4): 339–345.
[23] Aguilera M, Cerda-Cuellar M, Martinez V. Antibiotic-induced dysbiosis alters host-bacterial interactions and leads to colonic sensory and motor changes in mice. Gut microbes. 2015; 6(1): 10–23.
[24] Pimentel M, Chow EJ, Lin HC. Normalization of lactulose breath testing correlates with symptom improvement in irritable bowel syndrome. a double-blind, randomized, placebo-controlled study. Am J Gastroenterol. 2003; 98(2): 412–419.
[25] Yu D, Cheeseman F, Vanner S. Combined oro-caecal scintigraphy and lactulose hydrogen breath testing demonstrate that breath testing detects oro-caecal transit, not small intestinal bacterial overgrowth in patients with IBS. Gut. 2011; 60(3): 334–340.
[26] Lombardo L, Foti M, Ruggia O, Chiecchio A. Increased incidence of small intestinal bacterial overgrowth during proton pump inhibitor therapy. Clin Gastroenterol Hepatol. 2010; 8(6): 504–508.
[27] Posserud I, Stotzer PO, Bjornsson ES, Abrahamsson H, Simren M. Small intestinal bacterial overgrowth in patients with irritable bowel syndrome. Gut. 2007; 56(6): 802–808.
[28] Keller J, Franke A, Storr M, Wiedbrauck F, Schirra J. Klinisch relevante Atemtests in der gastroenterologischen Diagnostik – Empfehlungen der Deutschen Gesellschaft für Neurogastroenterologie und Motilität sowie der Deutschen Gesellschaft für Verdauungs- und Stoffwechselerkrankungen. Z Gastroenterol. 2005; 43(9): 1071–1090.
[29] Noor SO, Ridgway K, Scovell L, Kemsley EK, Lund EK, Jamieson C, et al. Ulcerative colitis and irritable bowel patients exhibit distinct abnormalities of the gut microbiota. BMC Gastroenterol. 2010; 10: 134.
[30] Carroll IM, Ringel-Kulka T, Keku TO, Chang YH, Packey CD, Sartor RB, et al. Molecular analysis of the luminal- and mucosal-associated intestinal microbiota in diarrhea-predominant irritable bowel syndrome. Am J Physiol Gastrointest Liver Physiol. 2011; 301(5): G799–807.
[31] Ponnusamy K, Choi JN, Kim J, Lee SY, Lee CH. Microbial community and metabolomic comparison of irritable bowel syndrome faeces. J Med Microbiol. 2011; 60(Pt 6): 817–827.
[32] McIntosh K, Reed DE, Schneider T, Dang F, Keshteli AH, De Palma G, et al. FODMAPs alter symptoms and the metabolome of patients with IBS: a randomised controlled trial. Gut. 2016.
[33] Chumpitazi BP, Cope JL, Hollister EB, Tsai CM, McMeans AR, Luna RA, et al. Randomised clinical trial: gut microbiome biomarkers are associated with clinical response to a low FODMAP diet in children with the irritable bowel syndrome. Aliment Pharmacol Ther. 2015; 42(4): 418–427.
[34] David LA, Maurice CF, Carmody RN, Gootenberg DB, Button JE, Wolfe BE, et al. Diet rapidly and reproducibly alters the human gut microbiome. Nature. 2014; 505(7484): 559–563.

[35] Halmos EP, Power VA, Shepherd SJ, Gibson PR, Muir JG. A diet low in FODMAPs reduces symptoms of irritable bowel syndrome. Gastroenterology. 2014; 146(1): 67–75 e5.

[36] Halmos EP, Christophersen CT, Bird AR, Shepherd SJ, Gibson PR, Muir JG. Diets that differ in their FODMAP content alter the colonic luminal microenvironment. Gut. 2015; 64(1): 93–100.

[37] Rajilic-Stojanovic M, Biagi E, Heilig HG, Kajander K, Kekkonen RA, Tims S, et al. Global and deep molecular analysis of microbiota signatures in fecal samples from patients with irritable bowel syndrome. Gastroenterology. 2011; 141(5): 1792–801.

[38] Shukla R, Ghoshal U, Dhole TN, Ghoshal UC. Fecal Microbiota in Patients with Irritable Bowel Syndrome Compared with Healthy Controls Using Real-Time Polymerase Chain Reaction: An Evidence of Dysbiosis. Dig Dis Sci. 2015; 60(10): 2953–2962.

[39] Jalanka-Tuovinen J, Salojarvi J, Salonen A, Immonen O, Garsed K, Kelly FM, et al. Faecal microbiota composition and host-microbe cross-talk following gastroenteritis and in postinfectious irritable bowel syndrome. Gut. 2014; 63(11): 1737–1745.

[40] Rajilic-Stojanovic M, Jonkers DM, Salonen A, Hanevik K, Raes J, Jalanka J, et al. Intestinal microbiota and diet in IBS: causes, consequences, or epiphenomena? Am J Gastroenterol. 2015; 110(2): 278–287.

[41] Mayer EA, Savidge T, Shulman RJ. Brain-gut microbiome interactions and functional bowel disorders. Gastroenterology. 2014; 146(6): 1500–1512.

[42] Tillisch K, Labus J, Kilpatrick L, Jiang Z, Stains J, Ebrat B, et al. Consumption of fermented milk product with probiotic modulates brain activity. Gastroenterology. 2013; 144(7): 1394–1401, 401 e1–4.

[43] Mayer EA, Tillisch K, Gupta A. Gut/brain axis and the microbiota. J Clin Invest. 2015; 125(3): 926–938.

[44] Moayyedi P, Ford AC, Talley NJ, Cremonini F, Foxx-Orenstein AE, Brandt LJ, et al. The efficacy of probiotics in the treatment of irritable bowel syndrome: a systematic review. Gut. 2010; 59(3): 325–332.

[45] Ford AC, Quigley EM, Lacy BE, Lembo AJ, Saito YA, Schiller LR, et al. Efficacy of prebiotics, probiotics, and synbiotics in irritable bowel syndrome and chronic idiopathic constipation: systematic review and meta-analysis. Am J Gastroenterol. 2014; 109(10): 1547–1561; quiz 6, 62.

[46] Didari T, Mozaffari S, Nikfar S, Abdollahi M. Effectiveness of probiotics in irritable bowel syndrome: Updated systematic review with meta-analysis. World J Gastroenterol. 2015; 21(10): 3072–3084.

[47] Pineton de Chambrun G, Neut C, Chau A, Cazaubiel M, Pelerin F, Justen P, et al. A randomized clinical trial of Saccharomyces cerevisiae versus placebo in the irritable bowel syndrome. Dig Liver Dis. 2014.

[48] Yoon JS, Sohn W, Lee OY, Lee SP, Lee KN, Jun DW, et al. Effect of multispecies probiotics on irritable bowel syndrome: a randomized, double-blind, placebo-controlled trial. J Gastroenterol Hepatol. 2014; 29(1): 52–59.

[49] Begtrup LM, de Muckadell OB, Kjeldsen J, Christensen RD, Jarbol DE. Long-term treatment with probiotics in primary care patients with irritable bowel syndrome–a randomised, double-blind, placebo controlled trial. Scand J Gastroenterol. 2013; 48(10): 1127–1135.

[50] Thijssen AY, Clemens CH, Vankerckhoven V, Goossens H, Jonkers DM, Masclee AA. Efficacy of Lactobacillus casei Shirota for patients with irritable bowel syndrome. Eur J Gastroenterol Hepatol. 2016; 28(1): 8–14.

[51] Charbonneau D, Gibb RD, Quigley EM. Fecal excretion of Bifidobacterium infantis 35624 and changes in fecal microbiota after eight weeks of oral supplementation with encapsulated probiotic. Gut microbes. 2013; 4(3): 201–211.

[52] Menees SB, Maneerattannaporn M, Kim HM, Chey WD. The efficacy and safety of rifaximin for the irritable bowel syndrome: a systematic review and meta-analysis. Am J Gastroenterol. 2012; 107(1): 28–35; quiz 6.
[53] Li J, Zhu W, Liu W, Wu Y, Wu B. Rifaximin for Irritable Bowel Syndrome: A Meta-Analysis of Randomized Placebo-Controlled Trials. Medicine (Baltimore). 2016; 95(4): e2534.
[54] DuPont HL, Jiang ZD, Okhuysen PC, Ericsson CD, de la Cabada FJ, Ke S, et al. A randomized, double-blind, placebo-controlled trial of rifaximin to prevent travelers' diarrhea. AnnIntern-Med. 2005; 142(10): 805–812.
[55] Xu D, Gao J, Gillilland M, 3rd, Wu X, Song I, Kao JY, et al. Rifaximin alters intestinal bacteria and prevents stress-induced gut inflammation and visceral hyperalgesia in rats. Gastroenterology. 2014; 146(2): 484–496 e4.
[56] Soldi S, Vasileiadis S, Uggeri F, Campanale M, Morelli L, Fogli MV, et al. Modulation of the gut microbiota composition by rifaximin in non-constipated irritable bowel syndrome patients: a molecular approach. Clin Exp Gastroenterol. 2015; 8: 309–325.

Daniela Weber und Ernst Holler

15 Interaktion zwischen Immunsystem und Mikrobiota

15.1 Einleitung

Epitheliale Gewebe wie der Darm und die Haut stehen im kontinuierlichen Kontakt mit der Gesamtheit der Mikrobiota, ohne dass es ständig zu überschießenden Immunreaktionen und zur Aktivierung von Abwehrmechanismen kommt. Verantwortlich dafür ist das ortsständige epitheliale Immunsystem, das über verschiedene Mechanismen der innaten und der spezifischen Immunabwehr eine räumliche Trennung, aber auch Anergie sowie spezifische Toleranz erzeugt. Die Relevanz dieses Mechanismus wird deutlich, wenn das intestinale Immunsystem in keimfrei und konventionell aufgewachsenen Mäusen verglichen wird. In keimfrei aufgewachsenen Tieren sind nicht nur die intestinalen Immunorgane stark hypoplastisch, auch B- und T-Zellen der Milz sind zu mehr als 50 % reduziert [1]. Besonders stark sind von dieser Depletion Th17-Zellen und regulatorische T-Zellen betroffen. Werden keimfrei gehaltene Mäuse rekolonisiert, kommt es innerhalb von wenigen Wochen zum massiven Anstieg spezifischer Lymphozyten, entwicklungsgeschichtlich wird von einer Koevolution von Mikrobiota und epithelialem Immunsystem gesprochen [2]. Darüber hinaus deuten viele neue Daten darauf hin, dass die Mikrobiota nicht nur für das epitheliale Immunsystem und die Homöostase vor Ort von Bedeutung ist, sondern auch systemische Immunantworten steuert.

15.2 Neonatale Kolonisierung und Immunsystem

Der Einfluss der Mikrobioms auf die Entwicklung des intestinalen und systemischen Immunsystems beginnt bereits in utero, da die maternale Mikrobiota, vorwiegend über Metaboliten, die Besiedlung des neonatalen Darms mit innate lymphoid cells, dendritischen Zellen und die Entwicklung antibakterieller Peptide in den spezifischen Epithelzellen fördert [3]. Neben keimfrei gehaltenen Tieren bieten dann aber die Veränderungen des Immunsystems, die neonatal beim Übergang von der bisher weitgehend sterilen Umgebung im Uterus zur Entwicklung der Mikrobiota des Neugeborenen auftreten, eine weitere Möglichkeit, den Effekt des Mikrobioms auf das Immunsystem zu analysieren. So haben T-Zellen des Nabelschnurbluts zunächst eine verminderte Reaktivität, die mit der mangelnden Exposition des Immunsystems gegenüber Mikrobiota in Verbindung gebracht wird [4]. Die neonatale Kolonisierung wird durch zahlreiche Faktoren beeinflusst: So scheint die Besiedelung von der Art der Geburt (vaginale Geburt versus Sectio), von der postnatalen Ernährung (Brustmilch) und der frühen Antibiotikaexposition abzuhängen [5–8]. In großen epidemiologi-

DOI 10.1515/9783110454352-015

schen Studien werden Zusammenhänge postnataler Dysbiose mit der Entwicklung autoimmuner Erkrankungen wie atopischer Dermatitis und Asthma gefunden. Auch die Hygienehypothese der Zunahme von Autoimmunerkrankungen mit zunehmenden Hygienestandards weist in diese Richtung. Im Detail wurde hier experimentell gezeigt, dass in der Phase der neonatalen Kolonisierung kommensale Bakterien für die Vermeidung einer überschießenden IgE-Induktion in Plasmazellen erforderlich sind, erfolgt die Kolonisierung mit Mikrobiota geringer Diversität, bleibt dieser protektive Effekt auf die IgE-Bildung aus [9, 10]. Ebenso konnte im Mausmodell gezeigt werden, dass eine Geburt über Sectio zur veränderten Zusammensetzung des Mikrobioms und zu einer Verminderung tolerogener Mechanismen wie der Zahl an FoxP3-positiven T-Zellen im Darm und der IL10-Produktion führt [11]. Ähnlich erfolgt in der Haut nur in der neonatalen Periode die Entwicklung von regulatorischen T-Zellen gegen kommensale Bakterien wie *S epidermidis* mit konsekutiver Ausbildung einer spezifischen Toleranz, die bei späterer Kolonisation nicht mehr erreicht werden kann [12].

15.3 Die Interaktion von Mikrobiota und Immunsystem: Das intestinale Immunsystem

15.3.1 Die erste Abwehrreihe: Mucus, Defensine und IgA

Die erste Barriere zur Verhinderung der Auseinandersetzung zwischen Bakterien und Immunsystem stellt die durch Goblet-Zellen produzierte intestinale Mukusschicht dar, die im Dickdarm aus einer inneren, bakterienfreien Schicht und einer äußeren, bakterienhaltigen Schicht besteht, die zugleich auch als Nische für bestimmte kommensale Bakterien dient. Ein wichtiger Abwehrmechanismus der inneren Mucusschicht ist die Anreicherung von Lysozym und antimikrobiellen Peptiden (AMPs) wie Defensinen und Reg3alpha [13], die zusammen mit sekretorischem IgA im Mukus Bakterien abtöten und eine Translokation von bakteriellem Zellwandbestandteilen in das Epithel verhindern können. Während β Defensine ubiquitär von Epithelzellen gebildet werden, werden die Panethzelldefensine (alpha defensine) HD5 und HD6 sowie Reg3alpha primär im Dünndarm produziert. Inflammatorische Darmerkrankungen wie der M Crohn, aber auch die GvHD nach allogener Stammzelltransplantation, werden mit einem Panethzelldefekt in Verbindung gebracht, was die zentrale Rolle der Panethzell-AMPs unterstreicht [14]. Während AMPs in der Regel eine breite antimikrobielle Spezifität aufweisen, stellt das sekretorische IgA eine bakterien- und antigenspezifische Abwehr im Mukus sicher, bei der Colitis werden vorwiegend die als pathogen betrachteten Keime von IgA gecoatet [15]. Sekretorisches IgA ist entscheidend für die Zusammensetzung der Mikrobiota und wird dem Neugeborenen bereits mit der Muttermilch zugeführt, es besteht eine starke wechelseitige Interaktion zwischen sekretorischem IgA und kommensaler Mikrobiota, die zur Stabilisierung der Mukusschicht beiträgt [15–18]. Der Switch von der IgM- zur IgA-Produktion erfolgt in den Peyer's Patches unter dem Einfluss regulatorischer und follikulärer T-Helferzellen; Mediatoren wie durch intestinale Dendriten produzierte Retinoid-Säure und TGFβ spielen hier eine wichtige Rolle.

15.3.2 Intraepitheliale Lymphozyten

Bereits in der epithelialen Schicht findet sich eine Vielzahl intraepithelialer Lymphozyten, die häufig den γδ-T-Zell-Rezeptor tragen oder aber atypisch 2 TCR-α-Ketten (CD8αα) und deren Fehlen per se schon „colitogen" ist [19]. Sie sind im Gegensatz zu Lymphozyten anderer Gewebe stark von der Funktion von NOD2/CARD15 in benachbarten antigenpräsentierenden Zellen abhängig und benötigen für die Aktivierung selbst MyD88, was auf die Rolle bakterieller Liganden und eine rasche und direkte Aktivierung durch sie hinweist [20, 21] Sie sind in der Lage, antigenunabhängig auf Stresssignale aktiv zu werden, produzieren epithelprotektive Faktoren, können aber auch virusinfizierte Epithelzellen innerhalb von Stunden zytotoxisch eliminieren, um eine Viruspersistenz zu verhindern [22]. Neben NK-Zell-Liganden exprimieren sie auch stark den Aryl-HydroCarbon-Receptor (AHCR) und sind damit in der Lage, auf bakterielle Metaboliten (u. a. Indolcarbinol) zu reagieren. Defekte im AHR von IEL führen zu vermehrter Colitis und Epithelpathologie und unterstreichen die Rolle der IEL beim Erhalt der epithelialen Integrität. Zusätzlich wurde gezeigt, dass IELs sehr rasch Reg3gamma als Reaktion auf die Auseinandersetzung mit Bakterien bilden, was ihre Rolle bei der ersten Abwehr einer bakteriellen Invasion in die Mucosa unterstreicht [23].

15.4 Immunabwehr in der Lamina Propria

15.4.1 ILCs

Eine weitere für das epitheliale Immunsystem spezifische Lymphozytenpopulation sind „innate lymphoid cells" (ILCs), die wie Helferzellen T-Zell-Zytokine produzieren, aber keinen T-Zellrezeptor exprimieren und damit Antigen unabhängig aktiviert werden können. Typ I ILCs tragen die Transkriptionsfaktoren Tbet, Typ-2-ILCs-GATA und Typ-3-ILCs-RoR-γT [24–26]. Insbesondere die Typ-3-ILCs sind eine Hauptquelle für epithelprotektive Zytokine wie IL22 [27], sie werden entweder direkt über bakterielle Metaboliten über den Arylhydrocarbonsäurerezeptor oder indirekt über Zytokine myeloischer Zellen wie IL23 aktiviert [25]. Epitheliales IL18 ist ein weiterer Aktivator von ILCs und damit zentral für die Induktion von IL22 erforderlich [28]. Die Produktion von Lymphotoxin-alpha und GM-CSF durch ILC3 ist für die Generierung von regulatorischen T-Zellen wichtig und stellt damit sicher, dass der raschen ILC-Aktivierung eine anhaltende regulatorische Antwort folgt. Umgekehrt sind ILCs auch für die Zusammensetzung der kommensalen Mikrobiota essentiell, da durch sie über IL22 die epitheliale Produktion von Muzin und Reg3alpha stimuliert wird

Neben den antibakteriellen ILCs der Gruppe 3 werden Typ-1- und Typ-2-ILCs beschrieben. Typ-1-ILCs haben NK-Signaturen und produzieren IFNgamma, sie werden mit der Abwehr von virusinfizierten Zellen und intrazellulären Bakterien in Verbindung gebracht. Gruppe-2-ILCs produzieren TH2-Zytokine und sind im Zusammenhang mit Helmintheninfektionen, aber auch allergischen Reaktionen beschrieben worden [28, 29].

Wie für alle in diesem Kapitel beschriebenen Zellpopulationen gilt, dass sie in sämtlichen epithelialen Geweben, die mit dem Mikrobiom in Interaktion stehen, an der Immunregulation beteiligt sind. ILCs haben so auch eine zentrale Bedeutung in der Haut [30] und in der Lunge und sind bei Erkrankungen wie Psoriasis und Asthma an der Pathogenese beteiligt.

15.4.2 Spezifische Immunabwehr: Tregs

Als zentral für die Immunregulation verantwortliche Zellpopulation wurden die regulatorischen T-Zellen (Tregs) identifiziert, die als natürliche Tregs im Thymus generiert werden und die Immunreaktion gegen köpereigene Antigene begrenzen. Als periphere oder induzierte Tregs werden sie am Ort der Inflammation induziert und tragen dort zur Eindämmung der Immunantwort bei [31]. Den Tregs kommt in der intestinalen und generell epithelialen Homöostase eine ganz zentrale Bedeutung zu, was auch aus der starken Zunahme von Tregs im Colon nach Konventionalisierung keimfreier Mäuse deutlich wird [32]. Patienten mit IPEX-Syndrom, einem Defekt im Treg Transkriptionsfaktor FoxP3, zeigen neben systemischen Autoimmunphänomenen schwere intestinale entzündliche Veränderungen [33, 34]. Die Zunahme von Tregs nach Rekonventionalisierung spricht dafür, dass die Mehrzahl der Tregs im Darm periphere, mutualistisch durch Mikrobiota induzierte Tregs sind, allerdings gibt es auch gegenteilige Befunde, dass sich das T-Zell-Rezeptor-Repertoire von Tregs im Darm und in den lymphoiden Organen des Darms nicht von thymischen Tregs unterscheidet und Klone von Tregs mit diesem Rezeptorrepertoire bakterienstammspezifisch proliferieren [35]. Wie allerdings die Selektion dieser Tregs im Thymus erfolgen kann, ist unklar, wobei neuere Untersuchungen darauf hinweisen, dass splenische B-Zellen ebenfalls im Thymus Antigene präsentieren können [36].

Selbst wenn die Rolle natürlicher Tregs im Darm unklar ist, sind die Erhaltung und Proliferation aller Tregs stark von kommensalen Mikrobiota abhängig: Kurzkettige Fettsäuren, insbesondere Butyrate, stellen wichtige Metaboliten für periphere Tregs, aber auch Epithelzellen, dar und werden durch kommensale Clostridien aus Fermentation von Pflanzenfasern produziert [37]. Durch Gabe spezifischer Cocktails kommensaler Clostridien können auf diesem Weg eine Induktion von Tregs und intestinale Toleranz erzeugt werden, so auch in Modellen der GvHD-Erkrankung [38, 39].

15.4.3 Spezifische Immunabwehr: TH17-Zellen

Als zweite große T-Zellpopulation, die sich mit der Besiedelung des Darms durch Mikrobiota entwickelt hat, sind neben den Tregs die TH17-Zellen zu sehen, spezifische CD4-Zellen, die die Zytokine IL17 A-F produzieren. Während ihre Funktion während der Homöostase vor allem die Abwehr von Pilzen und extrazellulären Bakterien ist, werden sie pathophysiologisch mit der Entwicklung von Colitis und inflammatorischen Darmerkrankungen in Verbindung gebracht und als große Gegenspieler der Tregs gesehen [40, 41]. Dies gilt wie für die Tregs in allen Geweben wie Darm, Lunge und Haut, die in direkter Interaktion mit Mikrobiota stehen [42]. Weitere Charakteristika von Th17-Zellen umfassen die sekundäre Aktivierung von Neutrophilen und die überwiegend spezifische Aktivierung durch segmentierte filamentöse Bakterien (SFB) im Mausmodell [43].

Lange Zeit wurde der Transskriptionsfaktor RoRγT synergistisch mit der Anwesenheit von TH17-Zellen verbunden. Neuere Untersuchungen deuten jedoch darauf hin, dass RoRγT und IL17 auch von Nicht-T-Zellpopulationen wie ILC3 produziert werden und dort überwiegend antiinflammatorische Eigenschaften haben. Zusätzlich wurde kürzlich eine RoRγT-positive Population regulatorischer T-Zellen beschrieben, die ebenfalls Inflammation begrenzt [44].

15.4.4 Spezifische Immunabwehr: Intestinale Dendritische Zellen

Die Induktion der spezifischen T-Zellantwort erfolgt über antigenpräsentierende Zellen, die Hauptpopulation im Darm ist die Gruppe der CD103+ dendritischen Zellen (DC) [45]. Diese Zellen patroullieren gemeinsam mit Makrophagen in der Lamina propria, können aber mit dendritischen Ausläufer durch die tight junctions ins epitheliale Lumen vordringen und dort bakterielle Antigene aufnehmen [46, 47].

Unter Steady-state-Bedingungen können CD103pos DCs im Zusammenhang mit der Produktion von Retinoidsäure (RA) [48] und IL10 einen tolerogenen Phänotyp annehmen, sie wandern in die mesenterialen Lymphknoten, um dort die Antigene zu präsentieren und Tregs zu induzieren. CD103-positive DCs zeigen deshalb eine hohe Expression des für die RA-Produktion erforderlichen Enzyms ALDH, das bei inflammatorischen Darmerkrankungen vermindert gebildet wird. Neben der Aufnahme bakterieller Antigene können intestinale DCs auch direkt durch tolerogene Bakterien wie *Faecalibacterium prausnitzii* zur IL10-Produktion stimuliert werden, wobei unklar ist, ob diese Aktivierung über kurzkettige Fettsäuren oder andere Mechanismen erfolgt [49]. Neben den CD103+ DCs werden ebenso CX3CR1-positive Makrophagen für den Transport bakterieller Antigene verantwortlich gemacht, auch sie produzieren unter Steady-state-Bedingungen IL10.

Kommt es zur inflammatorischen Aktivierung, so produzieren aus Monozyten hervorgehende Makrophagen inflammatorische Zytokine wie IL1 und IL23 und initiieren gemeinsam mit aktivierten CD103-positiven DCs eine TH1- und TH17-Antwort, wie sie bei vielen Colitiden gesehen wird, während das Priming von Tregs durch verminderte Produktion von RA herabgefahren wird [50].

Tab. 15.1: Komponenten der epithelialen Immunabwehr.

1. Abwehrlinie: Mukus Komponenten: Mucine, antibakterielle Peptide (α,β-Defensine, Reg3α), sekretorisches IgA
2. Abwehrlinie: Epithel Komponenten: Epithelzellen mit tight junctions, antibakteriellen Peptiden, Zytokinen; intraepitheliale Lymphozyten, spezialisierte Epithelzellen: Goblet Cells, Paneth Cells
3. Abwehrlinie: Lamina Propria Komponenten: Innate Lymphoid Cells (ILC1,2,3), Th1-, Th17- und regulatorische T-Zellen, Dendritische Zellen und intestinale Makrophagen
4. Abwehrlinie: Spezifische Immunzellen Komponenten: M-Zellen, Peyers Patches mit Keimzentren, Follikuläre Helfer-Zellen, Plasmazellen

15.4.5 Spezifische Immunantwort: Peyers Patches

Als erstes spezifisches Immunorgan im Darm sind die Peyers Patches des Dünndarms zu sehen. Hierhin wandern die Dendritischen Zellen und Makrophagen mit den aufgenommenen Antigenen [51], zusätzlich gibt es die spezialisierte Epithelschicht der M-Zellen, die direkt aus dem Darmlumen Nahrungsmittel- und bakterielle Antigene aufnehmen [52]. In den Keimzentren der Peyers Patches erfolgt die Synchronisation der IgA-Bildung unter Hilfe der spezialisierten follikulären T-Helfer-Zellen, zusätzlich werden systemische Immunglobulinantworten gegen bakterielle Antigene hier und in den mesenterialen Lymphknoten induziert [53, 54]. Unter Steady state-Bedingungen wird der Weitertransport von Antigenen kommensaler Bakterien in die mesenterialen Lymphknoten über Chemokinmodulation verhindert, entscheidend daran beteiligt sind CX3CR1-positive intestinale Makrophagen [55].

15.5 Mikrobiota und systemische Immunantwort

Während die Interaktion und Bedeutung der intestinalen Mikrobiota für das intestinale Immunsystem mit dem Ziel einer balancierten Homöostase von kommensalen Bakterien und Immunsystem nicht verwunderlich sind, deuten immer mehr Befunde auf die Steuerung systemischer Immunantworten durch die Mikrobiota hin. Keimfrei aufgezogene Mäuse haben hypoplastische periphere Lymphknoten und eine hypoplastische Milz; die Zahl Immunglobulin-produzierender Plasmazellen ist bei keimfrei gehaltenen Tieren im Knochenmark um mehr als 50 % vermindert, ebenso die Zahl regulatorischer T-Zellen in Organen wie Lunge und Leber [56]. Innerhalb des angeborenen Immunsystems ist vor allem die Neutrophilenfunktion vom Mikrobiom abhängig, die Myelopoese wird über Mikrobiota und MyD88 signalling reguliert, Ageing und Funktion von Neutrophilen sind in keimfreien Tieren verändert [57, 58]. Neutrophilenfunktionen wie z. B. indirekte Effekte der zytostatischen Tumortherapie über reaktive Sauerstoffspezies werden durch das intestinale Mikrobiom verstärkt. In der gesamten Tumortherapie erlangt die Beeinflussung indirekter Wirkungen über das Immunsystem durch die Mikrobiota eine zunehmende Bedeutung, selbst die Wirkung der neuen Immuntherapeutika wie Checkpoint-Inhibitoren [59, 60] hängt erheblich von der Anwesenheit kommensaler Bakterien ab. In vielen Infektionsmodellen unterstützt ein diverses Mikrobiom die Clearance von Erregern wie bei der Malaria und die spezifische Immunantwort auf Infektionen und Impfungen [61, 62].

Die Beschreibung eines diversen Mikrobioms hat auch erheblich zum Verständnis von Leberfunktion und -erkrankungen beigetragen: So filtert die Leber Metaboliten und bakterielle Antigene aus dem Darm, die über die Pfortader transportiert werden, die Kupffer-Zellen werden als Firewall gegen bakterielle Produkte gesehen [63, 64].

Die stärksten Argumente für einen Einfluss intestinaler Mikrobiota auf die systemische Immunantwort liefern die klaren Assoziationen von Dysbiose und systemischen Autoimmunerkrankungen: Die „Hygienehypothese“ wird experimentell und klinisch durch den Zusammenhang zwischen postnataler Dysbiose (z. B. durch wiederholte Antibiotika-Applikation) und atopischen Erkrankungen wie Neurodermitis und Asthma untermauert, hier begünstigt die Dysbiose einen systemischen Shift der T-Zellantwort in Richtung einer TH2-Antwort [65, 66]. Während bei rheumatischen Erkrankungen zunächst ein Zusammenhang zwischen der Psoriasisarthritis und Mikrobiota beschrieben wurde, und dies auf Grund der Pathogenese der kutanen Inflammation nahelag, sprechen mehr und mehr Befunde auch für die Beteiligung des Mikrobioms bei der rheumatoiden Arthritis: In Modellen der rheumatoiden Arthritis helfen kommensale Bakterien, die Arthritisinduktion zu reduzieren, während die für die RA charakteristische TH17-Antwort vor allem durch bestimmte Mikrobiota wie SFB induziert wird [67–69]. Neuere Literatur postuliert auch einen Zusammenhang zwischen Mikrobiota und der Pathogenese der Multiplen Sklerose bzw. dem experimentellen Pendant, der experimentellen Autoimmunencephalitis (EAE), hier fehlen wie bei vielen anderen Erkrankungen kommensale Bakterien aus der Gruppe der Clostridien, deren Metabolite günstigen Einfluss auf den Verlauf der Erkrankung nehmen können [70–74].

Die stärksten induzierten Immunreaktionen sind Abstoßungsreaktionen im Rahmen von Organtransplantationen sowie die Graft-versus-Host-Reaktion bei der allogenen Stammzelltransplantation: Während der Einfluss des Mikrobioms auf Grund des transplantierten Organs bei der intestinalen Transplantation naheliegt [75], legen neuere Untersuchungen auch eine Beeinflussung der Abstoßung im Rahmen von Leber und Nierentransplantation nahe [76, 77].

Bei der allogenen Stammzelltransplantation steht die Interaktion von „Darmflora“ und GvHD seit van Bekkums Arbeiten 1977 im Fokus, er konnte bereits 1974 zeigen, dass allogen knochenmark-transplantierte Mäuse nur dann eine GvHD entwickelten, wenn sie innerhalb der ersten 40 Tage nach Transplantation mit einer konventionellen Darmflora besiedelt waren. Diese Befunde bildeten neben weiteren ersten klinischen Analysen die Grundlage der bis heute breit eingesetzten Darmdekontamination zur Prophylaxe der GvHD [78–80]. Die Möglichkeiten der molekularen Mikrobiomanalyse und ihrer Metaboliten haben eindeutig gezeigt, dass die vollständige Dekontamination klinisch selten erreicht wird, sondern häufig eine frühe intestinale Dysbiose, die sehr ausgeprägt ist. Sie ist einer der wichtigsten Risikofaktoren für die Entstehung der Graft-versus-Host-Erkrankung und daraus resultierender Mortalität [81–83]. Besonders das Fehlen kommensaler Clostridien wie Blautia scheint die GvHD-Entwicklung zu begünstigen, wobei die antibiotische Prophylaxe und die frühe Therapie mit Breitspektrumantibiotika sowie die Mutation in dem für die antibakterielle Abwehr auch bei der inflammatorischen Darmerkrankung bekannten *NOD2/CARD15*-Gen hauptverantwortlich für die frühe Dysbiose sind [84–86]. Experimentell lässt sich die GvHD-Mortalität durch die prophylaktische Gabe von Clostridien und die Gavage mit ihrem Metaboliten Buytrat reduzieren. Mechanistisch wird dabei neben den direkten Effekten auf das intestinale Immunsystem und die systemische Toleranz auch bei der Transplantation der indirekte Effekt der Mikrobiota über die Neutrophilenaktivierung diskutiert [87]. Klinisch werden neue Wege der Darmdekontamination [88], aber auch alle derzeit für die Mikrobiotamodulation diskutierten Ansätze wie Faekale Mikrobiom-Transplantation oder Modifikation der antibiotischen Behandlung in Studien hinsichtlich ihres Einflusses auf die GvHD untersucht.

15.6 Literatur

[1] Kuhn KA, Stappenbeck TS. Peripheral education of the immune system by the colonic microbiota. Semin Immunol. 2013; 25(5):364–369.

[2] Sigal M, Meyer TF. Coevolution between the Human Microbiota and the Epithelial Immune System. Dig Dis. 2016;34(3):190–193.

[3] Gomez de Agüero M, Ganal-Vonarburg SC, Fuhrer T, Rupp S, Uchimura Y, Li H, et al. The maternal microbiota drives early postnatal innate immune development. Science. 2016; 351(6279):1296–1302.

[4] Brugman S, Perdijk O, van Neerven RJ, Savelkoul HF. Mucosal Immune Development in Early Life: Setting the Stage. Arch Immunol Ther Exp 2015; 63(4):251–268.

[5] Gritz EC, Bhandari V. The human neonatal gut microbiome: a brief review. Front Pediatr. 2015 ,3:17, doi: 10.3389/fped.2015.00017. eCollection. 2015.

[6] Martinez FD. The human microbiome. Early life determinant of health outcomes. Ann Am Thorac Soc. 2014; 1: S7–12.

[7] Collado MC, Cernada M, Baüerl C, Vento M, Pérez-Martínez G. Microbial ecology and host-microbiota interactions during early life stages. Gut Microbes. 2012; 3(4):352–365.

[8] Schulfer A, Blaser MJ. Risks of Antibiotic Exposures Early in Life on the Developing Microbiome. PLoS Pathog. 2015; 11(7):e1004903. doi: 10.1371.

[9] McCoy KD, Köller Y. New developments providing mechanistic insight into the impact of the microbiota on allergic disease. Clin Immunol. 2015; 159(2):170–176.

[10] Cahenzli J, Köller Y, Wyss M, Geuking MB, McCoy KD. Intestinal microbial diversity during early-life colonization shapes long-term IgE levels. Cell Host Microbe. 2013; 14(5): 559–570.

[11] Hansen CH, Andersen LS, Krych L, Metzdorff SB, Hasselby JP, Skov S, et al. Mode of delivery shapes gut colonization pattern and modulates regulatory immunity in mice. J Immunol. 2014;,193(3):1213–1222.

[12] Scharschmidt TC, Vasquez KS, Truong HA, Gearty SV, Pauli ML, Nosbaum A, et al. A Wave of Regulatory T Cells into Neonatal Skin Mediates Tolerance to Commensal Microbes. Immunity. 2015; 43/5,1011–1021.

[13] Dupont A, Heinbockel L, Brandenburg K, Hornef MW. Antimicrobial peptides and the enteric mucus layer act in concert to protect the intestinal mucosa. Gut Microbes. 2014; 5(6):761–765.

[14] Antoni L, Nuding S, Wehkamp J, Stange EF. Intestinal barrier in inflammatory bowel disease. World J Gastroenterol. 2014; 20(5):1165–1179.

[15] Palm NW, de Zoete MR, Cullen TW, Barry NA, Stefanowski J, Hao L, et al. Immunoglobulin A coating identifies colitogenic bacteria in inflammatory bowel disease. Cell. 2014; 158(5): 1000–1010.

[16] Sutherland DB, Suzuki K, Fagarasan S. Fostering of advanced mutualism with gut microbiota by Immunoglobulin A. Immunol Rev. 2016; 270(1):20–31.

[17] Pabst O, Cerovic V, Hornef M. Secretory IgA in the Coordination of Establishment and Maintenance of the Microbiota. Trends Immunol. 2016; S1471–4906(16).

[18] Rogier EW, Frantz AL, Bruno ME, Wedlund L, Cohen DA, Stromberg AJ, et al. Lessons from mother: Long-term impact of antibodies in breast milk on the gut microbiota and intestinal immune system of breastfed offspring. Gut Microbes.2014; 5(5): 663–668.

[19] Moens E, Veldhoen M. Epithelial barrier biology: good fences make good neighbours. Immunology. 2012; 135(1):1–8.

[20] Jiang W, Wang X, Zeng B, Liu L, Tardivel A, Wei H, et al. Recognition of gut microbiota by NOD2 is essential for the homeostasis of intestinal intraepithelial lymphocytes. J Exp Med. 2013; 210(11):2465–2476.

[21] Ismail AS, Severson KM, Vaishnava S, Behrendt CL, Yu X, Benjamin JL, et al. Gammadelta intraepithelial lymphocytes are essential mediators of host-microbial homeostasis at the intestinal mucosal surface. Proc Natl Acad Sci U S A. 2011;108, 8743–8748.

[22] Swamy M, Abeler-Dörner L, Chettle J, Mahlakõiv T, Goubau D, Chakravarty P, et al. Intestinal intraepithelial lymphocyte activation promotes innate antiviral resistance. Nat Commun. 2015; 19:7090.

[23] Qiu Y, Peng K, Liu M, Xiao W, Yang H. CD8αα TCRαβ Intraepithelial Lymphocytes in the Mouse Gut. Dig Dis Sci. 2016; Jan 14. [Epub ahead of print].

[24] Sonnenberg GF, Artis D. Innate lymphoid cells in the initiation, regulation and resolution of inflammation. Nat Med. 2015; 21(7):698–708.

[25] Sonnenberg GF, Artis D. Innate lymphoid cell interactions with microbiota: implications for intestinal health and disease. Immunity. 2012; 37, 601–610.

[26] Montaldo E, Vacca P, Vitale C, Moretta F, Locatelli F, Mingari MC, et al. Human innate lymphoid cells. Immunol Lett. 2016; S0165–2478(16): 30007–4.

[27] Lindemans CA, Calafiore M, Mertelsmann AM, O'Connor MH, Dudakov JA, Jenq RR, et al. Interleukin-22 promotes intestinal-stem-cell-mediated epithelial regeneration. Nature. 2015; 528(7583):560–564.

[28] Gonçalves P, Di Santo JP. An Intestinal Inflammasome - The ILC3-Cytokine Tango. Trends Mol Med. 2016 Apr;22(4): 269–271.
[29] Walker JA, McKenzie AN. Development and function of group 2 innate lymphoid cells. Curr Opin Immunol. 2013; 25(2): 148–155.
[30] Bonefeld CM, Geisler C. The role of innate lymphoid cells in healthy and inflamed skin. Immunol Lett. 2016; pii: S0165–2478(16): 30005–0.
[31] Sakaguchi S, Vignali DA, Rudensky AY, Niec RE, Waldmann H. The plasticity and stability of regulatory T cells. Nat Rev Immunol. 2013; 13(6): 461–467.
[32] Geuking MB, Cahenzli J, Lawson MA, Ng DC, Slack E, Hapfelmeier S, et al. Intestinal bacterial colonization induces mutualistic regulatory T cell responses. Immunity. 2011; 34(5): 794–806.
[33] Shale M, Schiering C, Powrie F. CD4(+) T-cell subsets in intestinal inflammation. Immunol Rev. 2013 ,252(1): 164–182.
[34] Bollrath J, Powrie FM. Controlling the frontier: regulatory T-cells and intestinal homeostasis. Semin Immunol. 2013; 25(5): 352–357.
[35] Cebula A, Seweryn M, Rempala GA, Pabla SS, McIndoe RA, Denning TL, et al. Thymus-derived regulatory T cells contribute to tolerance to commensal microbiota. Nature. 2013; 497(7448): 258–262.
[36] Yamano T, Steinert M, Klein L. Thymic B Cells and Central T Cell Tolerance. Front Immunol. 2015; 6: 376.
[37] Arpaia N, Campbell C, Fan X, Dikiy S, van der Veeken J, deRoos P, et al. Metabolites produced by commensal bacteria promote peripheral regulatory T-cell generation. Nature. 2013; 504(7480): 451–455.
[38] Furusawa Y, Obata Y, Fukuda S, Endo TA, Nakato G, Takahashi D, et al. Commensal microbe-derived butyrate induces the differentiation of colonic regulatory T cells. Nature. 2013; 504(7480): 446–450.
[39] Mathewson ND, Jenq R, Mathew AV, Koenigsknecht M, Hanash A, Toubai T, et al. Gut microbiome-derived metabolites modulate. intestinal epithelial cell damage and mitigate graft-versus-host disease. Nat Immunol. 2016; 17(5): 505–513.
[40] Yang Y, Torchinsky MB, Gobert M, Xiong H, Xu M, Linehan JL, et al. Focused specificity of intestinal TH17 cells towards commensal bacterial antigens. Nature. 2014; 510(7503): 152–156.
[41] Littman DR, Rudensky AY. Th17 and regulatory T cells in mediating and restraining inflammation. Cell. 2010; 140(6): 845–858.
[42] Weaver CT, Elson CO, Fouser LA, Kolls JK. The Th17 pathway and inflammatory diseases of the intestines, lungs, and skin. Annu Rev Pathol. 2013; 24: 8,477–512.
[43] Ivanov II, Atarashi K, Manel N, Brodie EL, Shima T, Karaoz U, et al. Induction of intestinal Th17 cells by segmented filamentous bacteria. Cell. 2009; 139(3): 485–498.
[44] Sefik E, Geva-Zatorsky N, Oh S, Konnikova L, Zemmour D, McGuire AM, et al. MUCOSAL IMMUNOLOGY. Individual intestinal symbionts induce a distinct population of RORγ? regulatory T cells. Science. 2015; 349(6251): 993–997.
[45] Flannigan KL, Geem D, Harusato A, Denning TL. Intestinal Antigen-Presenting Cells: Key Regulators of Immune Homeostasis and Inflammation. Am J Pathol. 2015; 185(7): 1809–1819.
[46] Denning TL, Wang YC, Patel SR, Williams IR, Pulendran B. Lamina propria macrophages and dendritic cells differentially induce regulatory and interleukin 17-producing T cell responses. Nat Immunol. 2007;8(10): 1086–1094.
[47] Gross M, Salame TM, Jung S. Guardians of the Gut - Murine Intestinal Macrophages and Dendritic Cells. Front Immunol. 2015 Jun 2; 6: 254. doi: 10.3389/fimmu.2015.00254. eCollection 2015. Review. PubMed PMID: 26082775; PubMed.

[48] Zeng R, Bscheider M, Lahl K, Lee M, Butcher EC. Generation and transcriptional programming of intestinal dendritic cells: essential role of retinoic acid. Mucosal Immunol. 2016; 9(1): 183–193.
[49] Magnusson MK, Brynjólfsson SF, Dige A, Uronen-Hansson H, Börjesson LG, Bengtsson JL, et al. Macrophage and dendritic cell subsets in IBD: ALDH(+) cells are reduced in colon tissue of patients with ulcerative colitis regardless of inflammation. Mucosal Immunol. 2016; 9(1): 171–182.
[50] Rossi O, van Berkel LA, Chain F, Tanweer Khan M, Taverne N, Sokol H, et al. Faecalibacterium prausnitzii A2-165 has a high capacity to induce IL-10 in human and murine dendritic cells and modulates T cell responses. Sci Rep. 2016; 6: 18507.
[51] Mann ER, Li X. Intestinal antigen-presenting cells in mucosal immune homeostasis: crosstalk between dendritic cells, macrophages and B-cells. World J Gastroenterol. 2014; 20(29): 9653–9664.
[52] Rios D, Wood MB, Li J, Chassaing B, Gewirtz AT, Williams IR. Antigen sampling by intestinal M cells is the principal pathway initiating mucosal IgA production to commensal enteric bacteria. Mucosal Immunol. 2015; doi: 10.1038/mi.2015.121.
[53] Reboldi A, Cyster JG. Peyer's patches: organizing B-cell responses at the intestinal frontier. Immunol Rev. 2016; 271(1): 230–245.
[54] Honda K. TFH-IgA responses keep microbiota in check. Cell Host Microbe. 2015; 17(2): 144–146.
[55] Diehl GE, Longman RS, Zhang JX, Breart B, Galan C, Cuesta A, et al. Microbiota restricts trafficking of bacteria to mesenteric lymph nodes by CX(3)CR1(hi) cells. Nature. 2013; 494(7435): 116–120.
[56] Geuking MB, Köller Y, Rupp S, McCoy KD. The interplay between the gut microbiota and the immune system. Gut Microbes. 2014; 5(3): 411–418.
[57] Zhang D, Chen G, Manwani D, Mortha A, Xu C, Faith JJ, et al. Neutrophil ageing is regulated by the microbiome. Nature. 2015; 525(7570): 528–532.
[58] Balmer ML, Schürch CM, Saito Y, Geuking MB, Li H, Cuenca M, et al. Microbiota-derived compounds drive steady-state granulopoiesis via MyD88/TICAM signaling. J Immunol. 2014;193(10): 5273–5283.
[59] Perez-Chanona E, Trinchieri G. The role of microbiota in cancer therapy. Curr Opin Immunol. 2016; 39:75–81.
[60] Vétizou M, Pitt JM, Daillère R, Lepage P, Waldschmitt N, Flament C, et al. Anticancer immunotherapy by CTLA-4 blockade relies on the gut microbiota. Science. 2015; 27,350(6264): 1079–1084.
[61] Villarino NF, LeCleir GR, Denny JE, Dearth SP, Harding CL, Sloan SS, et al. Composition of the gut microbiota modulates the severity of malaria. Proc Natl Acad Sci U S A. 2016; 113(8): 2235–2240.
[62] Valdez Y, Brown EM, Finlay BB. Influence of the microbiota on vaccine effectiveness. Trends Immunol. 2014 Nov; 35(11): 526–537.
[63] Heymann F, Tacke F. Immunology in the liver – from homeostasis to disease. Nat Rev Gastroenterol Hepatol. 2016; 13(2): 88–110.
[64] Balmer ML, Slack E, de Gottardi A, Lawson MA, Hapfelmeier S, Miele L, et al. The liver may act as a firewall mediating mutualism between the host and its gut commensal microbiota. Sci Transl Med. 2014; 6(237): 237ra66.
[65] Arrieta MC, Stiemsma LT, Amenyogbe N, Brown EM, Finlay B. The intestinal microbiome in early life: health and disease. Front Immunol. 2014; 5: 5, 427.
[66] Brown EM, Arrieta MC, Finlay BB. A fresh look at the hygiene hypothesis: how intestinal microbial exposure drives immune effector responses in atopic disease. Semin Immunol. 2013; 25(5): 378–387.

[67] Onuora S. Autoimmunity: TFH cells link gut microbiota and arthritis. Nat Rev Rheumatol. 2016; 12(3): 133.
[68] Zhang X, Zhang D, Jia H, Feng Q, Wang D, Liang D, et al. The oral and gut microbiomes are perturbed in rheumatoid arthritis and partly normalized after treatment. Nat Med. 2015 Aug; 21(8): 895–905.
[69] Scher JU, Ubeda C, Artacho A, Attur M, Isaac S, Reddy SM, et al. Decreased bacterial diversity characterizes the altered gut microbiota in patients with psoriatic arthritis, resembling dysbiosis in inflammatory bowel disease. Arthritis Rheumatol. 2015; 67(1): 128–139.
[70] Castillo-Álvarez F, Marzo-Sola ME. Role of intestinal microbiota in the development of multiple sclerosis. Neurologia. 2015; 14. pii: S0213-4853(15)00180-2.
[71] Wekerle H. Nature plus nurture: the triggering of multiple sclerosis. Swiss Med Wkly. 2015 Oct 2; 145: w14189.
[72] Miyake S, Kim S, Suda W, Oshima K, Nakamura M, Matsuoka T, et al. Dysbiosis in the Gut Microbiota of Patients with Multiple Sclerosis, with a Striking Depletion of Species Belonging to Clostridia XIVa and IV Clusters. PLoS One. 2015; 10(9):e0137429.
[73] Haghikia A, Jörg S, Duscha A, Berg J, Manzel A, Waschbisch A, et al. Dietary Fatty Acids Directly Impact Central Nervous System Autoimmunity via the Small Intestine. Immunity. 2015; 43(4): 817–829.
[74] Lee YK, Menezes JS, Umesaki Y, Mazmanian SK. Proinflammatory T-cell responses to gut microbiota promote experimental autoimmune encephalomyelitis. Proc Natl Acad Sci U S A. 2011; 108(1): 4615–4622.
[75] Kroemer A, Elsabbagh AM, Matsumoto CS, Zasloff M, Fishbein TM. The microbiome and its implications in intestinal transplantation. Curr Opin Organ Transplant.2016 Apr; 21(2): 135–139.
[76] Doycheva I, Leise MD, Watt KD. The Intestinal Microbiome and the Liver Transplant Recipient: What We Know and What We Need to Know. Transplantation. 2016; 100(1): 61–68.
[77] Vindigni SM, Surawicz CM. The gut microbiome: a clinically significant player in transplantation? Expert Rev Clin Immunol. 2015; 11(7): 781–783.
[78] van Bekkum DW, Roodenburg J, Heidt PJ, van der Waaij D. Mitigation of secondary disease of allogeneic mouse radiation chimeras by modification of the intestinal microflora. J Natl Cancer Inst. 1974; 52(2): 401–404.
[79] Vossen JM, Guiot HF, Lankester AC, Vossen AC, Bredius RG, Wolterbeek R, et al. Complete suppression of the gut microbiome prevents acute graft-versus-host disease following allogeneic bone marrow transplantation. PLoS One. 2014 Sep 2; 9(9): e105706.
[80] Heidt PJ, Vossen JM. Experimental and clinical gnotobiotics: influence of the microflora on graft-versus-host disease after allogeneic bone marrow transplantation. J Med. 1992; 23(3–4): 161–173.
[81] Jenq RR, Ubeda C, Taur Y, Menezes CC, Khanin R, Dudakov JA, et al. Regulation of intestinal inflammation by microbiota following allogeneic bone marrow transplantation. J Exp Med. 2012; 209(5): 903–911.
[82] Holler E, Butzhammer P, Schmid K, Hundsrucker C, Koestler J, Peter K, et al. Metagenomic analysis of the stool microbiome in patients receiving allogeneic stem cell transplantation: loss of diversity is associated with use of systemic antibiotics and more pronounced in gastrointestinal graft-versus-host disease. Biol Blood Marrow Transplant. 2014; 20(5): 640–645.
[83] Taur Y, Jenq RR, Perales MA, Littmann ER, Morjaria S, Ling L, et al. The effects of intestinal tract bacterial diversity on mortality following allogeneic hematopoietic stem cell transplantation. Blood. 2014; 124(7): 1174–1182.

[84] Jenq RR, Taur Y, Devlin SM, Ponce DM, Goldberg JD, Ahr KF, et al. Intestinal Blautia Is Associated with Reduced Death from Graft-versus-Host Disease. Biol Blood Marrow Transplant. 2015; 21(8): 1373–1383.
[85] Weber D, Oefner PJ, Hiergeist A, Koestler J, Gessner A, Weber M, et al. Low urinary indoxyl sulfate levels early after transplantation reflect a disrupted microbiome and are associated with poor outcome. Blood. 2015; 126(14): 1723–1728.
[86] Shono Y, Docampo MD, Peled JU, Perobelli SM, Jenq RR. Intestinal microbiota-related effects on graft-versus-host disease. Int J Hematol. 2015; 101(5): 428–437.
[87] Schwab L, Goroncy L, Palaniyandi S, Gautam S, Triantafyllopoulou A, Mocsai A, et al. Neutrophil granulocytes recruited upon translocation of intestinal bacteria enhance graft-versus-host disease via tissue damage. Nat Med. 2014; 20(6): 648–654.
[88] Weber D, Oefner PJ, Dettmer K, Hiergeist A, Koestler J, Gessner A, et al. Rifaximin preserves intestinal microbiota balance in patients undergoing allogeneic stem cell transplantation. Bone Marrow Transplant. 2016; doi: 10.1038/bmt.2016.66.

Natali Pflug

16 Stellenwert des Mikrobioms in der Genese und Therapie von hämatologischen und onkologischen Erkrankungen

16.1 Einleitung

Das Immunsystem des Menschen und sein aus Milliarden Einzelorganismen bestehendes Mikrobiom beeinflussen sich wechselseitig. Der volle Umfang dieser Interaktion, der formende Einfluss des Mikrobioms auf das Immunsystem und auf die Entstehung vielfältiger Erkrankungen, ist vor allem in den letzten Jahren in den Fokus der Forschung gerückt. So kommt es, dass sich unser Verständnis dieser Beziehung innerhalb kürzester Zeit gewandelt hat und nach wie vor im schnellen Wandel begriffen ist. Ein besonderes Augenmerk liegt in vielen Forschungsarbeiten auf dem großen und sehr vielfältigen Mikrobiom des Intestinaltraktes. Lange Zeit wurde das Mikrobiom des Darms beim immunsupprimierten Patienten vor allem als Reservoir für potenzielle Krankheiterreger betrachtet. Insbesondere bei der Therapie von onkologischen Erkrankungen mittels Chemotherapie sind die als Mukositis bezeichnete Störung der intestinalen Mukosa und daraus folgende Erkrankungen wie die neutropene Kolitis oder Septitiden gefürchtete Komplikationen. Mehr und mehr festigt sich aber unser Verständnis, dass unser Mikrobiom eine viel komplexere Rolle gerade bei immunsuppremierenden Erkrankungen und Therapien einnimmt. Das folgende Kapitel soll über diese vielgestaltige Beziehung einen Überblick geben.

16.2 Durch das Mikrobiom verursachte Komplikationen beim immunsupprimierten Patienten

In den letzten Jahren wächst zunehmend das Verständnis für die symbiotische Bedeutung des Mikrobioms beim Menschen. Trotzdem können beim immunsupprimierten Patienten insbesondere Bakterien des gastrointestinalen Mikrobioms Verursacher lebensbedrohlicher Komplikationen sein. Zu nennen sind hier vor allem die Neutropene Kolitis und das Neutropene Fieber.

Auf die Neutropene Kolitis soll im Folgenden näher eingegangen werden.

16.2.1 Neutropene Kolitis

Bei der Neutropenen Kolitis handelt es sich um eine lebensbedrohliche Komplikation, die als Therapiefolge insbesondere bei neutropenen Patienten mit hämatologi-

DOI 10.1515/9783110454352-016

schen Erkrankungen oder nach (Hochdosis-)Chemotherapie solider Tumore auftritt [1–5]. Allerdings wurden auch Fälle bei AIDS-Patienten, Patienten mit zyklischer oder Medikamenten-induzierter Neutropenie oder unter Immunsuppression nach Knochenmarks- oder Organtransplantation beschrieben [6–9].

Häufig betroffen sind das Zökum und Colon ascendens gefolgt vom terminalen Ieum [10]. Es wird vermutet, dass das Zökum insbesondere aufgrund seiner guten Dehnbarkeit sowie im Vergleich zum restlichen Intestinaltrakt relativ schlechteren Vaskularisierung eine häufige Prädilektionsstelle für dieses Krankheitsbild darstellt.

Die Pathogenese der Neutropenen Kolitis ist bisher nicht vollständig verstanden. Wahrscheinlich handelt es sich um eine Kombination mehrerer Faktoren, die das Krankheitsbild begünstigen:

Initial steht die akute Schädigung der Mukosa insbesondere durch zytotoxische Substanzen. Gleichzeitig befinden sich die Patienten meist in tiefer Aplasie, was die reduzierte Abwehrlage gegenüber invasiven Mikroorganismen bedingt [9, 11]. Die hierdurch ausgelöste meist bakterielle Infektion führt zur Nekrose der Darmwand.

Zytotoxische Medikamente, die mit der Entstehung einer neutropenen Kolitis assoziiert sind, sind unter anderem Taxane, Cytarabin, Cyclophosphamid, Cisplatin, Oxaliplatin, Irinotecan, Ifosphamid, Idarubicin, Vinorelbin, 5-Fluorouracil, Capecitabine und Anthrazykline [4, 5, 12, 13].

Makroskopisch finden sich eine Verdickung der Darmwand sowie Ulzerationen [11]. Mikroskopisch lassen sich neben multiplen Blutungen und Nekrosen ein Verlust der Mukosa, ein intramurales Ödem sowie eine Infiltration der Darmwand durch zahlreiche Bakterien, meist Anaerobier, grampositive Kokken oder gramnegative Bakterien und Pilze, meist *Candida* spp., nachweisen [13]. Entzündliche oder leukämische Infiltrationen der Darmwand finden sich hingegen nur selten [10].

Durch die gestörte Barrierefunktion der Darmwand kommt es im Verlauf der Erkrankung häufig zur Translokation mit Bakteri- und Fungämien.

Die neutropene Kolitis tritt meist zum Zelltiefpunkt (im Median ca. 17 Tage nach Gabe einer hochdosierten zytotoxischen Therapie) auf [13, 14]. Der klinische Verdacht auf eine neutropene Kolitis stellt sich bei Patienten in Aplasie, die Fieber, abdominelle Schmerzen sowie eine Ileussymptomatik entwickeln. Die weiteren Symptome reichen von Blähungen, Bauchkrämpfen, Übelkeit und Erbrechen über wässrige oder blutige Diarrhöen bis hin zu Hämatochezie [10, 13, 15]. Begleitend treten häufig eine ausgeprägte Stomatitis und Pharyngitis als Ausdruck einer generalisierten Mukositis auf. Bei zunehmender Schwere des Krankheitsbildes kann es zu einer Perforation der Darmwand mit meist tödlicher Folge kommen.

16.3 Die Rolle des Mikrobioms bei der Tumorgenese und -therapie

Die Zellen und Bestandteile des Mikrobioms beeinflussen unsere Körperzellen auf vielfältigster Ebene.

Sie sind ein wesentlicher Baustein in der Entwicklung unseres Immunsystems; die „Konfrontation" der einzelnen Bestandteile unseres Abwehrsystems mit einer balancierten Mikroflora scheint unabdingbar für die vollständige und voll funktionstüchtige Ausbildung der Immunabwehr zu sein. Umgekehrt scheint ein Zusammenhang zwischen bestimmten (Autoimmun-)Krankheiten und der Zusammensetzung des Mikrobioms zu bestehen. Auch mehren sich Hinweise, dass das Mikrobiom über unterschiedliche Mechanismen die Entartung von Zellen begünstigen kann. Umgekehrt zeigen Arbeiten der letzten Jahre, dass das Mikrobiom einen ganz entscheidenden, zum Teil unerwarteten oder in Vergessenheit geratenen Stellenwert bei der Anti-Tumor-Therapie einnimmt. Wie diese Aspekte nach allem, was wir heutzutage wissen, ineinandergreifen, soll das folgende Kapitel beleuchten.

16.3.1 Die Rolle des Mikrobioms bei der Tumorentstehung

Die Entstehung von Tumorerkrankungen ist multifaktoriell, hängt im Wesentlichen aber von der genetischen Regulation der Zellen sowie beeinflussenden Umweltfaktoren ab. Auch Bestandteile des Mikrobioms können den Prozess der Krebsentstehung beeinflussen. Prominentes Beispiel ist das primäre MALT-(*Mucosa Associated Lymphoid Tissue*-)Lymphom des Magens. Der Zusammenhang zwischen Lymphomentstehung und kontinuierlicher Entzündung, ausgelöst durch die Besiedelung der Magenschleimhaut durch Helicobacter pylori, ist so stark, dass im Frühstadium des Lymphoms oft die vollständige antibiotische Eradikation des Bakteriums ausreicht, um den Tumor dauerhaft zu heilen [16].

Ein weiteres Beispiel stellt das Kolonkarzinom dar: in den letzten Jahren mehren sich die Hinweise, dass Darmbakterien eine entscheidende Rolle bei der Karzinogenese zu spielen scheinen.

Das kolorektale Karzinom weist eine hohe geographische Variabilität in der Inzidenzverteilung auf, besonders häufig erkranken Bewohner der westlichen Industrienationen [17]. Dies legt nahe, dass „Umwelteinflüsse" bei der Karzinogenese eine wesentliche Rolle spielen. In der Tat konnte gezeigt werden, dass eine Ernährung mit hohem Fettanteil und Übergewicht das Risiko einer Erkrankung signifikant erhöht [18]. Dass auch die Zusammensetzung der Darmflora einen Einfluss auf die Erkrankungsentstehung haben könnte, legten erstmals 1975 Beobachtungen in sogenannten „keimfreien" Mäusen nahe: Diese Mäuse entwickelten nach chemischer Induktion deutliche seltener ein kolorektales Karzinom als Mäuse mit konventioneller Besiedelung [19]. Anders als beim primären MALT-Lymphom des Magens lässt sich der

Pathomechanismus aber nicht auf den Einfluss eines einzelnen spezifischen pathogenen Bakteriums zurückführen.

Es wird hingegen vermutet, dass Bakteriensubpopulationen mit prokarzinogenen Eigenschaften unter bestimmten Umständen das gesamte Mikrobiom so verändern können, dass es zu einem Entzündungsklima im Darm kommt, welches wiederum Epithelzelltransformationen auslöst, die die Krebsentstehung einleiten [20].

Eine weitere Hypothese, die erstmals von Tjalsma und Kollegen formuliert wurde, postuliert hingegen ein sogenanntes „bakterielles „Fahrer-Fahrgast"-(„driver-passenger"-)Modell, welches impliziert, dass Bakterien als Komponente im genetischen Paradigma der Tumorprogression mit berücksichtigt werden müssen [21]. Nach diesem Modell verursachen bestimmte autochthone Bakterien, die sogenannten „Driver-Bakterien", DNA-Schäden in den Darmepithelzellen, führen hierdurch zu genomischer Instabilität und sind so für den ersten Schritt der Kazinogenese verantwortlich. Die Zahl dieser „Driver-Bakterien" wird dann sukzessive zugunsten anderer opportunistischer Spezies, die einen Wachstumsvorteil durch das entstehende Tumormilieu haben (der sogenannten „Passenger-Bakterien"), reduziert. Die „Passenger-Bakterien" führen zu weiteren Änderungen, die die Krebsentstehung begünstigen, beispielsweise indem sie das angeborene Immunsystem negativ beeinflussen.

In der Tat legen Studien in Mausmodellen mit veränderter Immun- und Entzündungsreaktion nahe, dass eine Dysbiose der Darmflora für die Tumorentstehung mit verantwortlich sein kann [22, 23]. Insbesondere scheint das Zusammenspiel der Darmflora mit der wirtseigenen Immunabwehr eine tragende Rolle bei der Karzinogenese zu spielen.

Untersuchungen des Mikromilieus des Kolorektalen Karzinoms haben gezeigt, dass dieses durch eine Immun- und Entzündungsreaktion charakterisiert ist, welche über eine Fehlregulation des Mikrobioms eine Überwucherung des Darms durch spezifische, potenziell karzinogene Bakterien fördert [24]. Weiterhin konnte durch 16S-rRNA-Sequenzierung von Stuhl oder Darmgewebe bei Patienten mit kolorektalem Karzinom wiederholt eine Dysbiose nachgewiesen werden [25–30].

Hierbei wurden insbesondere folgende Spezies identifiziert, die im Verdacht stehen, an der Karzinogenese des kolorektalen Karzinoms beteiligt zu sein: Streptokokkus bovis [29, 31], Helicobacter pylori [32–34], Bacteroides fragilis [28, 29], Enterokokkus faecialis [29], Clostridium septicum [35–37], Fusobakterien [38–40] und Escherichia coli [41–44].

Der Nachweis einer Endokarditis mit Streptokokkus bovis sollte beispielsweise immer zu einer weiteren Abklärung im Bereich des Magen-Darm-Traktes führen. Bei 2/3 der Patienten mit einer solchen Infektion kann eine Erkrankung des Gastrointestinaltraktes nachgewiesen werden, wobei diese Patienten ein 5-fach erhöhtes Risiko haben, ein noch unentdecktes kolorektales Karzinom aufzuweisen [45, 46].

In den letzten Jahren konnte eine Reihe von Mechanismen identifiziert werden, über die Bakterien zur Karzinogenese beitragen können:

Zum einen gehören hierzu von Bakterien produzierte Genotoxine, aber auch die direkte Beeinflussung des wirtseigenen Immunsystems inklusive der Modulation bestimmter Entzündungsreaktionen sowie die Induktion von freien Radikalen bzw. der Eingriff in die Abwehrmechanismen des Körpers gegen eben diese [42].

Ein Beispiel für die Rolle von Genotoxinen bei der Tumorentstehung ist Helicobacter pylori. Die Assoziation zwischen Helicobacter pylori und dem kolorektalen Karzinom ist nicht so klar wie zum MALT-Lymphom des Magens. Allerdings zeigen Metaanalysen ein statistisch erhöhtes Risiko für ein kolorektales Karzinom bei Helicobacter pylori-Positivität [34]. Insbesondere besteht diese Assoziation bei Stämmen vom Typ I, die zusätzliche Pathogenitätsfaktoren aufweisen [47]. Einer dieser Faktoren ist das sogenannte vakuolisierende Zytotoxin (VacA). Dieses bewirkt die Bildung von kleinen Vakuolen, die sich zunehmend mit Säure füllen und beim Zerplatzen zu Gewebezerstörungen führen. Ein weiterer Pathogenitätsmechanismus, der möglicherweise auch bei der Karzinogenese eine Rolle spielt, ist auf einem bakteriellen chromosomalen Abschnitte kodiert, der als zytotoxin-assoziierte Gen-Pathogenitätsinsel" (cytotoxin-associated genes pathogenicity island) bezeichnet wird [48]. Bakterien mit dieser genetischen Kodierung injizieren über einen nadelartigen Fortsatz ein Peptidoglykan in die Epithelzellen des Wirtes. Dieses Peptidoglykan setzt eine Reaktionskette in Gang, die letztlich zu einer Entzündungsreaktion führt.

Infektionen mit H. pylori-Stämmen vom Typ II, denen die genetische Information für diese Pathogenitätsfaktoren fehlt, gehen sehr viel seltener mit einer gastroduodenalen Ulkuskrankheit einher und ihre Assoziation mit Tumoren des Gastrointestinaltraktes ist weniger stark ausgeprägt.

Letztlich sind die Gründe für die Entstehung der Dysbiose beim kolorektalen Karzinom noch nicht ausreichend verstanden und es bleibt die berühmte Frage nach der Henne und dem Ei: Sind die Änderungen in der Mikrobiomzusammensetzung tatsächlich ursächlich für oder Folge des kolorektalen Karzinoms?

16.3.2 Die Rolle des Mikrobioms bei der Tumortherapie

Die Wirkung der klassischen Chemotherapie wird üblicherweise sehr mechanistisch erklärt. Die meisten zytotoxischen Substanzen interferieren auf die ein oder andere Weise mit der DNA-Synthese und provozieren damit ein Stopp des Tumorwachstums oder gar den Zelluntergang. Auch die typischen Nebenwirkungen der herkömmlichen Chemotherapie werden in der Regel mit ihrem Einfluss auf den DNA-Replikationszyklus sich schnell teilender Körperzellen erklärt, z. B. der typische Haarausfall oder auch Beschwerden der Verdauung, die zum Teil über eine Zottenatrophie erklärt werden.

Eine weitere typische Nebenwirkung der Chemotherapie ist die Mukositis. Die mit der zerstörten Integrität der intestinalen Barriere einhergehende Translokation von Bakterien aus dem Darmlumen in den Blutkreislauf bzw. das lymphatische System sowie die bereits diskutierten sekundären Komplikationen (Septitiden, Neutropene Kolitis, Mangelernährung, Diarrhöen) wurden lange Zeit lediglich als schwere Nebenwirkung der zytoreduktiven Therapie betrachtet.

In den letzten Jahren weisen allerdings mehrere Publikationen darauf hin, dass die Veränderungen des Mikrobioms, die durch die Chemotherapie ausgelöst werden, ein wichtiger Bestandteil des Wirkungsmechanismus der Anti-Tumor-Therapie sein könnten [49, 50].

Auch traditionelle Chemotherapeutika, insbesondere Alkylanzien und Platinsalz-basierte Substanzen, scheinen nicht nur über ihre bekannten mechanistischen Angriffspunkte in der DNA-Synthese einen Einfluss auf das Tumorwachstum zu haben, sondern zusätzlich eine gerichtete Immunantwort gegen den Tumor auszulösen. Interessanterweise scheinen hierbei die mit der Mukositis assoziierten Veränderungen der Darmwand sowie die Zusammensetzung des intestinalen Mikrobioms eine kritische Rolle zu spielen. So konnte in Mäusen gezeigt werden, dass eine Störung der Mikrobiomzusammensetzung, z. B. durch Antibiotika, nicht nur die Anti-Tumorwirkung von immunmodulierenden Substanzen wie monoklonalen anti-IL10-Antikörpern in Kombination mit cpg-Oligonukleotiden verminderte, sondern auch die Wirkung von klassischen Platinsalz-Chemotherapien deutlich reduzierte [50] (Abb. 16.1).

Die beeinträchtigte Wirkung der Immuntherapie (anti-IL10-Antikörper in Kombination mit cpg-Oligonukleotiden) wurde auf eine reduzierte Tumornekrosefaktor-(TNF-)Produktion durch Tumor-infiltrierende myeloide Zellen zurückgeführt. Weiterhin konnten spezifische Bakteriengruppen identifiziert werden, die die Anti-Tumorantwort entweder förderten oder verminderten. Der Wirkmechanismus im Zusammenhang mit der Platinsalz-basierten Chemotherapie ist hingegen TNF-unabhängig und scheint auf der Induktion reaktiver Sauerstoffspezies (ROS) über die Aktivierung von Toll-like-Rezeptoren durch bakterielle Bestandteile zu beruhen.

Auch für Cyclophosphamid sowie Doxorubicin konnte ein Anti-Tumor-Effekt, der über bestimmte Darmbakterien vermittelt wird, nachgewiesen werden [49]. Beide Substanzen sind dafür bekannt, als Nebenwirkung eine Mukositis zu verursachen. Diese führte in den untersuchten Mausmodellen zu einer Translokation bestimmter grampositiver Bakterienspezies in die mesenterialen Lymphknoten sowie in die Milz. Bei Cyclophosphamid-vorbehandelten Mäusen konnten in der Milz ein deutlich erhöhter Spiegel an Interferon Gamma sowie eine erhöhte Anzahl eines spezifischen Subsets Interleukin 17 produzierender T-Zellen (sogenannte pathogene T_H17-Zellen) nachgewiesen werden. Diese beobachteten Veränderungen waren abhängig von einem intakten Darmmikrobiom und konnten in keimfreien oder Antibiotika-vorbehandelten Mäusen nicht reproduziert werden, bei denen der Anti-Tumor-Effekt der verabreichten Chemotherapie ebenfalls deutlich reduziert war.

Weiterhin konnte nachgewiesen werden, dass der Anti-Tumor-Effekt von Cyclophosphamid wiederhergestellt werden konnte, wenn von außen pathogene T_H17-Zellen injiziert wurden.

Indirekt kann ein solcher Zusammenhang auch beim Menschen beobachtet werden.

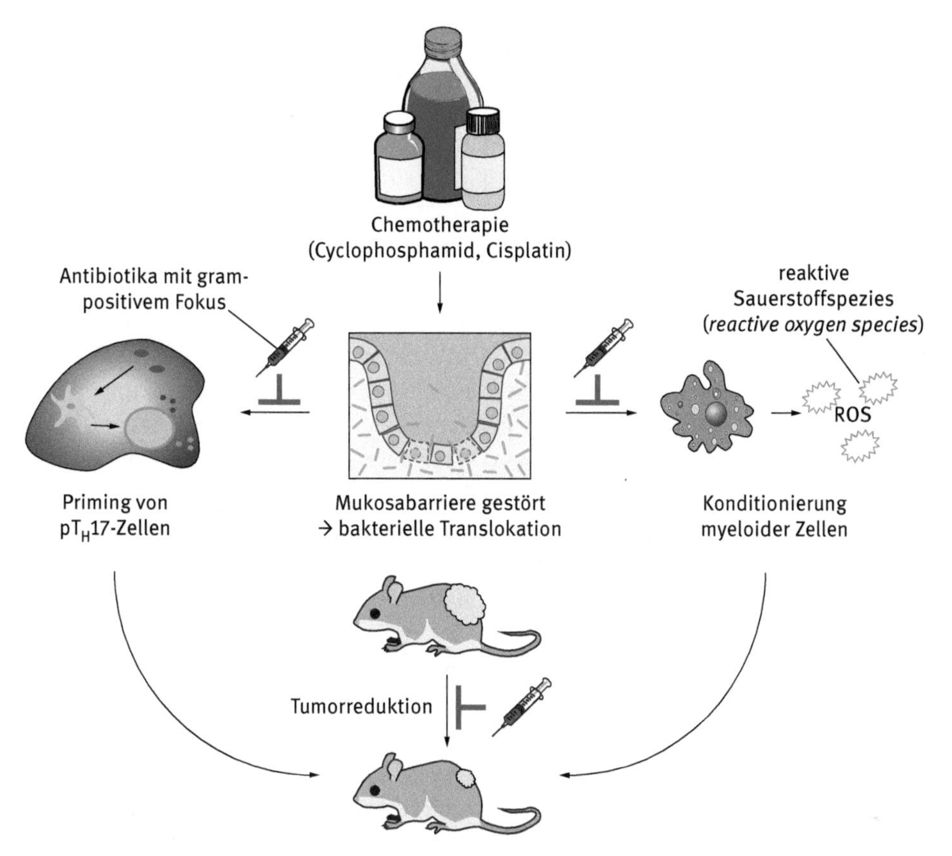

Abb. 16.1: Traditionelle Chemotherapeutika, insbesondere Alkylanzien und Platinsalz-basierte Substanzen, scheinen eine gerichtete Immunantwort gegen den Tumor auszulösen. Hierbei scheinen die mit der Mukositis assoziierten Veränderungen der Darmwand sowie die Zusammensetzung des intestinalen Mikrobioms eine Rolle zu spielen. So konnte bei Mäusen gezeigt werden, dass eine Störung der Mikrobiomzusammensetzung, z. B. durch Antibiotika, die Wirkung von klassischen Platinsalz-Chemotherapien reduziert [50]. Es konnten spezifische Bakteriengruppen identifiziert werden, die die Anti-Tumorantwort entweder förderten oder verminderten. Der Wirkmechanismus im Zusammenhang mit der Platinsalz- basierten Chemotherapie scheint auf der Induktion reaktiver Sauerstoffspezies (ROS) über die Aktivierung von Toll-like-Rezeptoren durch bakterielle Bestandteile zu beruhen. Auch für Cyclophosphamid sowie Doxorubicin konnte ein Anti-Tumor-Effekt, der über bestimmte Darmbakterien vermittelt wird, nachgewiesen werden [49]. Beide Substanzen sind ebenfalls dafür bekannt, als Nebenwirkung eine Mukositis zu verursachen. Diese führte in den untersuchten Mausmodellen zu einer Translokation bestimmter grampositiver Bakterienspezies in die mesenterialen Lymphknoten sowie in die Milz. Bei Cyclophosphamid-vorbehandelten Mäusen konnten in der Milz ein deutlich erhöhter Spiegel an Interferon Gamma sowie eine erhöhte Anzahl pathogener T_H17-Zellen nachgewiesen werden. Diese beobachteten Veränderungen waren abhängig von einem intakten Darmmikrobiom und konnten in keimfreien oder Antibiotika-vorbehandelten Mäusen nicht reproduziert werden, bei denen der Anti-Tumor-Effekt der verabreichten Chemotherapie ebenfalls deutlich reduziert war.

Große randomisierte Studien beim Menschen gibt es zu dieser Fragestellung bisher nicht. Allerdings konnte in retrospektiven Analysen gezeigt werden, dass die Antibiotikagabe während einer Anti-Tumor-Therapie erheblichen Einfluss auf deren Wirkung hat [51]. Patienten mit chronisch-lymphatischer Leukämie oder Lymphomen, die während ihrer Cyclophosphamid- oder Cisplatin-haltigen Therapie mit Antibiotika im grampositiven Spektrum behandelt wurden, zeigten ein deutlich schlechteres Therapieansprechen als die Vergleichsgruppe, die keine spezifisch gegen das grampositive Spektrum gerichtete Therapie erhielt.

In den letzten Jahren gelingt es zunehmend, sich das Immunsystem zur Tumorbekämpfung zunutze zu machen. Prominentes Beispiel sind hierfür die sogenannte Checkpointblockade durch monoklonale Antikörper gegen die Checkpointmoleküle PD1 und CTLA4. Die Antikörper haben bisher insbesondere die Therapie des malignen Melanoms revolutioniert. Das klinische Ansprechen auf diese Therapien ist besonders gut bei Patienten mit endogener T-Zell-Infiltration des Tumors. Die Gründe, die interindividuell zu unterschiedlichen Anti-Tumor-Immunantworten führen, sind bisher nicht ausreichend verstanden. Jetzt konnte in aktuellen Arbeiten gezeigt werden, dass auch hier die Zusammensetzung des intestinalen Mikrobioms eine Rolle spielt [52, 53]. So konnte nachgewiesen werden, dass das Tumorwachstum bei Mäusen mit Melanomen im Zusammenhang mit der Zusammensetzung der kommensalen Darmbakterien steht. Wurden diese Unterschiede im intestinalen Mikrobiom zum Beispiel durch Stuhltransplantation aufgehoben, glichen sich auch die Tumorwachstumsraten an [52]. Über 16- ribosomoale RNA-Sequenzierung konnten grampositive Bifidobakterien als in Zusammenhang mit dem Anti-Tumor-Effekt stehende Spezies identifiziert werden. Die orale Gabe von Bifidobakterien verbesserte die Anti-Tumor-Kontrolle ebenso effizient wie eine Therapie mit monoklonalen anti-PD1-L1-Antikörpern. Die Kombination der Antikörper mit der Gabe von Bifidobakterien führte zu einer fast vollständigen Tumorregression. Der Effekt wurde über eine gesteigerte Aktivierung dendritischer Zellen vermittelt, die eine verstärkte Akkumulation CD8+ positiver T-Zellen im Tumormikromilieu nach sich zog.

Auch für die Wirkung der monoklonalen CTLA-4-Antikörper wurde eine Assoziation mit bestimmten Bacteroides-Spezies nachgewiesen [53].

Inwieweit diese Mechanismen ebenso beim Menschen eine Rolle spielen und für die Tumortherapie nutzbar gemacht werden können, ist Gegenstand der Forschung.

16.4 Literatur

[1] Wagner ML, Rosenberg HS, Fernbach DJ, Singleton EB. Typhlitis: a complication of leukemia in childhood. Am J Roentgenol Radium Ther Nucl Med. 1970; 109: 341–350.

[2] Pestalozzi BC, Sotos GA, Choyke PL, Fisherman JS, Cowan KH, O'Shaughnessy JA. Typhlitis resulting from treatment with taxol and doxorubicin in patients with metastatic breast cancer. Cancer. 1993; 71: 1797–1800.

[3] Quigley MM, Bethel K, Nowacki M, Millard F, Sharpe R. Neutropenic enterocolitis: a rare presenting complication of acute leukemia. Am J Hematol. 2001; 66: 213–219.

[4] Furonaka M, Miyazaki M, Nakajima M, Hirata S, Fujitaka K, Kondo K, et al. Neutropenic enterocolitis in lung cancer: a report of two cases and a review of the literature. Intern Med. 2005; 44: 467–470.

[5] Gadducci A, Gargini A, Palla E, Fanucchi A, Genazzani AR. Neutropenic enterocolitis in an advanced epithelial ovarian cancer patient treated with paclitaxel/platinum-based chemotherapy: a case report and review of the literature. Anticancer Res. 2005; 25: 2509–2513.

[6] Geelhoed GW, Kane MA, Dale DC, Wells SA. Colon ulceration and perforation in cyclic neutropenia. J Pediatr Surg. 1973; 8: 379–382.

[7] Till M, Lee N, Soper WD, Murphy RL. Typhlitis in patients with HIV-1 infection. Ann Intern Med. 1992; 116: 998–1000.

[8] Nagler A, Pavel L, Naparstek E, Muggia-Sullam M, Slavin S. Typhlitis occurring in autologous bone marrow transplantation. Bone Marrow Transplant. 1992; 9: 63–64.

[9] Urbach DR, Rotstein OD. Typhlitis. Can J Surg 1999; 42: 415–419.

[10] Katz JA, Wagner ML, Gresik MV, Mahoney DH, Jr., Fernbach DJ. Typhlitis. An 18-year experience and postmortem review. Cancer. 1990; 65: 1041–1047.

[11] Morgan C, Tillett T, Braybrooke J, Ajithkumar T. Management of uncommon chemotherapy-induced emergencies. Lancet Oncol. 2011; 12: 806–814.

[12] Kouroussis C, Samonis G, Androulakis N, Souglakos J, Voloudaki A, Dimopoulos MA, et al. Successful conservative treatment of neutropenic enterocolitis complicating taxane-based chemotherapy: a report of five cases. Am J Clin Oncol. 2000; 23: 309–313.

[13] Nesher L, Rolston KV. Neutropenic enterocolitis, a growing concern in the era of widespread use of aggressive chemotherapy. Clin Infect Dis. 2013; 56: 711–717.

[14] Bow EJ, Meddings JB. Intestinal mucosal dysfunction and infection during remission-induction therapy for acute myeloid leukaemia. Leukemia. 2006; 20: 2087–2092.

[15] Wade DS, Nava HR, Douglass HO, Jr. Neutropenic enterocolitis. Clinical diagnosis and treatment. Cancer. 1992; 69: 17–23.

[16] Handa O, Naito Y, Yoshikawa T. Helicobacter pylori: a ROS-inducing bacterial species in the stomach. Inflamm Res. 2010; 59: 997–1003.

[17] Sandler RS. Epidemiology and risk factors for colorectal cancer. Gastroenterol Clin North Am. 1996; 25: 717–735.

[18] Alexander DD, Cushing CA, Lowe KA, Sceurman B, Roberts MA. Meta-analysis of animal fat or animal protein intake and colorectal cancer. Am J Clin Nutr. 2009; 89: 1402–1409.

[19] Weisburger JH, Reddy BS, Narisawa T, Wynder EL. Germ-free status and colon tumor induction by N-methyl-N'-nitro-N-nitrosoguanidine. Proc Soc Exp Biol Med. 1975; 148: 1119–1121.

[20] Sears CL, Garrett WS. Microbes, microbiota, and colon cancer. Cell Host Microbe. 2014; 15: 317–328.

[21] Tjalsma H, Boleij A, Marchesi JR, Dutilh BE. A bacterial driver-passenger model for colorectal cancer: beyond the usual suspects. Nat Rev Microbiol. 2012; 10: 575–582.

[22] Couturier-Maillard A, Secher T, Rehman A, Normand S, De Arcangelis A, Haesler R, et al. NOD2-mediated dysbiosis predisposes mice to transmissible colitis and colorectal cancer. J Clin Invest. 2013; 123: 700–711.

[23] Hu B, Elinav E, Huber S, Strowig T, Hao L, Hafemann A, et al. Microbiota-induced activation of epithelial IL-6 signaling links inflammasome-driven inflammation with transmissible cancer. Proc Natl Acad Sci USA. 2013; 110: 9862–9867.

[24] Schwabe RF, Jobin C. The microbiome and cancer. Nat Rev Cancer. 2013; 13: 800–812.

[25] Ahn J, Sinha R, Pei Z, Dominianni C, Wu J, Shi J, et al. Human gut microbiome and risk for colorectal cancer. J Natl Cancer Inst. 2013; 105: 1907–1911.

[26] Chen W, Liu F, Ling Z, Tong X, Xiang C. Human intestinal lumen and mucosa-associated microbiota in patients with colorectal cancer. PLoS One. 2012; 7: e39743.
[27] Sanapareddy N, Legge RM, Jovov B, McCoy A, Burcal L, Araujo-Perez F, et al. Increased rectal microbial richness is associated with the presence of colorectal adenomas in humans. Isme J. 2012; 6: 1858–1868.
[28] Sobhani I, Tap J, Roudot-Thoraval F, Roperch JP, Letulle S, Langella P, et al. Microbial dysbiosis in colorectal cancer (CRC) patients. PLoS One. 2011; 6: e16393.
[29] Wang T, Cai G, Qiu Y, Fei N, Zhang M, Pang X, et al. Structural segregation of gut microbiota between colorectal cancer patients and healthy volunteers. Isme J. 2012; 6: 320–329.
[30] Wu N, Yang X, Zhang R, Li J, Xiao X, Hu Y, et al. Dysbiosis signature of fecal microbiota in colorectal cancer patients. Microb Ecol. 2013; 66: 462–470.
[31] Klein RS, Recco RA, Catalano MT, Edberg SC, Casey JI, Steigbigel NH. Association of Streptococcus bovis with carcinoma of the colon. N Engl J Med. 1977; 297: 800–802.
[32] Grahn N, Hmani-Aifa M, Fransen K, Soderkvist P, Monstein HJ. Molecular identification of Helicobacter DNA present in human colorectal adenocarcinomas by 16S rDNA PCR amplification and pyrosequencing analysis. J Med Microbiol. 2005; 54: 1031–1035.
[33] Jones M, Helliwell P, Pritchard C, Tharakan J, Mathew J. Helicobacter pylori in colorectal neoplasms: is there an aetiological relationship? World J Surg Oncol. 2007; 5: 51.
[34] Zumkeller N, Brenner H, Zwahlen M, Rothenbacher D. Helicobacter pylori infection and colorectal cancer risk: a meta-analysis. Helicobacter. 2006; 11: 75–80.
[35] Chew SS, Lubowski DZ. Clostridium septicum and malignancy. ANZ J Surg. 2001; 71: 647–649.
[36] Hermsen JL, Schurr MJ, Kudsk KA, Faucher LD. Phenotyping Clostridium septicum infection: a surgeon's infectious disease. J Surg Res. 2008; 148: 67–76.
[37] Mirza NN, McCloud JM, Cheetham MJ. Clostridium septicum sepsis and colorectal cancer – a reminder. World J Surg Oncol. 2009; 7: 73.
[38] Kostic AD, Chun E, Robertson L, Glickman JN, Gallini CA, Michaud M, et al. Fusobacterium nucleatum potentiates intestinal tumorigenesis and modulates the tumor-immune microenvironment. Cell Host Microbe. 2013; 14: 207–215.
[39] McCoy AN, Araujo-Perez F, Azcarate-Peril A, Yeh JJ, Sandler RS, Keku TO. Fusobacterium is associated with colorectal adenomas. PLoS One. 2013; 8: e53653.
[40] Rubinstein MR, Wang X, Liu W, Hao Y, Cai G, Han YW. Fusobacterium nucleatum promotes colorectal carcinogenesis by modulating E-cadherin/beta-catenin signaling via its FadA adhesin. Cell Host Microbe. 2013; 14: 195–206.
[41] Arthur JC, Perez-Chanona E, Muhlbauer M, Tomkovich S, Uronis JM, Fan TJ, et al. Intestinal inflammation targets cancer-inducing activity of the microbiota. Science. 2012; 338: 120–123.
[42] Gagniere J, Raisch J, Veziant J, Barnich N, Bonnet R, Buc E, et al. Gut microbiota imbalance and colorectal cancer. World J Gastroenterol. 2016; 22: 501–518.
[43] Martin HM, Campbell BJ, Hart CA, Mpofu C, Nayar M, Singh R, et al. Enhanced Escherichia coli adherence and invasion in Crohn's disease and colon cancer. Gastroenterology. 2004; 127: 80–93.
[44] Swidsinski A, Khilkin M, Kerjaschki D, Schreiber S, Ortner M, Weber J, et al. Association between intraepithelial Escherichia coli and colorectal cancer. Gastroenterology. 1998; 115: 281–286.
[45] Hoppes WL, Lerner PI. Nonenterococcal group-D streptococcal endocarditis caused by Streptococcus bovis. Ann Intern Med. 1974; 81: 588–593.
[46] Klein RS, Catalano MT, Edberg SC, Casey JI, Steigbigel NH. Streptococcus bovis septicemia and carcinoma of the colon. Ann Intern Med. 1979; 91: 560–562.
[47] Shmuely H, Passaro D, Figer A, Niv Y, Pitlik S, Samra Z, et al. Relationship between Helicobacter pylori CagA status and colorectal cancer. Am J Gastroenterol. 2001; 96: 3406–3410.

[48] Viala J, Chaput C, Boneca IG, Cardona A, Girardin SE, Moran AP, et al. Nod1 responds to peptidoglycan delivered by the Helicobacter pylori cag pathogenicity island. Nat Immunol. 2004; 5: 1166–1174.
[49] Viaud S, Saccheri F, Mignot G, Yamazaki T, Daillere R, Hannani D, et al. The intestinal microbiota modulates the anticancer immune effects of cyclophosphamide. Science. 2013; 342: 971–976.
[50] Iida N, Dzutsev A, Stewart CA, Smith L, Bouladoux N, Weingarten RA, et al. Commensal bacteria control cancer response to therapy by modulating the tumor microenvironment. Science. 2013; 342: 967–970.
[51] Pflug N, Kluth S, Vehreschild JJ, Bahlo J, Tacke D, Biehl L, Eichhorst B, et al. Efficacy of Antineoplastic Treatment is associated with the Use of Antibiotics that Modulate Intestinal Microbiota Oncoimmunology. 2016; 22: e1150399.
[52] Sivan A, Corrales L, Hubert N, Williams JB, Aquino-Michaels K, Earley ZM, et al. Commensal Bifidobacterium promotes antitumor immunity and facilitates anti-PD-L1 efficacy. Science; 350: 1084–1089.
[53] Vetizou M, Pitt JM, Daillere R, Lepage P, Waldschmitt N, Flament C, et al. Anticancer immunotherapy by CTLA-4 blockade relies on the gut microbiota. Science; 350: 1079–1084.

Christoph Thöringer

17 Mechanismen der Mikrobiom-Darm-Gehirn-Interaktion und Implikationen für psychische Krankheiten

„It is far from our mind to conceive that all mental conditions have the same etiological factor, but we feel justified in recognizing the existence of cases of mental disorders which have as a basic etiological factor a toxic condition arising in the gastrointestinal tract [1]."

17.1 Einleitung – historische Aspekte

In der modernen Medizin und den präklinischen Wissenschaften haben sich Mikrobiologie und Neurowissenschaften in den letzten Dekaden in unterschiedliche Richtungen mit wenig Interaktion entwickelt. Es bestanden kaum gemeinsame Forschungsfelder mit Ausnahme von Infektionskrankheiten, die auch das zentrale Nervensystem und die Psyche betreffen, wie neurologische Komplikationen von AIDS, Neuroborreliose oder quartäre Syphilis. In den letzten Jahren rückte jedoch die kommensale, physiologische Flora, v. a. des Gastrointestinaltraktes, in das Interesse zahlreicher Wissenschaftsdisziplinen und der medialen Öffentlichkeit. Aus diesen Forschungsinitiativen entwickelte sich die bislang heute kaum mehr bestreitbare Erkenntnis, dass die gastrointestinale Mikrobiota eine wesentliche Rolle in der Funktion der Darm-Gehirn-Achse, in neurophysiologischen Prozessen des Gehirns und Rückenmarks und sogar in Verhalten und Psychopathologie spielt [2].

Die Vorstellung von Einflüssen der Darmbakterien auf Gehirn und Psyche ist jedoch nicht neu, sondern hatte eine große Bedeutung in der Medizin des 19. Jahrhunderts und des beginnenden 20. Jahrhunderts. „Autointoxikation", „intestinale Stase" oder „intestinale Toxikämie" waren zu dieser Zeit medizinisch häufig verwendete Begriffe zur Beschreibung von Krankheitsprozessen, ausgelöst von mikrobiellen Toxinen aus dem Darm, die die allgemeine Gesundheit und im Speziellen die Psyche angriffen [3]. Daniel R. Brower publizierte im Jahr 1898 die erste Originalarbeit zu „Autointoxikation" und Melancholie im *Journal of the American Medical Association (JAMA)*: Er stellte fest, dass ein Mangel an Magensäure eine entscheidende Rolle im Wachstum von Bakterien im Darm und bei der Produktion von Toxinen, u. a. Indolen und Milchsäure, spielen würde. Bei Gesunden würden diese Toxine jedoch in Leber und Nieren abgebaut und ausgeschieden werden. Diese Detoxifikationsprozesse würden jedoch bei der Melancholie versagen [4]. Als therapeutische Konsequenz der „intestinalen Toxikämie" wurden in dieser Zeit pseudo-medizinische Verfahren wie Kolonirrigation, Zahn- und Tonsillenextraktionen und sogar chirurgische Entfernungen des Dickdarms durchgeführt [3]. Unter der Annahme einer fokalen Infektion im Hals-Nasen-Ohren-Bereich oder Dickdarm wurden schließlich auch als eine der

DOI 10.1515/9783110454352-017

ersten kontrollierten Studien in der Geschichte der Psychiatrie in den Jahren 1922–1923 von dem Mikrobiologen Nicholas Kopeloff und dem Psychiater George H. Kirby (später Präsident der *American Psychiatric Association*) die Effekte der Zahn- und Tonsillenextraktion gegen Standardtherapie bei Patienten mit Schizophrenie oder bipolarer Störung untersucht, aber keine Unterschiede in der Langzeitremission gesehen [5]. Um der „Autointoxikation" und den seelischen und körperlichen Leiden entgegenzuwirken, wurden zu dieser Zeit auch erstmalig probiotische, meist *Lactobacillus*-haltige Formulierungen propagiert. So schrieb der Mikrobiologe und spätere Medizin-Nobelpreis-Träger Ilja Metschnikow 1912:

> In effect, we fight microbe with microbe ... there seems hope that we shall in time be able to transform the entire intestinal flora from a harmful to an innocuous one ... the beneficent effect of this transformation must be enormous ... [6].

In den Folgejahren und andauernd bis zum Beginn des 21. Jahrhunderts wurde der Bedeutung von Bakterien, Probiotika und psychischen Erkrankungen in der Medizin keine Beachtung mehr geschenkt. Erst 2003 wurde der Idee des Einsatzes von Probiotika zur additiven Therapie von depressiver Störung und dem *chronic fatigue syndrome* durch die Psychiater Alan C. Logan und Martin A. Katzmann eine Renaissance beschert [7]. Mittlerweile konnte in einer klinischen Untersuchung mittels funktioneller Kernspintomographie des Gehirns auch geklärt werden, welche Hirnregionen und zerebralen Netzwerke durch die Gabe von *Lactobacillus*-haltigen Probiotikapräparate direkt moduliert werden [8]. Die naturwissenschaftliche Auseinandersetzung mit der reziproken Interaktion von Bakterien aus dem Gastrointestinaltrakt und dem Nervensystem begann jedoch ein Jahrzehnt früher und wurde in ihren Anfängen insbesondere von Mark Lyte durch den Begriff „mikrobielle Endokrinologie", publiziert 1993 im *Journal of Endocrinology*, geprägt [9]. Dieser besagt, dass zahlreiche kommensale, aber auch pathogene Mikroorganismen neuroaktive Substanzen produzieren und sezernieren können, aber auch die jeweiligen Rezeptoren für Neurohormone besitzen [10]. *E.-coli*-Stämme können beispielsweise Katecholamine, Acetylcholin oder Serotonin bilden und sezernieren; *Lactobacillus*- und *Bifidobacterium*- Stämme wiederum produzieren γ-Aminobuttersäure (GABA) [10]. Über diese Neurotransmitter können Bakterien auf intestinale und extraintestinale Wirtszellen, insbesondere Nervenzellen, wirken und physiologische Prozesse beeinflussen. Daneben produzieren kommensale Mikroben aber auch noch kurzkettige Fettsäuren, deren Rezeptoren kürzlich ebenso auf Nervenzellen des peripheren Nervensystems nachgewiesen wurden, und die Neurophysiologie erheblich beeinflussen können [11]. Die Interaktion von gastrointestinaler Mikrobiota, Darm und Nervensystem beinhaltet, wie einleitend dargestellt, zahlreiche Aspekte für Physiologie und Krankheit. In den folgenden Kapiteln sollen nun im Detail die komplexen Interaktionen der Mikroflora mit dem enterischen und zentralen Nervensystem sowie dem Stresshormonsystem mit Implikationen für neuropsychiatrische Erkrankungen dargestellt werden.

17.2 Interaktion von gastrointestinaler Mikrobiota und dem enterischen Nervensystem

Das enterische Nervensystem (ENS), auch Darmnervensystem genannt, besteht aus zwei Hauptkomponenten, Plexus myentericus und Plexus submucosus, die in die Wand von Speiseröhre, Magen und Darm eingebettet sind. Die Nervenzellen des ENS arbeiten in der Regel autonom und kontrollieren Verdauungsprozesse, die Motilität des Darms, aber auch den Blutfluss in den Darmorganen. Das ENS wird jedoch auch von dem zentralen Nervensystem über sympathische und parasympathische (z. B. N. vagus) Nerven sowie dem Stresshormonsystem beeinflusst, um Verdauungsprozesse an externe Stimuli anzupassen [12].

Erste Hinweise für einen Zusammenhang zwischen der Funktion des ENS und der intestinalen Mikroflora gab es bereits im Jahr 1967, als Gerald D. Abrams und Jane E. Bishop experimentell zeigen konnten, dass keimfrei aufgezogene Labormäuse eine verringerte intestinale Motilität aufweisen als Tiere mit normaler Keimbesiedelung des Magen-Darm-Traktes [13]. Als ein Grund für diese pathologisch veränderte Motilität wurden Jahrzehnte später Veränderungen in der Entwicklung des Darmnervensystems unter keimfreien Aufzuchtbedingungen eruiert [14]. Das ENS entwickelt sich zwar primär während der Embryogenese, dieser Prozess ist aber ab Geburt noch nicht abgeschlossen. Die normale postnatale Entwicklung von enterischen sensorischen und motorischen Neuronen, die Etablierung einer Netzwerkstruktur und die neurochemische Zusammensetzung des ENS werden entscheidend von der frühen mikrobiellen Besiedelung des Gastrointestinaltraktes bestimmt [15]. Durch das Fehlen einer mikrobiellen Besiedelung in keimfreien Tieren ändern sich auch die elektrophysiologischen Eigenschaften des ENS, wobei die enterischen Neurone weniger elektrisch erregbar sind und dadurch nicht nur weniger Signale an die Muskelzellen der Darmwand abgeben, sondern auch ein geringerer synaptischer Output an Nervenfasern des peripheren Nervensystems erfolgt [16]. Bezüglich Caveats zu Experimenten mit keimfreien Labortieren sei an dieser Stelle auf einen exzellenten Review von Pauline Luczynski und Kollegen verwiesen [14].

Interessanterweise beeinflusst die kommensale Mikrobiota nicht nur Nervenzellen im ENS, sondern auch die Homöostase von enterische Gliazellen, die in den Plexus, in Muskelschichten und der Mukosa lokalisiert sind [17].

Einen anderen wesentlichen Aspekt der Interaktion von kommensalen Darmbakterien und ENS stellen mikrobielle Neurotransmitter dar. Asano und Kollegen konnten erstmalig in einer *In-vivo*-Studie bei Mäusen feststellen, dass durch das Fehlen einer intestinalen Mikroflora bei keimfreien Mäusen der intraluminale Gehalt an den Neurotransmittern Noradrenalin und Dopamin im Vergleich zu Tieren mit normaler Keimbesiedelung signifikant reduziert ist [18]. Dieser Mangel an biologisch aktiven Katecholaminen im Darm konnte durch eine experimentelle Keimbesiedelung jedoch wieder reversibel gemacht werden und steigerte auch die Wasserabsorptionskapazität des Darms in diesen Tieren [18].

Neben Noradrenalin und Dopamin spielt vor allem der Neurotransmitter Serotonin eine entscheidende Rolle in der Regulation von intestinaler Motilität. Ca. 90 % des Serotonins im Körper werden von enterochromaffinen (EC) Zellen im Darm produziert und zeigen als Botenstoff eine Vielzahl an physiologischen Effekten auch außerhalb des Nervensystems [19]. Ähnlich den Katecholaminen haben keimfreie Mäuse auch verringerte Serumspiegel an Serotonin [20]. In einer von Jessica M. Yano und Kollegen kürzlich in *Cell* veröffentlichten Arbeit wurde beschrieben, dass die kommensale Mikrobiota des Darms (v. a. Genus *Clostridia*) die Biosynthese von Serotonin in EC-Zellen stimulieren kann [21]. Kurzkettige Fettsäuren und sekundäre Gallensäuren (hier Deoxycholat), beide mikrobielle Metabolite, dienen dabei als „bakterielle Botenstoffe" für die EC-Zelle. Diese Mikrobiom-Wirts-Interaktion zur lokalen Neurotransmittersynthese nimmt schließlich auch direkten Einfluss auf die Darmmotilität [21]. Neben der indirekten Regulation der Serotoninsynthese wurde in manchen *Lactobacillus*- und *Lactococcus*-Stämmen eine intrinsische Fähigkeit zur Serotoninbiosynthese über die Hydroxylierung von Tryptophan (aus der Nahrung kommend) beschrieben [22].

Einen wesentlichen Einfluss von Gallensäurenmetabolismus über die kommensale Mikrobiota auf ENS-Aktivität und gastrointestinale Motilität konnte auch die Arbeitsgruppe von Jeffrey I. Gordon feststellen. Sie verglichen in gnotobiotischen Tiermodellen Diäten basierend auf unterschiedlichen kulinarischen Traditionen (z. B. westliche, afrikanische und asiatische Ernährungsgewohnheiten) und die Diät-assoziierten Signaturen der intestinalen Mikroflora und fanden, dass die mikrobiell und diätetisch regulierte Gallensäurehydrolyse die intestinale Motilität maßgeblich bestimmt [23].

Schließlich kann auch eine komplexe Interaktion zwischen Darmflora, ENS und Immunzellen gastrointestinale Motilität modulieren. Ein Subtyp von Macrophagen, Muscularis-Macrophagen, die im Bereich des Plexus myentericus und der interstitiellen Zellen von Cajal sitzen, vermittelt diese Regulation über die Sekretion des Neurotrophins *bone morphogenetic protein 2* (BMP2), das die Aktivität in enterischen Nervenzellen und folglich Kontraktionen der Darmmuskulatur moduliert [24]. Die kommensale Mikrobiota wiederum steuert die Synthese von BMP2 in Muscularis-Macrophagen [24].

17.3 Gastrointestinale Mikrobiota, das Hypothalamus-Hypophysen-Adrenocorticale (HPA)-System und Stress-Resilienz

Als HPA-System wird eine neuroendokrine Achse aus Hypothalamus, Hypophyse und Nebennierenrinde bezeichnet, die über komplexe Feedback-Schleifen die Sekretion von Steroidhormonen, Cortisol im Menschen und Corticosteron im Nager reguliert. Damit ist es das zentrale biologische System, das akute und chronische Stressantworten kontrolliert und viele Prozesse wie Verdauung, Metabolismus, Immunantwort und auch Emotionalität reguliert [25]. Störungen in der Regulation dieser neuroendokrinen Achse stellen wesentliche pathophysiologische Merkmale der Depression und der posttraumatischen Belastungsstörung dar [26, 27].

Stress bewirkt im Hypothalamus die Ausschüttung von *corticotropin-releasing factor* (CRF), was im Hypophysenvorderlappen die Sekretion des adrenocorticotropen Hormons (ACTH) stimuliert. ACTH gelangt über die systemische Zirkulation zur Nebennierenrinde und löst die Ausschüttung von Cortisol aus [25]. In einer der ersten Arbeiten zum Einfluss der intestinalen Mikrobiota auf das HPA-System konnten Nobuyuki Sudo und Kollegen feststellen, dass keimfreie Mäuse eine signifikant gesteigerte Aktivität dieser Achse mit überschießender Corticosteronsekretion nach akuter Stressexposition aufwiesen [28]. Eine Monoassoziation dieser Tiere mit *Bifidobacterium infantis* normalisierte die Hyperaktivität der HPA-Achse wieder [28]. Interessanterweise wurde die Normalisierung der gesteigerten HPA-Achsen-Aktivität nur erzielt, wenn die keimfreien Tiere in einem juvenilen Alter kolonisiert wurden und nicht im adulten Alter [28]. Dieser Befund deutet darauf hin, dass es ein kritisches Zeitfenster in der Entwicklung gibt, in welchem der Hypothalamus als primäres HPA-Achsen-Zentrum im Gehirn sensibel für Mikrobiota-Signale aus dem Gastrointestinaltrakt ist. Die Überaktivität des Stresshormonsystems wurde zuletzt auch in keimfreien Ratten beschrieben [29].

Aus zahlreichen tierexperimentellen und auch humanen Untersuchungen ist bekannt, dass das HPA-System vor allem in frühen Entwicklungsphasen gegenüber Umwelteinflüssen sehr empfindlich ist, sodass Stress in prä- und frühen postnatalen Phasen über epigenetische Programmierungen lang anhaltende Störungen in der neuroendokrinen Achse hervorrufen kann [30, 31]. Prä- oder frühe postnatale Stressepisoden führen in Tiermodellen nicht nur zu HPA-Achsen-Störungen, sondern auch zu Veränderungen der gastrointestinalen Mikrobiota im adulten Tier, wobei die gesteigerte HPA-Achsen-Reaktivität mit einer bestimmten Zusammensetzung der kommensalen Flora [32] oder einem Mangel an *Lactobacillus*-Stämmen [33] assoziiert war. Die Verabreichung von *Lactobacillus rhamnosus* und *helveticus* als Probiotika im postnatalen Stressmodell wiederum normalisierte die erhöhten Steroidhormonspiegel im Blut der Versuchstiere [33]. In einer klinischen Studie mit gesunden Probanden konnte ebenfalls nachgewiesen werden, dass probiotische Präparate mit *Lactobacillus helveticus* und *Bifidobacterium longum* die Cortisolspiegel (gemessen im 24-h-Urin) signifikant reduzieren können [34].

Die Wechselwirkung von Mikrobiota und Stresshormonsystem erfolgt jedoch nicht nur unidirektional. Es gibt mittlerweile gute Evidenz aus tierexperimentellen Untersuchungen, dass verschiedene Stressoren, psychisch, physisch oder umweltbedingt, die Komposition der gastrointestinalen Mikrobiota signifikant beeinflussen können [35].

Die komplexe Interaktion von mütterlichem Stress, Mikrobiom und Entwicklung zeigte in eindrucksvoller Weise die Arbeitsgruppe von Tracey L. Bale, die tierexperimentell beschrieb, dass mütterlicher Stress die Darmflora der Nachkommenschaft über vertikale Transmission der maternalen vaginalen Mikrobiota direkt beeinflussen kann [36]. Stressepisoden führten bei trächtigen Mäusen zu einem Verlust von vaginalem *Lactobacillus* als einem der Hauptbakterienstämme in der vaginalen Flora, was wiederum peripartal eine veränderte Kolonisierung des Gastrointestinaltraktes der Nachkommen mit u. a. Mangel an *Lactobacillus*-Stämmen nach sich zog. Interessanterweise war diese gastrointestinale Dysbiose in den Nachkommen mit postnatalen Veränderungen in verschiedenen metabolischen Parametern und auch in der Aminosäuren-Zusammensetzung im sich entwickelnden Gehirn signifikant assoziiert [36]. In einer klinischen Untersuchung wurde in ähnlicher Weise festgestellt, dass Stress in der Schwangerschaft (gemessen über erhöhte Cortisolspiegel) in den Säuglingen dieser Mütter ebenfalls zu einer mikrobiellen Dysbiose im Darm mit Mangel an Milchsäure-bildenden Bakterien und *Bifidobacterium*-Stämmen führt [37]. Diese gestörte mikrobielle Kolonisierung war mit erhöhtem Auftreten an gastrointestinalen Beschwerden und allergischen Reaktionen verbunden [37].

17.4 Interaktionen von intestinaler Mikrobiota und dem zentralen Nervensystem

Die faszinierenden Mechanismen der mikrobiellen Kontrolle von Metabolismus und Immunsystem haben eine moderne Renaissance der Biomedizin eingeleitet, die sich mittlerweile auch auf die Neurowissenschaften und psychiatrische Forschung ausgedehnt hat. Die spannendste Frage dabei ist, wie simple Mikroben im Gastrointestinaltrakt ein hochkomplexes Organ wie das Gehirn beeinflussen können. Die Erkenntnis, dass pathogene Erreger den Wirt und sein Verhalten steuern können, ist jedoch nicht neu und aus der Tierwelt bestens bekannt. Der Parasit *Toxoplasma gondii* kann beispielsweise die Furchtreaktionen von Mäusen so reduzieren, dass sie die Furcht vor Katzen verlieren und sich sogar von Katzengerüchen angezogen fühlen [38]. Ein weiteres Beispiel ist die Infektion mit dem Parasiten *Schistocephalus solidus*, der die Temperaturpräferenz von Fischen so ändert, dass die Fische wärmere Gewässer aufsuchen, in welchen der Parasit besser wächst [39].

Tierexperimentelle Studien in den letzten zehn Jahren brachten eine gut gesicherte Erkenntnis, dass neben Pathobionten auch die kommensale Mikrobiota neurophysiologische Vorgänge im Gehirn und Verhalten maßgeblich modulieren kann. Dabei wurden mit Hilfe von gnotobiotischen Transferexperimenten, Probiotika- oder Antibiotikagaben oder in keimfreien Mäusen diverse phänotypische Effekte auf Angstverhalten, Depressions-assoziiertes Verhalten, Sozialverhalten, Nociception, Lernen und Gedächtnis beschrieben, die mit neurochemischen und neuroplastischen Veränderungen im Gehirn assoziiert sind (siehe Tab. 17.1).

Die Einflüsse, die die Mikroflora des Gastrointestinaltraktes auf das Zentralnervensystem (ZNS) ausübt, werden in ihrer Gesamtheit unter dem Begriff der Mikrobiom-Darm-Gehirn-Achse zusammengefasst. Eine essentielle Frage in der Kommunikation

Tab. 17.1: Beispiele für Effekte des Mikrobioms auf Verhalten und Neurophysiologie.

Kategorie	Attribut	Effekte	Referenzen
Verhalten	Angstverhalten	Reduzierte Angst in GF-Mäusen	[40], [41], [42]
Verhalten	Angstverhalten	Modulation von Angstverhalten über Mikrobiomtransfer bei Inzuchtmäusen	[43]
Verhalten	Angstverhalten	Reduzierte Angst in Mäusen nach *L.-rhamnosus-* oder *B. longum*-Therapie	[44], [45]
Verhalten	Depressions-assoziiertes Verhalten	Verbessertes Stress-Coping in Mäusen nach *L.-rhamnosus*-Therapie	[44]
Verhalten	Depressions-assoziiertes Verhalten	Mikrobiotamodulationen über spezifische Diäten verändern Stress-Coping in Mäusen	[46]
Verhalten	Sozialverhalten	Reduzierte Sozialpräferenz in GF-Mäusen	[47]
Verhalten	Sozialverhalten	Normalisierung Sozialverhalten in MIA-Mäusen nach *Bacteroides-fragilis*-Gabe	[48]
Verhalten	Kognition	Vermindertes Arbeitsgedächtnis in GF-Mäusen	[49]
Verhalten	Kognition	Verminderte Objekt-Wiedererkennung nach Antibiotikagaben in Mäusen	[50]
Verhalten	Kognition	*B. longum* verstärkt räumliches Lernen in Mäusen	[51]
Verhalten	Nozizeption	Inflammatorische Hyperalgäsie reduziert in GF-Mäusen	[52]
Verhalten	Nozizeption	*L. acidophilus* reduziert Viszeralschmerz in Ratten; Antibiotika verstärken Viszeralschmerz	[53], [54]
Neurochemie	NA, DA, 5-HT	Erhöhter cerebraler Metabolismus in GF-Mäusen	[40], [41]
Neurochemie	5-HT-Rezeptoren	Reduzierte 5-HT-Rezeptorexpression in limbischen Hirnarealen in GF-Mäusen	[40], [42]
Neurochemie	Neurotrophin BDNF	BDNF-Expressionsänderung nach Antibiotikagabe im limbischen System; Modulation über Mikrobiomtransfer	[43], [50]
Neurochemie	GABA	Reduzierte Expression von GABA-Rezeptoren im limbischen Systen unter *L. rhamnosus*	[44]
Neurochemie	Synaptische Plastizität	VSL#3 verbessert hippocampales LTP bei gealterten Ratten	[55]

GF, keimfrei (*engl.* germfree); NA, Noradrenalin; DA, Dopamin, 5-HT, Serotonin; BDNF, *engl.* brain-derived neurotrophin; MIA, maternale Immunaktivierung (Autismus-Modell in Mäusen [48]); VSL#3, Probiotikamixtur.

von Mikrobiota und Gehirn liegt darin, ob die Mikrobiota direkt Botenstoffe aussendet, die im ZNS wirken, oder ob die Interaktion indirekt über Immunmechanismen, endokrine oder metabolische Signale erfolgt; möglicherweise liegt jedoch auch ein Puzzle von multiplen Signalkaskaden in der Mikrobiom-Darm-Gehirn-Achse vor.

Für einen direkten Einfluss bakterieller Metabolite auf das Emotionalverhalten sprechen Befunde von Elaine Y Hsiao, die in Mäusen unmittelbare Effekte des Metaboliten 4-Ethylphenylsulfat von *Bacteroides fragilis* auf Angstverhalten gefunden hat [48]. Eine wesentliche Rolle in der Mikrobiota-Gehirn-Kommunikation spielen auch kurzkettige Fettsäuren, die Produkte der bakteriellen Fermentation von komplexen Kohlehydraten im Darm sind. So konnte gefunden werden, dass eine orale Applikation von Propionat als einer der Hauptvertreter dieser Gruppe neuronale Aktivität im dorsalen Vaguskomplex des Hirnstamms von Labortieren induziert. Wurde jedoch die afferente Nervenleitung über N. vagus oder primär sensorische Neuronen aus dem Magendarmtrakt ins ZNS pharmakologisch blockiert, so war der zerebrale Propionateffekt nicht mehr nachweisbar [56]. Interessanterweise konnte kürzlich auch nachgewiesen werden, dass sich die Rezeptoren für kurzkettige Fettsäuren, hier GPR41 (G-protein-coupled receptor 41), in den Ganglien von N. vagus und primär sensorischen Nerven exprimiert sind [57], sodass eine direkte Stimulation von afferenten Nerven über diese luminalen bakteriellen Metabolite möglich ist. Eine experimentelle Prüfung dieser zentralen Hypothese steht jedoch gegenwärtig noch aus.

Eine zentrale Bedeutung in der sensorischen Nervenleitung von Gastrointestinaltrakt zum Gehirn hat der N. vagus. Es gibt nun auch gute wissenschaftliche Evidenz für eine entscheidende Rolle des Vagus in der Mikrobiota-ZNS-Kommunikation. In einer ex vivo elektrophysiologischen Studie konnte beispielsweise gezeigt werden, dass eine jejunale Perfusion mit dem Probiotikum *Lactobacillus rhamnosus* selektiv Nervenfasern des N. vagus erregt [58]. Umgekehrt führt eine experimentelle Vagotomie dazu, dass die Effekte von *L. rhamnosus* auf die GABA-Rezeptorexpression in limbischen Hirnarealen und die Probiotika-induzierte Reduktion des Angstverhaltens (siehe auch Tabelle 1) nicht mehr nachweisbar waren [44]. In ähnlicher Weise waren die anxioltyischen Effekte von *B. longum* im Tiermodell ebenfalls durch den N. vagus vermittelt [43].

Nicht nur Fettsäuren und periphere Nerven spielen eine wichtige Rolle in der Mikrobiom-Darm-Gehirn-Achse, auch die von kommensalen Bakterien synthetisierten Proteine können direkt auf das ZNS wirken. Die Arbeitsgruppe um Sergueï O. Fetissov demonstrierte beispielsweise im Tierexperiment, dass die caseinolytische Protease B (Clp B) über den Blutweg direkt die Aktivität von hypothalamischen Neuronen stimuliert und damit das postprandiale Sättigungsgefühl des Wirts moduliert [59].

Interaktionen von Mikrobiota und ZNS können aber auch indirekt über das Immunsytem stattfinden. Es gibt zunehmend Daten aus klinischen und präklinischen Untersuchungen, dass immunologische Prozesse neurodegenerative Erkrankung und neuropsychiatrische Störungen maßgeblich beeinflussen [60]. Eine wichtige Rolle spielen dabei Pathogen-assoziierte molekulare Muster (*engl.* microbial-associated molecular patterns [MAMPs]), u. a. Lipopolysaccharid (LPS), Flagellin und CpG DNA. Sie werden von Bakterien sezerniert und führen zur Aktivierung von Immunzellen, hauptsächlich Makrophagen, neutrophilen Granulozyten und dendritischen Immunzellen, die ihrerseits proinflammatorische Cytokine (IL-1ß, TNFα, IFNγ, IL-6 etc.) ausschütten. Diese Cytokine können die Bluthirnschranke per Transport oder passiver Diffusion überwinden und die Aktivität von Nervenzellen und damit letztlich Verhalten und Psyche beeinflussen [61].

17.5 Gastrointestinale Mikrobiota und neuropsychiatrische Erkrankungen

Wie in den vorangegangenen Kapiteln erläutert, kann die kommensale Mikroflora des Magendarmtraktes das Nervensystem über verschiedene Signalkaskaden beeinflussen. Abbildung 17.1 stellt diese Interaktionen in der Mikrobiom-Darm-Gehirn-Achse in einer schematischen Übersicht dar.

Aus klinischen Untersuchungen wurde zuletzt auch deutlich, dass die Mikrobiom-Darm-Gehirn-Achse ebenfalls eine wichtige Rolle in der Pathophysiologie von psychiatrischen Erkrankungen spielt.

Dies trifft in besonderer Weise für die Autismus-Spektrum-Störung als komplexe neuropsychiatrische Störung, v. a. der Wahrnehmungsverarbeitung, zu, die bereits als tiefgreifende Entwicklungsstörung im Kindesalter beginnt. Funktionelle gastrointestinale Symptome treten bei einer Vielzahl der erkrankten Kinder auf; zudem wurde in zahlreichen Untersuchungen eine Veränderung in der Zusammensetzung der intestinalen Mikrobiota beschrieben [62, 63]. Diese Dysbiose und damit verbunden veränderte bakterielle Fermentationsprozesse sind möglicherweise auch der Grund, weshalb in autistischen Kindern ein verändertes fäkales Profil an kurzkettigen Fettsäuren und erhöhte Ammoniakwerte gefunden wurden [64]. Tierexperimentell wiederum wurde der bakterielle Metabolit 4-Ethylphenlysulfat erfolgreich zur Therapie von Autismus-assoziierten Phänotypen eingesetzt [48]. In einer interventionellen klinischen Studie wurde schließlich von Richard H. Sandler und Kollegen der Effekt einer 8-wöchigen oralen Vancomycintherapie als nichtresorbierbares Antibiotikum gegen grampositive Bakterien bei Kleinkindern mit Autismus und gastrointestinalen Beschwerden untersucht [65]. Dabei zeigte sich eine signifikante Verbesserung der Kommunikations- und Verhaltensparameter der Kinder unter Therapie. Nach Absetzen von Vancomycin kam es jedoch bei fast allen Patienten wieder zu einem Rückfall der Symptome [65].

Aus tierexperimentellen Studien gibt es zahlreiche Hinweise für Mikrobiotaeffekte auf Depressions-assoziierte Endophänotypen. Klinisch konnte in zwei Studien ebenfalls eine signifikante Assoziation von mikrobiellen Darmfloraprofilen und depressiver Störung nachgewiesen werden [66, 67]. In Anlehnung an die Konzepte von Alan C. Logan und Martin A. Katzmann (siehe Kapitel 17.1) wurden in Hum-

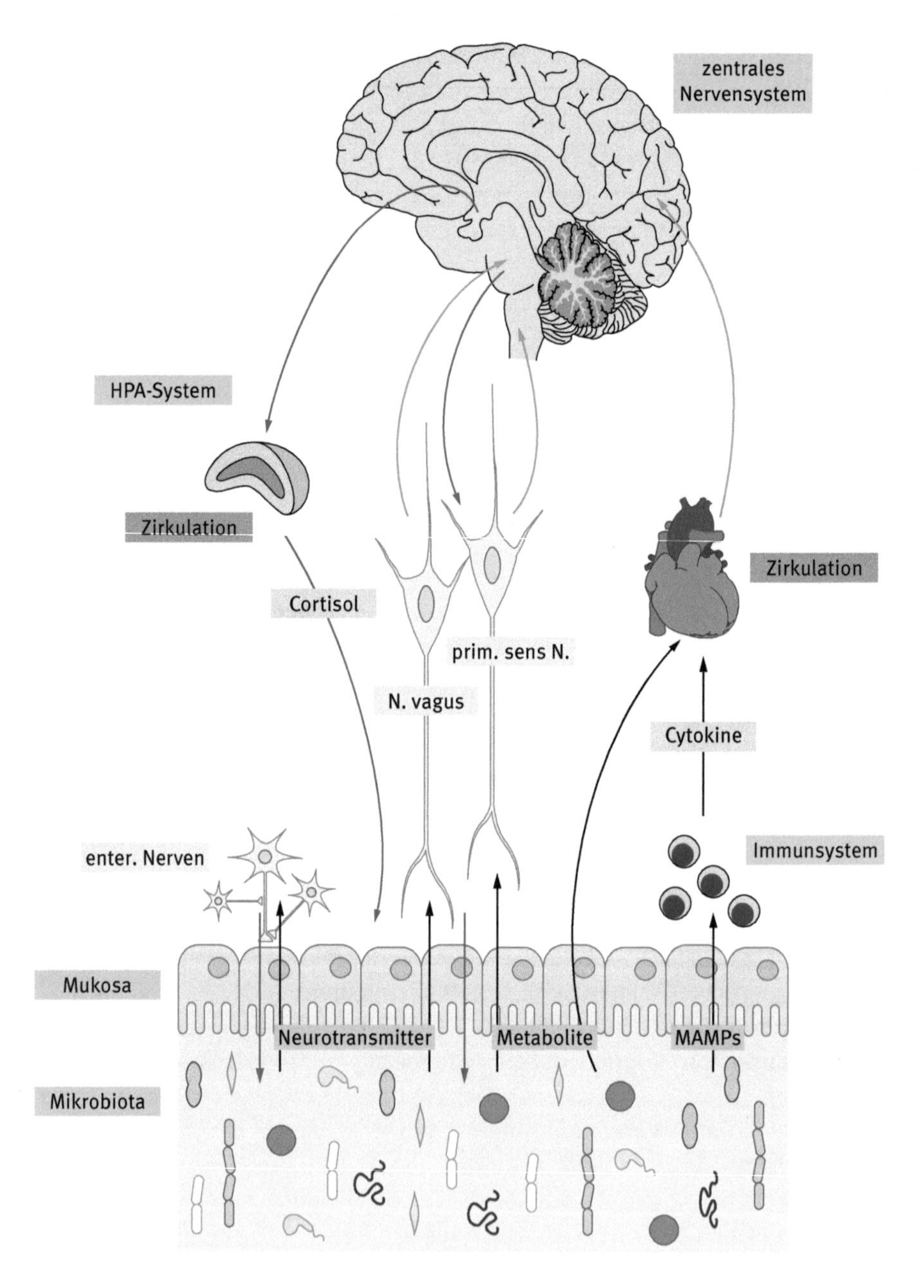

Abb. 17.1: Interaktionen in der Mikrobiom-Darm-Gehirn-Achse.

anstudien die Effekte von Probiotika auf Stimmung und Ängstlichkeit erhoben. Bei gesunden Probanden führte die Placebo-kontrollierte Einnahme von *L. helveticus* und *B. longum* zu einer signifikanten Reduktion von Distress gemessen über verbesserte Werte in psychometrischen Skalen für Angst, Depression und Somatisierung [34].

Patienten mit *chronic fatigue syndrome* profitierten ebenfalls durch eine 2-monatige Probiotikatherapie mit *Lactobacillus casei Shirota* über eine signifikante Reduktion von Angstsymptomen [68]. In einer ersten randomisierten, Placebo-kontrollierten Studie an Patienten mit depressiver Störung wurde ebenfalls eine signifikante Reduktion depressiver Symptome nach 8-wöchiger Behandlung mit einer Probiotikamixtur aus *Lactobacillus acidophilus*, *Lactobacillus casei* und *Bifidobacterium bifidum* festgestellt [69].

Vor dem Hintergrund der mikrobiellen Dysbiose bei neuropsychiatrischen Erkrankungen wie Autismus und Depression wurden auch experimentelle klinische Verfahren wie der fäkale Mikrobiota-Transfer durchgeführt und als Fallberichte veröffentlicht [70]. Dieses Verfahren muss jedoch seine klinische Effektivität und Sicherheit in der Anwendung bei neurologischen und psychiatrischen Erkrankungen durch kontrollierte Studien feststellen lassen. Nichtsdestotrotz deuten viele präklinische und klinische Studien den Weg für Mikrobiota-basierte Therapien – zumindest als additive Verfahren – bei der erfolgreichen Bewältigung von psychischen Krankheiten in der Zukunft.

17.6 Literatur

[1] Ferraro A, Kilman JE. Experimental toxic approach to mental illness. Psychiatric Q. 1933; 7: 115–153.

[2] Cryan JF, Dinan TG. Mind-altering microorganisms: the impact of the gut microbiota on brain and behaviour. Nat Rev Neurosci. 2012; 13: 701–712.

[3] Bested AC, Logan AC, Selhub EM. Intestinal microbiota, probiotics and mental health: from Metchnikoff to modern advances: Part I – autointoxication revisited. Gut Pathogens. 2013; 5: 5.

[4] Brower DR. Auto-intoxication in its relations to the diseases of the nervous system. JAMA. 1898; 30: 575–577.

[5] Kopeloff N, Kirby GH. The relation of focal infection to mental disease. Br J Psychiatry. 1929; 75: 267–270.

[6] Metchnikoff E, Williams HS. Why not live forever? Cosmopolitan, 1912; 53: 436–446.

[7] Logan AC, Katzman M. Major depressive disorder: probiotics may be an adjuvant therapy. Med Hypotheses. 2005; 64: 533–538.

[8] Tillisch K, Labus J, Kilpatrick L, Jiang Z, Stains J, Ebrat B, et al. Consumption of fermented milk product with probiotic modulates brain acitivity. Gastroenterology. 2013; 144: 1394–1401.

[9] Lyte M. The role of microbial endocrinology in infectious disease. J Endocrinol. 1993; 137: 343–345.

[10] Lyte M. Microbial endocrinology. Host-microbiota neuroendocrine interactions influencing brain and behavior. Gut Microbes. 2014; 5: 381–389.

[11] Bolognini D, Tobin AB, Milligan G, Moss CE. The pharmacology and function of receptors for short-chain fatty acids. Mol Pharmacol. 2016; 89: 388–398.

[12] Furness JB. The enteric nervous sytem and neurogastroenterology. Nat Rev Gastroenterol Hepatol. 2012; 9: 286–294.

[13] Abrams GD, Bishop JE. Effect of the normal microbial flora on gastrointestinal motility. Proc Soc Exp Biol Med. 1967; 126: 301–304.

[14] Luczynski P, McVey Neueld KA, Oriach CS, Clarke G, Dinan TG, Cryan JF. Growing up in a bubble: using germ-free animals to assess the influence of the gut microbiota on brain and behavior. Int J Neuropsychopharmacol. 2016; *in press*.
[15] Collins J, Borojevic R, Verdu EF, Huizinga JD, Ratcliffe EM. Intestinal microbiota influence the early postnatal development of the enteric nervous system. Neurogastroenterol Motil. 2014; 26: 98–107.
[16] McVey Neufeld KA, Perez-Burgos A, Mao YK, Bienenstock J, Kunze WA. The gut microbiome restores intrinsic and extrinsic nerve function in germ-free mice accompanied by changes in calbindin. Neurogastroenterol Motil. 2015; 27: 627–636.
[17] Kabouridis PS, Lasrado R, McCallum S, Chng SR, Snippert HJ, Clevers H, et al. Microbiota controls the homeostasis of glial cells in the gut lamina propria. Neuron. 2015; 85: 289–295.
[18] Asano Y, Hiramoto T, Nishino R, Aiba Y, Kimura T, Yoshihara K, et al. Critical role of gut microbiota in the production of biologically active, free catecholamines in the gut lumen of mice. Am J Physiol Gastrointestinal Liver Physiol. 2012; 303: G1288–1295.
[19] Mawe GM, Hoffmann JM. Serotonin signaling in the gut – functions, dysfunctions and therapeutic targets. Nat Rev Gastroenterol Hepatol. 2013; 10: 473–486.
[20] Wikoff WR, Anfora AT, Liu J, Schultz PG, Lesley SA, Peters EC, et al. Metabolomics analysis reveals large effects of gut microflora on mammalian blood metabolites. Proc Natl Acad Sci USA. 2009; 106: 3698–3703.
[21] Yano JM, Yu K, Donaldson GP, Shastri GG, Ann P, Ma L, et al. Indigenous bacteria from the gut microbiota regulate host serotonin biosynthesis. Cell. 2015; 161: 264–276.
[22] O'Mahony SM, Clarke G, Borre YE, Dinan TG, Cryan JF. Serotonin, tryptophan metabolism and the brain-gut-microbiome axis. Behav Brain Res. 2015; 277: 32–48.
[23] Dey N, Wagner VE, Blanton LV, Cheng J, Fontana L, Haque R, et al. Regulators of gut motility revealed by a gnotobiotic model of diet-microbiome interactions related to travel. Cell. 2015; 163: 95–107.
[24] Muller PA, Koscso B, Rajani GM, Stevanovic K, Berres ML, Hashimoto D, et al. Crosstalk between muscularis macrophages and enteric neurons regulates gastrointestinal motility. Cell. 2014; 158: 300–313.
[25] Holsboer F, Ising M. Stress hormone regulation: biological role and translation into therapy. Ann Rev Psychol. 2010; 61: 81–109.
[26] Pariante CM, Lightman SL. The HPA axis in major depression: classical theories and new developments. Trends Neurosci. 2008; 31: 464–468.
[27] Yehuda R. Post-traumatic stress disorder. N Engl J Med. 2002;10: 108–114.
[28] Sudo N, Chida Y, Aiba Y, Sonoda J, Oyama N, Yu XN, et al. Postnatal microbial colonization programs the hypothalamic-pituitary-adrenal system for stress response in mice. J Physiol. 2004; 558: 26–75.
[29] Crumeyrolle-Arias M, Jaglin M, Bruneau A, Vancassel S, Cardona A, Daugé V, et al. Absence of the gut microbiota enhances anxiety-like behavior and neuroendocrine response to acute stress in rats. Psychoneuroendocrinology. 2014; 42: 207–217.
[30] Weaver IC, Cervoni N, Champagne FA, D'Alessio AC, Sharma S, Seckl JR, et al. Epigenetic programming by maternal behavior. Nat Neurosci. 2004; 7: 847–854.
[31] Yehuda R, Daskalakis NP, Lehrner A, Desarnaud F, Bader HN, Makotkine I, et al. Influences of maternal and paternal PTSD on epigenetic regulation of the glucocorticoid receptor gene in Holocaust survivor offspring. Am J Psychiatry. 2014; 171: 872–880.
[32] Golubeva AV, Crampton S, Desbonnet L, Edge D, O'Sullivan O, Losmasney KW, et al. Prenatal stress-induced alterations in major physiological systems correlate with gut microbiota composition in adulthood. Psychoneuroendocrinology. 2015; 60: 58–74.

[33] Gareau MG, Jury J, MacQueen G, Sherman PM, Perdue M: Probiotic treatment of rat pups normalizes corticosterone release and ameliorates colonic dysfunction induced by maternal separation. Gut. 2007; 56: 1522–1528.
[34] Messaoudi M, Lalonde R, Violle N, Javelot H, Desor D, Nejdi A, et al. Assessment of psychotropic-like properties of a probiotic formulation (*Lactobacillus helveticus* R0052 and *Bifidobacterium longum* R0175) in rats and human subjects. Br J Nutr. 2011; 105: 755–764.
[35] Moloney RD, Johnson AC, O'Mahony SM, Dinan TG, Greenwood-Van Meerveld B, Cryan JF. Stress and the microbiota-gut-brain axis in visceral pain: relevance to irritable bowel syndrome. CNS Neurosci Ther. 2016; 22: 102–117.
[36] Jasarevic E, Howerton CL, Howard CD, Bale TL. Alterations in the vaginal microbiome by maternal stress are associated with metabolic reprogramming of the offspring gut and brain. Endocrinology. 2015; 156: 3265–3276.
[37] Zijlmans MA, Korpela K, Riksen-Walraven JM, de Vos WM, de Weerth C. Maternal prenatal stress is associated with the infant intestinal microbiota. Psychoneuroendocrinology. 2015; 53: 233–245.
[38] House PK, Vyas A, Sapolsky R. Predator cat odors activate sexual arousal pathways in brains of Toxoplasma gondii infected rats. PLoS One. 2011; 6,e23277.
[39] Barber I. Sticklebacks as model hosts in ecological and evolutionary parasitology. Trends Parasitol. 2013; 29: 556–566.
[40] Clarke G, Grenham S, Scully P, Fitzgerald P, Moloney RD, Shanahan F, et al. The microbiome-gut-brain axis during early life regulates the hippocampal serotonergic system in a sex-dependent manner. Mol Psychiatry. 2013; 18: 666–673.
[41] Diaz Heijtz R, Wang S, Anuar F, Qian Y, Björkholm B, Samuelsson A, et al. Normal gut microbiota modulates brain development and behavior. Proc Natl Acad Sci U S A. 2011; 108: 3047–3052.
[42] Neufeld KM, Kang N, Bienenstock J, Foster JA. Reduced anxiety-like behavior and central neurochemical change in germ-free mice. Neurogastroenterol Motil. 2011; 23: 255–264.
[43] Bercik P, Denou E, Collins J, Jackson W, Lu J, Jury J, et al. The intestinal microbiota affect central levels of brain-derived neurotropic factor and behavior in mice. Gastroenterology. 2011; 141: 599–609.
[44] Bravo JA, Forsythe P, Chew MV, Escaravage E, Savignac HM, Dinan TG, et al. Ingestion of *Lactobacillus* strain regulates emotional behavior and central GABA receptor expression in a mouse via the vagus nerve. Proc Natl Acad Sci U S A. 2011; 108: 16050–16055.
[45] Bercik P, Park AJ, Sinclair D, Khoshdel A, Lu J, Huang X, et al. The anxiolytic effect of *Bifidobacterium longum* NCC3001 involves vagal pathways for gut-brain communication. Neurogastroenterol Motil. 2011; 23: 1132–1139.
[46] Jørgensen BP, Hansen JT, Krych L, Larsen C, Klein AB, Nielsen DS, et al. A possible link between food and mood: dietary impact on gut microbiota and behavior in BALB/c mice. PLoS One. 2014; 9: e103398.
[47] Desbonnet L, Clarke G, Shanahan F, Dinan TG, Cryan JF. Microbiota is essential for social development in the mouse. Mol Psychiatry. 2014; 19: 146–148.
[48] Hsiao EY, McBride SW, Hsien S, Sharon G, Hyde ER, McCue T, et al. Microbiota modulate behavioral and physiological abnormalities associated with neurodevelopmental disorders. Cell. 2013; 155: 1451–1463.
[49] Gareau MG, Wine E, Rodrigues DM, Cho JH, Whary MT, Philpott DJ, et al. Bacterial infection causes stress-induced memory dysfunction in mice. Gut. 2011; 60: 307–317.
[50] Fröhlich EE, Farzi A, Mayerhofer R, Reichmann F, Jacan A, Wagner B, et al. Cognitive impairment by antibiotic-induced gut dysbiosis: analysis of gut microbiota-brain communication. Brain Behav Immun. 2016; in press.

[51] Savignac HM, Tramullas M, Kiely B, Dinan TG, Cryan JF. Bifidobacteria modulate cognitive processes in an anxious mouse strain. Behav Brain Res. 2015; 287: 59–72.
[52] Amaral FA, Sachs D, Costa VV, Fagundes CT, Cisalpino D, Cunha TM, et al. Commensal microbiota is fundamental for the development of inflammatory pain. Proc Natl Acad Sci U S A. 2012; 105: 2193–2197.
[53] Rousseaux C, Thuru X, Gelot A, Barnich N, Neut C, Dubuquoy L, et al. *Lactobacillus acidophilus* modulates intestinal pain and induces opioid and cannabinoid receptors. Nat Med. 2007; 13: 35–37.
[54] Verdu EF, Bercik P, Verma-Gandhu M, Huang XX, Blennerhassett P, Jackson W, et al. Specific probiotic therapy attenuates antibiotic induced visceral hypersensitivity in mice. Gut. 2006; 55: 182–190.
[55] Distrutti E, O'Reilly JA, McDonald C, Cipriani S, Renga B, Lynch MA, et al. Modulation of intestinal microbiota by the probiotic VSL#3 resets brain gene expression and ameliorates the age-related deficit in LTP. PLoS One. 2014; 9: e106503.
[56] De Vadder F, Kovatcheva-Datchary P, Goncalves D, Vinera J, Zitoun C, Duchampt A, et al. Microbiota-generated metabolites promote metabolic benefits via gut-brain neural circuits. Cell. 2014; 156: 84–96.
[57] Nøhr MK, Egerod KL, Christiansen SH, Gille A, Offermanns S, Schwartz TW, et al. Expression of the short chain fatty acid receptor GPR41/FFAR3 in autonomic and somatic sensory ganglia. Neuroscience. 2015; 290: 126–137.
[58] Perez-Burgos A, Wang B, Mao YK, Mistry B, McVey Neufeld KA, Bienenstock J, et al. Psychoactive bacteria *Lactobacillus rhamnosus* (JB-1) elicits rapid frequency facilitation in vagal afferents. Am J Physiol Gastrointest Liver Physiol. 2013; 304: G211–20.
[59] Breton J, Tennoune N, Lucas N, Francois M, Legrand R, Jacquemot J, et al. Gut commensal *E. coli* proteins activate host satiety pathways following nutrient-induced bacterial growth. Cell Metab. 2016; 23: 324–334.
[60] Sampson TR, Mazmanian SK. Control of brain development, function, and behavior by the microbiome. Cell Host Microbe. 2015; 17: 565–576.
[61] Dantzer R, Konsman JP, Bluthé RM, Kelley KW. Neural and humoral pathways of communication from the immune system to the brain: parallel or convergent? Auton Neurosci. 2000; 85: 60–65.
[62] Son JS, Zheng LJ, Rowehl LM, Tian X, Zhang Y, Zhu W, et al. Comparison of fecal microbiota in children with autism spectrum disorders and neurotypical siblings in the Simons Simplex Collection. PLoS One. 2015; 10: e0137725.
[63] De Angelis M, Piccolo M, Vannini L, Siragusa S, De Giacomo A, Serrazzanetti DI, et al. Fecal microbiota and metabolome of children with autism and pervasive developmental disorder not otherwise specified. PLoS One. 2013; 8: e76993.
[64] Wang L, Christophersen CT, Sorich MJ, Gerber JP, Angley MT, Conlon MA. Elevated fecal short chain fatty acid and ammonia concentrations in children with autism spectrum disorder. Dig Dis Sci. 2012; 57: 2096–2102.
[65] Sandler RH, Finegold SM, Bolte ER, Buchanan CP, Maxwell AP, Valsänen ML, et al. Short-term benefit from oral vancomycin treatment of regressive-onset autism. J Child Neurol. 2000; 15: 429–435.
[66] Naseribafrouei A, Hestad K, Avershina E, Sekelja M, Linløkken A, Wilson R, et al. Correlation between the human fecal microbiota and depression. Neurogastroenterol Motil. 2014; 26: 1155–1162.
[67] Jiang H, Ling Z, Zhang Y, Mao H, Ma Z, Yin Y, et al. Altered fecal microbiota composition in patients with major depressive disorder. Brain Behav Immun. 2015; 48: 186–194.

[68] Rao AV, Bested AC, Beaulne TM, Katzman MA, Iorio C, Berardi JM, et al. A randomized, double-blind, placebo-controlled pilot study of a probiotic in emotional symptoms of chronic fatigue syndrome. Gut Pathog. 2009; 1: 6.
[69] Akkasheh G, Kashani-Poor Z, Tajabadi-Ebrahimi M, Jafari P, Akbari H, Taghizadeh M, et al. Clinical and metabolic response to probiotic administration in patients with major depressive disorder: A randomized, double-blind, placebo-controlled trial. Nutrition. 2016; 32: 315–320.
[70] Collins SM, Kassam Z, Bercik P. The adoptive transfer of behavioral phenotype via the intestinal microbiota: experimental evidence and clinical implications. Curr Opin Microbiol. 2013; 16: 240–245.

Hortense Slevogt

18 Das Lungenmikrobiom bei chronisch-entzündlichen Lungenerkrankungen und bei kritisch kranken Patienten

18.1 Das Lungenmikrobiom ist eine Komponente der gesunden Lungenphysiologie

Es wurde lange angenommen, dass die Atemwege distal des Larynx aufgrund der verschiedenen Schutzfunktionen in den Atemwegen steril sind [1]. Dieses Konzept beruhte auf der Identifikation von Mikroorganismen mit Hilfe standardisierter Kultivierungstechniken von Bakterien. Die meisten in der Lunge vorkommenden Mikroorganismen sind anhand dieser Techniken jedoch schwer oder nichtkultivierbar und damit nicht nachweisbar. Durch Ergebnisse neuerer Studien, in denen die nichtkulturabhängigen Methoden des *next generation sequencing* zur Anwendung kamen, gilt es nun als erwiesen, dass auch die unteren Atemwege des Gesunden mit Mikrobiota, d. h. mit Bakterien, Archaea, Pilzen, Protozoen und Viren, besiedelt sind [2]. Das Lungenmikrobiom bezeichnet die Gesamtheit aller bakteriellen DNS, die in der Lunge nachweisbar ist. Es wird in den meisten Studien aus Bronchiallavage Flüssigkeit (BALF) oder von Material, welches während der Bronchoskopie mittels geschützter Bürste (protected specimen brush, PSB) aus den Bronchien entnommen wurde, untersucht [3–7]. Obwohl die Menge der so identifizierten Bakterien in der Lunge im Vergleich zum Gastrointestinaltrakt gering ist, wurden im Rahmen des humanen Mikrobiom-Projekts in der Lunge gesunder Menschen über verschiedene 100 Bakterienarten entdeckt. Die mit der größten Häufigkeit nachgewiesenen Phylae des Lungenmikrobioms sind *Firmicutes, Bacteroidetes* und zu einem geringeren Anteil *Proteobacteria* [8]. Als Typusgattungen sind *Prevotella, Streptococcus* and *Veillonella* sowie *Haemophilus spp.* am häufigsten nachweisbar [3, 9, 10]. Es wird mittlerweile wissenschaftlich akzeptiert, dass in der Lunge von gesunden Menschen ein definiertes, interindividuell vergleichbares Mikrobiom vorhanden ist [11].

18.2 Faktoren, die die Zusammensetzung des Lungenmikrobioms bedingen

Die Zusammensetzung des Lungenmikrobioms ist von einem Gleichgewicht dreier ökologischer Faktoren abhängig: dem Ausmaß, mit welchem Mikroorganismen in die Lunge gelangen können, mit welchem sie aus der Lunge eliminiert werden und inwieweit sie sich in der Lunge replizieren können (siehe auch Abb. 18.1) [12]. Dabei gelangt die Mikrobiota der Lunge durch Mikroaspiration aus dem Oropharynx sowie aus dem

DOI 10.1515/9783110454352-018

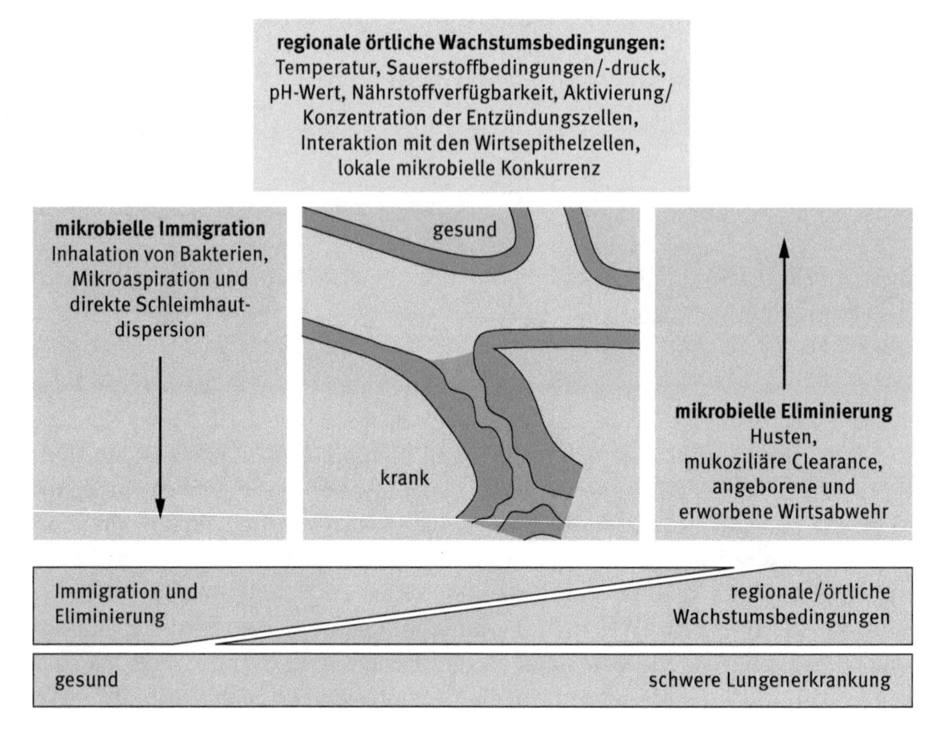

Abb. 18.1: Faktoren, die das Lungenmikrobiom bedingen.

Gastrointestinaltrakt, insbesondere aus dem Magen, in die Lunge [13]. Ein weiteres Eindringen von Bakterien in die unteren Atemwege geschieht durch das Einatmen von Luft, welche 10^4–10^6 bakterielle Zellen pro Kubikmeter enthält [14].

Ein wichtiger Mechanismus für die Eliminierung von in den unteren Respirationstrakt eingedrungenen Mikroorganismen ist die mukoziliäre Clearance. Dabei handelt es sich um ein effektives Zusammenspiel zwischen Zilien tragenden Atemwegsepithelien und einem Muzin-reichen Schleimfilm, der von den sekretorischen Atemwegsepithelien gebildet wird und die Oberfläche des Atemwegsepithels bedeckt. Beide mosaikartig zueinander angeordneten Zellarten kleiden die Trachea und die Bronchien aus [15]. Die Zilien des Flimmerepithels befördern den sezernierten Schleim, sodass ein kontinuierlicher, oralwärts gerichteter Schleimstrom entsteht, der eingedrungene Partikel und Mikroorganismen zum Rachen befördert, wo sie verschluckt werden können. Für die Funktionsfähigkeit dieses Mechanismus sind die Konsistenz und die Menge des produzierten Schleimes sowie dessen pH-Wert und Salzgehalt von großer Bedeutung. Neben Schleim produzieren die sekretorischen Atemwegsepithelien konstitutiv oder induzierbar eine Reihe antimikrobieller Moleküle (z. B. Defensine, Lysozyme und IgA) und immunomodulatorischer Moleküle (z. B. Sekretoglobine und Zytokine), mit denen die Zusammensetzung des Schleimes moduliert werden kann. Dieses wirkt sich auf die Zusammensetzung der Mikrobiota in den unteren Atemwegen aus und ist in seiner Regulation noch wenig untersucht. Husten stellt einen weiteren unterstützenden Reinigungsmechanismus der Atemwege dar, insbesondere dann, wenn die mukoziliäre Clearance nicht ausreicht oder beeinträchtigt ist. Die Alveolen sind nicht mit der mukoziliären Clearance verbunden. Sie werden durch die Benetzung mit bakteriozid wirkendem Surfactant, der von Pneumozyten Typ II gebildet wird, vor eindringenden Bakterien geschützt [16, 17]. Weitere wichtige Faktoren sind das angeborene und erworbene Immunsystem der Lunge, welche im Zusammenspiel Bakterien detektieren und über verschiedene Mechanismen eliminieren kann [18]. Es ist davon auszugehen, dass es sich bei den meisten in der gesunden Lunge nachweisbaren Bakterien um eine transiente Besiedelung handelt, bei welcher sich Immigration und Eliminierung von Mikroorganismen die Waage halten [12].

Die Bestandteile eines Lungenmikrobioms werden von drei Faktoren bestimmt: der mikrobiellen Immigration, der mikrobiellen Eliminierung und der relativen Reproduktionsrate der eingedrungenen Bakterien. Jede Veränderung, die während der Erkrankung auftritt, kann auf das Zusammenspiel dieser drei Faktoren zurückgeführt werden. Bei gesunden Menschen wird das Lungenmikrobiom hauptsächlich durch ein Gleichgewicht zwischen Immigration und Eliminierung von Bakterien bestimmt. In fortgeschrittenen Stadien von entzündlichen Lungenkrankheiten wird das Lungenmikrobiom in erster Linie durch die regionalen Wachstumsbedingungen für die in die Lunge eingedrungenen Bakterien bestimmt.

18.3 Veränderungen des Lungenmikrobioms bei chronisch-entzündlichen Lungenerkrankungen

Im Rahmen chronischer Lungenerkrankungen kommt es zu Änderungen der Mikroanatomie, Zellbiologie und der Immunabwehr in der Lunge. Dieses hat Veränderungen der Populationsdynamiken der besiedelnden Bakterien zur Folge und wirkt sich auf die Balance zwischen Immigration und Elimination der Bakterien aus. Viele chronische Lungenerkrankungen, insbesondere das Asthma bronchiale, die zystische Fibrose und die chronisch obstruktive Lungenerkrankung (COPD), gehen mit Störungen der mukoziliären Clearance einher. Dieses führt zu einer Verminderung der Eliminierung der Bakterien aus den unteren Atemwegen. Darüber hinaus ändern sich dort auch die Wachstumsbedingungen für Bakterien. Einen wichtigen Faktor spielt dabei die vermehrte Produktion von Glykoprotein-reichem zähem Schleim, sodass auch von verbesserten Bedingungen für eine vermehrte stationäre bakterielle Besiedelung in der Lunge ausgegangen werden kann. In verschiedenen Studien konnte gezeigt werden, dass Patienten mit chronisch-entzündlichen Lungenerkrankungen Veränderungen des Lungenmikrobioms aufweisen.

Für Patienten mit Asthma bronchiale konnte gezeigt werden, dass eine Assoziation zu einer veränderten Zusammensetzung der Lungenmikrobiota in der Kindheit nachweisbar ist. Zudem konnte ein Zusammenhang zwischen dem klinischen Verlauf der Erkrankung und der Zusammensetzung der Mikrobiota mit einer Vermehrung der Proteobacteria in den Atemwegen dieser Patienten nachgewiesen werden [19, 20]. Auch korrelieren Veränderungen des Lungenmikrobioms bei Patienten mit Asthma bronchiale mit dem Therapieansprechen auf Kortikosteroide und Makrolid-Antibiotika [12]. Bei der COPD sind Veränderungen der Mikrobiota insbesondere bei den Patienten in schweren Stadien der Erkrankung zu beobachten. Auch hier ist eine Zunahme des Anteils der Proteobacteria messbar, zu denen ebenso *Haemophilus* und *Moraxella spp.* gehören [21]. Darüber hinaus konnte die Schwere der COPD mit einer verminderten Diversität des Lungenmikrobioms assoziiert werden [22]. Für Patienten mit zystischer Fibrose wurde anhand kulturunabhängiger Untersuchungen gezeigt, dass in frühen Stadien der Erkrankung ein reichhaltiges Lungenmikrobiom mit großer Diversität nachweisbar ist. Im späteren Verlauf kommt es zu einer deutlichen Abnahme der Diversität, die mit dem gleichzeitigen prädominanten Auftreten von einzelnen Pathogenen, insbesondere von *Pseudomonas aeroginosae* oder *Burgholderia cepacia*, assoziiert ist [23–26].

18.4 Veränderungen des Lungenmikrobioms beim kritisch kranken Patienten

Verschiedene schwere akute Erkrankungen – wie etwa Pneumonie, Aspiration, Sepsis, nekrotisierende Pankreatitis oder Polytrauma – können zu einem schweren akuten Lungenversagen führen. Bei doppelseitiger Schädigung der Lunge wird ein akutes Lungenversagen als „acute respiratory distress syndrome" (ARDS) bezeichnet. Das ARDS gehört trotz aller Fortschritte der Intensivmedizin zu den Erkrankungen mit der höchsten Mortalität, welche auch heute noch mit 40–70 % beschrieben wird. Das ARDS wird durch eine schwere diffuse Schädigung des Lungenparenchyms verursacht. Weitere Komponenten sind Perfusions-, Gerinnungs-, Permeabilitätsstörungen der Alveolarwände, Lungenödem, Abbau von Surfactant und bindegewebiger Umbau von Lungengewebe [27]. Daher sind bei dieser Erkrankung auch viele Aspekte der Lungenphysiologie betroffen, die das Gleichgewicht zwischen bakterieller Immigration und Elimination von Bakterien in den Atemwegen verändern. Zum einen haben die Bewusstseinseinschränkung, bedingt durch die Schwere der Erkrankung oder/und durch sedierende Medikamente, sowie eine endotracheale Intubation bei diesen Patienten Störungen der Elimination von Bakterien aus der Lunge zur Folge. Zusätzlich kommt es zu einer sedierungsbedingten Verminderung des Hustenreflexes. Die endotracheale Intubation beeinträchtigt insbesondere die mukoziliäre Clearance. Eine verminderte Produktion von Surfactant führt zu einer Vermehrung von Mikrobiota in den Alveolen [28, 29]. Darüber hinaus kommt es außerdem zu veränderten Wachstumsbedingungen durch den Einstrom von für viele Bakterien nährstoffreicher Ödemflüssigkeit [30]. Einige Signalmoleküle, die im Rahmen der Stressantwort in der

Lunge freigesetzt werden, haben auch verbesserte Wachstumsbedingungen für Bakterien zur Folge. Dieses konnte für die Sepsis-relevanten Pathogene *P. aeroginosa* [31], *S. pneumoniae*, *S. aureus* und *Klebsiella pneumoniae* gezeigt werden [32]. Insgesamt verursachen diese geänderten pathophysiologischen Bedingungen in der Lunge einen Selektionsdruck auf bestimmte Bakterien, was eine Abnahme der Diversität des Lungenmikrobioms bei dem gleichzeitigen Nachweis einzelner Bakterienspezies wie z. B. *Enterococcus faecalis* zur Folge hat [33]. Diese Beobachtung konnte z. B. in einem Mausmodell für ARDS bestätigt werden. In dieser Studie wurde gezeigt, das ARDS zu einer Vermehrung der Bakterienlast in der Lunge führt, was auf eine vermehrte Reproduktion der Bakterien in den Lungen schließen ließ. Außerdem kam es zu einer Veränderung der Zusammensetzung der Mikrobiota in den Lungen der erkrankten Tiere. Wenn die so veränderte Mikrobiota in die Lungen von gesunden Mäusen inokuliert wurde, kam es zu einer gesteigerten entzündlichen pulmonalen Reaktion bei den sonst gesunden Tieren. [34]. Allerdings stehen Ergebnisse größerer Studien, die die Veränderungen des Mikrobioms im Rahmen des ARDS beim Menschen und dessen Auswirkungen auf den Verlauf der Erkrankung untersuchen, derzeit noch aus [35]. Es gibt aber entscheidende Hinweise dafür, dass das Ökosystem der Mikrobiota in der Lunge alle Eigenschaften eines komplexen adaptiven Systems zeigt [36], das sich an geänderte Bedingungen in der Lunge anpassen kann [37]. Weitere Forschungsarbeiten, die zu einem besseren Verständnis der Rolle der Mikrobiota für die Pathogenese des ARDS beitragen, bergen das Potenzial, die Pathogenese dieses schweren Krankheitsbildes besser zu verstehen und neue therapeutische Strategien zu erschließen.

18.5 Zusammenfassung und Ausblick

Die Atemwege werden über verschiedene Mechanismen vor dem Eindringen von Bakterien in die Lunge geschützt. Beim Lungengesunden halten sich die Mechanismen, durch die Bakterien in die Lunge gelangen, mit denen, mit Hilfe derer sie aus dieser eliminiert werden können, in einer Balance. Bei Erkrankungen der Lunge, die mit veränderten oder geschädigten Eliminations- bzw. Abwehrmechanismen der Lunge einhergehen, kommt es zu Veränderungen dieses Gleichgewichtes und damit zu einer Zunahme der in der Lunge nachweisbaren Mikroorganismen. Aufgrund eines geänderten Selektionsdrucks durch das veränderte Milieu in den tiefen Atemwegen und der Lunge findet außerdem eine Änderung der Zusammensetzung der Bakterien statt, was oft eine verminderte Diversität zur Folge hat. Diese Veränderungen sind mit der Pathogenese und Schwere von chronisch-entzündlichen Erkrankungen der Atemwege assoziiert. Auch für das ARDS als schweres Krankheitsbild der pulmonalen Insuffizienz kann davon ausgegangen werden, dass es zu Störungen des Gleichgewichtes zwischen bakterieller Immigration und Elimination in der Lunge kommt. Hier gilt es, die Ergebnisse derzeit laufender größerer Studien abzuwarten. Insgesamt aber lassen die bisherigen Erkenntnisse den Schluss zu, dass, einhergehend mit einem besseren Verständnis der Wechselwirkungen zwischen Lungenmikrobiom und Wirtsantwort, neue Therapiestrategien entwickelt werden könnten, um die chronisch-entzündlichen sowie die akuten pulmonalen Krankheitsbilder durch Modulation der Mikrobiota in ihrem Verlauf positiv zu beeinflussen.

18.6 Literatur

[1] Monsó E, Ruiz J, Rosell A, Manterola J, Fiz J, Morera J, et al. Bacterial infection in chronic obstructive pulmonary disease. A study of stable and exacerbated outpatients using the protected specimen brush. American Journal of Respiratory and Critical Care Medicine. 1995; 152: 1316–1320.

[2] Dickson RP, Erb-Downward JR, Huffnagle GB. Homeostasis and its disruption in the lung microbiome. American journal of physiology Lung cellular and molecular physiology. 2015; 309: L1047–1055.

[3] Hilty M, Burke C, Pedro H, Cardenas P, Bush A, Bossley C, et al. Disordered microbial communities in asthmatic airways. PLoS One. 2010; 5: e8578.

[4] Morris A, Beck JM, Schloss PD, Campbell TB, Crothers K, Curtis JL, et al. Comparison of the respiratory microbiome in healthy nonsmokers and smokers. Am J Respir Crit Care Med. 2013; 187: 1067–1075.

[5] Segal LN, Alekseyenko AV, Clemente JC, Kulkarni R, Wu B, Gao Z, et al. Enrichment of lung microbiome with supraglottic taxa is associated with increased pulmonary inflammation. Microbiome. 2013; 1: 19.

[6] Segal LN, Rom WN, Weiden MD. Lung microbiome for clinicians. New discoveries about bugs in healthy and diseased lungs. Annals of the American Thoracic Society. 2014; 11: 108–116.

[7] Twigg HL, 3rd, Morris A, Ghedin E, Curtis JL, Huffnagle GB, Crothers K, et al. Use of bronchoalveolar lavage to assess the respiratory microbiome: signal in the noise. The Lancet Respiratory medicine. 2013; 1: 354–356.

[8] Park H, Shin JW, Park SG, Kim W. Microbial communities in the upper respiratory tract of patients with asthma and chronic obstructive pulmonary disease. PLoS One. 2014; 9: e109710.

[9] Charlson ES, Chen J, Custers-Allen R, Bittinger K, Li H, Sinha R. Disordered microbial communities in the upper respiratory tract of cigarette smokers. PLoS One. 2010; 5.

[10] Erb-Downward JR, Thompson DL, Han MK, Freeman CM, McCloskey L, Schmidt LA, et al. Analysis of the lung microbiome in the „healthy“ smoker and in COPD. PLoS One. 2011; 6: e16384.

[11] Dickson RP, Erb-Downward JR, Freeman CM, McCloskey L, Beck JM, Huffnagle GB, et al. Spatial Variation in the Healthy Human Lung Microbiome and the Adapted Island Model of Lung Biogeography. Annals of the American Thoracic Society. 2015; 12: 821–830.

[12] Dickson RP, Erb-Downward JR, Martinez FJ, Huffnagle GB. The Microbiome and the Respiratory Tract. Annual review of physiology. 2016; 78: 481–504.

[13] Gleeson K, Eggli DF, Maxwell SL. Quantitative aspiration during sleep in normal subjects. Chest. 1997; 111: 1266–1272.

[14] Bowers RM, Sullivan AP, Costello EK, Collett JL, Jr., Knight R, Fierer N. Sources of bacteria in outdoor air across cities in the midwestern USA. Applied and environmental microbiology. 2011; 77: 6350–6356.

[15] Fahy JV, Dickey BF. Airway mucus function and dysfunction. N Engl J Med. 2010; 363: 2233–2247.

[16] Hamouda T, Baker JR, Jr. Antimicrobial mechanism of action of surfactant lipid preparations in enteric Gram-negative bacilli. Journal of applied microbiology. 2000; 89: 397–403.

[17] Hamouda T, Myc A, Donovan B, Shih AY, Reuter JD, Baker JR, Jr. A novel surfactant nanoemulsion with a unique non-irritant topical antimicrobial activity against bacteria, enveloped viruses and fungi. Microbiological research. 2001; 156: 1–7.
[18] Mizgerd JP. Acute lower respiratory tract infection. N Engl J Med. 2008; 358: 716–727.
[19] Trompette A, Gollwitzer ES, Yadava K, Sichelstiel AK, Sprenger N, Ngom-Bru C, et al. Gut microbiota metabolism of dietary fiber influences allergic airway disease and hematopoiesis. Nature medicine. 2014; 20: 159–166.
[20] Yadava K, Pattaroni C, Sichelstiel AK, Trompette A, Gollwitzer ES, Salami O, et al. Microbiota Promotes Chronic Pulmonary Inflammation by Enhancing IL-17A and Autoantibodies. Am J Respir Crit Care Med. 2015.
[21] Dy R, Sethi S. The lung microbiome and exacerbations of COPD. Current opinion in pulmonary medicine. 2016; 22: 196–202.
[22] Garcia-Nunez M, Millares L, Pomares X, Ferrari R, Perez-Brocal V, Gallego M, et al. Severity-related changes of bronchial microbiome in chronic obstructive pulmonary disease. J Clin Microbiol. 2014; 52: 4217–4223.
[23] Fodor AA, Klem ER, Gilpin DF, Elborn JS, Boucher RC, Tunney MM, et al. The adult cystic fibrosis airway microbiota is stable over time and infection type, and highly resilient to antibiotic treatment of exacerbations. PLoS One. 2012; 7: e45001.
[24] Guss AM, Roeselers G, Newton IL, Young CR, Klepac-Ceraj V, Lory S, et al. Phylogenetic and metabolic diversity of bacteria associated with cystic fibrosis. ISME J. 2011; 5: 20–29.
[25] Tunney MM, Klem ER, Fodor AA, Gilpin DF, Moriarty TF, McGrath SJ, et al. Use of culture and molecular analysis to determine the effect of antibiotic treatment on microbial community diversity and abundance during exacerbation in patients with cystic fibrosis. Thorax. 2011; 66: 579–584.
[26] Stokell JR, Gharaibeh RZ, Hamp TJ, Zapata MJ, Fodor AA, Steck TR. Analysis of changes in diversity and abundance of the microbial community in a cystic fibrosis patient over a multiyear period. J Clin Microbiol. 2015; 53: 237–247.
[27] Force ADT, Ranieri VM, Rubenfeld GD, Thompson BT, Ferguson ND, Caldwell E, et al. Acute respiratory distress syndrome: the Berlin Definition. JAMA. 2012; 307: 2526–2533.
[28] Gunther A, Siebert C, Schmidt R, Ziegler S, Grimminger F, Yabut M, et al. Surfactant alterations in severe pneumonia, acute respiratory distress syndrome, and cardiogenic lung edema. Am J Respir Crit Care Med. 1996; 153: 176–184.
[29] Wu H, Kuzmenko A, Wan S, Schaffer L, Weiss A, Fisher JH, et al. Surfactant proteins A and D inhibit the growth of Gram-negative bacteria by increasing membrane permeability. The Journal of clinical investigation. 2003; 111: 1589–1602.
[30] Dickson RP, Erb-Downward JR, Huffnagle GB. Towards an ecology of the lung: new conceptual models of pulmonary microbiology and pneumonia pathogenesis. The Lancet Respiratory medicine. 2014; 2: 238–246.
[31] Freestone PP, Hirst RA, Sandrini SM, Sharaff F, Fry H, Hyman S, et al Pseudomonas aeruginosa-catecholamine inotrope interactions: a contributory factor in the development of ventilator-associated pneumonia? Chest. 2012; 142: 1200–1210.
[32] Belay T, Aviles H, Vance M, Fountain K, Sonnenfeld G. Catecholamines and in vitro growth of pathogenic bacteria: enhancement of growth varies greatly among bacterial species. Life sciences. 2003; 73: 1527–1535.
[33] Kelly BJ, Imai I, Bittinger K, Laughlin A, Fuchs BD, Bushman FD, et al. Composition and dynamics of the respiratory tract microbiome in intubated patients. Microbiome. 2016; 4: 7.
[34] Poroyko V, Meng F, Meliton A, Afonyushkin T, Ulanov A, Semenyuk E, et al. Alterations of lung microbiota in a mouse model of LPS-induced lung injury. American journal of physiology Lung cellular and molecular physiology. 2015; 309: L76–83.

[35] Lazarevic V, Gaia N, Emonet S, Girard M, Renzi G, Despres L, et al. Challenges in the culture-independent analysis of oral and respiratory samples from intubated patients. Frontiers in cellular and infection microbiology. 2014; 4: 65.
[36] Dickson RP. The microbiome and critical illness. The Lancet Respiratory medicine. 2016; 4: 59–72.
[37] Doebeli M, Ispolatov I. Complexity and diversity. Science. 2010; 328: 494–497.

Harald Matthes

19 Prä- und Probiotika

Der Begriff **Probiotikum** (griech. pro bios = für das Leben) wurde von Lilley und Stilwell 1965 in die wissenschaftliche Literatur eingebracht [1]. In Abgrenzung zum Begriff des Antibiotikums bezeichneten sie damit Substanzen des Ciliaten *Colpidium campylum*, die das Wachstum anderer Protozoen förderten. Eine weitere Spezifizierung erfolgte durch Havenaar et al. 1992, der die Probiotikadefinition wie folgt erweiterte: „Eine lebende Mono- oder Mischkultur von Mikroorganismen, die an Mensch und Tier verabreicht wird und die eine vorteilhafte Wirkung auf den Wirt hat, indem sie das Vermögen der eigenen Mikroflora verbessert" [2]. Die WHO-Definition lautet: „Probiotika sind lebende Mikroorganismen, die dem Wirt einen gesundheitlichen Vorteil bringen, wenn sie in ausreichender Menge aufgenommen werden". Die Europäische Union führt die Probiotika unter dem Terminus: ecological health control product (EHCP).

Im Gegensatz zu den USA, wo die Probiotika nicht als Arzneimittel gelten und somit nicht durch die Food and Drug Administration (FDA) reguliert werden, sondern durch die Food and Agriculture Organization (FAO) als „live organisms which, when administered in adequate amounts, confer a health benefit on the host" definiert werden, sind die Probiotika in Deutschland als Arzneimittel definiert und durch das Bundesinstitut für Arzneimittel und Medizinprodukte (BfArM) reguliert. Anders als die Probiotika, die als Nahrungsergänzungsmittel vertrieben werden, müssen die probiotischen Arzneimittel eine Reihe von Auflagen erfüllen. Wie für alle Arzneimittel sind auch für die probiotischen Arzneimittel Wirksamkeitsnachweise durch Studien gefordert. Hinsichtlich der Sicherheit bei der Anwendung lebender Organismen zur Therapie am Menschen muss ein Stammpass vorliegen, der die Stabilität des Mikroorganismus und die Abgrenzung gegenüber anderen Stämmen nachweist [3, 4]. Ferner müssen Enteroinvasivität, Toxin- oder Hämolysinbildung, pathogene Adhäsionsmerkmale sowie ein Plasmidtransfer und Mutationen unter Einfluss des Selektionsdruckes der menschlichen Mikrobiota ausgeschlossen sein [3]. Die Menge der Mikroorganismen in einem probiotischen Arzneimittel muss bis zum Haltbarkeitsablauf stabil bzw. die Mindestmange von 10^8 Mikroorganismen aufweisen.

Im Gegensatz zu den Probiotika stellen die **Präbiotika** keine lebenden Mikroorganismen dar, sondern sind unverdauliche Oligosaccharide, wie Fruktose-Oligosaccharide oder transgalaktosylierte Oligosaccharide, die nicht durch körpereigene Enzyme des Wirtes verdaut werden können und als Substrat für die erwünschten darmeigenen Bakterien dienen, die sich so zu Lasten pathogener Mikroorganismen vermehren können [5, 6].

Symbiotika stellen eine Kombination aus Probiotika und Präbiotika dar. Meist bestehen die Symbiotika aus einem oder mehreren Mikroorganismusstämmen mit den für sie zu verwertenden Substraten. Diese beigefügten Substrate schützen die Mikro-

DOI 10.1515/9783110454352-019

organismen auch bei der Magen-Darm-Passage vor den Magen- und Gallensäuren und dienen der besseren Ansiedlung im Darm [7].

19.1 Wirkmechanismen der Probiotika

Die Wirkung der einzelnen Probiotika ist bisher nicht vollständig aufgeklärt und bedarf einer zukünftigen Spezifizierung. Als grobe Einteilung können die Wirkung der Probiotika auf den Wirtsorganismus und die Interaktion zwischen dem Probiotikum und der Mikrobiota des Wirtes differenziert werden [8]. Als Wirkungen auf den Wirtsorganismus gelten [8]:
- Veränderung der Schleimhautarchitektur,
- Beeinflussung der zellulären Transportmechanismen und der Schleimhautpermeabilität,
- Modulation des angeborenen Immunsystems,
- Modulation des adaptiven Immunsystems.

Zu den Interaktionen eines Probiotikums mit der Mikrobiota des Wirtes gehören:
- Nährstoffkonkurrenz,
- Konkurrenz um Adhäsionsstellen,
- Veränderung des intestinalen Milieus,
- Agglutination pathogener Keime,
- Synthese antimikrobieller Substanzen,
- Neutralisation bakterieller Toxine.

Daraus resultieren spezifische Metabolite aus Kohlenhydraten mit der möglichen Hemmung von pathogenen Bakterien, deren Adhärenz und Translokation sowie die Erniedrigung des intraluminalen pH-Wertes und die Produktion von Bakteriziden [9]. Die intestinale Barrierefunktion kann durch Probiotika stabilisiert und verbessert werden, indem es zu einer verstärkten Muzinproduktion kommt, die Probiotika an Toll-like-Rezeptoren der Epithelzellen binden und so die Proteinkinase-C aktivieren, woraus ein verbesserter Epithelschluss durch vermehrte tight-junctions resultiert [10]. Darüber hinaus beeinflussen Probiotika das Immunsystem, indem z. B. das sekretorische IgA wie auch zytoprotektive Moleküle vermehrt in das Darmlumen sezerniert oder die Zytokinexpression moduliert wird [9, 11]. Die meisten Daten stammen aus Tierversuchen, da nur wenige humane Grundlagenstudien zu den Probiotika existieren.

Um bei ca. 10^{14} Bakterien der Mikrobiota den Einfluss von Probiotika mit einer dazu geringen Zufuhr an Bakterien (ca. 10^{8}; dies entspricht numerisch einer Zufuhr von nur 0,0001 % an Bakterien zur bestehenden Mikrobiota) zu verstehen, bedarf es **systemtheoretischer Überlegungen** eines sog. komplexen Gesamtsystems. Dabei stellt das Ganze (= System) mehr als die Summe seiner Einzelteile dar. Komplexe

Systeme sind hierarchisch geordnet und verfügen über untergeordnete Subsysteme. Dabei weist das System Eigenschaften auf, die den Subsystemen fehlen (= Systemeigenschaft). Die Anzahl der Teile (= Subsysteme, z. B. Anzahl der Bakterienklassen mit ihren untergeordneten Ordnungen, Familien und Gattungen), die das System aufbaut, variiert. Sequenzierungsstudien der menschlichen Mikrobiota zeigten, dass übergeordnete Kategorien von Bakteriengruppen, die sog. Enterotypen (Bacteroides-, Prevotella- und Ruminococcus-Gruppe) verschiedene andere Gruppen von Bakterien prädominant in ihrem Wachstum positiv oder negativ beeinflussen [12]. So bestehen Wechselwirkungen zwischen den einzelnen Stufen eines komplexen Systems sowie auch zwischen den hierarchischen Stufen des komplexen Systems, welche nichtlinearer Natur sind. Dem Modell funktionaler Kausalität gemäß, wirkt niemals nur ein bestimmtes Element auf ein anderes ein, sondern dieses wirkt wieder über das Netzwerk des Gesamtsystems auf jenes zurück. Somit bleibt eine Systembeschreibung so lange unvollständig, wie nur ein Subsystem oder eine hierarchische Stufe isoliert analysiert wird (Reduktionismus). Genauso ist aber auch die Betrachtung des Gesamtsystems ohne Berücksichtigung der Subsysteme unvollständig. Weder die bloße Analyse noch die reine Synthese werden dem System gerecht (Prinzip des Modells komplexer non-linearer Systeme) [13].

Somit stellt die Wirkung eines Probiotikums in keiner Weise nur die numerische lineare Resultante auf die Mikrobiota dar, sondern ist durch vielfältige Interaktionen innerhalb des komplexen Systems von Ebenen und Subsystemen abhängig. Daher sind einfache Dosis-Wirkungs-Kurven nicht zu erwarten, sondern durch Mindestmengen zu charakterisieren. Ebenso ergeben sich aus der therapeutischen Probiotikagabe nicht einfache lineare Kausalitäten, sondern sie sind eine Resultante aus der Interaktion von Probiotikum zu Mikrobiota, Probiotikum zu Wirtsorganismus und durch Probiotikum veränderte Mikrobiota zu Wirtsorganismus. Darüber hinaus konnte, wie für viele biologische komplexe Systeme, auch für die humane Darm-Mikrobiota gezeigt werden, dass diese einem diurnalen Rhythmus unterliegt, aus dem sich zeitspezifische Bakterienprofile der Mikrobiota ergeben. Die Aufhebung des oszillierenden Biorhythmus der Darm-Mikrobiota beim Menschen durch Zeitverschiebung (Jetlag) führt zu aberranten mikrobiellen Dysbiosen, die so z. B. Glukosetoleranzstörungen nach sich ziehen können und sich im keimfreien Mausmodell sogar durch fäkalen Mikrobiomtransfer übertragen ließen [14]. Daraus ergeben sich klare Hinweise, dass eine koordinierte tägliche Rhythmik zwischen Wirt und seiner Mikrobiota existiert und somit auch die oszillierende diurnale Zirkadianrhythmik der Mikrobiota Einfluss auf die Probiotikawirkung und damit den Applikationszeitpunkt haben kann.

Tabelle 19.1 gibt eine Übersicht der verschiedenen Probiotika-Spezies. Dabei sind die verschiedenen Spezies aufgeführt, die als Arzneimittel zugelassen oder zum Teil auch nur als Nahrungsergänzungsmittel oder Joghurt am Markt sind. Bei der wissenschaftlichen Beurteilung von Wirksamkeiten bei den verschiedenen Indikationen muss jeweils ein spezifisches Probiotikum beurteilt werden. Analog einer Wirksamkeitsbeurteilung von Antibiotika müssen diese substanzspezifisch vorgenommen

Tab. 19.1: Präparateliste der häufig angewendeter Probiotika (Quelle: gelbe-liste.de, Stand 23.12.2015).

Probiotika	ATC-Code	Präparate
Lactobacillus		
L. rhamnosus	V06XX02	**Nahrungsergänzungsmittel** – **BactoFlor 10/20 Kapseln** Intercell Pharma GmbH – **BactoFlor für Kinder Pulver** Intercell Pharma GmbH – **BactoFlor Kapseln** Intercell Pharma GmbH – **Lacto-Flor** DecouVie GmbH – **LGG Kapseln** InfectoPharm Arzneimittel u. Consilium GmbH – **ProBio-Cult Sticks** Syxyl GmbH & Co. KG – **probiotik® protect Pulver** nutrimmun GmbH – **Sitobact Kapseln** Köhler Pharma GmbH – **Vagisan® Biotin-Lacto** Dr. August Wolff GmbH & Co. Arzneimittel
	G02CX	**Andere Gynäkologika:** – **Sanagel Vaginalgel** CNP Pharma GmbH **Lactobacillus-Ferment:** – **Vagisan® Milchsäure-Bakterien Vaginalkapseln** Dr. August Wolff GmbH & Co. Arzneimittel
L. rhamnosus GG, gefriergetrocknet	A07FA51	**Milchsäurebildner, Kombinationen:** – **INFECTODIARRSTOP® LGG®, Pulver** zur Herstellung einer Suspension zum Einnehmen für Sgl. u. Kleinkinder InfectoPharm Arzneimittel u. Consilium GmbH – **INFECTODIARRSTOP® LGG® BANANE** InfectoPharm Arzneimittel u. Consilium GmbH – **INFECTODIARRSTOP® LGG® KIRSCH** InfectoPharm Arzneimittel u. Consilium GmbH – **INFECTODIARRSTOP® LGG® Mono** Beutel InfectoPharm Arzneimittel u. Consilium GmbH
L. rhamnosus LR04	V06XX01	**Lebensmittel:** – **Kijimea Immun Pulver** Dr. Fischer Gesundheitsprodukte GmbH
L. rhamnosus W 71	V06XX02	**Nahrungsergänzungsmittel:** – **OMNi-BiOTiC® 10 AAD** APG Allergosan Pharma GmbH – **OMNi-BiOTiC® metabolic** APG Allergosan Pharma GmbH – **OMNi-BiOTiC® REISE** APG Allergosan Pharma GmbH

Tab. 19.1: (fortgesetzt)

Probiotika	ATC-Code	Präparate
L. rhamnosus, inaktiviert	V06XX02	**Nahrungsergänzungsmittel:** – **Probiotic premium 7 MensSana®** MensSana AG – **Probiotic premium 28 MensSana®** MensSana AG
L. reuteri	V06DX50	**Andere Diätetika-Kombinationen:** – **Bigaia® probiotische Tropfen** Pädia GmbH
	V06XX02	**Nahrungsergänzungsmittel:** – **Vagisan® Biotin-Lacto** Dr. August Wolff GmbH & Co. Arzneimittel
L. acidophilus	A07FA01	**Milchsäurebildner:** – **Acidophilus Jura N Pulver** JURA Gollwitzer KG – **Lacteol** Pohl-Boskamp GmbH
	V06XX02	**Nahrungsergänzungsmittel:** – **Bactisubtil® Complex Kapseln** Cheplapharm Arzneimittel GmbH – **BactoFlor 10/20 Kapseln** Intercell Pharma GmbH – **BactoFlor für Kinder Pulver** Intercell Pharma GmbH – **BactoFlor Kapseln** Intercell Pharma GmbH – **DASYM-PASCOE® Pulv.** Pascoe Vital GmbH – **Lacto-Flor** DecouVie GmbH – **Microflorana-F® Direkt 10** BDS GmbH Biologische und diätetische Spezialitäten – **Microflorana-F® Nahrungsergänzung** BDS GmbH Biologische und diätetische Spezialitäten – **Microflorana® Kapseln** BDS GmbH Biologische und diätetische Spezialitäten – **Microflorana Pulver** BDS GmbH Biologische und diätetische Spezialitäten – **ProBio-Cult Sticks** Syxyl GmbH & Co. KG – **ProBio-Cult** Syxyl GmbH & Co. KG – **probiotik® protect Pulver** nutrimmun GmbH – **probiotik® pur Pulver** nutrimmun GmbH – **Sitobact Kapseln** Köhler Pharma GmbH Orthomol Pharm Vertr. GmbH

Tab. 19.1: (fortgesetzt)

Probiotika	ATC-Code	Präparate
	V06DX50	**Andere Diätetika-Kombinationen:** – **Orthomol Immun Pro Granulat** Orthomol Pharm. Vertr. GmbH – **Orthomol Natal® Granulat + Kapseln** Orthomol Pharm. Vertr. GmbH – **Orthomol Natal® Tabletten + Kapseln**
L. acidophilus LA-5-Kultur	V06XX02	**Nahrungsergänzungsmittel:** – **Lactobiogen Kapseln** Laves-Arzneimittel GmbH – ***Probiogast Kapseln*** *Laves-Arzneimittel GmbH*
L. acidophilus W22	V06XX02	**Nahrungsergänzungsmittel:** – **OMNi-BiOTiC® metabolic** APG Allergosan Pharma GmbH – **OMNi-BiOTiC® POWER** APG Allergosan Pharma GmbH – **OMNi-BiOTiC® STRESS Repair** APG Allergosan Pharma GmbH
L. acidophilus W37	V06XX02	**Nahrungsergänzungsmittel:** – **OMNi-BiOTiC® 10 AAD** APG Allergosan Pharma GmbH – **OMNi-BiOTiC® 60+ aktiv** APG Allergosan Pharma GmbH – **OMNi-BiOTiC® REISE** APG Allergosan Pharma GmbH
L. acidophilus W55	V06XX02	**Nahrungsergänzungsmittel:** – **OMNi-BiOTiC® 6** APG Allergosan Pharma GmbH – **OMNi-BiOTiC® 10 AAD** APG Allergosan Pharma GmbH
L.-acidophilus- Kulturlyophilisat	A07FA01	**Milchsäurebildner:** – **Paidoflor® Kautabletten** Ardeypharm GmbH
	G03CC06	**Estriol:** – **Gynoflor®, Lactobacillus-acidophilus-Kulturlyophilisat, Estriol, Vaginaltbl.** Pierre Fabre Pharma GmbH
	G01AX14	**Lactobacillus-Ferment:** – **Symbiovag Vaginalzäpfchen** SymbioPharm GmbH Herstellung und Vertrieb pharmazeutischer Spezialitäten – **Vagiflor® Vaginalzäpfchen** CHIESI GmbH
L. fermentum	V06XX02	**Nahrungsergänzungsmittel:** – **BactoFlor 10/20 Kapseln** Intercell Pharma GmbH

Tab. 19.1: (fortgesetzt)

Probiotika	ATC-Code	Präparate
L. helveticus	V06XX02	**Nahrungsergänzungsmittel:** – **Microflorana-F®** Direkt 10 BDS GmbH Biologische und diätetische Spezialitäten – **Microflorana-F®** Nahrungsergänzung BDS GmbH Biologische und diätetische Spezialitäten – **probiotik® recur Pulver** nutrimmun GmbH
L. helveticus CNCM I 3676	V06XX02	**Nahrungsergänzungsmittel:** – **Lactobiogen femin plus Kapseln** Laves-Arzneimittel GmbH
L. helveticus DSM 4183	A07FA51	**Milchsäurebildner, Kombinationen:** – **Hylak® N** Flüssigkeit zum Einnehmen Recordati Pharma GmbH – **Hylak® plus acidophilus,** Flüssigkeit zum Einnehmen Recordati Pharma GmbH
Restfermentations-medium *(L. helveticus DSM 4183)*	A07FA51	**Milchsäurebildner, Kombinationen:** – **Hylak® N** Flüssigkeit zum Einnehmen Recordati Pharma GmbH – **Hylak® plus acidophilus,** Flüssigkeit zum Einnehmen Recordati Pharma GmbH
L. delbrueckii	V06XX02	**Nahrungsergänzungsmittel:** – **BactoFlor 10/20 Kapseln** Intercell Pharma GmbH – **Lactobiogen Kapseln** Laves-Arzneimittel GmbH
L. casei Shirota		**Milcherzeugnis** – **Yakult** Yakult Honsha & Co
L. casei v. rhamnosus	G01AX14	**Lactobacillus-Ferment:** – **GYNOPHILUS®** Scheidenkapseln Mylan Healthcare GmbH
L. casei W56	V06XX02	**Nahrungsergänzungsmittel:** – **OMNi-BiOTiC® 6** APG Allergosan Pharma GmbH – **OMNi-BiOTiC® 60+ aktiv** APG Allergosan Pharma GmbH – **OMNi-BiOTiC® metabolic** APG Allergosan Pharma GmbH – **OMNi** -BiOTiC® REISE APG Allergosan Pharma GmbH – **OMNi-BiOTiC® STRESS Repair** APG Allergosan Pharma GmbH
L. plantarum LP02	V06XX01	**Lebensmittel:** – **Kijimea Immun Pulver** Dr. Fischer Gesundheitsprodukte GmbH

Tab. 19.1: (fortgesetzt)

Probiotika	ATC-Code	Präparate
L. plantarum W62	V06XX02	**Nahrungsergänzungsmittel:** – **OMNi-BiOTiC® 10 AAD** APG Allergosan Pharma GmbH – **OMNi-BiOTiC® metabolic** APG Allergosan Pharma GmbH – **OMNi-BiOTiC® REISE** APG Allergosan Pharma GmbH – **OMNi-BiOTiC® STRESS Repair** APG Allergosan Pharma GmbH
Saccharomycetes		
S. boulardi	A07FA02	**Saccharomyces boulardi:** – **Eubiol® Hartkapseln** CNP Pharma GmbH – **Omniflora® Akut** Novartis Consumer Health GmbH Vertriebslinie NCH – **Perenterol®** 50mg Kapseln Medice Arzneimittel Pütter GmbH & Co. KG – **Perenterol®** 250 mg Pulver Beutel Medice Arzneimittel Pütter GmbH & Co. KG – **Perenterol® derm** 250 mg Kapseln Medice Arzneimittel Pütter GmbH & Co. KG – **Perenterol® forte** 250 mg Kapseln Medice Arzneimittel Pütter GmbH & Co. KG – **Perenterol® Junior** 250 mg Pulver Medice Arzneimittel Pütter GmbH & Co. KG – **Perocur®**, Hartkapseln Hexal AG – **Perocur® forte** 250 mg, Hartkaps. Hexal AG – **Yomogi®**, Kaps. Ardeypharm GmbH
E. coli		
E.-coli-nissle-Stamm 1917 VSL#3	A07EF01	**Escherichia coli, Stamm Nissle 1917:** – **Mutaflor® Kaps** Ardeypharm GmbH – **Mutaflor® mite Kaps** Ardeypharm GmbH – **Mutaflor® Suspension 1ml** Ardeypharm GmbH – **Mutaflor® Suspension 5ml** Ardeypharm GmbH
Bifidobacter		
B. infantis	V06XX02	**Nahrungsergänzungsmittel:** – **BactoFlor für Kinder Pulver** Intercell Pharma GmbH – **ProBio-Cult Sticks** Syxyl GmbH & Co. KG

Tab. 19.1: (fortgesetzt)

Probiotika	ATC-Code	Präparate
B. lactis	V06DX50	**Andere Diätetika-Kombinationen:** – **ProBio-Cult** yxyl GmbH & Co. KG – **probiotik® protect Pulver** nutrimmun GmbH – **probiotik® sport Pulver** nutrimmun GmbH
	V06XX02	**Nahrungsergänzungsmittel:** – **Probiotic premium 7** MensSana® MensSana AG – **Probiotic premium 28** MensSana® MensSana AG
B. lactis BS01	V06XX01	**Lebensmittel:** – **Kijimea Immun Pulver** Dr. Fischer Gesundheitsprodukte GmbH
B. lactis W18	V06XX02	**Nahrungsergänzungsmittel:** – **OMNi-BiOTiC® 10 AAD** APG Allergosan Pharma GmbH
B. lactis W51	V06XX02	**Nahrungsergänzungsmittel:** – **OMNi-BiOTiC® POWER** APG Allergosan Pharma GmbH – **OMNi-BiOTiC® STRESS Repair** APG Allergosan Pharma GmbH
B. lactis W52	V06XX02	**Nahrungsergänzungsmittel:** – **OMNi-BiOTiC® 60+ aktiv** APG Allergosan Pharma GmbH – **OMNi-BiOTiC® PANDA** | APG Allergosan Pharma GmbH – **OMNi-BiOTiC® STRESS Repair** | APG Allergosan Pharma GmbH
Aspergillus		
Aspergillus niger	V60A	**Homöopathika** – **Aspergillus niger D12 DHU Globuli** DHU-Arzneimittel GmbH & Co. KG
Aspergillus oryzae	A09AA02	**Multienzyme (Lipase, Protease etc.)** – **Combizym® überzogene Tbl.** Daiichi Sankyo Deutschland GmbH

werden, ein Klasseneffekt ist nicht gegeben. In der Literatur und insbesondere auch in Leitlinien wird leider häufig ein Klasseneffekt von Probiotika angenommen und bei verschiedenen Indikationen die gesamte Klasse der Probiotika beurteilt. Dies ergibt keinen Sinn, da die Probiotikawirkung analog einer Antibiotikawirkung substanzspezifisch beurteilt werden muss. In der deutschen S2-Leitlinie zu gastrointestinalen

Infektionen und M. Whipple heißt es z. B.: „Eine generelle Empfehlung für den Einsatz von Probiotika zur Therapie der akuten infektiösen Enteritis von Erwachsenen kann derzeit nicht gegeben werden" [15]. Eine Differenzierung der verschiedenen Probiotika wurde nicht berücksichtigt. In den folgenden Abschnitten der Indikationen von Probiotikawirksamkeiten wird daher speziesspezifisch eine Beurteilung vorgenommen und kein Klasseneffekt postuliert (Tab. 19.2 zeigt eine Übersicht der Probiotikawirksamkeiten bei verschiedenen Indikationen).

Tab. 19.2: Übersicht der Wirksamkeit von Probiotika bei verschiedenen Indikationen mit Darstellung des Probiotikastammes mit der besten Evidenz.

Indikation	Wirksamkeit	Probiotika-Spezies mit bester Evidenz
Infektiöse Gastroenteritis		
Prävention	mäßig	*Lactobacillus reuteri*
Behandlung	gut	*Bifidobacterium lactis* *E. coli* Nissle 1917 L. *delbrueckii* + L. *fermentum*
Reisediarrhö	mäßig	*Saccharomyces cervisiae* *L. acidophiles* + *B. bifidum*
AAD		*Lactobacillus rhamnosus* GG
Prävention	sehr gut	*Saccharomyces boulardii*
CDI		
Prävention	mäßig	*Saccharomyces boulardii* *L. rhamnosus* GG Kombi: Lacto- + Bifido-Spezies
Behandlung Probiotikum	nicht belegt	
Behandlung Mikrobiomtransfer	sehr gut	Stuhlsuspension
CED		
CU-Behandlung	mäßig bis gut	*E. coli Nissle* 1917 *Bifidobacter infantis* 35624
MC-Behandlung	gering	*E. coli Nissle* 1917
Pouchitis		
Behandlung	sehr gut	VSL #3
Prävention	sehr gut	VSL #3
Reizdarm	mäßig	*Bifidobacterium brevis,* *B. longum* *Lactobacillus acidophiles-Spezies* *Bifidobacter infantis* 35624
Allergieprävention		
maternale Gabe 4 Wo. vor Entbindung	sehr gut	*L. rhamnosus* GG
Gabe im Säuglingsalter		
Allergie		
Neurodermitis/Ekzem	mäßig	*L. rhamnosus* GG
Nahrungsmittelallergie IgE	mäßig	

19.2 Probiotika bei gastrointestinalen Infektionen

Die größte Metaanalyse untersucht elf Probiotikaspezies bei acht unterschiedlichen gastrointestinalen Infektionen (viraler und bakterieller Genese) in Prävention und Therapie auf ihre Wirksamkeit [16]. In dieser Metaanalyse wird die effektive Wirksamkeit verschiedener Probiotika auf die infektiöse Diarrhö, die Antibiotika-assoziierte Diarrhö (AAD), *Clostridium-difficile*-Infektion (CDI), *Helicobacter-pylori*-Infektion, die Pouchitis und bei den chronisch-entzündlichen Darmerkrankungen (CED) nachgewiesen. Ein fehlender Effektivitätsnachweis wurde in dieser Metaanalyse für die Wirksamkeit von Probiotika bei der Reisediarrhö und der nekrotisierenden Enterokolitis gefunden [16]. Die Ergebnisse dieser größten Metaanalyse zu den Wirksamkeiten von Probiotika stehen dabei bei einigen Indikationen im Gegensatz zu anderen Metaanalysen, die sich nur auf eine Indikation bezogen, und weisen auf die unterschiedliche Bewertung der Autoren von einzelnen Studien hin.

Bei der infektiösen Gastroenteritis konnte für die Probiotika, insbesondere für die Lactobacillen (z. B., *L. reuteri* [17–19]) und die Bifidobakteriengruppe (z. B. *B. lactis* [20–23]), inkl. bei Säuglingen, eine gute Wirksamkeit nachgewiesen werden. Auch das lyophilisierte Präparat mit *L. delbrueckii* und *L. fermentum* war bei dieser Indikation gut wirksam [24, 25]. Eine interessante dreiarmige israelische Studie verglich *Bifidobacterium lactis* (BB-12), *Lactobacillus reuteri* und die alleinige Rehydratation. Beide Probiotika verkürzten die Dauer und Schwere der Erkrankung erheblich [22]. Die meisten Studien sind mit Kombinationspräparaten mehrerer Bifidobakterienstämme durchgeführt worden, die ebenfalls die o. g. positiven Effekte erbrachten [26]. Ebenso positiv bewerten viele Übersichtsarbeiten diese Präparate [23, 27].

Ähnlich positive Ergebnisse wurde in einer Metaanalyse für *Saccharomyces boulardii* bei infektiöser gastrointestinaler Infektion (GI) nachgewiesen [28]. Es findet sich eine deutliche Verkürzung der Krankheitsdauer und Hospitalisationszeit bei Kindern [29–36]. Ein systematisches Review zeigt auch bei Erwachsenen mit infektiösen Diarrhöen eine gute Wirksamkeit [37]. Bei einer Infektion mit dem protozoischen Parasiten *Blastocystis hominis* erwies sich *S. boulardii* als äquipotent zur antibiotischen Therapie mit Metronidazol [38]. Hingegen konnte bei Kindern mit Amöbendiarrhö kein zusätzlicher Effekt von *S. cerevisiae* bei Metronidazolgabe festgestellt werden [39].

Zum Gebrauch von *Saccharomyces boulardii* muss kritisch angemerkt werden, dass es in einer Studie zur Transmission von *Saccharomyces boulardii* in die Blutbahn kam, ohne dass dies einen Krankheitswert aufzeigte, aber definitionsgemäß nicht bei Probiotika auftreten sollte [40]. So muss gerade bei Neugeborenen, Säuglingen und multimorbiden sowie immunsuppressiven Patienten bei diesem Präparat die seltene Transmission als ein mögliches Sicherheitsrisiko angesehen werden.

Das mikrobiologisch und molekularbiologisch sehr gut untersuchte und in Deutschland weit verbreitete Probiotikum *E. coli* Nissle 1917 war Gegenstand vieler Grundlagenstudien zum Verständnis der Wirkmechanismen von Probiotika. So konnte gezeigt werden, wie *E. coli* Nissle 1917 eine hohe Interleukin-10 Antwort induzieren kann [41], die mukosale Barriere am Darm schützt [42], die Adhäsion invasiv pathogener Bakterien am Darm hemmt [43] und durch Substratänderung von Zuckern das Mikrobiomwachstum verändert [44]. Ein RCT bei Kindern zeigte auch für den *E. coli* Nissle 1917 eine gute Wirksamkeit bei infektiöser GI mit Reduktion der Krankheitsdauer um 2,5 Tage und deutlicher Linderung der Symptome [45, 46].

Zur **Prävention infektiöser Gastroenteritiden** bei Kindern gibt es ebenfalls eine Metaanalyse mit 34 RCTs mit verschiedenen Probiotika, in der sich im Durchschnitt eine 35 %ige Abnahme der Infektionen zeigte [47]. Der Effekt und Nutzen sind vom Erregerspektrum abhängig und bedürfen daher zur Optimierung einer gezielten Auswahl an Probiotika [27], sodass eine allgemeine Empfehlung durch pädiatrische Fachgesellschaften im deutschsprachigen Raum aussteht.

Die Datenlage zur Prävention einer **Reisediarrhö** fällt heterogen aus. Eine Metaanalyse von zwölf Studien zur Prävention einer Reisediarrhö zeigte einen klaren Effekt für *Saccharomyces boulardii* und die Kombination aus *L. acidophiles* und *B. lactis* (früher *bifidum*) [48]. Eine andere Metaanalyse mit 34 RCTs und der Unterauswertung zur Reisediarrhö erbrachte nur einen geringen präventiven Effekt von 8 % Infektionsreduktion [47], wobei die verschiedenen Probiotika bzw. -Kombinationen (Lactobacillus- und Bifidobacterien-Spezies und *Saccharomyces boulardii*) auch deutliche Unterschiede bei den verschiedenen Infektionen aufwiesen. Diese Daten unterstreichen nur die Tatsache, dass Probiotika ebenso wenig einen Klasseneffekt beinhalten wie Antibiotika und differenziert eingesetzt werden müssen.

19.3 Antibiotika-assoziierte Diarrhö

Die Antibiotika-assoziierte Diarrhö (AAD) stellt eine häufige Komplikation bei Antibiotikaeinnahme dar und tritt in ca. 10–20 % der Fälle auf. Ursache sind einerseits direkt schädigende Effekte des Antibiotikums (ca. 38 % der AAD) auf die mukosale Barriere und deren Funktion sowie andererseits die Veränderung des mikrobiellen Systems (Mikrobiota). Diese ist gekennzeichnet durch eine Abnahme der bakteriellen Populationen und damit Reduktion der Kohlenhydratfermentation und Abnahme kurzkettiger Fettsäuren sowie Zunahme an primären Gallensäuren im Kolon (ca. 40 % der AAD) [49]. Diese Milieuänderung begünstigt bakterielle Fehlbesiedlungen vor allem mit *Clostridium difficile* (CDI), *Klebsiella oxytoca* und auch *Candida albicans* (in ca. 20 % Folge der AAD). Diese Fehlbesiedlungen können Folge einer AAD sein, gehören streng genommen aber nicht mehr zum Symptomenkomplex der AAD, die zunächst eine Diarrhö auf der Basis einer Störung des mikrobiellen Milieus und deren Stoffwechselprodukte darstellt. Die bakterielle Fehlbesiedlung tritt in ca. 20 % der AAD auf und führt zu einer Überwucherung mit u.a. *Clostridium difficile*, *Klebsiella oxytoca* und Candida-Arten und ist dann als eine (sekundäre) infektiöse Enterokolitis zu bewerten.

Eine Cochrane-Analyse zur CDI [50] und eine Metaanalyse zur AAD von 2006 [51] weisen eine gute Prävention einer AAD insbesondere für die beiden Probiotika

L. rhamnosus GG und *S. boulardii* auf. In den Studien ergab sich eine NNT von 7 [51] bzw. 8 [50]. Der präventive Effekt der Probiotika für eine AAD ist stärker, je konsequenter und länger das Probiotikum appliziert wird [52, 53]. In der größten Metaanalyse wurden 63 RCTs mit 11.811 Patienten gepoolt. Auch in dieser großen Metaanalyse war der präventive Effekt der Probiotika signifikant, wenn auch statistisch schwächer berechnet (NNT = 13) [54].

19.4 Probiotika beim Reizdarmsyndrom (RDS)

Das RDS ist wesentlich durch bidirektionale Veränderungen des Darms und zentralen Nervensystems bedingt (engl. Brain-Gut-Axis). Umfangreiche Studien der letzten Jahre belegen, dass die Mikrobiota diese Interaktion wesentlich beeinflusst [55, 56]. Dabei beeinflusst die intestinale Mikrobiota die Darmpermeablitiät [57], das Darm-assoziierte Immunsystem, insbesondere das mukosale Kompartiment [58], die Schmerzmodulation am Darm [59] und Gehirn [60, 61], die Aktivität des enterischen Nervensystems [62] und die Hypothalamisch-Hypophysäre-Nebennierenachse [63]. Diese intestinale Dysbiose kann dann zu einer erhöhten Permeabilität i. S. eines leaky gut syndroms [64], einer Aktivierung des mukosalen Immunsystems [65] und einer anhaltenden viszeralen Hypersensitivität [65, 66] und veränderten Motilität [67] führen (Übersicht siehe Kapitel 14 und bei [68]).

Erste Metaanalysen zur Wirksamkeit von Probiotika bei RDS fielen sehr heterogen in ihrer Ergebnislage aus, da sie einen Klasseneffekt von Probiotika stillschweigend postulierten und unterschiedliche Spezies in die Gesamtanalyse nahmen sowie die verschiedenen RDS-Typen mischten. Eine erste Spezies-spezifische Metaanalyse der verschiedenen Probiotikapräparate von Ortiz-Luca et al. erbrachte signifikante Effekte auf eine Schmerzreduktion mit *Bifidobacterium brevis, B. longum und Lactobacillus acidophiles* und weiteren Lactobacillus-Spezies [69]. Kein Effekt ergab sich für die Stuhlfrequenz und Stuhlkonsistenz. Ein Review zum *Lactobacillus rhamnosus* bei Kindern mit RDS zeigte ebenfalls einen signifikanten Effekt auf die Schmerzreduktion [70].

Zur Behandlung des RDS mittels Präbiotika gibt es vier RCTs, bei denen aber in drei Studien auch eine kohlenhydratreiche Kostform, wie FODMAPs (= fermentable oligosaccharides, disaccharides, monosaccharides and polyols) angewendet wurden. Ein Review sieht bei niedrig dosierten Präbiotikagaben bei RDS eine leichte Symptomenlinderung [71]. Kohlenhydratreiche oder FODMAPs-Kost hingegen war erwartungsgemäß ohne Symptomenverbesserung bis hin zu Verschlechterungen der Symptome [72, 73], da diese als Nahrungssubstrat der Mikrobiota zu einer vermehrten Gasbildung führen kann.

19.5 Probiotika bei den chronisch-entzündlichen Darmerkrankungen (CED)

Das pathogenetische Konzept der CED hat sich in den letzten Jahren dahingehend verändert, dass die mukosale Barrierestörung und die vermehrte Invasion von Bakterien aus der Mikrobiota eine wesentliche Rolle spielen. Somit kommt der Mikrobiota und deren Veränderung eine erhebliche Bedeutung zu [74]. Als Mikrobiotaveränderungen bei CED sind eine verminderte Diversität und veränderte Zusammensetzung i. S. einer Dysbiose mit Reduktion z. B. von *Faecalibacterium prausnitzii* und Zunahme an Enterobacteriacae beschrieben. Diese Veränderungen der Mikrobiota stellen die Rationale für den Probiotikaeinsatz dar.

Drei große RCTs verglichen *E. coli* Nissle 1917 mit 5-ASA (1200–1500 mg) zur Remissionserhaltung bei Colitis ulcerosa (CU) und fanden ähnliche Rezidivraten nach zwölf Wochen bis zwölf Monaten [75–77] Das gepoolte relative Risiko (RR) war 1,08 (95-%-CI: 0,86–1,37), was bedeutet, dass *E. coli* Nissle dem 5-ASA in der Rezidivprophylaxe nicht unterlegen war [74].

Für die Remissionsinduktion bei CU gibt es drei RCTs mit dem Mischpräparat VSL#3 (vier Lactobacillus, drei Bifidobakterien und eine Streptococcus-Spezies). Eine gepoolte Analyse dieser drei Studien zeigt einen signifikanten Benefit für das Erreichen einer Remission bei CU mit einem RR 1,69 (95-%-CI: 1,17–2,43) [78–81]. Im Gegensatz dazu ergeben zwei Studien mit *B. breve* bzw. *bifidum* und *L. acidophiles* keine verbesserte Remissionsinduktion bei CU [78].

Eine sehr gute Evidenz für eine Probiotikatherapie bei CED liegt für die Pouchitis, der häufigsten Komplikation nach Proktokolektomie mit ileoanaler Pouchanlage bei CU, vor. Drei RCTs mit VSL#3 zeigen eine Remissionsinduktion und -erhaltung in einer Metaanalyse (RR: 0,17; CI 0,09–0,33) [78, 82–84].

Bei M. Crohn findet sich nur eine positive Pilotstudie bei Kindern, die eine Remissionsinduktion durch *Lactobacillus* GG zeigt [85] und wenige bei Erwachsenen mit remissionsinduzierendem oder -erhaltendem Effekt [86, 87], die bisher keine ausreichende Evidenz für den Einsatz von Probiotika bei M. Crohn geben.

19.6 Probiotika bei Adipositas

Adipositas ist das Ergebnis eines länger anhaltenden Ungleichgewichts des Organismus von Energieaufnahme zum -verbrauch. Die einzelnen metabolischen Dysregulationen im Organismus sind komplex und betreffen verschiedene Ebenen, vom zentralen Appetitzentrum über die Fettresorption hin zur Leptinregulation bis über die Thermogenese des braunen Fettes oder der FIAF-(fasting-induced adipose factor-) Regulation. Ein weiterer wesentlicher Faktor bei Adipositas ist auch die veränderte Mikrobiota, die bei Adipositas zwei dominante mikrobielle Gruppen, die Bacteroides und die Firmicutes, aufweist [88, 89]. Dabei können die Firmicuten aus sonst nicht verdaulichen pflanzlichen Polysacchariden sog. kurzkettige Fettsäuren (SCFA = short-chain fatty acids) produzieren [90], die zu einer zusätzlichen Energieaufnahme führen [91]. Probiotika können das Ungleichgewicht bzw. die Dominanz von Bacteroides und Firmicutes im Mikrobiom bei adipösen Menschen verändern und zurückdrängen [92, 92, 94].

Als Modell zur Untersuchung von Probiotika bei Adipositas dienten keimfreie Mausmodelle mit Besiedelung des Darmes mit *Bacteroides thetaiotaomicron*, an denen die Stimulation wie auch Hemmung der SCAF-Synthese aus pflanzlichen Polysacchariden durch verschiedene Probiotika studiert werden konnte [95]. Ein weiteres gut etabliertes Adipositasmodell ist die Sprague-Delaware-Ratte, an der ebenfalls grundlegende Mechanismen von Probiotikainteraktionen bei Adipositas studiert wurden. Dabei konnten neben der Beeinflussung der SCFA-Synthese durch Bacteroides auch ein erhöhter Abbau von Xylooligosacchariden und die enzymatische Spaltung von Carbohydraten zu Propionaten durch Lactobacillus und Bifidusbakterien beschrieben werden [96]. Propionat hemmt einerseits die hypophagische Aktivität und andererseits die Darmmotilität [97, 98]. Weitere wesentliche antiadipöse Effekte sind die Produktion von trans-10-, cis-12-Konjugaten der Linolsäure (CLA = trans-10, cis-12 conjugated linoleic acid) [99] und die vermehrte Expression des ungekoppelten Protein-2 durch Probiotika.

Probiotika mit nachgewiesenem Effekt einer Gewichtsreduktion bei Adipositas (überwiegend an Tiermodellen) sind *Lactobacillus rhamnosus* PL60 [100] und PL62 [101] sowie *Lactobacillus gasseri* [102], VSL#3 Mischung [103], *Lactobacillus paracasei* ST11 (NCC2461) [104], *Bifidobacterium pseudocatenulatum* SPM [105], *B. longum* SPM 1207 [106], *L. casei Shirota* [107], *L. plantarum* DSM 15313 [108] (Übersicht bei [109]).

Die Gabe von *L. rhamnosus* PL60 führte zu einer vermehrten Protein-2-Expression und CLA sowie einer Abnahme von SCFAs und Leptin [100, 109]. *L. gasseri* bewirkte überwiegend eine Reduktion des mesenterialen Fettgewebes und eine vermehrte fäkale Fettausscheidung [110] sowie verbesserte Glukosesensitivität [111] VSL#3 mit seinen multiplen Lacto- und Bifidobakterien zeigte eine Abnahme der inflammatorischen Aktivität bei Fettleber mit Abnahme des TNF-α sowie eine Abnahme von Endotoxinen und der Blutglukose sowie des Triacylglycerols und der intestinalen Inflammation [106]. Bei der Supplementation von *L. paracasei* bei adipösen Mäusen führte dies zu einer Herabregulation des FIAF/angiopoietin-like protein-4, eines Lipoprotein-Lipase-Inhibitors [112].

Zur Frage eines Anti-Adipositas-Effektes von Probiotika am Menschen gibt es nur wenige Studien. Ein RCT mit Gabe eines fermentierten Joghurts mit *L. gasseri* SBT2055 (200 g/d) führte zu einem signifikanten Abfall des viszeralen und subkutanen Fettgewebes, einer verminderte Fettaufnahme am Darm sowie einer Zunahme des Adiponectinspiegels im Blut [113]. Eine weitere Studie zeigte mit dem Probiotikum *L. acidophiles* und *Propionibacterium freudenreichii* bei gesunden Frauen eine Appetitabnahme durch die vermehrte Produktion von Proprionat [114]. Eine weitere Studie ergab bei Adipositas per magna und chirurgischer gastraler Bypass-OP durch Gabe von Lactobacillus Spezies in Kapselform einen signifikant größeren Gewichtsverlust, einen Anstieg der Vitamin-B12-Blutspiegels und einen deutlich geringeren postoperativen bakteriellen Overgrowth [115].

Eine 10-Jahres-Follow-up-Studie zeigte bei pre- und postnatal appliziertem *L. rhamnosus* GG (10^{10} CFU) eine signifikante Hemmung einer exzessiven Gewichtszunahme bei Kindern [116]. Ferner zeigten sich bei *L. rhamnosus* GG- und *B. lactis*-Gabe bei Schwangeren eine Reduktion der Blutglukosespiegel [117], der Frequenz an Gestationsdiabetes [118, 119], geringere abdominale Fettzuwächse [119] und erhöhte Kolostrumspiegel von Adiponectin [118].

Zusammenfassend ergibt sich für den Einsatz von Probiotika bei Adipositas eine umfangreiche Studienlage an Maus- und Rattenmodellen, die eine Vielzahl von Effekten und Mechanismen einer Probiotikawirkung aufzeigen. Wie bei den meisten Probiotikawirkungen kann auch hier kein Klasseneffekt postuliert werden und die Effekte sind Spezies-spezifisch. Bemerkenswert sind die 10-Jahres-Follow-up-Daten, die verdeutlichen, wie die frühe Gabe von *L. rhamnosus* GG bei der Frühbesiedelung und der Ausbildung der Mikrobiota einen nachhaltigen Effekt auf eine Gewichtsentwicklung aufweist.

19.7 Probiotika bei allergischen Erkrankungen

Hintergrund einer mikrobiellen Therapie von Allergien ist die gute epidemiologische Evidenz, dass die frühe und breite Exposition mit Mikroben mit einem reduzierten Risiko einer Entwicklung von Allergien und Atopien einhergeht [120]. Eine ständige mikrobielle Stimulation und Kontakt führen auch zu einer größeren Diversität im Mikrobiom und dessen genetischem Pool. Hohe hygienische Verhältnisse in der westlichen Welt senken den mikrobiellen Stimulationsdruck und die Veränderung der Nahrung von einer fettarmen, pflanzlichen polysaccharidreichen zu einer fett- und zuckerreichen Kost; dies führt zu einer Reduktion der mikrobiellen Diversität [121]. Dieser reduzierte mikrobielle Kontakt in der industrialisierten Welt geht mit einem epidemischen Anstieg des atopischen Ekzems, der allergischen Rhinokonjunktivitis, von Asthma sowie chronisch-entzündlichen Darmerkrankungen, Diabetes Typ I und Adipositas mit ihren Komorbiditäten einher [122–124].

Bereits die maturale Reifung des Fötus wird in seiner Mikrobiota durch die Ernährung der Mutter, deren Mikrobiota im Darm und auf der Haut sowie die Entbindungsform (vaginale Entbindung) und das Stillen wesentlich geprägt. Die mikrobielle Kolonisierung erfolgt dabei in drei Schritten: 1. intrauterin und bei der Geburt durch fakultativ anaerobe Bakterien, wie *E. coli*, *Clostridien*, *Staphylokokken* und Bacteroides-Spezies. 2. Dem folgen rasch weitere Anaerobia wie Bifidobakterien, Clostridien (u. a. Eubacterium) und insbesondere Bacteroides-Spezies. Vor allem bei gestillten Kindern können die Bifidobakterien 60–90 % der gesamten fäkalen Mikrobiota ausmachen (*Bifidobakterium brevis*, *B. infantis*, *B. longum* und *Lactobacillus acidophiles*-Gruppe) [125, 126]. 3. Der letzte Reifungsschritt der Mikrobiota erfolgt über zwei bis drei Jahre und ist durch einen tausendfachen Anstieg der Energie verbrauchenden Bacteroides-Spezies sowie der Entwicklung einer großen Diversität verschiedener Stämme geprägt [127].

In Untersuchungen zur Zusammensetzung der kindlichen intestinalen Mikrobiota zeigen sich signifikante Unterschiede zwischen Allergikern und gesunden Kindern [128, 129]. Als protektive Faktoren gegenüber dem Risiko einer Allergieentwicklung beim Kind spielen der Geburtsweg (vaginale Entbindung), das Stillen und die Zusammensetzung der Muttermilch, abhängig von den Ernährungsgewohnheiten der Mutter, eine wesentliche Rolle [130–132].

Eine Reihe von doppelblinden, plazebokontrollierten Interventionsstudien konnten einen präventiven Effekt auf die Allergieentwicklung des Kindes bei Probiotikagabe der Mutter in den letzten Schwangerschaftswochen oder dem ersten Lebensjahr des Säuglings nachweisen (Übersicht mit Tabelle bei [133]). Dabei ließ sich in sieben von zwölf Studien ein hochsignifikanter präventiver antiallergischer Effekt nachweisen. Dieser Effekt ist Probiotika-spezifisch und auch von dem Zeitpunkt der Gabe des Probiotikums abhängig. So war die Gabe des Lactobacillus GG zwei bis vier Wochen vor der Entbindung hoch wirksam [134–136], hingegen bereits sechs bis vier Wochen vor der Entbindung gegeben unwirksam [137]. Neben dem Lactobacillus GG waren vor allem die Probiotika *L. acidophilus, L. rhamnosus, B. brevis, B. longum, B. animalis, B. bifidum* und *Propionibacterium freudenreichii* wirksam [134–136, 138–143]. Alle Probiotika mussten entweder der Mutter kurz vor der Entbindung gegeben oder im ersten Lebensjahr dem Säugling verabreicht werden. Nur eine Studie zeigte durch die Probiotikagabe keinen zusätzlichen Effekt auf die Allergieratensenkung des Kindes. In dieser Studie wurden die Säuglinge allerdings alle verlängert gestillt [137]. Die Allergiesenkung durch Probiotika wurde in den Studien bis zu sieben Jahre nachverfolgt und zeigte einen erstaunlich hohen Langzeiteffekt. Eine Metaanalyse zur Ekzemratenreduktion beim Kind durch Probiotikagabe in den letzten Schwangerschaftswochen der Mutter bestätigte diesen Effekt [144]. Eine Senkung der allergischen Asthmaerkrankung konnte ebenfalls in einer Metaanalyse bestätigt werden [145]. Die Verträglichkeit der Probiotika war in allen Studien exzellent und nennenswerte unerwünschte Wirkungen konnten nicht gesehen werden. Zusammenfassend ergibt sich aus den umfangreichen Studien die Empfehlung, dass Stillen kombiniert mit der maternalen Gabe von *L. rhamnosus* GG in den letzten Schwangerschaftswochen bzw. im ersten Lebensjahr des Säuglings auch bei Kindern mit hohem Risiko für atopische Erkrankungen das Risiko signifikant reduziert [146, 147]. Spätere Probiotikagaben nach dem ersten Lebensjahr sind studienmäßig weniger gut für einen präventiven Effekt abgesichert, zeigen jedoch noch Wirkungen [148].

Bei manifester allergischer Erkrankung, wie der Neurodermitis und den Nahrungsmittelallergien, konnte in mehreren Studien ebenfalls ein signifikanter Effekt auf die Symptomenlast, die Graduierung der Neurodermitis und bei Nahrungsmittelallergie die intestinale und systemische Reduktion der allergischen Inflammation nachgewiesen werden [149–151]. Analoge Ergebnisse erbrachten Probiotika-Gaben von *Lactobacillus rhamnosus* GG bei IgE-vermittelten Allergien [152]. Dabei reduzierte die *L.-rhamnosus*-Gabe die Symptomenlast der Neurodermitis; bei Kindern ohne Ekzem und Symptomenlast, jedoch erhöhten IgE-Serumspiegeln, zeigte sich hingegen keine Veränderung [153]. Gleiches ergab sich bei der Nahrungsmittelallergie. Bei Symptomenlast einer Nahrungsmittelallergie oder Kuhmilchallergie [154] bzw. Ekzem mit erhöhten IgE-Serumspiegeln war die *L.-rhamnosus*-GG-Probiotikagabe mit signifikanter Symptomenlastreduktion verbunden, bei asymptomatischen Kindern hingegen änderte sich der erhöhte IgE-Serumspiegel nicht signifikant [153, 155–157]. Ein bemerkenswerter RCT mit dem Probiotikum *L. rhamnosus* CGMCC 1.3724 untersuchte an 62 Kindern zwischen einem und zehn Jahren mit einer Erdnussallergie die Desensibilisierung oralen Erdnussmehls mit 50 % Proteinanteil und gleichzeitiger Gabe von *L. rhamnosus* (2×10^{10}) für 18 Monate. Dabei zeigte sich eine 89,7 %ige Desensibilisierung in der *L.-rhamnosus*-Gruppe gegenüber 7,1 % in der Placebogruppe auf Symptomebene, wie auch im Hautpricktest mit IgE-Abnahme und erdnussspezifischem Antigenanstieg des IgG_4-Spiegels [158]. Dieser interessante Ansatz einer oralen Antigenexposition bei Nahrungsmittelallergie in Kombination mit der Probiotikagabe (von *L. rhamnosus* GG) sollte sicher auch bei anderen spezifischen Nahrungsmittelallergien untersucht und in seinen Wirkmechanismen weiter aufgeklärt werden.

19.8 Effekte von Probiotika auf die Darm-Hirn-Achse und das Zentralnervensystem (ZNS)

Umfangreiche Studien belegen den Einfluss der Darmmikrobiota auf Funktionen des ZNS, wie Sättigungsgefühl, Stressverarbeitung, Angstgefühl, Depression und Schmerzwahrnehmung bei IBS (siehe Kapitel 17 und Übersicht bei [61]). Erklärbar ist dies durch Veränderungen des Metabolismus der intestinalen Mikrobiota mit Bildung von Metaboliten, welche Bindungsstellen besetzen, Wachstumsfaktoren hemmen, Bindungsstellen z. B. am enterischen Nervensystem blockieren und durch Zytokinmodulation z. B. proinflammatorischer Zytokinhemmung das Immunsystem beeinflussen. Darüber hinaus spielen die Modulation und Aktivierung des Nervus vagus durch die Mikrobiota eine große Rolle. Ca. 80 % der Vagusfasern sind sensorisch und leiten dem ZNS wichtige Informationen aus dem Intestinaltrakt zu. Darüber hinaus ist Serotonin ein wesentlicher Neurotransmitter am Darm wie auch im ZNS. Dabei wird der Tryptophanmetabolismus durch den Kynurenin-Abbauarm durch das Mikrobiom moduliert, welcher 95 % des peripheren Tryptophanspiegels bei Säugetier und Mensch reguliert [159]. Ferner beeinflussen Gallensäuren, Cholin und kurzkettige Fettsäuren, wie N-Butyrat, Acetat und Propionat, die neuronale Aktivierung und sind Substrate verschiedener Bakterien der Mikrobiota.

Die Wirkung von Probiotika auf die Darm-Hirn-Achse wurde zunächst tierexperimentell untersucht und belegt und durch wenige Studien am Menschen bestätigt.

So war der Probiotikacocktail aus *Lactobacillus helveticus* und *B. longum* angst- und cortisolsenkend und damit stressreaktionshemmend [160] und auch stimmungsaufhellend [161]. Ähnliche Ergebnisse ergaben sich an der Maus für *Lactobacillus rhamnosus* mit Angst-, Stress- und Cortisolsenkung, wobei hier der Wirkmechanismus über die mRNA-Modulation von $GABA_A$- und $GABA_B$-Rezeptoren in verschiedenen Hirnregionen stattfand und sich diese komplex veränderten (regionspezifischer Anstieg bzw. Abfall der GABA-Rezeptoren) [162]. Interessanterweise war dieser Effekt von der Innervation des N. vagus abhängig, da vagotomierte Mäuse diese GABA-Rezeptorenmodulation durch *Lactobacillus rhamnosus* nicht zeigten. Frühere Studien mit *B. longum* bei kolitisinduzierter Angst an Mäusen zeigten ebenfalls einen anxiolytischen Effekt des Probiotikums. Dieser verlief jedoch über BDNF-mRNA-Modulation im Hippocampus und war ebenfalls vom N. vagus abhängig, jedoch nicht durch die Höhe der zirkulierenden inflammatorischen Zytokine bedingt [163, 164]. Dabei konnte gezeigt werden, dass die Stoffwechselprodukte von *B. longum* im Medium direkt die elektrische Erregbarkeit des enterischen Nervensystems absenken und somit auf enterischer Ebene via sensorischer Afferenzen des N. vagus die zentralen Veränderungen im Hippocampus moduliert werden [163].

Das Probiotikum *B. infantis* zeigt einen antidepressiven Effekt mit Normalisierung peripherer proinflammatorischer Zytokine und Tryptophankonzentration im Serum [165, 166]. Bei der Gabe von *Bifidobacterium brevis* war ein ähnlich antidepressiver Effekt erkennbar, der aber überwiegend durch eine Erhöhung der Fettsäuren im Gehirn (Arachidonsäure, Docosahexansäure) bedingt war [167]. Beide Fettsäuren (Arachidon- und Docosahexansäure) spielen eine wichtige Rolle bei der Neuroplastizität und -entwicklung und gelten als Schutzschirm bei oxidativem Stress [168, 169]. Ihre Konzentration beeinflusst auch Lernverhalten, Gedächtnis, Angst und Depression positiv [169, 170]. In verschiedenen Studien wurde gezeigt, dass diese tierexperimentellen Untersuchungen ebenso für den Menschen von Relevanz sind [171–173]. Diese hier aufgedeckten komplizierten Mechanismen machen auch die empirischen Daten einer veränderten Mikrobiota bei M. Parkinson [171] oder Autismus [174] verständlich. Zukünftige Studien müssen aber die spezifische Wirksamkeit der Probiotika für die verschiedenen ZNS-Indikationen beim Menschen weiter untersuchen und belegen. Ein Klasseneffekt der Probiotika darf keinesfalls angenommen werden. Für die Wirkung bei den verschiedenen Störungen sind hochspezifische Wirkmechanismen verantwortlich und müssen stammspezifisch getestet werden.

19.9 Probiotikagaben bei verschiedenen Indikationen/Erkrankungen

Eine Metaanalyse mit 13 Studien untersucht den Effekt einer Probiotikagabe vor elektiven Operationen in Hinblick auf das **postoperative Infektionsgeschehen**, insbesondere das Auftreten einer Sepsis. Diese Metaanalyse zeigt einen signifikanten protektiven Effekt auf eine postoperative Sepsis und befürwortet den präoperativen Probiotikaeinsatz [175].

Ettinger et al. geben in einem Review eine Übersicht der Probiotikagabe in Hinblick auf eine **kardiovaskuläre Risikominimierung** und kommen dabei zu einer positiven Bewertung. Die längerfristige Einnahme von Lactobacillus- oder Bifidobakterien-Spezies hat einen positiven Effekt auf die Verhinderung einer Gewichtszunahme, die Senkung des Blutdruckes und des Serumcholesterinspiegels und damit des kadiovaskulären Risikos bzgl. der Entwicklung einer koronaren Herzerkrankung [176].

Mehrere Studien beschäftigen sich mit dem Probiotikaeinsatz bei **Akne vulgaris**. Dabei spielen Milch-fermentierende Bakterien eine wesentliche Rolle (*L. reuteri*). In den Studien konnte gezeigt werden, wie der orale Einsatz von *L. reuteri* KCTC 3594 bzw. ein Joghurt mit Lactobacillen die Aknebakterien (vor allem *Propionibacteria acnes* und *Staphylococcus epidermidis*) auf der Haut deutlich absenkt [177]. Lokale Therapieanwendungen von Probiotika bei Akne müssen durch eine vermehrte Glycerolfermentation gekennzeichnet sein, da Glycerolabbauprodukte wesentlich das Wachstum von *Propionibacterium acnes* und auch von *Staphylococcus epidermidis* hemmen können [178, 179]. Somit können Probiotika eine sinnvolle Alternative zur Antibiotikatherapie bei Akne darstellen, insbesondere wenn methicillinresistente Keime dabei eine Rolle spielen [180].

Mit zunehmendem **Alter** nimmt die Diversität der intestinalen Mikrobiota ab. Daher haben sich zahlreiche Studien mit der Frage beschäftigt, ob Probiotika einen Nutzen bei älteren Menschen hervorbringen. Die Fragestellungen gingen von Obstipation [181] über Infektanfälligkeit und Immunparameter [182, 183] bis zu Wohlbefinden. Bei heterogener Studienlage ist ein allgemeiner Einsatz von Probiotika bei älteren Menschen nicht gerechtfertigt [184]. Bei spezifischen Störungen, wie Malnutrition mit Untergewicht, scheint der unspezifische Einsatz zur Senkung von Infekten gerechtfertigt [185, 186], ebenso bei Antibiotikaanwendung zur Prävention einer *Clostridium difficile*-assoziierten Diarrhö oder Antibiotika-assoziierten Diarrhö (siehe Abschnitte oben).

Die Empfehlung eines allgemeinen Einsatzes von Probiotika bei Erkrankungen des **rheumatischen Formenkreises** ist derzeit nicht möglich, da die Spezifität und die Studienlage noch viel zu schwach sind, wenn auch einzelne interessante Ansatzpunkte diskutiert werden (Übersicht bei [187]).

Eine gute Metaanalyse untersucht den Pro- und Präbiotikaeinsatz bei **hepatischer Enzephalopathie** und kommt zu dem Schluss, dass bei milder bis mäßiger Enzephalopathie das Präbiotikum Lactulose den stärksten Einzeleffekt, dicht gefolgt von Probiotika (Lactobacillus und Bifidobakterien-Spezies), zeigt. Die Verträglichkeit der Probiotika fiel jedoch deutlich besser aus als die der Lactulose, sodass die Probiotika eine Behandlungsalternative zur Lactulose darstellen [188].

Eine interessante Indikation für den Probiotikaeinsatz stellen die weltweit zunehmenden **Schwermetallexpositionen** und -belastungen der Menschen gerade auch in Entwicklungsländern dar. Eine Probiotikastudie mit *L. rhamnosus* GG bei Kindern, Erwachsenen und schwangeren Müttern konnte nachweisen, dass die Ausscheidung und die Blutspiegel signifikant für Schwermetalle, wie z. B. das Quecksilber, gesenkt werden konnten [189].

Auch in der Zahnmedizin gewinnen Untersuchungen zum Zusammenhang von oralem und intestinalem Mikrobiom und die Auswirkungen auf die Zahngesundheit und die Behandlung von u. a. Karies, Parodontose und Mundgeruch zunehmend an Bedeutung. Eine Übersicht geben Klish et al. [190].

Besorgt um die Zukunft der Menschheit mit seinen Missionen zum Mars zeigen sich die Autoren Saei und Barzegari und fordern für das vergessene Organ der intestinalen Mikrobiota bei Astronauten weitere wichtige Studien zum Probiotikaeinsatz außerhalb der terrestrischen Dimension [191].

19.10 Literatur

[1] Lilley D, Stilwell R. Probiotics: growth promoting factors produced by microorganisms. Science.. 1965; 47: 747–748.

[2] Havenaar R, ten Brink B, Huis in 't Veld JH. Selection of strains for probiotic use. In: Fuller R, ed. Probiotics, The scientific basis. Chapmann & Hall: Springer Netherlands. 1992: 209–224.

[3] Tschäppe H. Sicherheit mikrobieller Arzneimittel. In: Hacker J, Kruis W, eds. Darmflora in Symbiose und Pathogenität. Volume 1. Hagen: Alfred Nissle Gesellschaft, 2001: 153–162.

[4] Fric P. [Probiotics in gastroenterology]. Z Gastroenterol. 2002; 40: 197–201.

[5] Gibson GR, McCartney AL. Modification of the gut flora by dietary means. Biochem Soc Trans. 1998; 26: 222–228.

[6] Lopez-Varela S, Gonzalez-Gross M, Marcos A. Functional foods and the immune system: a review. Eur J Clin Nutr. 2002; 56(3): S29–33.

[7] Gibson GR, Roberfroid MB. Dietary modulation of the human colonic microbiota: introducing the concept of prebiotics. J Nutr. 1995; 125: 1401–1412.

[8] Gorke B, Liebler-Tenorio E. [Probiotics: Is there a scientific basis for their effects?]. Dtsch Tierarztl Wochenschr. 2001; 108: 249–251.

[9] Hemarajata P, Versalovic J. Effects of probiotics on gut microbiota: mechanisms of intestinal immunomodulation and neuromodulation. Therap Adv Gastroenterol. 2013; 6: 39–51.

[10] Madsen K, Cornish A, Soper P, et al. Probiotic bacteria enhance murine and human intestinal epithelial barrier function. Gastroenterology. 2001; 121: 580–591.

[11] Gill HS. Probiotics to enhance anti-infective defences in the gastrointestinal tract. Best Pract Res Clin Gastroenterol. 2003; 17: 755–773.

[12] Arumugam M, Raes J, Pelletier E, et al. Enterotypes of the human gut microbiome. Nature. 2011; 473: 174–80.

[13] Wuketits FM. Biologie und Kausalität. Biologische Ansätze zur Kausalität, Determination und Freiheit: Paul Pary, 1981.

[14] Thaiss CA, Zeevi D, Levy M, et al. Transkingdom control of microbiota diurnal oscillations promotes metabolic homeostasis. Cell. 2014; 159: 514–529.

[15] Hagel S, Epple HJ, Feurle GE, et al. [S2k guideline gastrointestinal infectious diseases and Whipple's disease]. Z Gastroenterol. 2015; 53: 418–459.

[16] Ritchie ML, Romanuk TN. A meta-analysis of probiotic efficacy for gastrointestinal diseases. PLoS One. 2012; 7: e34938.
[17] Liu Y, Fatheree NY, Mangalat N, et al. Lactobacillus reuteri strains reduce incidence and severity of experimental necrotizing enterocolitis via modulation of TLR4 and NF-kappaB signaling in the intestine. Am J Physiol Gastrointest Liver Physiol. 2012; 302: G608–617.
[18] Shornikova AV, Casas IA, Isolauri E, et al. Lactobacillus reuteri as a therapeutic agent in acute diarrhea in young children. J Pediatr Gastroenterol Nutr. 1997; 24: 399–404.
[19] Shornikova AV, Casas IA, Mykkanen H, et al. Bacteriotherapy with Lactobacillus reuteri in rotavirus gastroenteritis. Pediatr Infect Dis J. 1997; 16: 1103–1107.
[20] Shu Q, Qu F, Gill HS. Probiotic treatment using Bifidobacterium lactis HN019 reduces weanling diarrhea associated with rotavirus and Escherichia coli infection in a piglet model. J Pediatr Gastroenterol Nutr. 2001; 33: 171–177.
[21] Guandalini S, Pensabene L, Zikri MA, et al. Lactobacillus GG administered in oral rehydration solution to children with acute diarrhea: a multicenter European trial. J Pediatr Gastroenterol Nutr. 2000; 30: 54–60.
[22] Weizman Z, Asli G, Alsheikh A. Effect of a probiotic infant formula on infections in child care centers: comparison of two probiotic agents. Pediatrics. 2005; 115: 5–9.
[23] Guandalini S. Probiotics for children: use in diarrhea. J Clin Gastroenterol. 2006; 40: 244–248.
[24] Simakachorn N, Pichaipat V, Rithipornpaisarn P, et al. Clinical evaluation of the addition of lyophilized, heat-killed Lactobacillus acidophilus LB to oral rehydration therapy in the treatment of acute diarrhea in children. J Pediatr Gastroenterol Nutr. 2000; 30: 68–72.
[25] Salazar-Lindo E, Figueroa-Quintanilla D, Caciano MI, et al. Effectiveness and safety of Lactobacillus LB in the treatment of mild acute diarrhea in children. J Pediatr Gastroenterol Nutr. 2007; 44: 571–576.
[26] Vandenplas Y, De Hert SG, group PR-s. Randomised clinical trial: the synbiotic food supplement Probiotical vs. placebo for acute gastroenteritis in children. Aliment Pharmacol Ther. 2011; 34: 862–867.
[27] Guandalini S. Probiotics for prevention and treatment of diarrhea. J Clin Gastroenterol. 2011; 45: S149–153.
[28] Szajewska H, Mrukowicz J. Meta-analysis: non-pathogenic yeast Saccharomyces boulardii in the prevention of antibiotic-associated diarrhoea. Aliment Pharmacol Ther. 2005; 22: 365–372.
[29] Correa NB, Penna FJ, Lima FM, et al. Treatment of acute diarrhea with Saccharomyces boulardii in infants. J Pediatr Gastroenterol Nutr. 2011; 53: 497–501.
[30] Dalgic N, Sancar M, Bayraktar B, et al. Probiotic, zinc and lactose-free formula in children with rotavirus diarrhea: are they effective? Pediatr Int. 2011; 53: 677–682.
[31] Dinleyici EC, Eren M, Ozen M, et al. Effectiveness and safety of Saccharomyces boulardii for acute infectious diarrhea. Expert Opin Biol Ther. 2012; 12: 395–410.
[32] Grandy G, Medina M, Soria R, et al. Probiotics in the treatment of acute rotavirus diarrhoea. A randomized, double-blind, controlled trial using two different probiotic preparations in Bolivian children. BMC Infect Dis. 2010; 10: 253.
[33] Htwe K, Yee KS, Tin M, et al. Effect of Saccharomyces boulardii in the treatment of acute watery diarrhea in Myanmar children: a randomized controlled study. Am J Trop Med Hyg. 2008; 78: 214–216.
[34] Le Luyer B, Makhoul G, Duhamel JF. [A multicentric study of a lactose free formula supplemented with Saccharomyces boulardii in children with acute diarrhea]. Arch Pediatr. 2010; 17: 459–465.

[35] Riaz M, Alam S, Malik A, et al. Efficacy and safety of Saccharomyces boulardii in acute childhood diarrhea: a double blind randomised controlled trial. Indian J Pediatr. 2012; 79: 478–482.
[36] Villarruel G, Rubio DM, Lopez F, et al. Saccharomyces boulardii in acute childhood diarrhoea: a randomized, placebo-controlled study. Acta Paediatr. 2007; 96: 538–541.
[37] McFarland LV. Systematic review and meta-analysis of Saccharomyces boulardii in adult patients. World J Gastroenterol. 2010; 16: 2202–2222.
[38] Dinleyici EC, Eren M, Dogan N, et al. Clinical efficacy of Saccharomyces boulardii or metronidazole in symptomatic children with Blastocystis hominis infection. Parasitol Res. 2011; 108: 541–545.
[39] Savas-Erdeve S, Gokay S, Dallar Y. Efficacy and safety of Saccharomyces boulardii in amebiasis-associated diarrhea in children. Turk J Pediatr. 2009; 51: 220–224.
[40] Lestin F, Pertschy A, Rimek D. [Fungemia after oral treatment with Saccharomyces boulardii in a patient with multiple comorbidities]. Dtsch Med Wochenschr. 2003; 128: 2531–2533.
[41] Helwig U, Lammers KM, Rizzello F, et al. Lactobacilli, bifidobacteria and E. coli nissle induce pro- and anti-inflammatory cytokines in peripheral blood mononuclear cells. World J Gastroenterol. 2006; 12: 5978–5986.
[42] Hering NA, Richter JF, Fromm A, et al. TcpC protein from E. coli Nissle improves epithelial barrier function involving PKCzeta and ERK1/2 signaling in HT-29/B6 cells. Mucosal Immunol. 2014; 7: 369–378.
[43] Schierack P, Kleta S, Tedin K, et al. E. coli Nissle 1917 Affects Salmonella adhesion to porcine intestinal epithelial cells. PLoS One. 2011; 6: e14712.
[44] Autieri SM, Lins JJ, Leatham MP, et al. L-fucose stimulates utilization of D-ribose by Escherichia coli MG1655 DeltafucAO and E. coli Nissle 1917 DeltafucAO mutants in the mouse intestine and in M9 minimal medium. Infect Immun. 2007; 75: 5465–5475.
[45] Henker J, Laass M, Blokhin BM, et al. The probiotic Escherichia coli strain Nissle 1917 (EcN) stops acute diarrhoea in infants and toddlers. Eur J Pediatr. 2007; 166: 311–318.
[46] Henker J, Laass MW, Blokhin BM, et al. Probiotic Escherichia coli Nissle 1917 versus placebo for treating diarrhea of greater than 4 days duration in infants and toddlers. Pediatr Infect Dis J. 2008; 27: 494–499.
[47] Sazawal S, Hiremath G, Dhingra U, et al. Efficacy of probiotics in prevention of acute diarrhoea: a meta-analysis of masked, randomised, placebo-controlled trials. Lancet Infect Dis. 2006; 6: 374–382.
[48] McFarland LV. Meta-analysis of probiotics for the prevention of traveler's diarrhea. Travel Med Infect Dis. 2007; 5: 97–105.
[49] Schroder O, Gerhard R, Stein J. [Antibiotic-associated diarrhea]. Z Gastroenterol. 2006; 44: 193–204.
[50] Nelson R. Antibiotic treatment for Clostridium difficile-associated diarrhea in adults. Cochrane Database Syst Rev. 2007: CD004610.
[51] McFarland LV. Meta-analysis of probiotics for the prevention of antibiotic associated diarrhea and the treatment of Clostridium difficile disease. Am J Gastroenterol. 2006; 101: 812–822.
[52] Videlock EJ, Cremonini F. Meta-analysis: probiotics in antibiotic-associated diarrhoea. Aliment Pharmacol Ther. 2012; 35: 1355–1369.
[53] Videlock EJ, Cremonini F. Probiotics for antibiotic-associated diarrhea. JAMA. 2012; 308: 665; author reply 665–666.
[54] Hempel S, Newberry SJ, Maher AR, et al. Probiotics for the prevention and treatment of antibiotic-associated diarrhea: a systematic review and meta-analysis. JAMA. 2012; 307: 1959–1569.

[55] Mayer EA. Gut feelings: the emerging biology of gut-brain communication. Nat Rev Neurosci. 2011; 12: 453–466.
[56] Rhee SH, Pothoulakis C, Mayer EA. Principles and clinical implications of the brain-gut-enteric microbiota axis. Nat Rev Gastroenterol Hepatol. 2009; 6: 306–314.
[57] Frazier TH, DiBaise JK, McClain CJ. Gut microbiota, intestinal permeability, obesity-induced inflammation, and liver injury. JPEN J Parenter Enteral Nutr. 2011; 35: 14S–20S.
[58] Round JL, Mazmanian SK. The gut microbiota shapes intestinal immune responses during health and disease. Nat Rev Immunol. 2009; 9: 313–323.
[59] Amaral FA, Sachs D, Costa VV, et al. Commensal microbiota is fundamental for the development of inflammatory pain. Proc Natl Acad Sci U S A. 2008; 105: 2193–2197.
[60] Bercik P, Collins SM, Verdu EF. Microbes and the gut-brain axis. Neurogastroenterol Motil. 2012; 24: 405–413.
[61] Cryan JF, Dinan TG. Mind-altering microorganisms: the impact of the gut microbiota on brain and behaviour. Nat Rev Neurosci. 2012; 13: 701–712.
[62] Forsythe P, Kunze WA. Voices from within: gut microbes and the CNS. Cell Mol Life Sci. 2013; 70: 55–69.
[63] Sudo N, Chida Y, Aiba Y, et al. Postnatal microbial colonization programs the hypothalamic-pituitary-adrenal system for stress response in mice. J Physiol. 2004; 558: 263–275.
[64] Camilleri M, Katzka DA. Irritable bowel syndrome: methods, mechanisms, and pathophysiology. Genetic epidemiology and pharmacogenetics in irritable bowel syndrome. Am J Physiol Gastrointest Liver Physiol. 2012; 302: G1075–1084.
[65] Hughes PA, Zola H, Penttila IA, et al. Immune activation in irritable bowel syndrome: can neuroimmune interactions explain symptoms? Am J Gastroenterol. 2013; 108: 1066–1074.
[66] Valdez-Morales EE, Overington J, Guerrero-Alba R, et al. Sensitization of peripheral sensory nerves by mediators from colonic biopsies of diarrhea-predominant irritable bowel syndrome patients: a role for PAR2. Am J Gastroenterol. 2013; 108: 1634–1643.
[67] Cani PD, Everard A, Duparc T. Gut microbiota, enteroendocrine functions and metabolism. Curr Opin Pharmacol. 2013; 13: 935–940.
[68] Mayer EA, Savidge T, Shulman RJ. Brain-gut microbiome interactions and functional bowel disorders. Gastroenterology. 2014; 146: 1500–1512.
[69] Ortiz-Lucas M, Tobias A, Saz P, et al. Effect of probiotic species on irritable bowel syndrome symptoms: A bring up to date meta-analysis. Rev Esp Enferm Dig. 2013; 105: 19–36.
[70] Horvath A, Dziechciarz P, Szajewska H. Meta-analysis: Lactobacillus rhamnosus GG for abdominal pain-related functional gastrointestinal disorders in childhood. Aliment Pharmacol Ther. 2011; 33: 1302–1310.
[71] Whelan K. Probiotics and prebiotics in the management of irritable bowel syndrome: a review of recent clinical trials and systematic reviews. Curr Opin Clin Nutr Metab Care. 2011; 14: 581–587.
[72] Olesen M, Gudmand-Hoyer E. Efficacy, safety, and tolerability of fructooligosaccharides in the treatment of irritable bowel syndrome. Am J Clin Nutr. 2000; 72: 1570–1575.
[73] Silk DB, Davis A, Vulevic J, et al. Clinical trial: the effects of a trans-galactooligosaccharide prebiotic on faecal microbiota and symptoms in irritable bowel syndrome. Aliment Pharmacol Ther. 2009; 29: 508–518.
[74] Jonkers D, Penders J, Masclee A, et al. Probiotics in the management of inflammatory bowel disease: a systematic review of intervention studies in adult patients. Drugs. 2012; 72: 803–823.
[75] Kruis W, Schutz E, Fric P, et al. Double-blind comparison of an oral Escherichia coli preparation and mesalazine in maintaining remission of ulcerative colitis. Aliment Pharmacol Ther. 1997; 11: 853–858.

[76] Rembacken BJ, Snelling AM, Hawkey PM, et al. Non-pathogenic Escherichia coli versus mesalazine for the treatment of ulcerative colitis: a randomised trial. Lancet. 1999; 354: 635–639.

[77] Kruis W, Fric P, Pokrotnieks J, et al. Maintaining remission of ulcerative colitis with the probiotic Escherichia coli Nissle 1917 is as effective as with standard mesalazine. Gut. 2004; 53: 1617–1623.

[78] Jonkers D, Stockbrugger R. Review article: Probiotics in gastrointestinal and liver diseases. Aliment Pharmacol Ther. 2007; 26(2): 133–148.

[79] Sood A, Midha V, Makharia GK, et al. The probiotic preparation, VSL#3 induces remission in patients with mild-to-moderately active ulcerative colitis. Clin Gastroenterol Hepatol. 2009; 7: 1202–1209, 1209 e1.

[80] Tursi A, Brandimarte G, Giorgetti GM, et al. Low-dose balsalazide plus a high-potency probiotic preparation is more effective than balsalazide alone or mesalazine in the treatment of acute mild-to-moderate ulcerative colitis. Med Sci Monit. 2004; 10: PI126–1131.

[81] Tursi A, Brandimarte G, Papa A, et al. Treatment of relapsing mild-to-moderate ulcerative colitis with the probiotic VSL#3 as adjunctive to a standard pharmaceutical treatment: a double-blind, randomized, placebo-controlled study. Am J Gastroenterol. 2010; 105: 2218–2227.

[82] Gionchetti P, Rizzello F, Venturi A, et al. Oral bacteriotherapy as maintenance treatment in patients with chronic pouchitis: a double-blind, placebo-controlled trial. Gastroenterology. 2000; 119: 305–309.

[83] Gionchetti P, Rizzello F, Helwig U, et al. Prophylaxis of pouchitis onset with probiotic therapy: a double-blind, placebo-controlled trial. Gastroenterology. 2003; 124: 1202–1209.

[84] Mimura T, Rizzello F, Helwig U, et al. Once daily high dose probiotic therapy (VSL#3) for maintaining remission in recurrent or refractory pouchitis. Gut. 2004; 53: 108–114.

[85] Gupta P, Andrew H, Kirschner BS, et al. Is lactobacillus GG helpful in children with Crohn's disease? Results of a preliminary, open-label study. J Pediatr Gastroenterol Nutr. 2000; 31: 453–457.

[86] Schultz M, Timmer A, Herfarth HH, et al. Lactobacillus GG in inducing and maintaining remission of Crohn's disease. BMC Gastroenterol. 2004; 4: 5.

[87] Malchow HA. Crohn's disease and Escherichia coli. A new approach in therapy to maintain remission of colonic Crohn's disease? J Clin Gastroenterol. 1997; 25: 653–658.

[88] Ley RE, Backhed F, Turnbaugh P, et al. Obesity alters gut microbial ecology. Proc Natl Acad Sci U S A. 2005; 102: 11070–11075.

[89] Gill SR, Pop M, Deboy RT, et al. Metagenomic analysis of the human distal gut microbiome. Science. 2006; 312: 1355–1359.

[90] Turnbaugh PJ, Ley RE, Mahowald MA, et al. An obesity-associated gut microbiome with increased capacity for energy harvest. Nature. 2006; 444: 1027–1031.

[91] McNeil NI. The contribution of the large intestine to energy supplies in man. Am J Clin Nutr. 1984; 39: 338–342.

[92] Alvaro E, Andrieux C, Rochet V, et al. Composition and metabolism of the intestinal microbiota in consumers and non-consumers of yogurt. Br J Nutr. 2007; 97: 126–133.

[93] Mountzouris KC, Kotzampassi K, Tsirtsikos P, et al. Effects of Lactobacillus acidophilus on gut microflora metabolic biomarkers in fed and fasted rats. Clin Nutr. 2009; 28: 318–324.

[94] Yamano T, Iino H, Takada M, et al. Improvement of the human intestinal flora by ingestion of the probiotic strain Lactobacillus johnsonii La1. Br J Nutr. 2006; 95: 303–312.

[95] Sonnenburg JL, Chen CT, Gordon JI. Genomic and metabolic studies of the impact of probiotics on a model gut symbiont and host. PLoS Biol. 2006; 4: e413.

[96] McNulty NP, Yatsunenko T, Hsiao A, et al. The impact of a consortium of fermented milk strains on the gut microbiome of gnotobiotic mice and monozygotic twins. Sci Transl Med. 2011; 3: 106ra106.

[97] Al-Lahham SH, Peppelenbosch MP, Roelofsen H, et al. Biological effects of propionic acid in humans; metabolism, potential applications and underlying mechanisms. Biochim Biophys Acta. 2010; 1801: 1175–1183.

[98] Arora T, Sharma R, Frost G. Propionate. Anti-obesity and satiety enhancing factor? Appetite. 2011; 56: 511–515.

[99] Belury MA. Dietary conjugated linoleic acid in health: physiological effects and mechanisms of action. Annu Rev Nutr. 2002; 22: 505–531.

[100] Lee HY, Park JH, Seok SH, et al. Human originated bacteria, Lactobacillus rhamnosus PL60, produce conjugated linoleic acid and show anti-obesity effects in diet-induced obese mice. Biochim Biophys Acta. 2006; 1761: 736–744.

[101] Lee K, Paek K, Lee HY, et al. Antiobesity effect of trans-10,cis-12-conjugated linoleic acid-producing Lactobacillus plantarum PL62 on diet-induced obese mice. J Appl Microbiol. 2007; 103: 1140–1146.

[102] Sato M, Uzu K, Yoshida T, et al. Effects of milk fermented by Lactobacillus gasseri SBT2055 on adipocyte size in rats. Br J Nutr. 2008; 99: 1013–1017.

[103] Esposito E, Iacono A, Bianco G, et al. Probiotics reduce the inflammatory response induced by a high-fat diet in the liver of young rats. J Nutr. 2009; 139: 905–911.

[104] Tanida M, Shen J, Maeda K, et al. High-fat diet-induced obesity is attenuated by probiotic strain Lactobacillus paracasei ST11 (NCC2461) in rats. Obes Res Clin Pract. 2008; 2: I–II.

[105] An HM, Park SY, Lee do K, et al. Antiobesity and lipid-lowering effects of Bifidobacterium spp. in high fat diet-induced obese rats. Lipids Health Dis. 2011; 10: 116.

[106] Chen JJ, Wang R, Li XF, et al. Bifidobacterium longum supplementation improved high-fat-fed-induced metabolic syndrome and promoted intestinal Reg I gene expression. Exp Biol Med (Maywood). 2011; 236: 823–831.

[107] Naito E, Yoshida Y, Makino K, et al. Beneficial effect of oral administration of Lactobacillus casei strain Shirota on insulin resistance in diet-induced obesity mice. J Appl Microbiol. 2011; 110: 650–657.

[108] Karlsson CL, Molin G, Fak F, et al. Effects on weight gain and gut microbiota in rats given bacterial supplements and a high-energy-dense diet from fetal life through to 6 months of age. Br J Nutr. 2011; 106: 887–895.

[109] Arora T, Singh S, Sharma RK. Probiotics: Interaction with gut microbiome and antiobesity potential. Nutrition. 2013; 29: 591–596.

[110] Hamad EM, Sato M, Uzu K, et al. Milk fermented by Lactobacillus gasseri SBT2055 influences adipocyte size via inhibition of dietary fat absorption in Zucker rats. Br J Nutr. 2009; 101: 716–724.

[111] Yun SI, Park HO, Kang JH. Effect of Lactobacillus gasseri BNR17 on blood glucose levels and body weight in a mouse model of type 2 diabetes. J Appl Microbiol. 2009; 107: 1681–1686.

[112] Backhed F, Manchester JK, Semenkovich CF, et al. Mechanisms underlying the resistance to diet-induced obesity in germ-free mice. Proc Natl Acad Sci U S A. 2007; 104: 979–984.

[113] Kadooka Y, Sato M, Ogawa A, et al. Effect of Lactobacillus gasseri SBT2055 in fermented milk on abdominal adiposity in adults in a randomised controlled trial. Br J Nutr. 2013; 110: 1696–1703.

[114] Ruijschop R, Boelrijk A, Giffel M. Satiety effects of a dairy beverage fermented with propionic acid bacteria. Int Dairy J. 2008; 18: 945–950.

[115] Woodard GA, Encarnacion B, Downey JR, et al. Probiotics improve outcomes after Roux-en-Y gastric bypass surgery: a prospective randomized trial. J Gastrointest Surg. 2009; 13: 1198–1204.
[116] Luoto R, Kalliomaki M, Laitinen K, et al. The impact of perinatal probiotic intervention on the development of overweight and obesity: follow-up study from birth to 10 years. Int J Obes (Lond). 2010; 34: 1531–1537.
[117] Laitinen K, Poussa T, Isolauri E, et al. Probiotics and dietary counselling contribute to glucose regulation during and after pregnancy: a randomised controlled trial. Br J Nutr. 2009; 101: 1679–1687.
[118] Luoto R, Laitinen K, Nermes M, et al. Impact of maternal probiotic-supplemented dietary counselling on pregnancy outcome and prenatal and postnatal growth: a double-blind, placebo-controlled study. Br J Nutr. 2010; 103: 1792–1799.
[119] Ilmonen J, Isolauri E, Poussa T, et al. Impact of dietary counselling and probiotic intervention on maternal anthropometric measurements during and after pregnancy: a randomized placebo-controlled trial. Clin Nutr. 2011; 30: 156–164.
[120] Rautava S, Ruuskanen O, Ouwehand A, et al. The hygiene hypothesis of atopic disease–an extended version. J Pediatr Gastroenterol Nutr. 2004; 38: 378–388.
[121] Turnbaugh PJ, Ridaura VK, Faith JJ, et al. The effect of diet on the human gut microbiome: a metagenomic analysis in humanized gnotobiotic mice. Sci Transl Med. 2009; 1: 6ra14.
[122] Hersoug LG, Linneberg A. The link between the epidemics of obesity and allergic diseases: does obesity induce decreased immune tolerance? Allergy. 2007; 62: 1205–1213.
[123] Kero J, Gissler M, Hemminki E, et al. Could TH1 and TH2 diseases coexist? Evaluation of asthma incidence in children with coeliac disease, type 1 diabetes, or rheumatoid arthritis: a register study. J Allergy Clin Immunol. 2001; 108: 781–783.
[124] Mai XM, Becker AB, Sellers EA, et al. The relationship of breast-feeding, overweight, and asthma in preadolescents. J Allergy Clin Immunol. 2007; 120: 551–556.
[125] Favier CF, de Vos WM, Akkermans AD. Development of bacterial and bifidobacterial communities in feces of newborn babies. Anaerobe. 2003; 9: 219–229.
[126] Favier CF, Vaughan EE, De Vos WM, et al. Molecular monitoring of succession of bacterial communities in human neonates. Appl Environ Microbiol. 2002; 68: 219–226.
[127] Palmer C, Bik EM, DiGiulio DB, et al. Development of the human infant intestinal microbiota. PLoS Biol. 2007; 5: e177.
[128] Bjorksten B, Sepp E, Julge K, et al. Allergy development and the intestinal microflora during the first year of life. J Allergy Clin Immunol. 2001; 108: 516–520.
[129] Kalliomaki M, Kirjavainen P, Eerola E, et al. Distinct patterns of neonatal gut microflora in infants in whom atopy was and was not developing. J Allergy Clin Immunol. 2001; 107: 129–134.
[130] Isolauri E, Kalliomaki M, Laitinen K, et al. Modulation of the maturing gut barrier and microbiota a novel target in allergic disease. Curr Pharm Des. 2008; 14: 1368–1375.
[131] Gronlund MM, Gueimonde M, Laitinen K, et al. Maternal breast-milk and intestinal bifidobacteria guide the compositional development of the Bifidobacterium microbiota in infants at risk of allergic disease. Clin Exp Allergy. 2007; 37: 1764–1772.
[132] Neu J, Rushing J. Cesarean versus vaginal delivery: long-term infant outcomes and the hygiene hypothesis. Clin Perinatol. 2011; 38: 321–331.
[133] Isolauri E, Rautava S, Salminen S. Probiotics in the development and treatment of allergic disease. Gastroenterol Clin North Am. 2012; 41: 747–762.
[134] Kalliomaki M, Salminen S, Arvilommi H, et al. Probiotics in primary prevention of atopic disease: a randomised placebo-controlled trial. Lancet. 2001; 357: 1076–1079.

[135] Kalliomaki M, Salminen S, Poussa T, et al. Probiotics during the first 7 years of life: a cumulative risk reduction of eczema in a randomized, placebo-controlled trial. J Allergy Clin Immunol. 2007; 119: 1019–1021.
[136] Kalliomaki M, Salminen S, Poussa T, et al. Probiotics and prevention of atopic disease: 4-year follow-up of a randomised placebo-controlled trial. Lancet. 2003; 361: 1869–1871.
[137] Kopp MV, Hennemuth I, Heinzmann A, et al. Randomized, double-blind, placebo-controlled trial of probiotics for primary prevention: no clinical effects of Lactobacillus GG supplementation. Pediatrics. 2008; 121: e850–856.
[138] Kukkonen K, Savilahti E, Haahtela T, et al. Probiotics and prebiotic galacto-oligosaccharides in the prevention of allergic diseases: a randomized, double-blind, placebo-controlled trial. J Allergy Clin Immunol. 2007; 119: 192–198.
[139] Abrahamsson TR, Jakobsson T, Bottcher MF, et al. Probiotics in prevention of IgE-associated eczema: a double-blind, randomized, placebo-controlled trial. J Allergy Clin Immunol. 2007; 119: 1174–1180.
[140] Niers L, Martin R, Rijkers G, et al. The effects of selected probiotic strains on the development of eczema (the PandA study). Allergy. 2009; 64: 1349–1358.
[141] Dotterud CK, Storro O, Johnsen R, et al. Probiotics in pregnant women to prevent allergic disease: a randomized, double-blind trial. Br J Dermatol. 2010; 163: 616–623.
[142] Kim JY, Kwon JH, Ahn SH, et al. Effect of probiotic mix (Bifidobacterium bifidum, Bifidobacterium lactis, Lactobacillus acidophilus) in the primary prevention of eczema: a double-blind, randomized, placebo-controlled trial. Pediatr Allergy Immunol. 2010; 21: e386–393.
[143] Wickens K, Black PN, Stanley TV, et al. A differential effect of 2 probiotics in the prevention of eczema and atopy: a double-blind, randomized, placebo-controlled trial. J Allergy Clin Immunol. 2008; 122: 788–794.
[144] Doege K, Grajecki D, Zyriax BC, et al. Impact of maternal supplementation with probiotics during pregnancy on atopic eczema in childhood–a meta-analysis. Br J Nutr. 2012; 107: 1–6.
[145] Elazab N, Mendy A, Gasana J, et al. Probiotic administration in early life, atopy, and asthma: a meta-analysis of clinical trials. Pediatrics. 2013; 132: e666–676.
[146] Rautava S, Kalliomaki M, Isolauri E. Probiotics during pregnancy and breast-feeding might confer immunomodulatory protection against atopic disease in the infant. J Allergy Clin Immunol. 2002; 109: 119–121.
[147] Fiocchi A, Pawankar R, Cuello-Garcia C, et al. World Allergy Organization-McMaster University Guidelines for Allergic Disease Prevention (GLAD-P): Probiotics. World Allergy Organ J. 2015; 8: 4.
[148] West CE, Hammarstrom ML, Hernell O. Probiotics during weaning reduce the incidence of eczema. Pediatr Allergy Immunol. 2009; 20: 430–437.
[149] Isolauri E, Arvola T, Sutas Y, et al. Probiotics in the management of atopic eczema. Clin Exp Allergy. 2000; 30: 1604–1610.
[150] Majamaa H, Isolauri E. Probiotics: a novel approach in the management of food allergy. J Allergy Clin Immunol. 1997; 99: 179–185.
[151] Pessi T, Sutas Y, Hurme M, et al. Interleukin-10 generation in atopic children following oral Lactobacillus rhamnosus GG. Clin Exp Allergy. 2000; 30: 1804–1808.
[152] Rosenfeldt V, Michaelsen KF, Jakobsen M, et al. Effect of probiotic Lactobacillus strains in young children hospitalized with acute diarrhea. Pediatr Infect Dis J. 2002; 21: 411–416.
[153] Viljanen M, Savilahti E, Haahtela T, et al. Probiotics in the treatment of atopic eczema/dermatitis syndrome in infants: a double-blind placebo-controlled trial. Allergy. 2005; 60: 494–500.

[154] Cosenza L, Nocerino R, Di Scala C, et al. Bugs for atopy: the Lactobacillus rhamnosus GG strategy for food allergy prevention and treatment in children. Benef Microbes. 2015; 6: 225–232.
[155] Gruber C. Probiotics and prebiotics in allergy prevention and treatment: future prospects. Expert Rev Clin Immunol. 2012; 8: 17–19.
[156] Gruber C, Wendt M, Sulser C, et al. Randomized, placebo-controlled trial of Lactobacillus rhamnosus GG as treatment of atopic dermatitis in infancy. Allergy. 2007; 62: 1270–1276.
[157] Brouwer ML, Wolt-Plompen SA, Dubois AE, et al. No effects of probiotics on atopic dermatitis in infancy: a randomized placebo-controlled trial. Clin Exp Allergy. 2006; 36: 899–906.
[158] Tang ML, Ponsonby AL, Orsini F, et al. Administration of a probiotic with peanut oral immunotherapy: A randomized trial. J Allergy Clin Immunol. 2015; 135: 737–744 e8.
[159] Clarke G, Fitzgerald P, Cryan JF, et al. Tryptophan degradation in irritable bowel syndrome: evidence of indoleamine 2,3-dioxygenase activation in a male cohort. BMC Gastroenterol. 2009; 9: 6.
[160] Messaoudi M, Lalonde R, Violle N, et al. Assessment of psychotropic-like properties of a probiotic formulation (Lactobacillus helveticus R0052 and Bifidobacterium longum R0175) in rats and human subjects. Br J Nutr. 2011; 105: 755–764.
[161] Arseneault-Breard J, Rondeau I, Gilbert K, et al. Combination of Lactobacillus helveticus R0052 and Bifidobacterium longum R0175 reduces post-myocardial infarction depression symptoms and restores intestinal permeability in a rat model. Br J Nutr. 2012; 107: 1793–1799.
[162] Bravo JA, Forsythe P, Chew MV, et al. Ingestion of Lactobacillus strain regulates emotional behavior and central GABA receptor expression in a mouse via the vagus nerve. Proc Natl Acad Sci U S A. 2011; 108: 16050–16055.
[163] Bercik P, Park AJ, Sinclair D, et al. The anxiolytic effect of Bifidobacterium longum NCC3001 involves vagal pathways for gut-brain communication. Neurogastroenterol Motil. 2011; 23: 1132–1139.
[164] Bercik P, Verdu EF, Foster JA, et al. Chronic gastrointestinal inflammation induces anxiety-like behavior and alters central nervous system biochemistry in mice. Gastroenterology. 2010; 139: 2102–2112 e1.
[165] Desbonnet L, Garrett L, Clarke G, et al. The probiotic Bifidobacteria infantis: An assessment of potential antidepressant properties in the rat. J Psychiatr Res. 2008; 43: 164–174.
[166] Desbonnet L, Garrett L, Clarke G, et al. Effects of the probiotic Bifidobacterium infantis in the maternal separation model of depression. Neuroscience. 2010; 170: 1179–1188.
[167] Wall R, Marques TM, O'Sullivan O, et al. Contrasting effects of Bifidobacterium breve NCIMB 702258 and Bifidobacterium breve DPC 6330 on the composition of murine brain fatty acids and gut microbiota. Am J Clin Nutr. 2012; 95: 1278–1287.
[168] Innis SM. Dietary (n-3) fatty acids and brain development. J Nutr. 2007; 137: 855–859.
[169] Rapoport SI. Brain arachidonic and docosahexaenoic acid cascades are selectively altered by drugs, diet and disease. Prostaglandins Leukot Essent Fatty Acids. 2008; 79: 153–156.
[170] Luchtman DW, Song C. Cognitive enhancement by omega-3 fatty acids from child-hood to old age: findings from animal and clinical studies. Neuropharmacology. 2013; 64: 550–565.
[171] Mayer EA, Tillisch K, Gupta A. Gut/brain axis and the microbiota. J Clin Invest. 2015; 125: 926–938.
[172] Tillisch K. The effects of gut microbiota on CNS function in humans. Gut Microbes. 2014; 5: 404–410.
[173] Tillisch K, Labus J, Kilpatrick L, et al. Consumption of fermented milk product with probiotic modulates brain activity. Gastroenterology. 2013; 144: 1394–1401, 1401 e1–4.

[174] Mayer EA, Padua D, Tillisch K. Altered brain-gut axis in autism: comorbidity or causative mechanisms? Bioessays. 2014; 36: 933–939.
[175] Kinross JM, Markar S, Karthikesalingam A, et al. A meta-analysis of probiotic and synbiotic use in elective surgery: does nutrition modulation of the gut microbiome improve clinical outcome? JPEN J Parenter Enteral Nutr. 2013; 37: 243–253.
[176] Ettinger G, MacDonald K, Reid G, et al. The influence of the human microbiome and probiotics on cardiovascular health. Gut Microbes. 2014; 5: 719–728.
[177] Kang MS, Oh JS, Lee SW, et al. Effect of Lactobacillus reuteri on the proliferation of Propionibacterium acnes and Staphylococcus epidermidis. J Microbiol. 2012; 50: 137–142.
[178] Shu M, Wang Y, Yu J, et al. Fermentation of Propionibacterium acnes, a commensal bacterium in the human skin microbiome, as skin probiotics against methicillin-resistant Staphylococcus aureus. PLoS One. 2013; 8: e55380.
[179] Wang Y, Kuo S, Shu M, et al. Staphylococcus epidermidis in the human skin microbiome mediates fermentation to inhibit the growth of Propionibacterium acnes: implications of probiotics in acne vulgaris. Appl Microbiol Biotechnol. 2014; 98: 411–424.
[180] Bowe WP. Antibiotic resistance and acne: where we stand and what the future holds. J Drugs Dermatol. 2014; 13: s66–70.
[181] Granata M, Brandi G, Borsari A, et al. Synbiotic yogurt consumption by healthy adults and the elderly: the fate of bifidobacteria and LGG probiotic strain. Int J Food Sci Nutr. 2013; 64: 162–168.
[182] Hatakka K, Ahola AJ, Yli-Knuuttila H, et al. Probiotics reduce the prevalence of oral candida in the elderly–a randomized controlled trial. J Dent Res. 2007; 86: 125–130.
[183] Maneerat S, Lehtinen MJ, Childs CE, et al. Consumption of Bifidobacterium lactis Bi-07 by healthy elderly adults enhances phagocytic activity of monocytes and granulocytes. J Nutr Sci. 2013; 2: e44.
[184] Eloe-Fadrosh EA, Brady A, Crabtree J, et al. Functional dynamics of the gut microbiome in elderly people during probiotic consumption. MBio. 2015; 6.
[185] Makino S, Ikegami S, Kume A, et al. Reducing the risk of infection in the elderly by dietary intake of yoghurt fermented with Lactobacillus delbrueckii ssp. bulgaricus OLL1073R-1. Br J Nutr. 2010; 104: 998–1006.
[186] Turchet P, Laurenzano M, Auboiron S, et al. Effect of fermented milk containing the probiotic Lactobacillus casei DN-114001 on winter infections in free-living elderly subjects: a randomised, controlled pilot study. J Nutr Health Aging. 2003; 7: 75–77.
[187] Vitetta L, Coulson S, Linnane AW, et al. The gastrointestinal microbiome and musculoskeletal diseases: a beneficial role for probiotics and prebiotics. Pathogens. 2013; 2: 606–626.
[188] Shukla S, Shukla A, Mehboob S, et al. Meta-analysis: the effects of gut flora modulation using prebiotics, probiotics and synbiotics on minimal hepatic encephalopathy. Aliment Pharmacol Ther. 2011; 33: 662–671.
[189] Bisanz JE, Enos MK, Mwanga JR, et al. Randomized open-label pilot study of the influence of probiotics and the gut microbiome on toxic metal levels in Tanzanian pregnant women and school children. MBio. 2014; 5: e01580–1514.
[190] Klish AJ, Porter JA, Bashirelahi N. What every dentist needs to know about the human microbiome and probiotics. Gen Dent. 2014; 62: 30–36.
[191] Saei AA, Barzegari A. The microbiome: the forgotten organ of the astronaut's body–probiotics beyond terrestrial limits. Future Microbiol. 2012; 7: 1037–1046.

Patrizia Kump und Christoph Högenauer

20 Fäkale Mikrobiota-Transplantation

20.1 Einleitung und Definition

Störungen in der Zusammensetzung des intestinalen Mikrobioms werden ursächlich für verschiedene intestinale und extraintestinale Erkrankungen verantwortlich gemacht. Diese auch als Dysbiose bezeichneten Veränderungen spielen vor allem bei der *Clostridium-difficile*-Infektion (CDI) und bei chronisch-entzündlichen Darmerkrankungen (CED) nach derzeitigem Wissenstand eine wichtige pathogenetische Rolle. Die fäkale Mikrobiota-Transplantation (FMT) ist ein therapeutisches Konzept zur Behandlung von Dysbiose-assoziierten Erkrankungen. Als fäkale Mikrobiota-Transplantation (FMT, Stuhltransplantation, fäkale Bakterientherapie oder intestinale Mikrobiom-Transplantation) wird die Übertragung von Stuhlmikroorganismen, vornehmlich Bakterien, eines gesunden Donors in den Darm eines Patienten bezeichnet. Hierfür wird eine Stuhlsuspension aus einem zumeist frischen Stuhl hergestellt und endoskopisch, mit Klysma oder mittels Sonde, in den Gastrointestinaltrakt des Erkrankten übertragen. Diese therapeutische Maßnahme dient der Wiederherstellung eines normalen intestinalen Mikrobioms bei Patienten mit einer Dysbiose-assoziierten Erkrankung.

20.2 Historisches

Das Prinzip der fäkalen Mikrobiota-Transplantation findet sich auch im Tierreich. Wenige Tage nach der Geburt fressen Fohlen den Stuhl ihrer Mutter (Koprophagie). Haben Fohlen keinen Zugang zum mütterlichen Stuhl, erkranken sie deutlich häufiger an Parasiten und Diarrhö. In der Veterinärmedizin wird seit Jahrhunderten die Methode der Transfaunation angewendet, bei der Panseninhalt, und damit vor allem Mikroorganismen, zur Therapie von Erkrankungen des Pansens bei Rindern übertragen wird [1]. Auch ist die Stuhltransplantation beim Menschen keine Errungenschaft der modernen Medizin. Im 4. Jahrhundert erwähnte der chinesische Alchimist Ge-Hong bereits eine „innere Fäzes-Anwendung“. In der chinesischen Medizin wurden Fäkalsuspensionen zur Behandlung von Durchfallerkrankungen eingesetzt und oral verabreicht [2]. 1958 führte Dr. Ben Eiseman, Leiter der Chirurgie des Denver General Hospital, die erste in der modernen Medizin beschriebene Stuhltransplantation bei einer schweren pseudomembranösen Colitis durch [3]. Damals wurde als Erreger einer pseudomembranösen Colitis noch Staphylococcus aureus angenommen. Trotz guten Therapieerfolgs erschien erst wieder in den 1980er Jahren ein Bericht einer erfolgreichen FMT, welche erstmals bei der *Clostridium difficile*-Infektion durchgeführt wurde [4]. Seit 2010 wird zunehmend über das Thema der FMT in der medizinischen Literatur publiziert. Dies erklärt sich durch das wachsende wissenschaftliche

DOI 10.1515/9783110454352-020

Interesse am intestinalen Mikrobiom, aber auch durch die steigende Zahl komplizierter und therapierefraktärer *Clostridium difficile*-Infektionen in Nordamerika und Europa.

20.3 Methode

20.3.1 Praktische Durchführung der fäkalen Mikrobiota-Transplantation

Zur Durchführung der FMT sind unterschiedliche Protokolle beschrieben. In den meisten Studien wurde das Donormikrobiom in den unteren Gastrointestinaltrakt appliziert. Dies kann im Rahmen einer Koloskopie in das terminale Ileum und rechte Colon erfolgen, jedoch sind auch Einläufe bzw. Applikationen in das Sigma im Rahmen einer Rektosigmoidoskopie als erfolgreich beschrieben. In den unteren Gastrointestinaltrakt können zwischen 200–500 ml Stuhlsuspension verabreicht werden. Die postinterventionelle Gabe von Loperamid ist optional und soll das Verbleiben des applizierten Spenderstuhls im Darm verlängern.

Auch die Gabe des Fremdstuhles in den oberen Gastrointestinaltrakt über Nasogastral- bzw. Nasojejunalsonden bzw. über den Arbeitskanal des Gastroskops ist beschrieben. Um die Gefahr einer Aspiration zu verringern, können die Patienten mit einem Prokinetikum vortherapiert werden. Die Menge der applizierten Bakteriensuspension ist mit 25–50 ml geringer als bei der Gabe über den unteren Gastrointestinaltrakt. Werden größere Mengen (bis 500 ml sind beschrieben) appliziert, sollte das über Nasojejunalsonden aufgrund des erhöhten Aspirationsrisikos langsam unter größter Vorsicht durchgeführt werden. Die periinterventionelle Gabe von Protonenpumpen-Inhibitoren (PPI) wird von manchen Autoren empfohlen, um die Lebensfähigkeit der Spenderkeime zu erhöhen.

Das größere Applikationsvolumen, geringere Risiken und Nebenwirkungen sowie die Gabe des Spendermikrobioms direkt an den Ort der Entzündung sprechen für die Transplantation in den unteren Gastrointestinaltrakt. Bei schwerer CDI mit paralytischem Ileus sollte die Applikation jedenfalls über den unteren GI-Trakt erfolgen. Bei anderen Indikationen ist die Auswahl der Applikationsform letztendlich von der Art und dem Phänotyp der Erkrankung abhängig und im Einzelfall zu entscheiden, zumindest bis Ergebnisse von vergleichenden Studien vorliegen. Ein aktueller Review zeigt für die Behandlung der rezidivierenden CDI einen nicht signifikanten Vorteil für die koloskopische FMT im Vergleich zur FMT via Nasogastral-/Jejunal-Sonde (91,4 % versus 82,3 %) [5]. Werden alle Faktoren in Betracht gezogen, ist die koloskopische FMT bei der rezidivierenden CDI gegenüber allen anderen FMT-Methoden und auch im Vergleich zur Antibiotika-Therapie wesentlich kosteneffektiver [6].

Die präinterventionelle Vorbereitung des Patienten ist abhängig von der Applikationsart und Indikation der FMT. Patienten mit rekurrierender CDI werden 36 bis 48 h vor der FMT mit Vancomycin oder Fidaxomicin behandelt. Bei endoskopischer

Applikation in den unteren Gastrointestinaltrakt erfolgt am Vortag eine Darmlavage, wie sie zu einer regulären Koloskopie mit einem Standardpräparat durchgeführt wird. Möglicherweise ist die Darmlavage zur Reduktion des Empfängermikrobioms auch bei der Applikation über den oberen Gastrointestinaltrakt sinnvoll.

20.3.2 Donorauswahl

Geeignete Kriterien, welche die Auswahl eines idealen Stuhl-Donors erleichtern, sind zum derzeitigen Stand der Forschung noch nicht gesichert. Einerseits soll das übertragene Mikrobiom die Erkrankung des Patienten mit möglichst hoher Wahrscheinlichkeit zur Ausheilung bringen, andererseits sollten keine neuen Erkrankungen übertragen werden. Es gibt einige theoretische Überlegungen hinsichtlich der Vor- und Nachteile von genetisch Verwandten, nicht genetisch Verwandten, die im gleichen Haushalt leben, oder Fremden als Spender.

Genetisch Verwandte weisen nach heutiger Erkenntnis Ähnlichkeiten im Mikrobiom auf und sind daher als Spender für Erkrankungen mit Dysbiose, die z. B. nach einer Antibiotikatherapie auftreten, ideal. Teilen sich Spender und Empfänger den gleichen Haushalt und/oder leben in einer sexuellen Beziehung, so sind sie auch ähnlichen infektiösen Risikofaktoren ausgesetzt. Das theoretische Risiko, infektiöse Erkrankungen mit der Mikrobiota-Transplantation zu übertragen, scheint dadurch geringer. Ob für andere Erkrankungen, die immunologisch oder metabolisch bedingt sind, ein Mikrobiom eines fremden Spenders besser geeignet ist, bleibt unklar.

Die Erfahrung bei rekurrierender CDI zeigt, dass genetisch Verwandte und Fremdspender zu ähnlichen klinischen Erfolgen führen. Bei der rekurrierenden CDI hat Stuhl von mit den Patienten verwandten oder im selben Haushalt lebenden Spendern im Gegensatz zu Fremdspendern ein identisches Ansprechen (90 % versus 91 % Ansprechrate) [5].

In der Praxis ist ein ausführliches infektiologisches Screening des Donors obligat, um die Übertragung von Infektionserkrankungen zu vermeiden (Tab 20.1). Diese Untersuchungen richten sich nach den Empfehlungen für die Auswahl von Blutspendern [7]. Bei Stuhlspendern sollten primär gesunde Menschen ohne signifikante Erkrankung oder medikamentöse Therapie herangezogen werden. Ausschlusskriterien sind positive Anamnese oder positives Screening für akute und chronische Infektionserkrankungen (siehe Tab. 20.1), gastrointestinale Komorbiditäten sowie die Gabe von Antibiotika in den letzten drei Monaten. Mit zunehmender Erkenntnis über das intestinale Mikrobiom wird auch der Zusammenhang mit vielen extraintestinalen Erkrankungen, wie metabolischen Erkrankungen, Erkrankungen aus dem autoimmunen Formenkreis, aber auch malignen und neurologischen Erkrankungen, evident. Eine ausführliche Anamnese sowie eine gewissenhafte Spender-Auswahl sind hier von großer Bedeutung, um Empfänger vor potenziell übertragbaren, nichtinfektiösen Erkrankungen zu schützen.

Tab. 20.1: Empfohlene minimale Auswahlkriterien und Untersuchungen für Stuhlspender zur FMT (nach den österreichischen Richtlinien der ÖGGH, ÖGIT und AGES) [77].

Anamnestische Kriterien	Gesunde Erwachsene oder Jugendliche ≥ 16 Lebensjahre BMI > 17 und < 35 Negative Anamnese für akute oder chronische Erkrankungen (autoimmune Erkrankungen, CED, Malignome, übertragbare Infektionserkrankungen etc.) Negative Anamnese für infektiöse Erkrankungen Keine Antibiotika in den letzten drei Monaten Keine Diarrhö in den letzten drei Monaten Negative Anamnese für i. v. Drogenabusus Keine großen abdominellen Operationen (z. B. totale Kolektomie)
Serologische Untersuchungen	Hepatitis-A-Antikörper (IgM) Hepatitis-B-Antigen (HBs–Ag) und -Antikörper (anti-HBc) Hepatitis-C-Antikörper (IgG) HIV-Antigen oder -Antikörper Lues: TPPA, TPHA oder äquivalenter Test Routinelabor (inklusive Blutbild, Leberfermente, Bilirubin, Nierenparameter, CRP)
Stuhluntersuchungen	Pathogene intestinale Keime (*Clostridium difficile*, Salmonellen, Campylobacter, EHEC/Shiga Toxin, Yersinien, Shigellen) Mikroskopische Untersuchung auf Parasiten und Wurmeier *Giardia-lamblia-* und *Cryptosporidium*-Antigen Norovirus- und Rotavirus-Antigen oder PCR Calprotectin im Normbereich: optional bei Indikation rekurrierende CDI, empfohlen bei Indikation CED

CED: chronisch-entzündliche Darmerkrankung; HIV: human immunodeficiency virus

20.3.3 Aufbereitung des Donorstuhls

Der Donorstuhl sollte frisch, nicht älter als sechs Stunden, in einem luftdichten Suhlsammelgefäß gekühlt (nicht gefroren) bis zum Zeitpunkt der Weiterverarbeitung gelagert werden.

Da Stuhl als Biohazard-Stufe 2 deklariert ist, ist für die weitere Handhabung und Aufbereitung der Bakteriensuspension die Verwendung von flüssigkeitsabweisender Kleidung, Handschuhen, Gesichtsmasken mit Schild zum Schutz der Augen bzw. das Tragen von Schutzbrillen notwendig. Die Verwendung einer Abzugshaube (Hood) ist optional.

Je nach Konsistenz wird der Spenderstuhl mit 100–500 ml einer sterilen Kochsalzlösung (NaCl 0,9 %) oder sterilem Wasser verdünnt, in einem für diesen Zweck eigens angeschafften Haushaltsmixer oder ähnlichen Gerät homogenisiert und anschließend gefiltert, um feste Bestandteile zu entfernen (Abb. 20.1). Als Filter können sowohl Gazetupfer, Papier- als auch Metallfilter benutzt werden. Je nach Applikationsform

Abb. 20.1: Fäkale Bakteriensuspension für FMT im Mixer.

wird diese Bakteriensuspension in 20- bis 50-ml-Spritzen portioniert und sollte dem Empfänger innerhalb von zwei Stunden verabreicht werden.

Die Vorbereitung der Stuhlsuspension sowie kurzfristige und regelmäßige Spendertestungen machen die Methode der FMT für die klinische Routine sehr aufwendig. Derzeit wird bereits intensiv an der Konservierung wie auch an der Verkapselung von Spenderstuhl gearbeitet. Wird der homogenisierte und filtrierte Spenderstuhl mit Gylcerol versetzt, kann dieser bei −80 °C mehrere Wochen als Suspension wie auch als Kapsel gelagert werden. Das Wiedererwärmen sollte schonend im Wasserbad bei +37 °C über zwei Stunden erfolgen. Eine aktuelle randomisierte Studie zeigte keinen signifikanten Unterschied zwischen frischem und gefrorenem Donorstuhl in der Effektivität bei chronisch rezidivierender CDI [8].

20.3.4 Verkapselung

Die Verkapselung von Spenderstuhl stellt eine kosteneffiziente Methode dar und ermöglicht eine rasche Therapieeinleitung, da zum einen die aufwendige Stuhlaufbereitung direkt vor der FMT, andererseits auch die eine prä-interventionelle Spenderabklärung wegfällt.

Bei den ersten Verkapselungsversuchen wurde bis dato der Spenderstuhl nach der herkömmlichen Methode aufbereitet, zentrifugiert und mit 10 %igem Gylcerol als bakterielles Kälteschutzmittel versetzt. Die Stuhlkapseln können bei −80 °C gelagert werden oder werden erst kurz vor Verabreichung aus bei −80 °C gelagerter und stufenweiser aufgetauter Stuhlsuspension hergestellt. Erste Berichte gefriergetrockneter und in Kapseln verpackter Bakterien zeigen eine gute Haltbarkeit bei +4 °C [9]. Üblicherweise bestehen die Kapseln aus säureresistenter Hypromellose und bleiben bei 37 °C und einem pH-Wert von 3 ca. 115 min intakt.

Im Rahmen einer koloskopisch durchgeführten FMT werden zumindest 50 g Donorstuhl transplantiert. Um solche Dosen über eine orale Gabe von Stuhlkapseln zu erreichen, sind bis zu 30 Kapseln nötig, die auch über zwei Tage gegeben werden können. Möglicherweise ist aber auch eine geringere Menge an verkapseltem Donorsubstrat effektiv [10]. Die Effektivität dieser Applikationsform bei rezidivierender CDI scheint möglicherweise etwas geringer zu sein als bei der endoskopischen bzw. Sondenapplikation über den oberen oder unteren Gastrointestinaltrakt (70 % versus 81 % nach der 1. FMT), das Eintreten der klinischen Besserung erfolgt etwas verzögert (vier versus zwei Tage) [10–12]. Das Nebenwirkungsprofil der Kapsel-FMT ist ähnlich dem der direkten Gabe: Abdominelle Krämpfe und Meteorismus in den ersten Tagen nach FMT werden bei 30 % der Patienten beobachtet.

20.4 FMT bei *Clostridium difficile*-Infektionen

20.4.1 Rekurrierende *Clostridium difficile*-Infektion

Die *Clostridium difficile*-Infektion (CDI) ist in den entwickelten Nationen in Bezug auf Häufigkeit und klinische Relevanz die bedeutendste bakterielle Infektion des Intestinaltrakts. *Clostridium difficile* (*Clostridium difficile)* ist ein anaerobes Bakterium; um außerhalb einer anaeroben Umgebung überleben zu können, bildet das Bakterium Sporen, die sauerstoffresistent sind und ubiquitär vorkommen. Sporen sind gegenüber einer antibiotischen Therapie unempfindlich. Rekurrierende Verläufe von *Clostridium difficile*-Infektionen sind trotz initial erfolgreicher Antibiose mit 20–30 % häufig und stellen daher eine besondere Herausforderung dar [13]. Mehrfache Rezidive der CDI sind möglich und die Wahrscheinlichkeit einer erfolgreichen medikamentösen Therapie sinkt mit jedem Rezidiv der Erkrankung. Dies und die steigende Anzahl an CDI machten die Erforschung alternativer Therapien notwendig.

Die ersten Therapieversuche mittels FMT polarisierten die Welt der Experten durch Bedenken bezüglich möglicher Nebenwirkungen wie Infektionen oder auch malignen oder autoimmunen Erkrankungen. Mittlerweile wurden ausreichend reproduzierbare Ergebnisse von hunderten Patienten publiziert [14]. Die FMT stellt bei dieser Indikation eine sehr effektive Methode in der Behandlung der rekurrierenden CDI dar, die Heilungsrate liegt zwischen 82 % und 98 % [5, 7, 12, 15]. In einer randomisierten kontrollierten Studie bei chronisch rezidivierender CDI lag die Effektivität der FMT deutlich höher als in der mit Vancomycin therapierten Kontrollgruppe (94 % versus 31 %) [12]. Primäre Therapieversager oder frühe Rezidive können oftmals erfolgreich mit einer 2. FMT behandelt werden. Frühe Rezidive sind häufig mit einer nochmaligen Antibiotikatherapie assoziiert. Die meisten Studien bezüglich FMT sind zur Therapie der rezidivierenden CDI publiziert. Ob Unterschiede in der Art der FMT-Applikation, Stuhlaufbereitung, Begleitmedikation und Donorauswahl für die klinische Effektivität bei rekurrierender CDI eine Rolle spielen, ist noch nicht sicher geklärt (siehe Kap. 20.3).

2013 beziehungsweise 2014 erklärte das American College of Gastroenterology (ACG) [16] beziehungsweise die Europäischen Gesellschaft für klinische Mikrobiologie und Infektionserkrankungen (European Society for Clinical Microbiology and Infectious Diseases, ESCMID) [17] die FMT zur Therapie der Wahl nach zwei adäquat antibiotisch therapierten Rezidiven einer CDI. Bis dato ist die rezidivierende CDI die einzig generell anerkannte Indikation für die Durchführung einer FMT.

20.4.2 Schwere *Clostridium difficile*-Infektion

Clostridium difficile-Infektionen variieren in ihrem Verlauf von mild bis schwer und kompliziert. Die Definition der schweren CDI ist dabei je nach Literatur unterschiedlich. Eine schwere Verlaufsform tritt in 3–10 % der Patienten mit CDI auf, die Mortalität liegt bei 30 % [16]. Aufgrund der guten Effektivität der FMT bei rezidivierender CDI wurden auch bei schweren Verläufen als Ultima Ratio Stuhltransplantationen durchgeführt. Neben einer Reihe von Fallberichten [18–20] wurden bereits kleinere, retrospektive nichtkontrollierte Studien publiziert. Die ersten Ergebnisse mit nasogastraler Applikation zeigten Heilungsraten (definiert als < 3 Stühle pro Tag am Tag 7) nach FMT von 79 % [21]. Protokolle mit koloskopischer Gabe und fortlaufender Vancomycintherapie ermöglichten eine klinische Heilung nach einem Monat von 93 % nach einer bis drei FMT-Gaben und von 76 % nach drei Monaten [22]. Agrawal et al. untersuchten vor allem die Wirksamkeit und Sicherheit der FMT bei älteren Patienten (79 Jahre; 65–97 Jahre); darunter hatten 31 % (n = 45) einen schweren und 8 % (n = 12) einen komplizierten Verlauf. Die primären Heilungsraten lagen auch im älteren Patientenkollektiv bei 91 % bei schwerer CDI und bei 66 % bei komplizierter CDI [23]. Eine weitere multizentrische Arbeit dokumentierte das Langzeitansprechen über 90 Tage bei 15 von 17 Patienten (88 %) mit schwerer oder komplizierter FMT nach koloskopischer Applikation bei insgesamt guter Verträglichkeit der Therapie [24]. Die Ergebnisse der ersten Publikationen sind vielversprechend. Die FMT stellt daher eine Therapieoption vor allem für Patienten mit primärem Therapieversagen dar. Allerdings sind kontrollierte Studien notwendig, um den Stellenwert der FMT bei schwerer CDI im Vergleich zur bisherigen primär antibiotischen Therapie zu evaluieren [25].

20.4.3 Mikrobiomveränderungen und Wirkungsprinzip der FMT bei CDI

Die exakten mikrobiellen Mechanismen zur Erklärung der Wirksamkeit der FMT bei CDI sind noch nicht vollständig bekannt. Bei Patienten mit rekurrierender CDI konnten 16sDNA-basierte Mikrobiomanalysen vor allem eine reduzierte mikrobielle Diversität und deutliche Veränderungen in der taxonomischen Zusammensetzung des Mikrobioms demonstrieren [12, 26, 27]. Mikrobiomanalysen von Patienten mit rekurrierender CDI, die erfolgreich mit FMT behandelt wurden, zeigen eine Zunahme der bakteriellen Diversität (Abb. 20.2) und erreichen nahezu das Niveau der Donoren [12, 27]. Von den bisher vorliegenden humanen Daten konnten bisher keine einzelnen Taxa identifiziert werden, die mit einem Therapieansprechen auf die FMT assoziiert sind [27, 28], jedoch wurden bei den meisten erfolgreich behandelten Patienten eine Zunahme der Phyla Firmicutes und Bacteroidetes und eine Abnahme an Proteobakterien beobachtet [27, 28]. Die Blockierung von Wachstumsnischen im Mikrobiom und die dadurch bedingte Wiederherstellung der Kolonisierungsresistenz gegenüber *Clostridium difficile* wäre hierbei eine Erklärung für die Wirkungsweise der FMT.

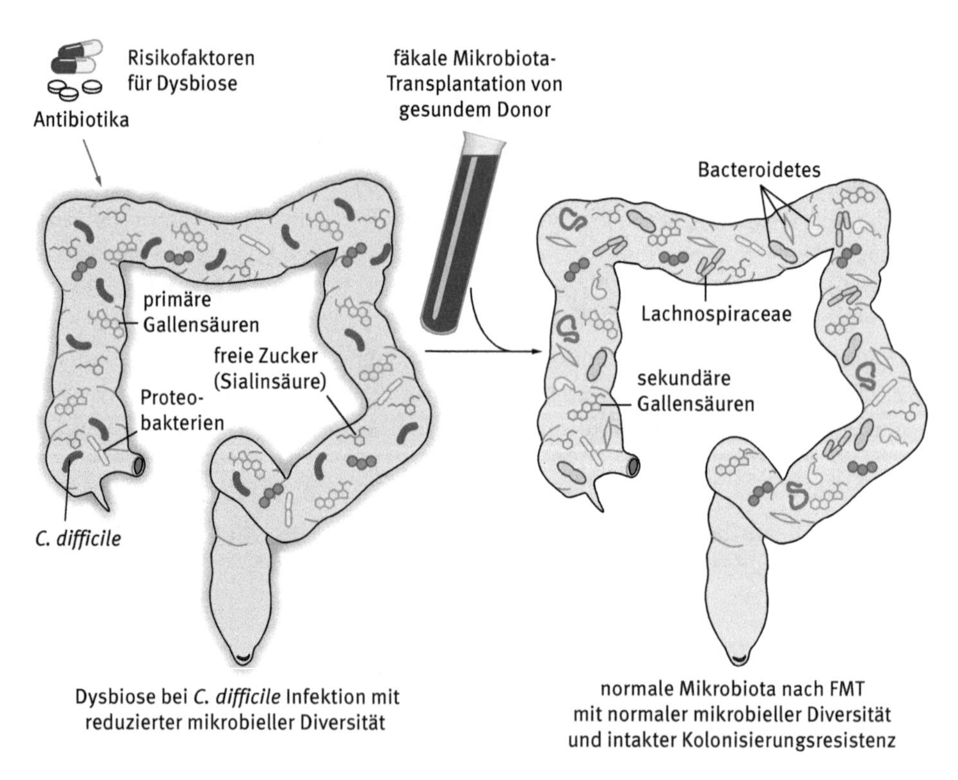

Abb. 20.2: Angenommenes Wirkungsprinzip der FMT bei *Clostridium difficile*-Infektion (adaptiert nach [14]).

Möglicherweise spielen bakterielle Stoffwechselprodukte in der Therapie der CDI eine größere Rolle als das Ansiedeln vitaler Keime selbst. Insbesondere den Gallensäuren wird hier eine zentrale Rolle zugesprochen. Bei funktionell intaktem intestinalem

Mikrobiom werden die primären Gallensäuren Cholsäure und Chenodeoxycholsäure, welche zu 5 % in das Colon gelangen, von Darmbakterien zu den sekundären Gallensäuren Deoxycholsäure und Lithocholsäure dehydroxyliert. Durch Antibiotika wird das Verhältnis von primären und sekundären Gallensäuren im Stuhl jedoch massiv verändert [29]. Deoxycholsäure hemmt das Wachstum von *Clostridium difficile* [30] und ist bei rekurrierender CDI als sekundäre Gallensäure im Colon deutlich reduziert. *Clostridium scindens*, ein Bakterium, das durch seine dehydroxylierende Eigenschaft den Anteil sekundärer Gallensäuren im Colon erhöht, konnte im Tiermodell erfolgreich eine Infektion mit *Clostridium difficile* verhindern [30]. Die FMT kann ebenfalls das Verhältnis primärer und sekundärer Gallensäuren im Stuhl bei Patienten mit rekurrierender CDI normalisieren (Abb. 20.2) [31]. Ob es sich bei der Optimierung des Gallensäuremetabolismus um das eigentliche Wirkungsprinzip handelt oder lediglich um einen Indikator für die erfolgreiche Rekonstruktion des intestinalen Mikrobioms, bleibt vorerst noch nicht vollständig geklärt.

Ein weiterer postulierter Mechanismus zum Wirkungsprinzip der FMT ist der Abbau von Sialinsäure durch die normale Mikrobiota. *Clostridium difficile* besitzt im Gegensatz zu anderen Bakterien keine Sialidase, ein Wachstumsstimulus für *Clostridium difficile* ist daher freie Sialinsäure. Wenn diese durch die normale fäkale Mikrobiota abgebaut wird, hemmt dies das Wachstum von *Clostridium difficile* (Abb. 20.2) [32, 33].

20.5 FMT bei chronisch-entzündlichen Darmerkrankungen (CED, Morbus Crohn, Colitis ulcerosa)

Ausgeprägte Veränderungen des intestinalen Mikrobioms werden sowohl beim Morbus Crohn als auch bei Colitis ulcerosa nachgewiesen. Ein für die CED postulierter Pathomechanismus erklärt die Aktivierung des intestinalen Immunsystems durch proinflammatorische Mikroorganismen einerseits und den Mangel an antiinflammatorischen Symbionten andererseits [34, 35]. Wird von diesem pathophysiologischen Konzept ausgegangen, ist die therapeutische Intervention mittels FMT naheliegend. Ein Fallbericht mit der erfolgreichen Behandlung einer chronisch aktiven Colitis ulcerosa durch FMT Ende der 1980er Jahre [36] sowie die Fallserien von Thomas Borody aus Australien [37, 38] haben zu großen Erwartungen an dieses Therapiekonzept für die Behandlung von CED geführt. Bei diesen ersten Publikationen waren die Behandlungserfolge außergewöhnlich, es wurden langjährige Remissionen der CED beschrieben, bei einigen der Patienten konnte sogar die immunsuppressive Therapie abgesetzt werden [38]. Aktuelle Daten zum Einsatz der FMT bei CED konnten bislang diese sehr euphorischen Berichte nicht in diesem Umfang bestätigen (Tab. 20.2 und Tab. 20.3).

Tab. 20.2: Publizierte Fallserien zur Anwendung der FMT bei Colitis-ulcerosa-Patienten.

Studie	Anzahl an Patienten	FMT-Methode	Remission Patienten (%)	Response Patienten (%)	Kommentar
Borody TJ 2003 [38]	6	Klysma	6/6 (100 %)	6/6 (100 %)	
Kump P 2013 [43]	6	Koloskopie	0/6	2/6 (33 %)	
Angelberger S 2013 [71]	5	Nasojejunalsonde	0/5	1/5 (20 %)	Fieber bei allen Pat.
Kunde S 2013 [78]	9	Klysma	3/9 (33 %)	6/9 (67 %)	Pädiatrische Patienten
Greenberg 2013 [79]	14	Koloskopie	–	8/14 (57 %)	
Kump P 2015 [80]	17	Koloskopie, 5 x appliziert	4/17 (23 %)	10/17 (59 %)	
Suskind DL 2015 [45]	4	Nasogastralsonde	0/4	0/4	Pädiatrische Patienten
Vermiere 2015 [70]	8	Nasojejunalsonde oder Koloskopie	2/8 (25 %)	–	
Moayyedi P 2015 [41]	75 (38 FMT, 37 Placebo)	Klysma, 6 x appliziert	FMT: 9/38 (24 %) Placebo: 2/37 (5 %)	FMT: 15/38 (39 %) Placebo: 9/37 (24 %)	Kontrollierte Studie: Wasser als Klysma als Placebokontrolle
Rossen NG 2015 [42]	48 (23 FMT, 25 Kontrolle)	Nasoduodenal-sonde 2 x appliziert	FMT: 7/23 (30 %) Kontrolle: 5/25 (20 %)	FMT: 11/23 (48 %) Placebo: 13/25 (52 %)	Kontrollierte Studie: FMT mit eigenem Patientenstuhl als Kontrolle
Kellermayer R 2015 [81]	3	Koloskopie und Klysma wiederholt appliziert	3/3 (100 %)	–	Pädiatrische Patienten
Cui 2015 [82]	15	Gastroskopie (Duodenum) wiederholt appliziert	4/14 (29 %)	8/14 (57 %)	
Damman 2015 [44]	6	Koloskopie	1/6 (17 %)	–	
Paramsothy S 2016 [85]	81 (41 FMT, 40 Kontrolle)	Koloskopie und Klysma wiederholt appliziert	FMT: 11/41 (27 %) Kontrolle: 3/40 (8 %)	FMT: 53 % Kontrolle:23 %	Braun gefärbtes und mit Geruchsstoffen versetztes Wasser als Placebo-Klysma verabreicht

Tab. 20.3: Publizierte Fallserien zur Anwendung der FMT bei Morbus-Crohn-Patienten.

Studie	Anzahl an Patienten	FMT Methode	Remission Patienten (%)	Response Patienten (%)
Vaughn 2014 [83]	9	Koloskopie	5/8 (63 %)	
Vermiere 2015 [70]	6	Nasojejunalsonde oder Koloskopie	0/6	0/6
Cui 2015 [48]	30	Gastroskopie (Duodenum)	21/30 (70 %)	24/30 (80 %)
Suskind 2015 [84]	9	Nasogastralsonde	5/9 (56 %)	–

20.5.1 Colitis ulcerosa

Unter den chronisch-entzündlichen Darmerkrankungen wurde bis dato FMT in erster Linie bei Colitis-ulcerosa-Patienten untersucht. Die berichteten Remissionsraten nach FMT variieren zwischen 0 und 100 %. Es wurden sogar Verschlechterungen der Colitis ulcerosa nach FMT in Einzelfällen berichtet [39, 40]. Im Jahr 2015 wurden erstmalig zwei kontrollierte Studien zur Anwendung der FMT bei aktiver Colitis ulcerosa publiziert, wobei die Ergebnisse beider Arbeiten bezüglich Wirksamkeit unterschiedlich ausfielen. Die Arbeit von Moayyedi et al. konnte eine signifikant höhere Remissionsrate durch FMT im Vergleich zu Placebo-Einläufen mit Wasser (24 % versus 5 %) nachweisen [41]. Im Gegensatz dazu wurde von Rossen et al. zwischen allogener FMT und autologer FMT in der Kontrollgruppe (per protocol Analyse: 30 % versus 20 %) kein signifikanter Unterschied in der Remissionsrate gefunden [42]. Die gegensätzlichen Resultate können durchaus durch das unterschiedliche Studiendesign erklärt werden. Diese beinhalten die Art und Häufigkeit der FMT-Applikation wie auch die Verwendung unterschiedlicher Placebos (Tab. 20.3).

Die sehr schwankende Wirksamkeit der FMT bei Colitis ulcerosa in den vorliegenden Studien (Tab. 20.3) wirft viele Fragen bezüglich des richtigen Protokolls zur Anwendung bei diesen Patienten auf. So scheinen die Studien mit einer nur einmaligen FMT offenbar den geringsten Therapieerfolg zu erzielen [43–45]. Ob eine Lavage mit PEG-Lösung oder eine antibiotische Vortherapie zur Wirksamkeit beiträgt oder ob die Applikation in den oberen oder unteren Gastrointestinaltrakt erfolgen soll, sind ebenso offene Fragen. Auch Patientenfaktoren scheinen die Wirksamkeit der FMT bei Colitis ulcerosa beeinflussen zu können. In der Studie von Moayyedi et al. zeigten Patienten mit kürzerer Erkrankungsdauer und Patienten mit laufender immunsuppressiver Therapie ein besseres Ansprechen auf FMT [41]. Ein sehr interessanter Aspekt in dieser Studie ist der Zusammenhang des Therapieerfolges mit bestimmten Donoren. Patienten, die mit dem Stuhl eines speziellen Donors behandelt wurden, erreichten deutlich häufiger eine Remission als Patienten, die den Stuhl von anderen Donoren erhielten (7 von 18; 39 % versus 2 von 20, 10 %) [41].

Änderungen des intestinalen Mikrobioms bei Colitis-ulcerosa-Patienten mit einem Therapieansprechen nach FMT zeigen eine Zunahme der bakteriellen Diversität. Dies wurde aber auch in der Kontrollgruppe mit autologer FMT (Kontrollgruppe, die den eigenen Stuhl erhielt) beobachtet [42]. Die Zunahme der bakteriellen Diversität ist möglicherweise sekundär durch die Abnahme der Entzündung im Darm bedingt und nicht, wie ursprünglich überlegt, primär selbst ausschlaggebend für die Entzündungshemmung. Patienten mit Remission nach FMT zeigen eine Zunahme an Clostridium cluster IV, XIVa und XVIII, zu denen auch Butyrat-produzierende Taxa gehören [42]. Veränderungen des Mikrobioms in der taxonomischen Zusammensetzung in Richtung des Spenders und eine Abnahme an Proteobakterien scheinen aber nicht allein mit einer Verbesserung der Krankheitsaktivität in Zusammenhang zu stehen [43].

20.5.2 Morbus Crohn und Pouchitis

Beim Morbus Crohn ist die Datenlagen zur Anwendung der FMT derzeit sehr limitiert. Neben einzelnen Fallberichten erfolgreicher Transplantationen [46, 47] sind auch klinische Verschlechterungen beschrieben [39]. Die publizierten nicht kontrollierten Fallserien zeigen sehr heterogene Ergebnisse zur Effektivität der FMT (Tab. 20.2). Die größte Studie stammt aus China und berichtet von einer 70-%-Remissionsrate bei FMT-Applikation ins Duodenum [48]. Aufgrund der kleinen Fallzahlen bei sehr unterschiedlichen Patienten ist derzeit keine generelle Interpretation zur Wirksamkeit der FMT bei Morbus Crohn möglich, die Ergebnisse von zukünftigen Studien müssen vorerst abgewartet werden.

Die Anwendung einer einmaligen FMT mittels Nasogastralsonde bei Patienten mit Pouchitis brachte in einer Studie keinen Erfolg [49].

20.5.3 *Clostridium difficile*-Superinfektion bei CED

Clostridium difficile-Infektionen bei Patienten mit CED stellen eine besondere Herausforderung in der Behandlung dieser Erkrankungen dar. So ist die CDI ein ungünstiger prognostischer Faktor für CED [50, 51]. CDI-Rezidive sind bei CED-Patienten häufig. Der kausale Zusammenhang zwischen einer CDI mit Klinik oder der Frequenz von Schüben ist letztendlich unklar. Zur Behandlung dieser Infektion im Rahmen von Morbus Crohn und Colitis ulcerosa gibt es derzeit keine prospektiven Studien. Mehrere Fallserien untersuchten den Effekt der FMT bei CDI in Patienten mit CED. [52–56]. Die Eradikation der CDI war hier bei 89–92 % der Patienten erfolgreich [52, 54–56]. Die Auswirkungen der FMT auf die zugrunde liegende CED werden jedoch sehr unterschiedlich berichtet. Eine Verbesserung der Symptome wurde bei ca. 30 % bis 60 % der Pateinten beobachtet [52, 54, 56], aber auch hier wurden Fälle berichtet, bei denen sich nach der FMT die CED verschlechterte. [40, 55].

20.6 FMT bei funktionellen intestinalen Erkrankungen

Das Reizdarmsyndrom (RDS), auch Colon irritabile genannt, ist eine häufige funktionelle Störung des Gastrointestinaltrakts. Je nach Stuhlverhalten (Diarrhö, Obstipation oder wechselnd) werden drei Subgruppen (RDS-D, RDS-O und RDS-M) unterschieden, die mit gleicher Häufigkeit auftreten. Die viszerale Hypersensitivität ist ein entscheidender Faktor in der Pathogenese dieser Funktionsstörung. Von den meisten Autoren wird die funktionelle chronische Obstipation durch ein Fehlen von abdominellen Schmerzen vom Reizdarmsyndrom unterschieden. Eine Subgruppe der chronischen Obstipation ist die sog. „slow transit constipation" – STC, die durch eine verlängerte Colontransitzeit von radiodichten Markern definiert wird [57].

In Tierversuchen konnte durch Transplantation von Stuhl eines Patienten mit Reizdarm viszerale Hypersensitivität in der Ratte ausgelöst werden [58]. Die dysbiotische Mikrobiota von RDS-Patienten produziert deutlich vermehrt Sulphide, die wichtige Neurotransmitter in der Pathogenese viszeraler Hypersensitivität und wahrscheinlich auch in der Modulatoren des intestinalen Mikrobioms darstellen [59, 60]. Einzelne Fallberichte und Fallserien in der Anwendung der FMT vor allem bei chronischer Obstipation zeigen gut Erfolge. Bereits Mitte der 90er Jahre berichteten Andrews et al. [61] eine Normalisierung der Stuhlfrequenz bei 18 von 30 Patienten (60 %) nach einer einmaligen Applikation einer fäkalen Bakterienkultur in das Zökum über einen Zeitraum von mehreren Monaten. Insgesamt hatten sogar 89 % (40/45) der Patienten eine kurzfristige klinische Besserung der Beschwerden [61]. Eine kürzlich publizierte Arbeit konnte nach zwölf Wochen eine Verbesserung bei 50 % (12/24) und eine Beschwerdefreiheit bei 38 % (9/24) der Patienten mit chronisch funktioneller Obstipation mit verlängerter Colon-Transitzeit (STC) durch eine FMT über die Nasojejunal-Sonde dokumentieren [62]. Die Daten beim Reizdarmsyndrom sind noch rarer: Eine Fallserie von 13 Patienten unterschiedlicher RDS-Subgruppen (neun RDS-D, drei RDS-O und ein RDS-M) zeigt eine Reduktion klinischer Symptome (vor allem abdominelle Schmerzen, Dyspepsie, Meteorismus und Flatulenz) bei 70 % der Patienten [63].

Eine Anwendung der FMT kann in der klinischen Praxis hier nicht empfohlen werden. Aufgrund der Häufigkeit funktioneller gastrointestinaler Störungen, der limitierten Therapieoptionen, hohen Placeboansprechraten in klinischen Studien sowie des großen Leidensdrucks der Patienten sind kontrollierte prospektive Studien zur FMT hier dringend notwendig.

20.7 FMT bei anderen Indikationen

Mit zunehmender Erkenntnis über den Zusammenhang des intestinalen Mikrobioms mit autoimmunen, neuropsychiatrischen Erkrankungen sowie Erkrankungen des Stoffwechsels findet das therapeutische Konzept der Stuhltransplantation weitere potenzielle Indikationen. Derzeit gibt es jedoch nur eine randomisierte, Placebo-kontrollierte Studie auf dem Gebiet des metabolischen Syndroms. Dabei wurden 18 Patienten mit metabolischem Syndrom Fremd- bzw. Eigenstuhl in der Kontrollgruppe über eine Sonde in den oberen GI-Trakt transplantiert. Die Verabreichung von Fremdstuhl führte einerseits zu einem Anstieg der Butyrat-produzierenden Stämme *Roseburia intestinalis* und *Eubacterium hallii*, andererseits zu einer verbesserten Insulin-Sensitivität [64].

Fallberichte von Patienten mit Multipler Sklerose und Morbus Parkinson, aber auch bei idiopathisch thrombozytopenischer Purpura (ITP), die aufgrund einer Colitis ulcerosa oder einer chronischen Obstipation Stuhl-transplantiert wurden, dokumentieren eine Verbesserung der neuropsychiatrischen beziehungsweise der autoimmunen Erkrankung [65].

Zusammenfassend ist jedoch festzuhalten, dass ohne weitere Studien für diese Indikationen die FMT als Therapiealternative in der klinischen Praxis nicht angeboten werden sollte. Aufgrund des hohen Leidensdrucks vor allem der Patienten mit neuropsychiatrischen Erkrankungen ist hier ein besonders sensibler und verantwortungsbewusster Umgang in der Kommunikation mit Patienten geboten.

20.8 Nebenwirkungen und Sicherheit der FMT

Die bisher berichteten kurzfristigen Nebenwirkungen der FMT trotz Applikation von Milliarden an lebenden Mikroorganismen sind überraschenderweise sehr gering. Bezüglich der Langzeitsicherheit der FMT existieren jedoch nur limitierte Daten.

In einer Übersichtsarbeit, die Informationen von über 300 Patienten zusammenfasste, beinhaltete die häufigste Nebenwirkung gastrointestinale Symptome wie Diarrhö, Meteorismus, Borborygmi, Obstipation und geringe abdominale Schmerzen [15]. Diese werden häufig als temporäre Symptome beschrieben [12, 23]. Das Auftreten von IBS-Symptomen nach FMT kann jedoch persistieren [66, 67]. Da die Patienten zuvor an einer *Clostridium difficile*-Infektion erkrankt waren, besteht auch die Möglichkeit, dass es sich um ein postinfektiöses Reizdarmsyndrom und nicht um eine Nebenwirkung der FMT handelt [66, 67]. Beschriebene Todesfälle nach FMT sind zumeist nicht im kausalen Zusammenhang mit dieser Therapie zu interpretieren, sondern vielmehr als Folge der CDI bzw. der ihr zugrundeliegenden Grunderkrankung [15, 23]. Generell scheint die FMT auch bei immunsupprimierten Patienten relativ sicher zu sein [39, 66].

Die Nebenwirkungshäufigkeit scheint von der Indikation (CED versus CDI) wie auch der Applikationsart der FMT abhängig zu sein. Bei Patienten mit CED wurden tendenziell mehr Nebenwirkungen beobachtet. Die Rate schwerer Nebenwirkungen ist bei der Applikation in den oberen Gastrointestinaltrakt mittels Sonde oder Endoskop möglicherweise höher. So sind drei Fälle einer Aspirationspneumonie, davon zwei fatal verlaufend, nach Transplantation in den oberen GI-Trakt beschrieben [68–70]. Im Rahmen einer koloskopischen FMT trat jedoch eine fatale Aspiration im

Zusammenhang mit einem Sedierungszwischenfall auf [39]. Eine häufige Nebenwirkung bei CED-Patienten, die wesentlich öfter durch die Applikation von Fremdstuhl in den oberen GI-Trakt entstand, ist hohes Fieber [70, 71], ebenso wurde über einen Dünndarmabszesses berichtet [42]. Das Auftreten einer Sepsis nach FMT wurde im Zusammenhang mit einer Dislokation einer PEG-Magensonde beobachtet [72].

Theoretisch können natürlich trotz Testung der Spender Infektionen durch die FMT übertragen werden. Das Auftreten einer Norovirusinfektion nach FMT bei *Clostridium difficile*-Infektion (CDI) bzw. zwei Fälle einer *Clostridium difficile*-Infektion bei CED-Patienten sind beschrieben [41, 66, 73]. Ob dies durch diese Therapiemaßnahme hervorgerufen wurde, ist jedoch fraglich, da die klinisch unauffälligen Spender für diese Erreger negativ oder nicht getestet wurden. Ein Fall einer *E.-coli*-Bakteriämie nach FMT bei einem Morbus-Crohn- Patienten erscheint im Zusammenhang mit der FMT zweifelhaft, da bereits im Vorfeld mehrfach Bakteriämien mit diesem Organismus bei demselben Patienten beobachtet wurden [74].

Potenzielle Nebenwirkungen der FMT sind die Übertragung vor allem noch unbekannter pathogener Mikroorganismen über den Stuhl sowie die Aktivierung unerwünschter immunologischer, metabolischer oder neoplastischer Prozesse im Empfängerorganismus. Bei drei von 70 Patienten wurde bei einer Langzeitbeobachtung das Neuauftreten von Immunerkrankungen (Sjögren-Syndrom, idiopathisch thrombozytopenische Purpura, rheumatoide Arthritis) beobachtet [75]. Bei einer weiteren Langzeitbeobachtungserie an 146 Patienten wurde ein Neuauftreten eines Sjögren-Syndroms und einer mikroskopische Colitis gefunden [23]. Im Einzelfall wurde eine massive Gewichtszunahme einer Patientin nach FMT mit Stuhl einer verwandten Donorin, die später massiv an Gewicht zunahm, dokumentiert. [76]. Ob diese Einzelbeobachtungen in einem ursächlichen Zusammenhang zur FMT stehen, ist jedoch derzeit nicht geklärt.

20.9 Limitationen und Ausblick auf die Zukunft

Eine einheitliche Technik in der Anwendung der FMT ist noch nicht etabliert. Die Aufbereitung des Stuhls, die Art der Administration, die Untersuchung des Spenders werden nicht einheitlich gehandhabt. Für gewisse Erkrankungen scheint möglichweise auch die Wahl des Donors eine Rolle zu spielen. Der Herstellung der Fäkalsuspension und die Spendertestung sind vor allem zeit- und personalaufwendig, daher wird die FMT vor allem in Zentren mit Erfahrung durchgeführt. Aktuell gelten als gesicherte Indikationen zum Einsatz der FMT, die auch von Fachgesellschaften empfohlen werden, die rekurrierende CDI und die schwere CDI, mit Therapieversagen auf eine antibiotische Therapie [17, 77]. Für diese Krankheitsbilder bestehen auch neben der FMT keine guten Therapiealternativen. Bei allen anderen potenziellen Indikationen inklusive CED, Reizdarmsyndrom oder metabolische Erkrankungen ist die FMT als experimentelle Therapie anzusehen und sollte daher nur in klinischen Studien durchgeführt werden [77]. Die rechtliche Situation ist mitunter derzeit auch ein Unsicherheitsfaktor für die Anwendung der FMT. In einigen Staaten wird die Fremdstuhlapplikation als Arzneimittel angesehen, in anderen Ländern wird die FMT als Heilbehandlung gewertet. In vielen Ländern gibt es dazu aber gar keine rechtlich bindenden Einschätzungen. In Deutschland wird die FMT als Arzneimittel gewertet und unterliegt daher dem Arzneimittelgesetz (AMG, § 2). Die Herstellung eines Arzneimittels ist in § 13 des AMG geregelt. Für die Herstellung einer Stuhlsuspension, die als FMT appliziert wird, bedarf es daher einer Erlaubnis der zuständigen Behörde, ausgenommen sind davon Apotheken und Krankenhäuser, die nach dem Gesetz über das Apothekenwesen Arzneimittel abgeben dürfen. Im Gegensatz dazu wird in Österreich die FMT als kein Arzneimittel angesehen. Die zuständige österreichische Agentur für Gesundheit und Ernährungssicherheit GmbH (AGES) wertet die FMT als Heilbehandlung [77]. Die FMT unterliegt somit in Österreich nicht dem Arzneimittelgesetz (AMG), dem Medizinproduktegesetz (MPG) oder dem Organtransplantationsgesetz. Die Publikation von nationalen Richtlinien der entsprechenden Fachgesellschaften bietet daher für die Ärzte, die diese Methode anwenden wollen, eine wichtige Hilfestellung [77].

Die Zukunft der FMT wird sicher in der Standardisierung der Herstellung der Mikrobiotapräparate liegen. Eine sichere orale Applikationsform in erster Linie durch Verkapselung von standardisierten Präparaten, die wie ein Arzneimittel getestet sind, gilt als langfristiges Ziel. Alternativ wären auch Klysmen mit definierten Mikrobiotastämmen für den klinischen Routineeinsatz denkbar. Erste Bestrebungen mit laufenden Phase-II-Studien sind bereits im Gange. Dies wird langfristig zur besseren Sicherheit, Praktikabilität und dadurch zu einer weiteren Verbreitung dieser vielversprechenden Behandlungsmethode führen.

20.10 Literatur

[1] DePeters EJ, George LW. Rumen transfaunation. Immunology Letters. 2014; 162: 69–76.

[2] Zhang F, Luo W, Shi Y, Fan Z, Ji G. Should we standardize the 1,700-year-old fecal microbiota transplantation? Am J Gastroenterol. 2012; 107: 1755–1756.

[3] Eiseman B, Silen W, Bascom GS, Kauvar AJ. Fecal enema as an adjunct in the treatment of pseudomembranous enterocolitis. Surgery. 1958; 44: 854–859.

[4] Borody TJ, Khoruts A. Fecal microbiota transplantation and emerging applications. Nature Reviews Gastroenterology & Hepatology. 2012; 9: 88–96.

[5] Kassam Z, Lee CH, Yuan Y, Hunt RH. Fecal microbiota transplantation for clostridium difficile infection: Systematic review and meta-analysis. Am J Gastroenterol. 2013; 108: 500–508.

[6] Konijeti GG, Sauk J, Shrime MG, Gupta M, Ananthakrishnan AN. Cost-effectiveness of competing strategies for management of recurrent clostridium difficile infection: A decision analysis. Clin Infect Dis. 2014; 58: 1507–1514.

[7] Borody TJ, Campbell J. Fecal microbiota transplantation: Techniques, applications, and issues. Gastroenterol Clin North Am 2012; 41: 781–803.

[8] Lee CH, Steiner T, Petrof EO, Smieja M, Roscoe D, Nematallah A, et al. Frozen vs fresh fecal microbiota transplantation and clinical resolution of diarrhea in patients with recurrent clostridium difficile infection: A randomized clinical trial. JAMA. 2016; 315: 142–149.
[9] Tian H, Ding C, Gong J, Wei Y, McFarland LV, Li N. Freeze-dried, capsulized fecal microbiota transplantation for relapsing clostridium difficile infection. J Clin Gastroenterol. 2015; 49: 537–538.
[10] Hirsch BE, Saraiya N, Poeth K, Schwartz RM, Epstein ME, Honig G. Effectiveness of fecal-derived microbiota transfer using orally administered capsules for recurrent clostridium difficile infection. BMC Infect Dis. 2015; 15: 191.
[11] Youngster I, Sauk J, Pindar C, Wilson RG, Kaplan JL, Smith MB, et al. Fecal microbiota transplant for relapsing clostridium difficile infection using a frozen inoculum from unrelated donors: A randomized, open-label, controlled pilot study. Clin Infect Dis. 2014; 58: 1515–1522.
[12] van Nood E, Vrieze A, Nieuwdorp M, Fuentes S, Zoetendal EG, de Vos WM, et al. Duodenal infusion of donor feces for recurrent clostridium difficile. N Engl J Med. 2013; 368: 407–415.
[13] Högenauer C. Clostridium difficile Infektion – Prävention, Diagnose, Therapie. UNI-MED Science. 2013.
[14] Kelly CR, Kahn S, Kashyap P, Laine L, Rubin D, Atreja A, et al. Update on fecal microbiota transplantation 2015: Indications, methodologies, mechanisms, and outlook. Gastroenterology. 2015; 149: 223–237.
[15] Gough E, Shaikh H, Manges AR. Systematic review of intestinal microbiota transplantation (fecal bacteriotherapy) for recurrent clostridium difficile infection. Clin Infect Dis. 2011; 53: 994–1002.
[16] Surawicz CM, Brandt LJ, Binion DG, Ananthakrishnan AN, Curry SR, Gilligan PH, et al. Guidelines for diagnosis, treatment, and prevention of clostridium difficile infections. Am J Gastroenterol. 2013; 108: 478–498.
[17] Debast SB, Bauer MP, Kuijper EJ. European society of clinical microbiology and infectious diseases: Update of the treatment guidance document for clostridium difficile infection. Clin Microbiol Infect. 2014; 20: 1–26.
[18] Trubiano JA, Gardiner B, Kwong JC, Ward P, Testro AG, Charles PG. Faecal microbiota transplantation for severe clostridium difficile infection in the intensive care unit. Eur J Gastroenterol Hepatol. 2013; 25: 255–257.
[19] Gweon TG, Lee KJ, Kang DH, Park SS, Kim KH, Seong HJ, et al. A case of toxic megacolon caused by clostridium difficile infection and treated with fecal microbiota transplantation. Gut and Liver. 2015; 9: 247–250.
[20] Bauchinger S, Hoffmann KM, Hauer AC, Modl M, Pfleger A, Schweintzger S, et al. Einsatz der fäkalen Mikrobiotatransplantation (Stuhltransplantation) bei fulminanter Clostridium difficile Pankolitis und CF. Monatsschrift Kinderheilkunde. 2013; 161.
[21] Zainah H, Hassan M, Shiekh-Sroujieh L, Hassan S, Alangaden G, Ramesh M. Intestinal microbiota transplantation, a simple and effective treatment for severe and refractory clostridium difficile infection. Dig Dis Sci. 2015; 60: 181–185.
[22] Fischer M, Sipe BW, Rogers NA, Cook GK, Robb BW, Vuppalanchi R, et al. Faecal microbiota transplantation plus selected use of vancomycin for severe-complicated clostridium difficile infection: Description of a protocol with high success rate. Aliment Pharmacol Ther. 2015; 42: 470–476.
[23] Agrawal M, Aroniadis OC, Brandt LJ, Kelly C, Freeman S, Surawicz C, et al. The long-term efficacy and safety of fecal microbiota transplant for recurrent, severe, and complicated clostridium difficile infection in 146 elderly individuals. J Clin Gastroenterol. 2016; 50: 403–407.

[24] Aroniadis OC, Brandt LJ, Greenberg A, Borody T, Kelly CR, Mellow M, et al. Long-term follow-up study of fecal microbiota transplantation for severe and/or complicated clostridium difficile infection: A multicenter experience. J Clin Gastroenterol. 2016; 50: 398–402.
[25] Waltz P, Zuckerbraun B. Novel therapies for severe clostridium difficile colitis. Current Opinion in Critical Care. 2016; 22: 167–173.
[26] Chang JY, Antonopoulos DA, Kalra A, Tonelli A, Khalife WT, Schmidt TM, et al. Decreased diversity of the fecal microbiome in recurrent clostridium difficile-associated diarrhea. J Infect Dis. 2008; 197: 435–438.
[27] Song Y, Garg S, Girotra M, Maddox C, von Rosenvinge EC, Dutta A, et al. Microbiota dynamics in patients treated with fecal microbiota transplantation for recurrent clostridium difficile infection. PLoS One. 2013; 8: e81330.
[28] Shahinas D, Silverman M, Sittler T, Chiu C, Kim P, Allen-Vercoe E, et al. Toward an understanding of changes in diversity associated with fecal microbiome transplantation based on 16s rrna gene deep sequencing. mBio. 2012; 3: e00338-00312.
[29] Vrieze A, Out C, Fuentes S, Jonker L, Reuling I, Kootte RS, et al. Impact of oral vancomycin on gut microbiota, bile acid metabolism, and insulin sensitivity. Journal of Hepatology. 2014; 60: 824–831.
[30] Buffie CG, Bucci V, Stein RR, McKenney PT, Ling L, Gobourne A, et al. Precision microbiome reconstitution restores bile acid mediated resistance to clostridium difficile. Nature. 2015; 517: 205–208.
[31] Weingarden AR, Chen C, Bobr A, Yao D, Lu Y, Nelson VM, et al. Microbiota transplantation restores normal fecal bile acid composition in recurrent clostridium difficile infection. Am J Physiol Gastrointest Liver Physiol. 2014; 306: G310–319.
[32] Ley RE. Harnessing microbiota to kill a pathogen: The sweet tooth of clostridium difficile. Nat Med. 2014; 20: 248–249.
[33] Ng KM, Ferreyra JA, Higginbottom SK, Lynch JB, Kashyap PC, Gopinath S, et al. Microbiota-liberated host sugars facilitate post-antibiotic expansion of enteric pathogens. Nature. 2013; 502: 96–99.
[34] Klymiuk I, Högenauer C, Halwachs B, Thallinger GG, Fricke WF, Steininger C. A physicians' wish list for the clinical application of intestinal metagenomics. PLoS Medicine. 2014; 11: e1001627.
[35] Sartor RB. Microbial influences in inflammatory bowel diseases. Gastroenterology. 2008; 134: 577–594.
[36] Bennet JD, Brinkman M. Treatment of ulcerative colitis by implantation of normal colonic flora. Lancet. 1989; 1: 164.
[37] Borody TJ, George L, Andrews P, Brandl S, Noonan S, Cole P, et al. Bowel-flora alteration: A potential cure for inflammatory bowel disease and irritable bowel syndrome? Med J Aust. 1989; 150: 604.
[38] Borody TJ, Warren EF, Leis S, Surace R, Ashman O. Treatment of ulcerative colitis using fecal bacteriotherapy. J Clin Gastroenterol. 2003; 37: 42–47.
[39] Kelly CR, Ihunnah C, Fischer M, Khoruts A, Surawicz C, Afzali A, et al. Fecal microbiota transplant for treatment of clostridium difficile infection in immunocompromised patients. Am J Gastroenterol. 2014; 109: 1065–1071.
[40] De Leon LM, Watson JB, Kelly CR. Transient flare of ulcerative colitis after fecal microbiota transplantation for recurrent clostridium difficile infection. Clin Gastroenterol Hepatol. 2013; 11: 1036–1038.
[41] Moayyedi P, Surette MG, Kim PT, Libertucci J, Wolfe M, Onischi C, et al. Fecal microbiota transplantation induces remission in patients with active ulcerative colitis in a randomized controlled trial. Gastroenterology. 2015; 149: 102–109.

[42] Rossen NG, Fuentes S, van der Spek MJ, Tijssen JG, Hartman JH, Duflou A, et al. Findings from a randomized controlled trial of fecal transplantation for patients with ulcerative colitis. Gastroenterology. 2015; 149: 110–118.
[43] Kump PK, Grochenig HP, Lackner S, Trajanoski S, Reicht G, Hoffmann KM, et al. Alteration of intestinal dysbiosis by fecal microbiota transplantation does not induce remission in patients with chronic active ulcerative colitis. Inflamm Bowel Dis. 2013; 19: 2155–2165.
[44] Damman CJ, Brittnacher MJ, Westerhoff M, Hayden HS, Radey M, Hager KR, et al. Low level engraftment and improvement following a single colonoscopic administration of fecal microbiota to patients with ulcerative colitis. PLoS One. 2015; 10: e0133925.
[45] Suskind DL, Singh N, Nielson H, Wahbeh G. Fecal microbial transplant via nasogastric tube for active pediatric ulcerative colitis. J Pediatr Gastroenterol Nutr. 2015; 60: 27–29.
[46] Zhang FM, Wang HG, Wang M, Cui BT, Fan ZN, Ji GZ. Fecal microbiota transplantation for severe enterocolonic fistulizing crohn's disease. World J Gastroenterol. 2013; 19: 7213–7216.
[47] Kao D, Hotte N, Gillevet P, Madsen K. Fecal microbiota transplantation inducing remission in crohn's colitis and the associated changes in fecal microbial profile. J Clin Gastroenterol. 2014; 48: 625–628.
[48] Cui B, Feng Q, Wang H, Wang M, Peng Z, Li P, et al. Fecal microbiota transplantation through mid-gut for refractory crohn's disease: Safety, feasibility, and efficacy trial results. J Gastroenterol Hepatol. 2015; 30: 51–58.
[49] Landy J, Walker AW, Li JV, Al-Hassi HO, Ronde E, English NR, et al. Variable alterations of the microbiota, without metabolic or immunological change, following faecal microbiota transplantation in patients with chronic pouchitis. Scientific reports. 2015; 5: 12955.
[50] Navaneethan U, Mukewar S, Venkatesh PG, Lopez R, Shen B. Clostridium difficile infection is associated with worse long term outcome in patients with ulcerative colitis. Journal of Crohn's & colitis. 2012; 6: 330–336.
[51] Issa M, Vijayapal A, Graham MB, Beaulieu DB, Otterson MF, Lundeen S, et al. Impact of clostridium difficile on inflammatory bowel disease. Clin Gastroenterol Hepatol. 2007; 5: 345–351.
[52] Borody TJ, Wettstein A, Nowak A, Finlayson S, S. L. Fecal microbiotra transplantation (fmt) eradicates clostridium difficile infection (cdi) in inflammatory bowel disease (ibd). UEG Journal. 2013; 1(1): A57.
[53] Hourigan SK, Chen LA, Grigoryan Z, Laroche G, Weidner M, Sears CL, et al. Microbiome changes associated with sustained eradication of clostridium difficile after single faecal microbiota transplantation in children with and without inflammatory bowel disease. Aliment Pharmacol Ther. 2015; 42: 741–752.
[54] Khanna S, Weatherly RM, Kammer PP, Loftus EV, Pardi DS. Long-term follow-up after fecal microbiota transplantation for c difficile infection in inflammatory bowel disease patients. Gastroenterology. 2015; 148: S726.
[55] Jain A, Parian AM, Dudley-Brown S, Lazarev M. Fecal microbiota transplantation is safe and effective for treatment of recurrent clostridium difficile infection in inflammatory bowel disease. Gastroenterology. 2015; 148: S869.
[56] Fischer M, Kelly C, Kao D, Kuchipudi A, Jafri SM, Blumenkehl M, et al. Outcomes of fecal microbiota transplantation for c difficile infection in patients with inflammatory bowel disease. Am J Gastroenterol. 2014; 109: S487.
[57] Wong SW, Lubowski DZ. Slow-transit constipation: Evaluation and treatment. ANZ journal of surgery. 2007; 77: 320–328.
[58] Crouzet L, Gaultier E, Del'Homme C, Cartier C, Delmas E, Dapoigny M, et al. The hypersensitivity to colonic distension of ibs patients can be transferred to rats through their fecal microbiota. Neurogastroenterology and motility : the official journal of the European Gastrointestinal Motility Society. 2013; 25: e272–282.

[59] Pinn DM, Aroniadis OC, Brandt LJ. Is fecal microbiota transplantation (fmt) an effective treatment for patients with functional gastrointestinal disorders (fgid)? Neurogastroenterology and motility : the official journal of the European Gastrointestinal Motility Society. 2015; 27: 19–29.
[60] Chassard C, Dapoigny M, Scott KP, Crouzet L, Del'homme C, Marquet P, et al. Functional dysbiosis within the gut microbiota of patients with constipated-irritable bowel syndrome. Aliment Pharmacol Ther. 2012; 35: 828–838.
[61] Andrews P, Borody TJ, Shortis NP, Thompson S. Bacteriotherapy for chronic constipation - a long term follow-up. Gastroenterology. 1995; 108: A563.
[62] Tian H, Ding C, Gong J, Ge X, McFarland LV, Gu L, et al. Treatment of slow transit constipation with fecal microbiota transplantation: A pilot study. J Clin Gastroenterol. 2016.
[63] Pinn DM, Aroniadis OC, Brandt LJ. Is fecal microbiota transplantation the answer for irritable bowel syndrome? A single-center experience. Am J Gastroenterol. 2014; 109: 1831–1832.
[64] Vrieze A, Van Nood E, Holleman F, Salojarvi J, Kootte RS, Bartelsman JF, et al. Transfer of intestinal microbiota from lean donors increases insulin sensitivity in individuals with metabolic syndrome. Gastroenterology. 2012; 143: 913–916.
[65] de Vrieze J. Medical research. The promise of poop. Science. 2013; 341: 954–957.
[66] Frank J, Högenauer C, Gröchenig HP, Hoffmann KM, Reicht G, Wenzl H, et al. Safety of fecal microbiota transplantation in patients with chronic colitis and immunosuppressive treatement. Journal of Crohn's & Colitis. 2015; 9: S245.
[67] Garg S, Song Y, Thanda Han MA, Girotra M, Fricke WF, Dutta S. Post-infectious irritable bowel syndrome in patients undergoing fecal microbiota transplantation for recurrent clostridium difficile colitis. Gastroenterology. 2014; 146: S83.
[68] Aas J, Gessert CE, Bakken JS. Recurrent clostridium difficile colitis: Case series involving 18 patients treated with donor stool administered via a nasogastric tube. Clin Infect Dis. 2003; 36: 580–585.
[69] Baxter M, Ahmad T, Colville A, Sheridan R. Fatal aspiration pneumonia as a complication of fecal microbiota transplant. Clin Infect Dis. 2015; 61: 136–137.
[70] Vermeire S, Joossens M, Verbeke K, Wang J, Machiels K, Sabino J, et al. Donor species richness determines faecal microbiota transplantation success in inflammatory bowel disease. Journal of Crohn's & Colitis. 2016; 10: 387–394.
[71] Angelberger S, Reinisch W, Makristathis A, Lichtenberger C, Dejaco C, Papay P, et al. Temporal bacterial community dynamics vary among ulcerative colitis patients after fecal microbiota transplantation. Am J Gastroenterol. 2013; 108: 1620–1630.
[72] Solari PR, Fairchild PG, Noa LJ, Wallace MR. Tempered enthusiasm for fecal transplantation. Clin Infect Dis. 2014; 59: 319.
[73] Schwartz M, Gluck M, Koon S. Norovirus gastroenteritis after fecal microbiota transplantation for treatment of clostridium difficile infection despite asymptomatic donors and lack of sick contacts. Am J Gastroenterol. 2013; 108: 1367.
[74] Quera R, Espinoza R, Estay C, Rivera D. Bacteremia as an adverse event of fecal microbiota transplantation in a patient with crohn's disease and recurrent clostridium difficile infection. Journal of Crohn's & Colitis. 2013; 8: 252–253.
[75] Brandt LJ, Aroniadis OC, Mellow M, Kanatzar A, Kelly C, Park T, et al. Long-term follow-up of colonoscopic fecal microbiota transplant for recurrent clostridium difficile infection. Am J Gastroenterol. 2012; 107: 1079.
[76] Alang N, Kelly CR. Weight gain after fecal microbiota transplantation. Open Forum Infectious Diseases. 2015; 2: ofv004.
[77] Kump PK, Krause R, Steininger C, Grochenig HP, Moschen A, Madl C, et al. Empfehlungen zur Anwendung der fäkalen Mikrobiotatransplantation „Stuhltransplantation“: Konsensus der

österreichischen Gesellschaft für Gastroenterologie und Hepatologie (ÖGGH) in Zusammenarbeit mit der österreichischen Gesellschaft für Infektiologie und Tropenmedizin (OEGIT). Z Gastroenterol. 2014; 52: 1485–1492.

[78] Kunde S, Pham A, Bonczyk S, Crumb T, Duba M, Conrad H, Jr, et al. Safety, tolerability, and clinical response after fecal transplantation in children and young adults with ulcerative colitis. J Pediatr Gastroenterol Nutr. 2013; 56: 597–601.

[79] Greenberg A, Aroniadis O, Shelton C, L. B. Long-term follow-up study of fecal microbiota transplantation (fmt) for infl ammatory bowel disease (ibd). Am J Gastroenterol. 2013; 108: S540.

[80] ae: Kump PK, Wurm P, Gröchenig HP, Reiter L, Hoffmann KM, Spindelböck W, et al. Impact of antibiotic treatment before faecal microbiota transplantation (FMT) in chronic active ulcerative colitis. UEG Journal. 2015; 3(5): A437.

[81] Kellermayer R, Nagy-Szakal D, Harris RA, Luna RA, Pitashny M, Schady D, et al. Serial fecal microbiota transplantation alters mucosal gene expression in pediatric ulcerative colitis. Am J Gastroenterol. 2015; 110: 604–606.

[82] Cui B, Li P, Xu L, Zhao Y, Wang H, Peng Z, et al. Step-up fecal microbiota transplantation strategy: A pilot study for steroid-dependent ulcerative colitis. Journal of Translational Medicine. 2015; 13: 298.

[83] Vaughn BP, Gevers D, Ting A, Korzenik JR, Robson SC, Moss AC. Fecal microbiota transplantation induces early improvement in symptoms in patients with active crohn's disease. Gastroenterology. 2014; 146: S591.

[84] Suskind DL, Brittnacher MJ, Wahbeh G, Shaffer ML, Hayden HS, Qin X, et al. Fecal microbial transplant effect on clinical outcomes and fecal microbiome in active crohn's disease. Inflamm Bowel Dis 2015; 21: 556–563.

[85] Paramsothy S, Kamm M, Walsh A, van den Bogaerde J, Samuel D, Leong R et al. Multi-donor intense faecal microbiota transplantation is an effective treatment for resistant ulcerative colitis: a randomised placebo-controlled trial. Journal of Crohn's & Colitis 2016; 10:S14.

Stichwortverzeichnis